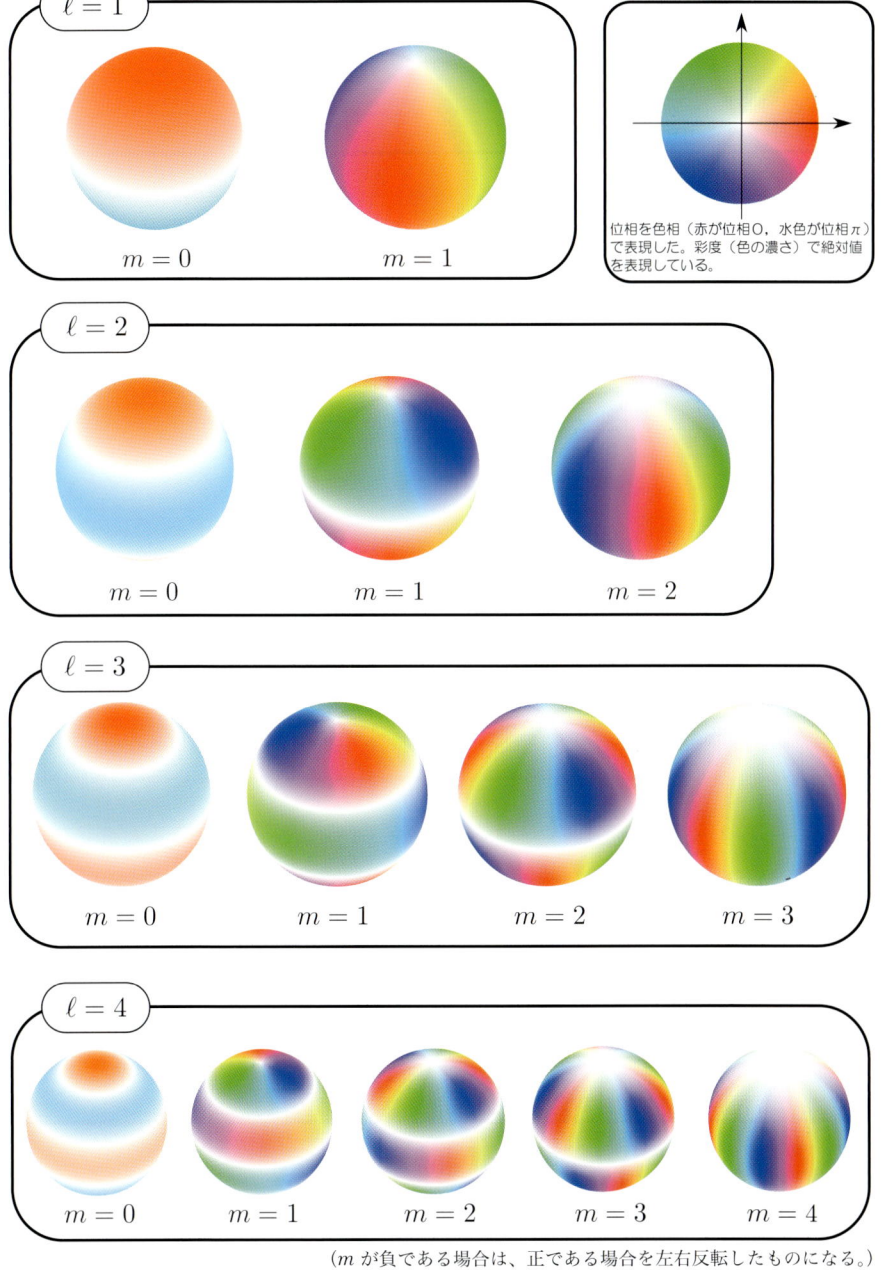

球面調和関数 (本文 p283)

よくわかる 量子力学

前野　昌弘　著

東京図書株式会社

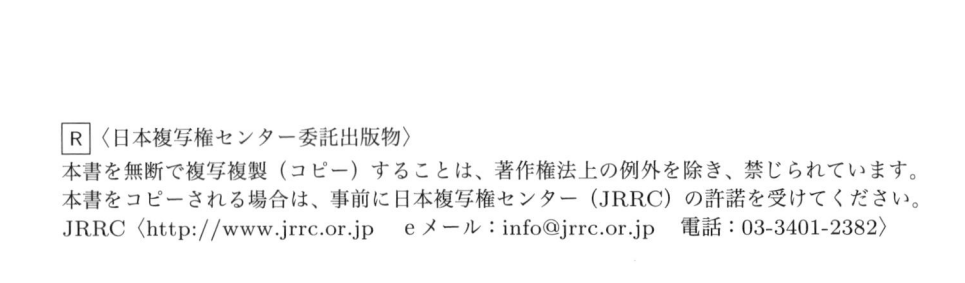

R〈日本複写権センター委託出版物〉
本書を無断で複写複製（コピー）することは、著作権法上の例外を除き、禁じられています。
本書をコピーされる場合は、事前に日本複写権センター（JRRC）の許諾を受けてください。
JRRC〈http://www.jrrc.or.jp　eメール：info@jrrc.or.jp　電話：03-3401-2382〉

はじめに

　量子力学は難しい。自分が学生の時にも思ったが、教える側に回った後も、つくづくそう思う。
　その難しさは大きく分けて二つある。一つは「シュレーディンガー方程式という偏微分方程式を、変数分離したり級数展開したりして解く」「波動関数をフーリエ変換してエネルギー固有状態に分解する」など、いわゆる数学的なテクニックの難しさ（**数学の壁**）である。もう一つは「そもそも波動関数って何なのよ！」「なんで物理量が演算子になってしまうんだよ！」など、量子力学の概念そのものの難しさ（**概念の壁**）である。量子力学を勉強する人の前には、この二つの壁が立ちはだかる。特に「概念の壁」は高く、厚い。人間はどうしても、物理現象を古典力学的にとらえようとしてしまう。古典力学は人間の直感に合うからである。しかし、この宇宙で起こる物理現象を理解するには、古典力学的常識を捨てて、量子力学的世界の概念を獲得することがどうしても必要なのだ。これはかなり難しいことだ。達成できれば、世界の見え方が変わってしまうほどの衝撃を受けるだろう。自分の信じていた直感がこの世界のどこでも通用するわけではない、ということを思い知ることになるのだから。
　量子力学には、それだけの威力がある。だからこそ面白いのだとも言える。
　それほどまでにも難しい量子力学を学ぶにはどういう道を選べばいいだろう？——壁を回避するのか、それとも壁を乗り越えていくのか？——回避するのも一つの手であるかもしれないが、そこを挑戦し乗り越えてこそ、量子

力学を勉強する楽しみがあるのではないだろうか？[†1]

　本書は量子力学の壁にあえて正面からぶつかっていく気概を持つ学習者たちを支援するために書いた。

　「数学の壁」を越えることができるように、計算の途中もできる限り省略せず、必要なテクニックは「○○を見よ」ではなく、その場で解説するように努めた。また、一つのことを計算する方法が複数個ある場合は、可能な限り全てを示した後でそれぞれの考え方の違いを解説した。また、計算方法も「なぜこういう計算をするのか？」という点を説明して「こう計算すれば答が出るらしいが、なぜだかわからない」という欲求不満がたまらないように配慮した。

　「概念の壁」を越えることができるように、「この世で起こることには量子力学的に考えないと理解できないことがたくさんあること」と、「一見常識に反する量子力学がどのようにこの世界を記述しているのか」を説明することに努力を費やした。その過程の中で読者諸氏の「古典力学的常識」を破壊して、「量子力学こそがこの宇宙の法則である」ということをわかってもらいたいと思っている。物理における数式は「計算したら終わり」ではなく、その中身を吟味して使っていく過程も大事である。その過程が「概念の壁」を越える助けになると信じて、その部分もできる限り詳しく書いたつもりである。

　この本は、2004年度から2006年度までに琉球大学理学部・物質地球科学科物理系で行った「初等量子力学」「量子力学」の講義内容を元に、全面的に新しく書き直した。同じく東京図書から出版している『よくわかる電磁気学』の中でも書いたが、私は授業の最初で「学問の世界ではどんなバカな質問でも、質問した方が勝ち。こんなこと聞くのは恥ずかしいなどと思う必要はない。すべき時に質問しない方がよっぽど恥ずかしい」ということを述べるようにしている。本書にはそのような「素朴な疑問」に対する答もできる限り載せるようにした。結局のところ量子力学を学ぶ時にみなが疑問に思うところは同じであり、その部分を少しずつでも解消していかない限り「量子力学がわかった」という状態には達し得ないだろう。私の授業を受講し、素朴な質問を次々とぶつけてくれた琉球大学学生の皆さん（卒業生を含む）に感謝する次第である。

[†1] 「回避するのも一つの手」などと書いたが、筆者はうまく回避する方法を知らない。回避しようと試みてもたいてい、気がつくと泥沼にはまっている。

本書を読む上でお願いしたいことは、できる限り「自分で手を動かしてやってみる」作業をして欲しいということだ。そのために、すべての問題にはヒントと解答をつけた。まず問題を読んでやってみて、わからなかったらまずヒントを見て欲しい。それでもわからなかったら、解答を見てみよう。

　物理を学ぶ者は、

自分で手を動かして納得するまでは、
何事も信じ込んではいけない。

ということを肝に命じておこう。本を読んでみただけでは、あるいは先生の説明を聞いてわかったような気になっただけでは、実はまだまだ何もわかってない[†2]。

　自分で手を動かしながら、そして常に「なぜこうなるのか？」「これでいいのか？」という疑問を問いかけながら量子力学を勉強して欲しい。たいへんなことではあるが、量子力学というのはそれだけの努力をする価値のある対象であることは保証する。量子力学の「概念の壁」を越えた時にはあなたも、「物理ってこんなにすごいものだったのか！」という感慨を味わうことができるはずだ。

　もう一つ注意しておくことがある。こういう「概念の壁」を越えなくてはいけない学問の場合、

勉強時間と理解の進捗度は正比例しない。

ということである。最初は「勉強しても勉強しても、量子力学がわかった気がしない」と途方にくれる人がいるかもしれないが、我慢して勉強していくと、「あっ、あの時ああ教わったのは、この意味であったのか」とわかる時が来る。その時がきたら、いっきに理解が進むこともある。「もういいや、わからなくても」とあきらめてしまったら、その瞬間はやってこない。

　本書が、壁を乗り越えて量子力学という山に登ろうとする学習者たちに対するガイドの役割を果たして、一人でも多くの人に「あっ、わかった」という瞬間をもたらしてくれることを切に願う。

2011年3月　　著者

[†2] これはもちろん、著者の自戒が込められた言葉である。

目　次

第0章　量子力学の門を叩く－古典力学では、ダメな理由　　1
　0.0　古典力学は素晴らしい ………………………………………　1
　0.1　量子力学がないとわからないこと ……………………………　4
　　　　0.1.1　なぜ原子に個性がないのか ……………………………　4
　　　　0.1.2　どうして電子は回り続けるのか？ ……………………　5
　　　　0.1.3　どうして磁石は磁石になるか？ ………………………　7
　0.2　量子力学で何が変わるのか？ …………………………………　9
　　　　0.2.1　状態を指定する方法 ……………………………………　9
　　　　0.2.2　波動関数の収縮 …………………………………………　11

第1章　光の波動性と粒子性　　17
　1.1　光は波か粒子か ……………………………………………………　17
　　　　1.1.1　光の直進性 ………………………………………………　18
　1.2　光の粒子性の顕れ …………………………………………………　21
　　　　1.2.1　黒体輻射と等分配の法則 ………………………………　22
　　　　1.2.2　光電効果 …………………………………………………　25
　　　　1.2.3　コンプトン効果 …………………………………………　28
　1.3　章末演習問題 ………………………………………………………　32

第2章　物質の粒子性と波動性　　33
　2.1　原子の安定性の謎 …………………………………………………　33
　　　　2.1.1　原子スペクトルの問題 …………………………………　33

目次 vii

- 2.2 ボーアの原子模型 ……………………………………… 39
  - 2.2.1 量子条件 ……………………………………… 39
  - 2.2.2 ボーア・ゾンマーフェルトの量子条件 ……… 41
- 2.3 ド・ブロイの考え ……………………………………… 44
- 2.4 電子が波動であることの証明 ………………………… 46
- 2.5 古典力学と量子力学の関係 …………………………… 47
- 2.6 章末演習問題 …………………………………………… 49

第3章 波の重ね合わせと不確定性関係 **50**

- 3.1 古典力学から量子力学へ ……………………………… 50
  - 3.1.1 フェルマーの原理と波動光学 ……………… 50
  - 3.1.2 最小作用の原理と、波の重ね合わせ ……… 54
- 3.2 不確定性関係 …………………………………………… 57
  - 3.2.1 局在する'波' ………………………………… 57
- 3.3 もっとも極端な局在——デルタ関数 ………………… 62
- 3.4 波束の進行——群速度 ………………………………… 67
  - 3.4.1 物質波の'速度' ……………………………… 71
- 3.5 不確定性関係の意味 …………………………………… 74
- 3.6 章末演習問題 …………………………………………… 76

第4章 シュレーディンガー方程式と波動関数 **80**

- 4.1 シュレーディンガー方程式 …………………………… 80
  - 4.1.1 $E = h\nu$, $p = \dfrac{h}{\lambda}$ から ………………………… 81
  - 4.1.2 解析力学から ………………………………… 84
- 4.2 波動関数の意味 ………………………………………… 86
  - 4.2.1 確率解釈 ……………………………………… 88
  - 4.2.2 波動関数の規格化 …………………………… 92
  - 4.2.3 射影仮説 ……………………………………… 92
  - 4.2.4 シュレーディンガーの猫 …………………… 94
- 4.3 波動関数が複素数となる意味 ………………………… 96
- 4.4 章末演習問題 …………………………………………… 100

第5章　物理量と期待値　**102**

- 5.1　座標の期待値 ・・・・・・・・・・・・・・・・・・・・・・・・・・・・・・・・・・・・・・・ 102
- 5.2　座標期待値の運動 ・・・・・・・・・・・・・・・・・・・・・・・・・・・・・・・・・・・・ 104
- 5.3　定常状態のシュレーディンガー方程式 ・・・・・・・・・・・・・・・・・ 108
- 5.4　運動量の期待値 ・・・・・・・・・・・・・・・・・・・・・・・・・・・・・・・・・・・・・ 109
- 5.5　章末演習問題 ・・・・・・・・・・・・・・・・・・・・・・・・・・・・・・・・・・・・・・・ 114

第6章　演算子と物理量　**115**

- 6.1　量子力学で使う演算子とその性質 ・・・・・・・・・・・・・・・・・・・・・ 115
  - 6.1.1　線型演算子の定義とエルミート性 ・・・・・・・・・・・・・・・ 116
  - 6.1.2　交換関係 ・・・・・・・・・・・・・・・・・・・・・・・・・・・・・・・・・・・・・ 118
  - 6.1.3　正準交換関係 ・・・・・・・・・・・・・・・・・・・・・・・・・・・・・・・・ 120
  - 6.1.4　エルミートな演算子の固有値と内積の関係 ・・・・・・・ 121
- 6.2　固有状態と測定 ・・・・・・・・・・・・・・・・・・・・・・・・・・・・・・・・・・・・・ 124
- 6.3　エネルギーの期待値と固有関数 ・・・・・・・・・・・・・・・・・・・・・・・ 127
  - 6.3.1　エネルギーの期待値 ・・・・・・・・・・・・・・・・・・・・・・・・・・ 127
  - 6.3.2　エネルギーと時間の不確定性関係 ・・・・・・・・・・・・・・・ 129
- 6.4　期待値の意味で成立する古典力学と交換関係 ・・・・・・・・・・・ 131
- 6.5　章末演習問題 ・・・・・・・・・・・・・・・・・・・・・・・・・・・・・・・・・・・・・・・ 134

第7章　「状態ベクトル」としての波動関数　**135**

- 7.1　関数がベクトルであるとは？ ・・・・・・・・・・・・・・・・・・・・・・・・・ 135
- 7.2　ベクトルと行列 ↔ 波動関数と演算子 ・・・・・・・・・・・・・・・・・・ 137
- 7.3　直交関数系 ・・・ 144
- 7.4　ブラ・ケットによる記法 ・・・・・・・・・・・・・・・・・・・・・・・・・・・・・ 148
- 7.5　ブラとケットで公式・定理を表現する ・・・・・・・・・・・・・・・・・ 156
  - 7.5.1　エルミート演算子の固有値は実数 ・・・・・・・・・・・・・・・ 156
  - 7.5.2　エルミート演算子の固有値と直交性 ・・・・・・・・・・・・・ 156
  - 7.5.3　Schmidt の直交化 ・・・・・・・・・・・・・・・・・・・・・・・・・・・・・ 157
- 7.6　ブラとケットによる x-表示と p-表示 ・・・・・・・・・・・・・・・・・・ 158
- 7.7　章末演習問題 ・・・・・・・・・・・・・・・・・・・・・・・・・・・・・・・・・・・・・・・ 162

第 8 章　分散と不確定性関係　　163
- 8.1　分散と標準偏差 ・・・・・・・・・・・・・・・・・・・・・・・・・・・・・・・・・・・・ 163
- 8.2　不確定性関係と交換関係 ・・・・・・・・・・・・・・・・・・・・・・・・・・・・ 167
- 8.3　章末演習問題 ・・・・・・・・・・・・・・・・・・・・・・・・・・・・・・・・・・・・・ 173

第 9 章　1 次元の簡単なポテンシャル内の粒子　　174
- 9.1　箱に閉じ込められた自由粒子 ・・・・・・・・・・・・・・・・・・・・・・・・ 174
- 9.2　有限の高さのポテンシャル障壁にぶつかる波 ・・・・・・・・・・・ 180
- 9.3　波動関数の浸み出し ・・・・・・・・・・・・・・・・・・・・・・・・・・・・・・・ 187
  - 9.3.1　波動関数の減衰 ・・・・・・・・・・・・・・・・・・・・・・・・・・・・ 193
- 9.4　章末演習問題 ・・・・・・・・・・・・・・・・・・・・・・・・・・・・・・・・・・・・・ 195

第 10 章　1 次元の束縛状態と散乱　　197
- 10.1　1 次元ポテンシャル問題での便利な定理 ・・・・・・・・・・・・・・ 197
  - 10.1.1　1 次元束縛状態には縮退がない ・・・・・・・・・・・・・・ 197
  - 10.1.2　対称ポテンシャル内の解に関する定理 ・・・・・・・・・ 200
- 10.2　井戸型ポテンシャル：束縛状態 ・・・・・・・・・・・・・・・・・・・・・ 201
- 10.3　井戸型ポテンシャル：束縛されていない状態 ・・・・・・・・・・ 205
- 10.4　ポテンシャルの壁を通過する波動関数 ・・・・・・・・・・・・・・・・ 207
  - 10.4.1　$E > V_0$ の場合 ・・・・・・・・・・・・・・・・・・・・・・・・・・・・ 208
  - 10.4.2　$E < V_0$ の場合 ・・・・・・・・・・・・・・・・・・・・・・・・・・・・ 210
- 10.5　デルタ関数ポテンシャルを通過する波動関数 ・・・・・・・・・・ 212
- 10.6　1 次元周期ポテンシャル内を通過していく波動関数 ・・・・・・ 215
- 10.7　章末演習問題 ・・・・・・・・・・・・・・・・・・・・・・・・・・・・・・・・・・・・ 220

第 11 章　1 次元調和振動子　　221
- 11.1　1 次元調和振動子 ・・・・・・・・・・・・・・・・・・・・・・・・・・・・・・・・ 221
  - 11.1.1　1 次元調和振動子のシュレーディンガー方程式 ・・・・・ 221
  - 11.1.2　基底状態の解 ・・・・・・・・・・・・・・・・・・・・・・・・・・・・ 225
- 11.2　調和振動子のエネルギーレベル ・・・・・・・・・・・・・・・・・・・・ 227
  - 11.2.1　級数展開によるエルミートの微分方程式の解 ・・・・ 228
  - 11.2.2　演算子による解法 ・・・・・・・・・・・・・・・・・・・・・・・・ 230
  - 11.2.3　一般の波動関数の形と母関数 ・・・・・・・・・・・・・・・・ 242

11.2.4　電磁波のエネルギーが $h\nu$ であること ・・・・・・・・・ 244
11.3　章末演習問題 ・・・・・・・・・・・・・・・・・・・・・・・・・・・・・・・・・・ 245

第12章　3次元のシュレーディンガー方程式 ―球対称ポテンシャル内の粒子　247

12.1　3次元極座標のシュレーディンガー方程式 ・・・・・・・・・・・ 247
　　12.1.1　3次元極座標による古典力学 ・・・・・・・・・・・・・・ 249
　　12.1.2　3次元極座標におけるラプラシアン ・・・・・・・・・ 255
12.2　3次元の角運動量 ・・・・・・・・・・・・・・・・・・・・・・・・・・・・・ 261
　　12.2.1　角運動量演算子 ・・・・・・・・・・・・・・・・・・・・・・・・ 261
　　12.2.2　角運動量の絶対値の自乗 $|\vec{L}|^2$ ・・・・・・・・・・・・ 263
12.3　角運動量の固有値 ・・・・・・・・・・・・・・・・・・・・・・・・・・・・ 268
　　12.3.1　上昇下降演算子 ・・・・・・・・・・・・・・・・・・・・・・・・ 268
　　12.3.2　$|\vec{L}|^2$ の固有値 ・・・・・・・・・・・・・・・・・・・・・・・・・・ 269
　　12.3.3　上昇下降演算子によるノルムの変化 ・・・・・・・・・ 272
12.4　角度方向の波動関数を求める ・・・・・・・・・・・・・・・・・・・ 274
　　12.4.1　$m = \ell$ の場合 ・・・・・・・・・・・・・・・・・・・・・・・・・ 274
　　12.4.2　$m < \ell$ の状態を求めていく ・・・・・・・・・・・・・・ 276
　　12.4.3　Legendre の多項式の母関数 ・・・・・・・・・・・・・・ 282
12.5　球対称な問題に対する波動関数 ・・・・・・・・・・・・・・・・・ 283
　　12.5.1　球面調和関数 ・・・・・・・・・・・・・・・・・・・・・・・・・・ 283
　　12.5.2　極座標で解く3次元自由粒子 ・・・・・・・・・・・・・・ 285
12.6　章末演習問題 ・・・・・・・・・・・・・・・・・・・・・・・・・・・・・・・・ 288

第13章　水素原子　290

13.1　相対運動の古典力学と量子力学 ・・・・・・・・・・・・・・・・・ 290
　　13.1.1　相対運動の古典力学 ・・・・・・・・・・・・・・・・・・・・ 290
　　13.1.2　相対運動のシュレーディンガー方程式 ・・・・・・・ 292
13.2　水素原子のシュレーディンガー方程式 ・・・・・・・・・・・・ 295
　　13.2.1　球面調和関数を使った変数分離と無次元化 ・・・・・・ 296
　　13.2.2　動径方向の微分方程式 ・・・・・・・・・・・・・・・・・・・ 297
　　13.2.3　エネルギー固有値 ・・・・・・・・・・・・・・・・・・・・・・ 300

13.3　水素以外の原子について ･････････････････････ 307
　　　　13.3.1　電子の軌道とイオン化 ････････････････ 307
　　　　13.3.2　H_2^+ イオンの電子の波動関数 ･･･････････ 309
　　13.4　章末演習問題 ･･････････････････････････････ 314

おわりに　315

付録A　（量子力学を学習するための）解析力学の復習　318
　A.1　最小作用の原理 ･･････････････････････････････ 318
　A.2　オイラー・ラグランジュ方程式 ･･････････････････ 320
　A.3　なぜ最小作用の原理が必要なのか？ ･･････････････ 320
　A.4　一般運動量 ･･････････････････････････････････ 321
　A.5　作用と保存則の関係 ･･････････････････････････ 322
　A.6　正準方程式 ･･････････････････････････････････ 326
　A.7　位相空間 ････････････････････････････････････ 327
　A.8　ハミルトン・ヤコビの方程式 ････････････････････ 329
　A.9　ポアッソン括弧 ･･････････････････････････････ 331

付録B　フーリエ変換　333

付録C　練習問題のヒント　337

付録D　練習問題の解答　345

索引　368

[Webサイトからのダウンロードについて]

- 章末演習問題のヒントと解答はwebサイトにあります。これらのダウンロード、および ⓢim マークのついた図のシミュレーションの閲覧は、東京図書のwebサイト(http://www.tokyo-tosho.co.jp)から行ってください。

- 本文中で参照している章末演習問題のヒントと解答のページは、本文のページと区別するため、p1wのようにページ番号の後にwがついています。

第 0 章

量子力学の門を叩く
― 古典力学では、ダメな理由

> 量子力学を勉強する多くの人が「どうしてこれを勉強しなくてはいけないのか？」という疑問を（口には出さずとも、心の中に）持っているようだ。量子力学はなぜ必要なのか？

　これから量子力学を勉強していこうとするわけだが、その過程で多くの人が、「なぜこんなおかしな（非常識な、不可解な、摩訶不思議な）ことになるのか」という疑問を抱くようである。この章では、古典力学がなぜうまくいかないのか、どうして我々は量子力学を考える必要があるのか、を具体的な例を挙げながら説明していこう。

0.0　古典力学は素晴らしい

　この節の次から、あえて'**古典力学の悪口**'を言う。読者に「よし、量子力学を勉強するぞ！」と思ってもらうためである。その前にせめて最初ぐらい、古典力学を持ち上げておこう。20世紀に入るまでは古典力学は大成功といっていい状況だった。

　最初に注意しておくが、物理の世界で「古典」(classical) と言ったら「古い」という意味ではなく、「量子力学的でない」という意味である。「現代の古典力学」という（知らない人にとっては）おかしく聞こえる言葉も、充分な意味のある言葉である。量子力学を使わない現代物理はいくらでもある。

　古典力学はニュートンの3法則に始まり、ラグランジュやハミルトンにより解析力学という、より洗練された形に発展した。一方で古典的な電磁気学もマックスウェルにより完成した。20世紀が始まるまでは、古典力学と電磁気学で

この世の全てが記述できる——そう思われていた。なお、時期的には20世紀が始まってからできた物理ではあるが、アインシュタインの相対性理論（特殊相対論も一般相対論も）は「量子論」ではないという意味で古典力学に入る。

量子力学と比較した時、古典力学の大きな特徴は「決定論的である」ことがあげられる。古典力学では「初期状態」を指定することができれば、完全に「未来がどうなるか」が決まってしまい、全てが予言可能となる。

ニュートンの運動方程式

$$m\frac{d^2\vec{x}(t)}{dt^2} = \vec{F} \tag{1}$$

は、時間に関して二階の微分方程式であるから、

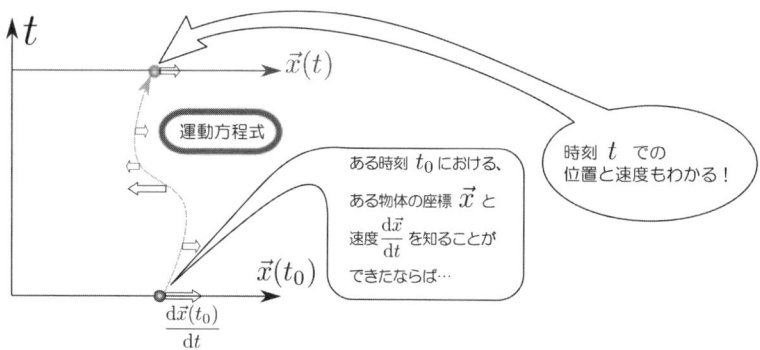

のように、最初の位置 $\vec{x}(t_0)$ と速度 $\frac{d\vec{x}(t_0)}{dt}$ がわかればそれ以降の全ての未来の $\vec{x}(t)$ が（ということは同時に $\frac{d\vec{x}(t)}{dt}$ も）わかることである（なお、図では本当は3次元のベクトルである $\vec{x}$ を1次元であるかのごとく表現している）。

解析力学では運動方程式ではなく正準方程式
→ p326

$$\begin{cases} \dfrac{d\vec{x}(t)}{dt} = \dfrac{\partial H(\vec{x}, \vec{p})}{\partial \vec{p}(t)} \\ \dfrac{d\vec{p}(t)}{dt} = -\dfrac{\partial H(\vec{x}, \vec{p})}{\partial \vec{x}(t)} \end{cases} \tag{2}$$

を使う。この場合は二階微分ではなく、時間に関して一階の微分方程式になっているが、初速度の替わりとして最初の運動量を与えなくてはいけないので、状況は本質的に変わっていない。

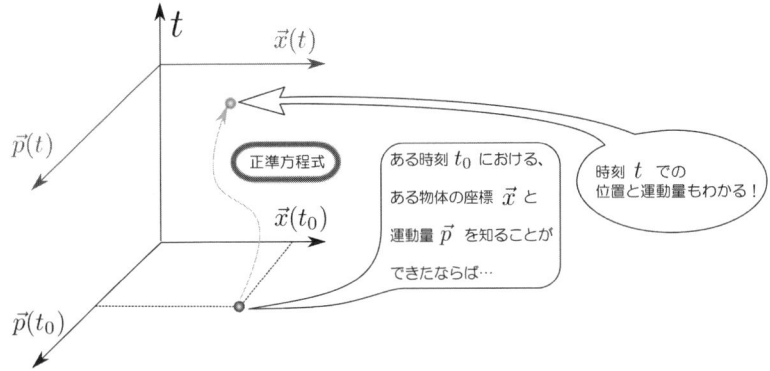

なお、同様の図を真空中の電磁気学（電荷密度 ρ や電流密度 $\vec{j}$ もなし）について描いてみると

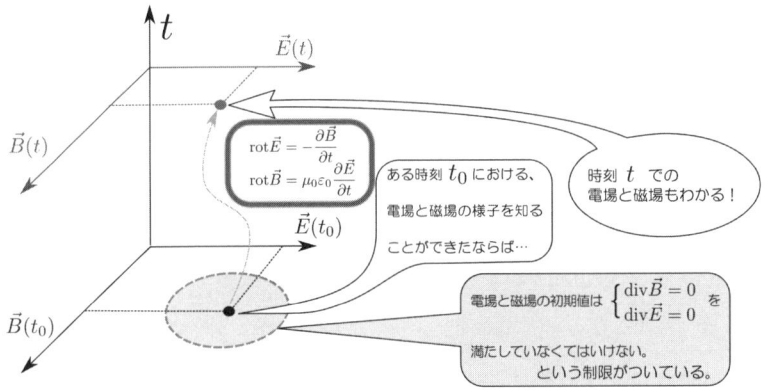

のようになる。$\text{div}\,\vec{B} = 0$ と $\text{div}\,\vec{E} = 0$（真空中で電荷もないので、おなじみの $\text{div}\,\vec{D} = \rho$ がこの形になる）が「運動方程式」ではなく「初期状態に対する条件」[†1]になっているが、やはり初期状態を指定すると未来が全部わかるのは同じである。初期状態で $\text{div}\,\vec{B} = 0$ と $\text{div}\,\vec{E} = 0$ を要求すれば未来においてもこの二つの式は成り立つので、各時刻ごとに要求する必要はない[†2]。

[†1] なお、この図はあくまでイメージなので、この条件を示す領域を楕円で示しているが、実際はもちろんこんな楕円で囲えてしまえるような、単純な図形では描けない。
[†2] 電磁場をポテンシャル（$\phi(\vec{x}, t)$ と $\vec{A}(\vec{x}, t)$）で表現する場合は二階微分方程式になるが、その場合は「ゲージ不変性」というやっかいな問題が出てくる分、問題が複雑になる。

というわけで、古典力学も古典電磁気学も、「初期状態を決めれば未来は全て決まる」という形になっている。ラプラス[†3]はかって**「全ての力学的状態を知り解析できる知性があれば、未来は完全に予言できる」**という意味のことを言った（この知性を「ラプラスの魔」と呼ぶ）[†4]。

　量子力学を必要としない現象における古典力学の予言能力の高さは確かにすごい。ラプラスは彼が行った天体力学の計算の中でそれを実感したのだろう。ラプラスの死後であるが、天王星の軌道のずれ（摂動）からその外側の惑星の存在が推測され、その位置近くに海王星がちゃんと見つかったことなどは、古典力学の勝利と言っていいだろう。

　では、20世紀になってその素晴らしい古典力学を（ある意味）捨て去らねばならなくなった理由とは何であろうか——それは残念ながら「古典力学では刃が立たない」現象が見つかったからである。以下で、そのさまざまな現象のいくつかを見ていこう。

0.1　量子力学がないとわからないこと

0.1.1　なぜ原子に個性がないのか

原子というと、

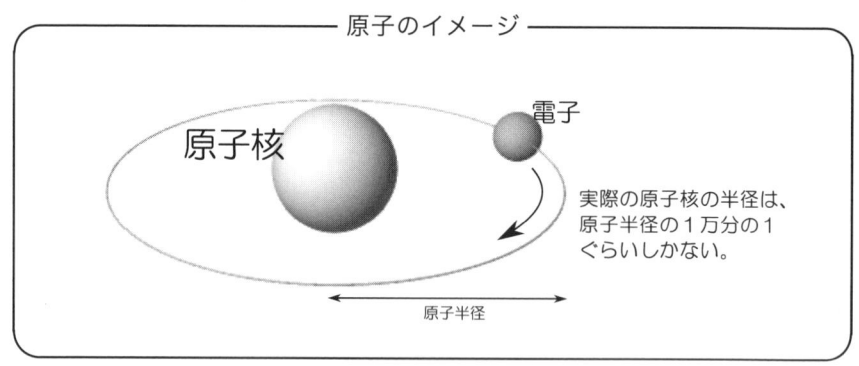

[†3] ラプラスは19世紀初め頃に活躍したフランスの数学者。力学でもいろいろな仕事をしている。「ラプラス変換」や「ラプラシアン」にその名を残す。
[†4] ただし、「初期状態を完璧に指定できるとは限らない」という意味で、古典力学でも「全てが予言可能」とはならない。特に「初期状態の（観測限界よりも小さい範囲の）差で、未来の状態が大きく変わることもある」こと（いわゆる「カオス」）が発見されてからは、古典力学だから予言可能、というのは「理想的な場合のお話」だったとわかった。

のような素朴なイメージ[†5]が語られることが多い。それについて、「**太陽系に似てますね**」という感想が出てくることがけっこうある[†6]。だが、原子と太陽系には、「サイズが違う」「働いている力が違う」という当たり前の違いの他に、大きな本質的違いがある。

その大きな違いとは、太陽系は同じものは一つしかないが原子は同じものがたくさんあることである——と言えば、「なあんだ、つまんない」と思うだろうか？

しかし、これはほんとうに本質的な違いなのだ。太陽系そのものではないが「恒星の周りに惑星が回っている（恒星系）」という状況はたくさんある。だが、恒星系1個1個にはそれぞれに個性があり、全く同じ物は一つとしてないはずである。ところが原子は多くの水素原子は全部全く同じと言っていい（通常より少し小さい水素なんてないし、大きさ3割増の酸素もない）。

なぜだろう？——いったい何が原子をかくも均一にしているのだろうか？[†7]

恒星系の一例として、太陽と地球を考えてみると、地球がいま回っている軌道より少し内側を回ったとしても、あるいは平均距離は同じでも今よりもう少し扁平な楕円軌道を回ったとしても、なんら物理法則には抵触しない（あんまり太陽に近すぎたり遠すぎたりすると生物が棲めなくなるが、それは物理法則の問題ではない）。

では、原子をかくも均一で無個性にしている物理法則はなんだろう？——原子のようなミクロな世界と、太陽系のようなマクロな世界では、違う物理法則が存在しているように思える[†8]。

0.1.2 どうして電子は回り続けるのか？

前節の内容にも重なるのだが、「原子核の周りを電子が回り続けている」という描像を説明すると、必ずと言っていいほど、「その回転のエネルギーはどこから来るのですか？」あるいはもっと積極的（？）に、「ではそのエネル

[†5] この素朴なイメージがどう現実と違うのかは後でじっくりと述べる。第13章でやっと、正しい量子力学的現実が明らかになる。
→ p290
[†6] 長岡模型と呼ばれる原子のモデルは、太陽系よりも土星の輪をその発想の原点にしている。
[†7] 実際のところ、原子にも取り得る状態は複数個あり、「そのどれを取るか」という選択肢は一応、ある。だが明らかにその選択肢は古典力学に比べ圧倒的に狭く思える。
[†8] 実は「違う物理法則が存在している」のではない。同じ物理法則だが、見え方が違うのだ。どのようにその差が現れるのかは、本書を読み解きながら理解していって欲しい。

ギーを取り出せませんか？」という質問がくる[†9]。

　我々は日常生活（マクロなレベルの物理学）において、「エネルギーは消耗する」という '常識' を持っている。ブランコを揺らして放置しても、いつまでも揺れ続けることはなく、いつかは止まる。

　実際には「消耗する」ではなく、「**エネルギーは散逸する**」が正しい。ブランコの持っていたエネルギーはなくなったのではなく、どこかに散らばってしまったのである（たとえば取り付け部分が摩擦で熱くなっているはずだ）。そして飛び散ったエネルギーをもう一度ブランコに戻すのは難しい。どちらにせよ、我々は通常、「ずっと同じ運動が続く」という状況は見ることができない。しかし、原子の中の電子はずっと回り続けている——何が違うのか？

　この「回り続ける電子」のイメージに対し「エネルギーが保存してない」と感じるのは正しくない。「回り続ける」ということはエネルギーが一定であることであって、保存しているのである。我々は（ブランコの例のように）摩擦や空気抵抗によってエネルギーが散逸していく状況をよく目にしているため、ついつい「**エネルギーを補給しないと運動は続かないという考え違い**」をしてしまうのだが、**摩擦も空気抵抗もない世界では運動がいつまでも続いても不思議はない**[†10]。日常生活においては「摩擦のない世界」は「ほんとうは実現できないけどとりあえずあると考えて問題を解きましょう」という意味での「理想的状況」であるが、原子の話をしている時は、そういう状況は普通に実現するのである。太陽系の場合は地球が真空の宇宙空間を進んでいるという意味で「摩擦のない世界」になっている。だから地球はずっと同じように太陽の周りを回っているわけである（厳密には星間物質だの他の惑星からの影響などがあるので、地球の運動は恒常的ではない）。

　ではなぜ「原子核の周りを回る電子」のエネルギーは散逸しないのか。「摩擦がないから」は正しくない。確かに（他の物体とこすれあうという意味での）「摩擦」はないだろうが、ニュートン力学と電磁気学を使って計算すれば、電磁波の放射でエネルギーは散逸するという答が出てきてしまう。何か別の法則がエネルギーの散逸を禁止してくれないと現実の原子を説明できな

[†9] こういう素朴な質問は常に大歓迎である。疑問を持つところから物理が始まる。ここで「回っているから回っているんだよ」では科学は進歩しないのだ。

[†10] 「（第一種）永久機関は存在しない」という時の、いわゆる「永久機関」は「永久に動き続ける機関」ではなく「永久に仕事をし続ける機関」である。仕事をすればエネルギーが減るはずなのに減らないメカニズムを「永久機関」と呼ぶ（もちろんそんなものはない）。

い——では何が禁止するのか？？

　答を先に書いておくと、電子が「回り続ける」のは「回っているよりもエネルギーが低い状態がないから」である。さらには実は「物体が回っているということ自体が、マクロな物理でのみ現れる現象なのだ（実は電子は「回って」ない！）」とすら言える[11]。

　古典力学では、運動エネルギーが $\frac{1}{2}mv^2$ である。となればエネルギー最低の状態とは $v=0$ となるのが自然だ。よって、「動いている」すなわち $v \neq 0$ の状態がそこにあると言われれば「放置していたらエネルギーは散逸して $v=0$ の状態になるのではないのか」とか「なんとかして $v=0$ の状態にすることで、エネルギーを取り出せるのではないか」と考えてしまうところである。

　ところが量子力学では、エネルギー最低の状態でありながら、「運動エネルギーが0ではない」ことが起こり得るのである[12]。

　以上のことから推察できること。どうやらこの宇宙には、古典力学にはついてない、ある '**制限**'（上では「禁止」と述べたが）がついているらしい。その制限を与えるのが量子力学である。原子が存在することはもちろん、物質が結びついて分子を作ったりする理由も、量子力学から来る。

0.1.3 どうして磁石は磁石になるか？

　電磁気学で習うように、電場が正電荷から湧き出して負電荷に吸い込まれるように、磁場を湧き出したり吸い込んだりする「磁荷」は存在しない[13]。では磁場は何によって作られるのかというと、「電流」である。「永久磁石」は実は原子の中を流れる電流によって作られる[14]。

　この「磁場は電流によって作られる」という話をすると、

> その電流を作るエネルギーはどこから来たんですか？

---

[11] もちろんこれは、長い時間をかけて量子力学が建設された後だから言えることなので、いま何がなんだかわからなくてもとりあえずは読み進めて欲しい。
[12] 超伝導という「電気抵抗が0になって電流が永久に流れ続ける」状態もまた、このような（古典力学的常識からすれば）不思議な量子力学的現象である。
[13] 正確に言うと、本書出版の時点ではまだ見つかっていない。
[14] なお、この「電流」というのがまた曲者であって、古典力学的な類似物のない「電流」なのであるが……。

という素朴な質問、あるいはさらに発展して

> じゃあ、その電流を取り出して発電ができませんか？

という素朴な質問を受ける。「電流→動いている→ではそのエネルギー源は？」と考えてしまうと、確かにあっていい疑問である。この質問は、前節の原子に対する質問（「回転エネルギーはどこから来た？」「そのエネルギーは取り出せないか？」）と全く同じ種類の疑問であることはわかるだろう。

「量子力学は日常生活では実感できない」とよく言われる。前節で述べたように実は「原子が存在すること」そのものが量子力学のおかげなのではあるが「量子力学がないと原子が存在できない」と言われても確かにぴんとはこないかもしれない。

しかし（同じ種類の疑問が出てくるところからもわかるように）磁石の存在もまた量子力学のおかげである。そして、原子と違って磁石は目に見える。

ここで古典力学ではわからない、磁石の性質を考えてみよう。次の図を見て欲しい。

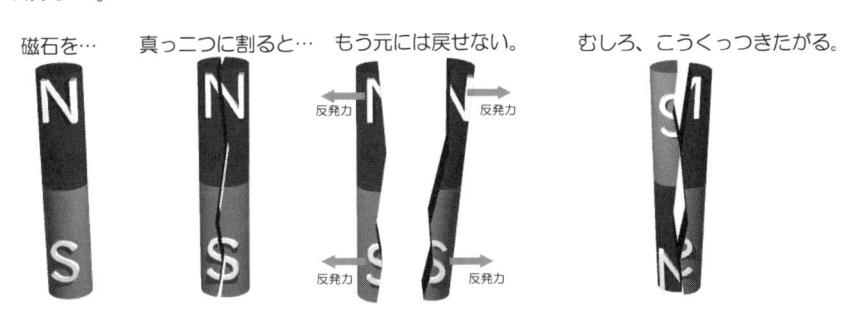

いったいなぜこの「いったん割れたらもう元に戻せない物体」である磁石（鉄でもフェライトでもネオジムでもいいが）が、1個の物体としてくっついていられたのか？——実際この謎を解くのはとても難しい。残念ながら本書の範囲ではこの謎を解明するところまではいけない。だが、古典力学的に考えている限り、この謎は解けないことは実感しておいて欲しい。

結局のところ、原子の場合と同様に、「電流が流れているのにエネルギーが最低状態である」という（古典力学的な眼からすると）不思議な現象が起こらないと、磁石は磁石にならない（なれない）。

さて、ではここで、この章を読む前に（心の中ででも）「古典力学ではダメ

なんですか？」と思っていた人に問いたい。

原子になぜ個性がないのかが説明できず――

電子がなぜ回り続けているのか理由がわからず――

磁石がなぜくっついていられるかも説明できない――

そんな古典力学だけで物理が終わっても、いいんですか？

「よくない」と思った人は、以下の頁に進もう。

0.2　量子力学で何が変わるのか？

では量子力学はどんなものなのか、ということを次の章から明かしていくわけであるが、特に0.0節で述べた古典力学の性質がどのように変わってしまうのかをここで書いておこう。もちろん、いきなり納得してもらおうとは思わない。まずは驚いてもらおう。そして納得してもらうために、この本一冊をかけて説明したい。

古典力学から量子力学へ移行する時の概念の飛躍は大きく分けて二つある。

0.2.1　状態を指定する方法

一つは、「もはや状態を $\vec{x}(t), \vec{p}(t)$ で指定することはできない」ことである。図で表現すると、次の図のようになる。

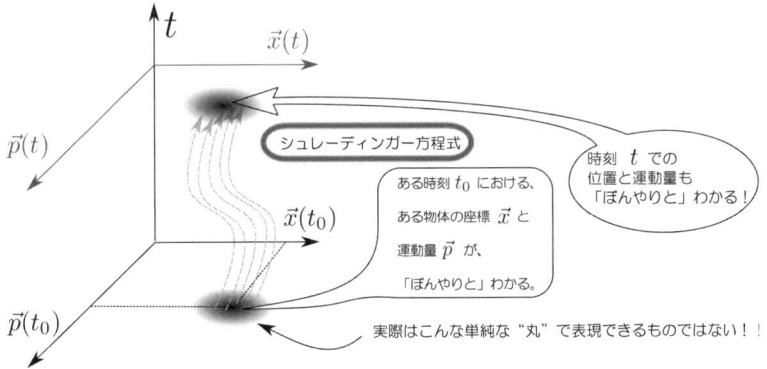

古典力学で行ったように「ある時刻の位置と運動量を $\vec{x}(t_0), \vec{p}(t_0)$ とする」ことが、量子力学ではできない[†15]。

古典力学の「状態」は位相空間[†16]内で「点」であったが、量子力学ではある程度の広がりをもった「面積」[†17]となるのである。どれぐらいの面積かというと、1次元の問題の場合、最低で $h \simeq 6.626068 \times 10^{-34} \mathrm{kg \cdot m^2/s}$ ぐらい[†18]である。この h なる量の正体はいずれ明らかになる。

その「位相空間の中の広がり」を（図に描いたようないいかげんな「丸」[†19]ではなく）数式で表現するのが、これから勉強することになる「波動関数 ψ」である[†20]。だから、このいいかげんな図を見ただけで「はは〜んそういうことか」などと納得するのはもってのほかである。これをどのように数式で表現するのか、なぜそうやると現象がうまく記述できるのか、それを具体的に（手を動かして）確認して初めて「そういうことか」と思わなくてはいけない。こういう図によるイメージは大事だが、それだけで物理になると思ってはいけない[†21]。

「状態をある一点できっちりと指定することができない」という点で、量子力学を古典力学から'後退'した学問であるかのごとく感じる人がいるかもしれない。「**古典力学なら位置も運動量もぴったりわかっていたのに、量子力学ではわからない。量子力学ができて、むしろ我々の知り得る情報が減ってしまった**」——というふうに。

しかし、よく考えてみて欲しい。「**古典力学ではわかっていた**」のはほんとうだろうか？——量子力学では状態にある程度の広がりが現れるが、その広がりは（図に描いたグラフの面積にして）$10^{-34} \mathrm{kg \cdot m^2/s}$ ぐらいである。平方根を取ると、10^{-17} である。人類は量子力学ができるより前の（原子や分

[†15] 時間変化し、その時間変化をなんらかの方程式を使って追いかけていける量のことを「力学変数 (dynamilcal variable)」というが、量子力学では $\vec{x}(t), \vec{p}(t)$ は力学変数ではなくなる。
[†16] $\vec{x}(t), \vec{p}(t)$ で張られた空間のこと。詳しくはA.7節を参照。
→ p327
[†17] 1次元問題なら位置と運動量という二つの量に広がりがあるので、2次元的広がりを持った面積となる。n-次元問題なら、状態は $2n$-次元の位相空間の中に広がる。
[†18] h の単位は、（同じ意味なのだが）J·s（ジュール秒）を使うことも多い。
[†19] 実際、こんなふうに丸で囲っただけでは、まったく「量子力学的状態」を表現できていない。
[†20] どのように表現されるのかは本書を読み進めながら身につけていっていただきたい。とりあえずここでは「先人達の努力により、古典力学的に状態を記述することが不可能であることがわかり、どう記述すればいいのかもわかったのだ」と認識しておこう。
[†21] 逆に、数式が計算できたからと言ってそれだけで物理になると思ってもいけない。両方ができて、それぞれを頭の中で結びつけることができなくては！

子すら見つかってない）時代に、10^{-17} m の精度で物体の位置を測ることはできたか？——あるいは 10^{-17} kg·m/s の精度で物体の運動量を測定できたか？——もちろん、どちらも答は「否」である。現代の我々にしたところで、日常生活においてはこんな精度で物体の運動を実感することなどできない[†22]。

結局のところ、古典力学が成立しているように見えたのは、人間の持っていた感覚が、量子力学が見えるほどの精度を持っていなかったからに他ならない。古典力学を精密だと感じてしまったのは、その限界がまだ見えてなかったからであって、量子力学が必要となったのは、我々の見る世界が広がったからである。原子や分子が「見える」ようなセンサを持つようになって初めて、古典力学の不満点が見え、量子力学の必要性が見えてくる。

当然それだけの精度を持った観測を行うためには、たくさんの綿密な実験とデータの蓄積が必要となってくる。いま我々が量子力学を安心して使うことができるのは、過去の物理学者たちの苦労の結果である。

0.2.2　波動関数の収縮

もう一つの（そしてこっちの方がずっとずっと深刻である）問題は、「もはや微分方程式だけで時間発展を記述することはできない」ことである。

1個の電子が壁にぶつかる時に何が起こるかを説明して、この問題について説明しよう。1個の電子を壁（スクリーン）に向かって投げるとしよう。

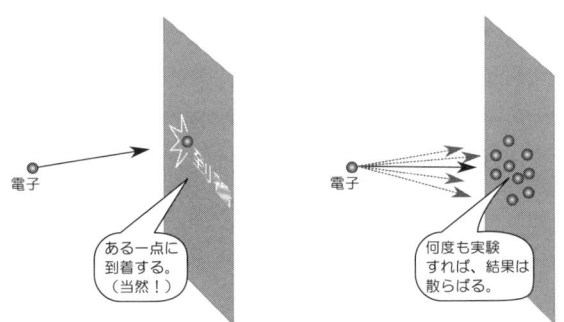

この実験を何度も繰り返せば上のような「散らばった場所に電子が到着しました」という結果が出る。古典力学では「電子の初期状態に散らばりがあっ

[†22] 念のため注意。ここで「10^{-17} は小さい」と述べたが、それはこの数字が小さいからではなく、我々が日常出会っている長さや運動量の大きさに比べて、10^{-17} m や、10^{-17} kg·m/s が小さいからである。次元のある量を数字の大小で判断するのは（単位を変えれば数字は変わるのだから）意味がない。

た」と考える。量子力学では（前節で述べたように）状態そのものに「広がり」があるわけだが、この実験の状況では、量子力学的「広がり」と古典力学的な「散らばり」の '差' には気付けないかもしれない。

ここで、量子力学と古典力学の差を実感するために、電子が通る途中にしかけを置いてみる。たとえば電子線バイプリズムの実験[†23]では、あいだに細いワイヤーを置き、そのワイヤーを正に帯電させておいた。そして量子力学的な電子の広がり[†24]がワイヤーをまたぐようにする。

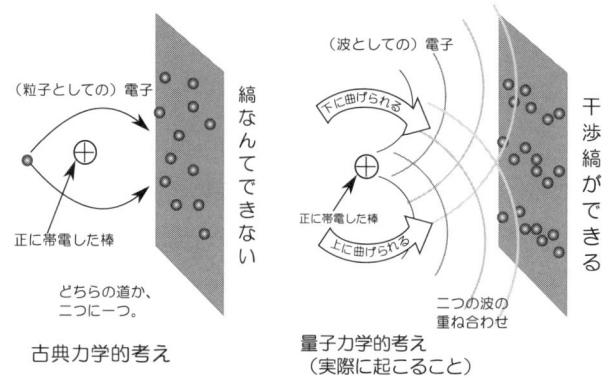

こうすることで、古典力学的考えであれば「上を通るか下を通るか」の二者択一的状況が、量子力学的考えであれば「広がった電子（？）がいったん二つに分かれたあとでもう一度出会う」[†25]状況が起こることになる。実際の実験結果では電子は単に広がっているのみならず、波としての本性（？）を顕し、スクリーンに干渉縞を作る。

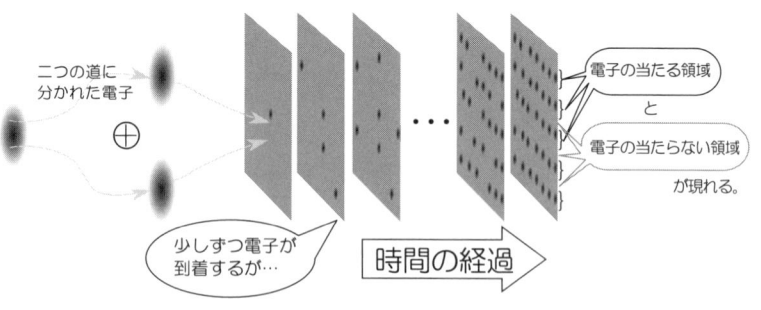

[†23] 1989年、日立製作所・中央研究所の外村彰らによる。
[†24] 量子力学での「広がり」は $10^{-34}\,\mathrm{kg\cdot m^2/s}$ 程度という話をしたばかりだが、電子の質量は $9.1 \times 10^{-31} \simeq 10^{-30}\,\mathrm{kg}$ 程度なので、広がりのサイズがかなり大きくなれるのである。
[†25] 「波がどうやって曲げられるの？？」という疑問については2.5節 まで読むとわかる。
→ p.47

電子は1個ずつスクリーンに到着する[†26]が、その到着点の分布は波の干渉同様の縞模様を見せる。電子は単に広がっていただけにとどまらず、「二つの波」が重なり合い、「波の山と波の山が出会い強め合う」「波の山と波の谷が出会い弱め合う」という干渉現象を起こす。しかし、電子は1個ずつやってきたのだから「2個あるいはそれ以上の電子が互いに影響を及ぼした」のではない。

たとえば前ページの図の一番左の状態（1個電子が到着した状態）で実験を終えてしまったとしても、その場所は必ず「電子の当たる領域」に属している（「干渉縞」はできていないが、確かに干渉はある！）。ゆえに、「広がった波動関数（これが何なのかはまだわからなくてよい）という存在であった電子が、壁に当たると、一点に到着した電子に変化する」のような現象が起こっていないと、実験結果を再現できないことになる。上と下に広がっていたはずの「電子の波」が、スクリーンに到着すると「一点に存在する電子」に変わってしまった。このように電子の状態が変化することを、「波がいっきに一点に縮まった」という意味で「波動関数の収縮」と呼ぶ。

つまり単なる「1個の電子が壁にぶつかった」という物理現象も、実は下の図の「量子力学的現象」のようなことが起こっていたのだと解釈されることになる。

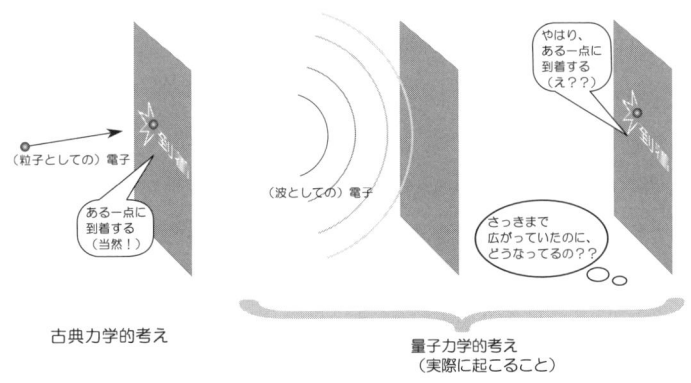

広がっていると解釈せねば干渉は説明できず、一方で一点に到着するのだから、その広がりが「収縮」すると考えてなくてはいけない。この収縮は、一

[†26] 前ページの図では、到着点が増えていく時間経過の様子を水平に並べて表示している。

瞬にして起こっていることであるから、微分方程式では記述できないし、どの場所に収縮するのかは確定していない。ただ収縮前の様子から、「どの場所に収縮するかの確率」が計算できるだけである。この意味で量子力学は古典力学が持っていた決定論的性格も、局所性も失っている[†27]。

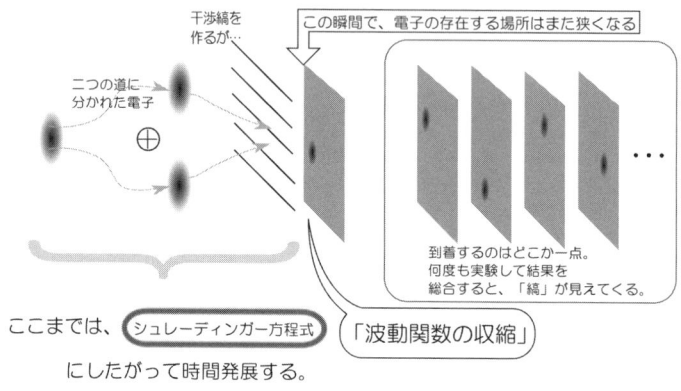

まとめると、古典力学的な世界は、量子力学の性質である

(1) 状態を力学変数の値だけで指定できない（位置や運動量を指定して状態を表現できない）。
(2) 状態の時間発展を微分方程式だけでは記述できない。

という2点によって破棄される[†28]。

さて、この第0章を読んで「何がなんだかわからない」という感想を持っている人もいるかもしれない。それは当然なのであって、この章の目的は「このよくわからない量子力学を勉強してみたい」という気持ちを持ってもらうことにある。ここで述べたいくつかの「腑に落ちないこと」については、以降の章の中で一つ一つ、もっと丁寧に話していくので、ここで投げ出さずに勉強しよう。時々「**電子が波で、確率しかわからないなんて、僕は信じませんからね！**」などと若い学生さんに言われることがあるが、これは信じる信じ

[†27] 「だから古典力学の方がいいのだ」と思ってはならない——ということは前節の最後で説明した通り。また逆に「量子力学ならどんなことでも起こせる」などと夢を見てもいけない。「決定論的でない」ことと「思い通りに制御できる」ことは、全く違うことだ。

[†28] この2点は別の次元のことであることに注意。(1)だけなら、決定論的性質も局所性も破棄されない。

ないという問題ではなく、「現実にそこにある実験結果をどう解釈するか」という問題である[29]。だから「信じる」とか「信じない」とか言う前に、まずは「そこにある実験結果」を知り、それを「どう解釈するか」をじっくりと考える必要がある。具体的な実験結果の観察と計算による推論なしに「信じない」などと言うのはフェアな態度ではない[30]。

ここでは「量子力学って面白そう」という期待と「量子力学って大変そう」という覚悟を（半々ぐらい）持った上で次の章に進んで欲しい。

──大丈夫。どっちの予想も裏切られないはずだ。

---- 本書の構成について ----

第1章は量子力学の始まりとなった光の粒子性に関して述べている。第2章も、電子の波動性について量子力学ができあがるまでのお話（前期量子論）についてである。「歴史はいいから量子力学がどんなものか早く知りたい」という人は飛ばしてもなんとか読めると思うが、飛ばした場合は後を読んでいくうちで気になったところは戻って参照して欲しい。

第3章から第6章までで、量子力学の基本的な部分を説明していくが、最初のうちは1次元空間での計算をする（3次元の計算は第12章から）。

第7章では「量子力学」で扱う「状態」をどのように考えるべきか、の一つの方法を示す。この考え方は必須ではないかもしれないが、量子力学を深く勉強する上では重要である。続く第8章から第11章まででは1次元の具体的な問題について考えていく。

第13章までで量子力学がどういうものなのか、だいたいはわかっていただけるはずである。

量子力学は古典力学の解析力学と密接な関係を持つが、解析力学の理解に不安がある人は、付録Aを見て欲しい。

なお、途中にいれた【補足】の部分は、最初読む時は飛ばして読んでもよい。

---

[29] もっとも、こうやってこっちに噛み付いてくるような元気な若い人は個人的には大好きである。
[30] 実験も推論もなしに「信じる」のは、同様に──いやもっと？──よくない態度である。

16　第0章　量子力学の門を叩く－古典力学では、ダメな理由

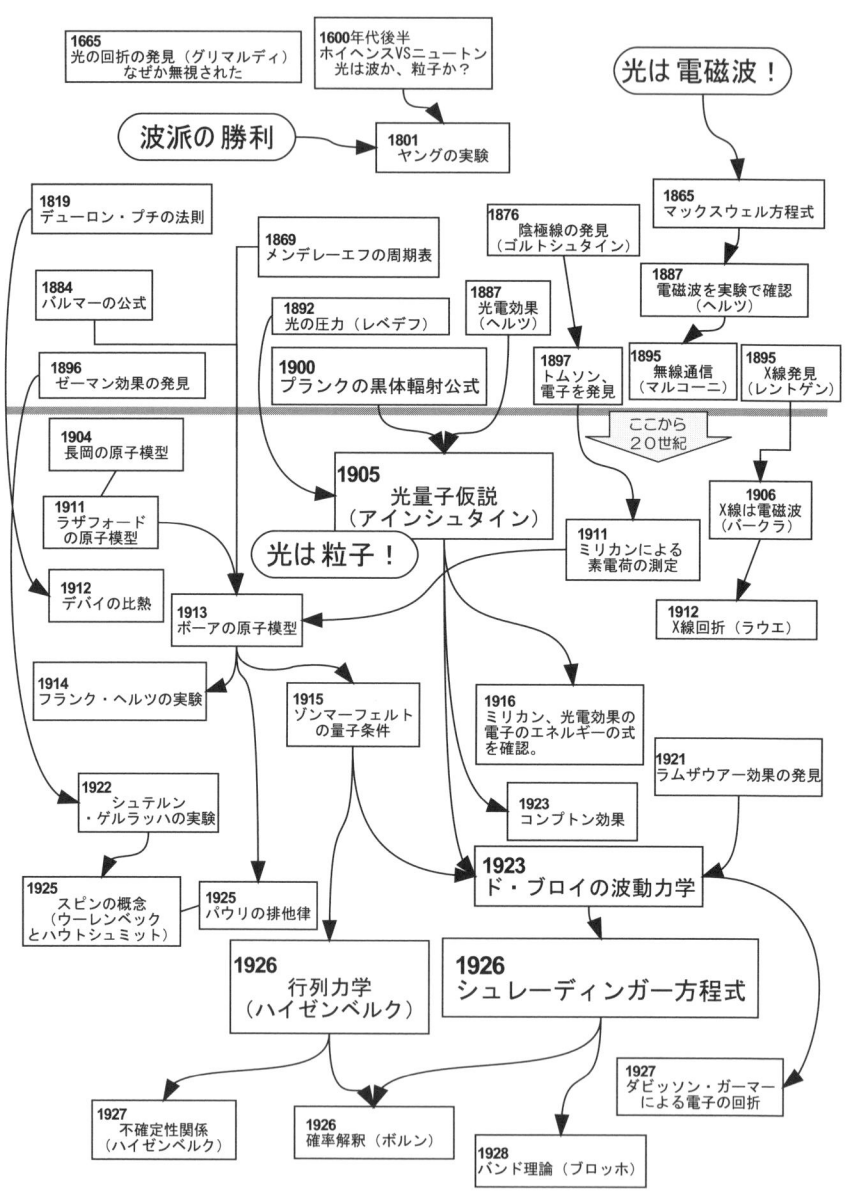

量子力学が完成するまでの歴史を図で表現した。

第 1 章

光の波動性と粒子性

「光は波と粒子の二重性を持つ」——まずはこの不思議な言葉の意味を理解するところから始めよう。

1.1 光は波か粒子か

量子力学ができるより前、18世紀頃に「光は波か粒子か」ということが論争になっていた。「光は粒子」派はニュートンなど、「光は波」派はホイヘンスなどが有名である。

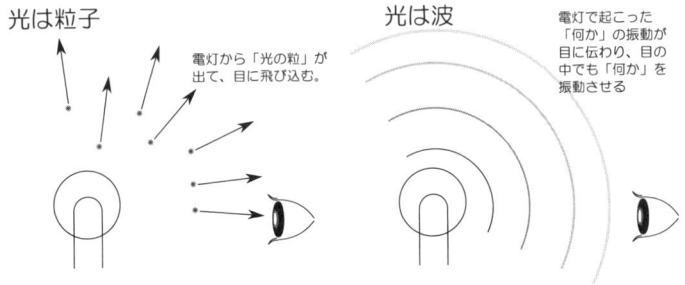

どちらの考え方でも、我々が何かを「視る」という現象は説明できる。「視る」ということを「目という感覚器官が（なんらかの形で）刺激される」物理現象だとして、その物理現象の詳細を考えていこうというわけである[†1]。

[†1] 実際、「視る」というのは単なる物理現象にしかすぎない。哲学的な意味を考えたりするのは、まずは「光が目に届く」というはどういうことなのか、その物理を考えてからでも遅くはない。

実際には光は波であると同時に粒子でもある（これが何を意味するのか、今はわからなくてよい。本書を読み進めながらじっくりと理解して欲しい）。
　我々の日常生活においては、光は波だとも粒子だとも感じないかもしれない。「光源から目に光がやってくる」という現象は、ただ単に「光が目に入る」というふうにしか感じないだろう。そこで、「では光とは結局何なのか？」と考えると、いろんな考えが出てくる。
　水だってH_2O分子という粒の集まりだが、日常の感覚では「粒でできている」などとは感じられない（それは結局、水の粒が小さすぎるからなのだが）。しかし、ブラウン運動を詳細に観察すれば、水がどれくらいの質量を持った分子で、どのように動き回っているのかを計算し確定できる。この計算を行ったのはアインシュタインで1905年のこと。同じ年にアインシュタインが光量子仮説を発表するのは偶然ではない。
　海で波を眺めていれば「あ、いま波が来た。次は引く」というふうに「振動」を感知できるが、光に関してはそんなことはできない。これは光の振動数があまりにも大きすぎる（可視光の振動数は10^{14}Hzのオーダー）ことと、我々はそもそも光の振動の変位であるところの電磁場を感知することができないことと、二つの理由がある。よって、光が波の性質を持っていることを確認するには、ヤングの実験や回折格子など、間接的な方法をとらねばならない。音だって空気の振動だが、実際に「振動」としては感知されない。
　水が分子でできていることを知るために精密な観測が必要になるように、光が波でかつ粒子であることを知るには、精密な観測が必要であった。

1.1.1　光の直進性

　「粒子派」だったニュートンが光を粒子であろうと考えた理由は、光が直進するという点であった。波なら広がるはずであり、「光線」という言葉で呼ばれるような形状にはならないと考えたのである。
　では、光は波であるのに、なぜ直進する（ように見える）のだろうか。波動説にしたがえば、光はいろんな方向に広がろうとするはずである。次ページの図のように、ある直線ABの上から出発した波が、ある一点Pにやってくるところを考えよう。波はこの図のずっと下から平面波としてやってきたので、AB上では位相がそろっていると想像して欲しい。点Pに実際にでき

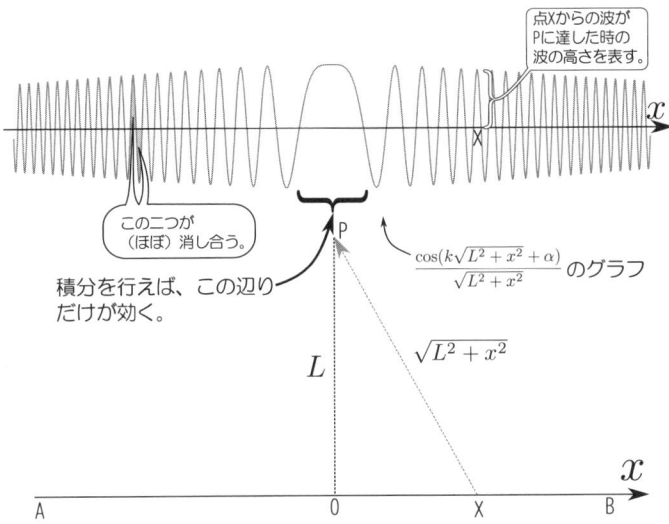

る波は直線 AB 上にある波から出た「素元波」の集まりである。

　直線 AB 上では波の位相はそろっている（山なら全部山、谷なら全部谷）が、そこから離れた点にやってきた時、線上から点 P までの距離 $\sqrt{L^2+x^2}$ の違いから、やってくる波の位相にずれが生じている（あるところからきた光は山、別のところからきた光は谷）。

　具体的には、x 軸上の原点から x 離れた場所から点 P にやってきた波は、波数を k とすると、位相 $\left(k\sqrt{L^2+x^2}+(\text{AB での位相})\right)$ を持ち、振幅は $\sqrt{L^2+x^2}$ に反比例して弱まっている[†2]。AB での位相を α とすれば、$\dfrac{\cos(k\sqrt{L^2+x^2}+\alpha)}{\sqrt{L^2+x^2}}$ という式で書ける（x が増加するとともに α は変化する）。図の上の方に描いてあるグラフの横軸はその波が AB 上のどの位置から来たのかを示し、縦軸はその波の高さである。

　波は干渉するので、山と谷がぶつかると互いに消し合う。上のグラフのようになっていると、真ん中付近（つまり、点 O 付近から発した波）をのぞいてはほとんどすべての波が消し合って消えてしまう。真ん中付近は位相（つまり距離）の変化が比較的緩やかなので足し算しても消されずに残る。実際

[†2] 距離に反比例して振幅が小さくなるのは、3次元の球面波の特徴。図は平面に書かれているが3次元的な波と考えて欲しい。

の計算は積分を使って行う[†3]。

特に波長が短いと、この振動がより激しくなり、消し合う可能性がより高くなる。結局、中央付近のあまり消し合わない波だけが、現実にこの場所にやってくる波だということになる。P点に来ている光はO点付近から来る光がほとんどであり、O点付近以外の光を消したとしてもP点に来る光はほぼ、変わらない。つまり、干渉による消し合いが終わった後を見ると「光はOからPへとまっすぐやってきた」ように見えてしまうのだ！！

「光が干渉によって消し合う」ことと「直進する」ことの関係を見るために、単スリットを通り抜けた後の光を考えよう。

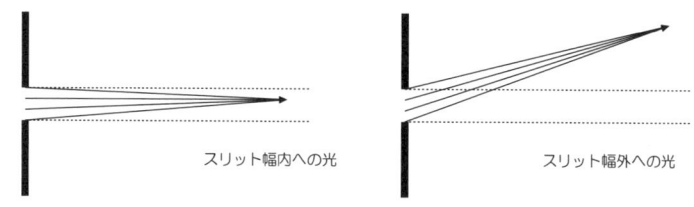

右側にやってくる光はスリットを通り抜けた光の和であるが、スリットの幅より外にやってくる光は、上で説明した、位相の変化の少ない部分を含まないので、互いに消し合ってしまう。スリット幅より内側については光がある程度消されずに残る。実際に計算してみると、波長が短い時には図の点線より外側での光の振幅はほとんど0になってしまうことが確認できる。

波長の長さとの関係を見よう。スリット幅外への光を、波長の短い場合と長い場合で比較してみる。

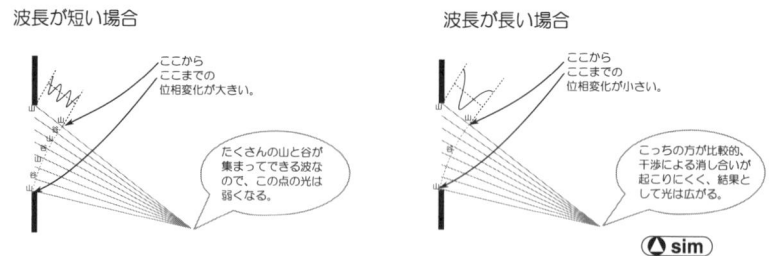

図のように、長波長の光の方がより広がる。この広がり具合は波の波長に比例するが、光の波長は10^{-7}mのオーダーであるから、cmからmm（10^{-2}m

---

[†3]「こんな積分難しそう」と思うかもしれないが、ここではとりあえず図を見て「真ん中だけが残りそうだ」という感触を持ってもらえばそれでよい。

から10^{-3}m）のオーダーのすきまを見ている日常において、広がりはほとんど見えない[†4]。光がこうも波長の短い波でなかったら、光が波であることは（ニュートンにとっても）疑問の余地がなかったに違いない。

　各点各点の波としての光は広がろうとするのだが、光全体の進む路から離れたところへ来た波は互いに消し合ってしまうので、全体としての光は広がることができない。厳密に言うと、少し広がっているのだが、その広がりが小さくて見えない[†5]。我々はついつい「光が直進するのはあたりまえで、理由など必要ないこと」と思ってしまいがちであるが、そこには光が（きわめて波長の短い）波であるがゆえの理由がある[†6]。

　後に光が干渉現象を起こすことがヤングの実験などで明らかになり、「光は粒子である」という考えは消え、「光は波である」と考えられるようになった。決定的なことにはマックスウェルが彼の電磁気理論を使って電磁波の存在を予想し、かつ電磁波のうち特定の波長を持つ波が光そのものであることがわかってしまった。このようにして19世紀までは「光は波である」と決着がついたと思われていた。

1.2　光の粒子性の顕れ

　ところが1900年、プランクが以下のようなことを主張する。

--- プランクの主張 ---

振動数νを持った光が外界とやりとりするエネルギーは、$h\nu$の整数倍に制限される。

　ここでhは**プランク定数**で、国際単位系(SI)での値は6.62607015×10^{-34}J·sである[†7]。プランクに続くいろんな研究により、光は1個あたり（プランク定数）×（振動数）というエネルギーを持った粒子（「**光子**」と名付ける）で

[†4] 一方、音の波長は1mのオーダーであるから、音の広がりは日常でもよくわかる。扉の陰にいる人でも部屋の中の話し声が聞こえるのは、音の広がりのおかげ。
[†5] これは、後で出てくる「波動関数（これが何なのかはまだわからなくてよい）で表される、波であるところの粒子が、なぜ直進するように観測されるのか」という疑問に対する答でもある。覚えておこう。
　→ p54
[†6] 光が屈折することにもここで示したのと同様の「波であるがゆえの理由」がちゃんとあるが、それは3.1.1節で説明しよう。
　→ p50
[†7] この値は2019年5月20日より定義値となった。プランク定数がこの値になるように、1kg（キログラム）の大きさが定められる。

できているとわかった。プランク定数は非常に小さいゆえに、通常我々が目にする光は、たくさんの光子の集まりでできている。

　プランクが何を考えたのかを説明する前に、そんな特殊な現象を見なくても日常生活にも現れている光の粒子性の例を話そう。

　夏に太陽の光を浴びると日焼けするが、冬に電気ストーブにあたっても日焼けすることはない。得られるエネルギーは同程度であっても、紫外線と赤外線では質が違う。古典的に見るとそれは振動数の違いであり、「紫外線の方が振動数が大きい（振動が速い）から、人間の体に化学変化を起こさせるのだ」という考えはできないのか？と思うかもしれないが、これではうまく現実を説明できない。光を光子の集まりとして考え、赤外線（振動数が小さい）は1個1個のエネルギーが低い光子でできており、紫外線は1個1個のエネルギーが高い光子でできていると考えた方が実験に合う。人間の体に化学変化を起こさせるのは、この光子1個1個の衝突だと考えるとこの現象が理解できる[†8]（演習問題1-1を参照せよ）。
→ p32

1.2.1　黒体輻射と等分配の法則

　プランクが研究していたのは黒体輻射（ふくしゃ）（または空洞輻射）と呼ばれる現象で、溶鉱炉の中の鉄の温度を、鉄の色から判定したいという欲求から始まった。「真っ赤に焼けた鉄」というと非常に熱いイメージであるが、実はさらに温度を上げると赤い色はむしろ薄くなり、白に近づく。溶鉱炉内の鉄は温度を上げていくに従って「赤→黄→白」と色を変えるのである。また恒星の色は「赤→橙→黄→白→青」という系列になっているが、これも低温から高温へという順番である[†9]。太陽の温度は6000Kぐらいだが、これは「黄色がかった白」ぐらいの色になる。

　熱せられる物質が何かによって、多少ではあるが出す光の分布（スペクトル）は変化する。たとえばりんごが赤いのは、りんごの表面が赤い光を主に反射するからである。いま考えたいのは「何度の物体はどんな光を出すか」

[†8] 念のために書いておくと、紫外線によって起こった化学変化が日焼けそのものではない。人間の体が紫外線によって起こされた化学変化に反応した結果が日焼けである。肌が黒くなるのは、人間の体の持っている防衛機構である。

[†9] 赤系統は「暖色」、青系統は「寒色」などと言われるが、実際の光はむしろ、温度が高くなると赤→青と変化する。これは恒星の色と温度の関係も同じ。

黒体輻射のグラフ

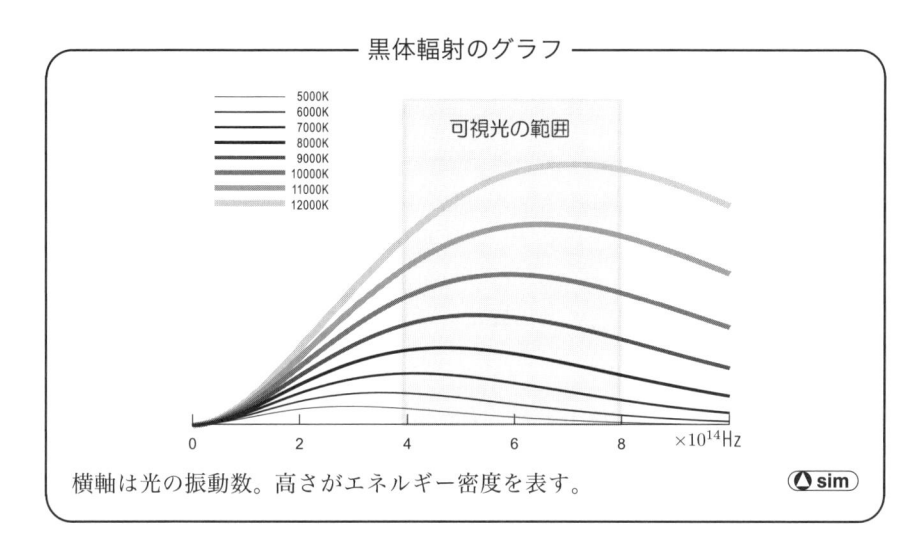

凡例:
- 5000K
- 6000K
- 7000K
- 8000K
- 9000K
- 10000K
- 11000K
- 12000K

可視光の範囲

横軸は光の振動数。高さがエネルギー密度を表す。

という問題であり、その問題にとって「物質による違い」は本質的ではない（物質の違いに左右されない部分こそが重要）。そこで「中に入っているのがどんな物質か」によらないように、中には何も入れないことにして「真空の空洞」がどのような光を出すかを考えてみよう、というのが「空洞輻射の問題」である[†10]。空洞は黒体[†11]でもあるので「黒体輻射」とも呼ぶ。

プランクの輻射公式

温度 T の空洞内の単位体積あたり、単位振動数あたりの輻射のエネルギー密度は、

$$\frac{8\pi h \nu^3}{c^3} \frac{1}{\exp\left(\frac{h\nu}{k_B T}\right) - 1} \tag{1.1}$$

となる。ここで k_B はボルツマン定数、h はプランク定数で、ν が光の振動数、c は光速度である。

この式（そしてグラフ）の大きな特徴は、エネルギーがある振動数でピー

[†10] 中に何にもないのなら光もなく真っ暗な筈、と思いたくなる人もいるかもしれないが、ここでは空洞内が電磁波で満たされて壁との間に熱平衡が成立したとしたら、という考えで空洞の電磁波を考えている。

[†11] 黒体とは「光を反射しない物体」のこと。名前は「黒体」だが「黒い物体」という意味ではない。光は（自分で出すのなら）出してもいい。他からの光を跳ね返さない。

クを迎え、それよりも高い振動数ではエネルギー密度が下がっていく（頭打ちになる）ことである。振動数νが大きいところでは$e^{\frac{h\nu}{k_\mathrm{B}T}} \gg 1$となって分母が大きくなることでエネルギー密度が0に近づく。

　プランクはこの公式を、まず実験結果に合うように作った式として思いつき、次にこの式が成立する理由を考えた。1900年の時点では、この式の意味するところは不明瞭な点を残していた。現代の目で考え直してみると、プランクのアイデアは「なぜ振動数が高くなるところでグラフが頭打ちになるのか」という点に、古典的な電磁理論では答えられなかった答を与えていることになる。

　電磁気学では頭打ちの理由を説明できない理由は、電磁気学における真空中の電磁場のエネルギー密度の式

$$\frac{\varepsilon_0}{2}|\vec{E}|^2 + \frac{1}{2\mu_0}|\vec{B}|^2 \tag{1.2}$$

が、振動数の値に何の制限もない式だからである。この式には電場と磁束密度は入っているがその振動数は入っていないから、高い振動数の電磁波が発生しエネルギーを得ることを妨げる理由は見つかりにくい[†12]。

　プランクの考えを（あくまで今風に）述べよう。彼はこの式がどこから出てくるのかを考え続けた結果「空洞内の電磁波と壁とのエネルギーのやりとりが'量子化'されているのでは？」という予想を立てた[†13]。すなわち、高い振動数の電磁波のエネルギー密度が下がる理由は「振動数がνである光と外界とのエネルギーのやりとりは$h\nu$を単位として行われる」からだと考えた（ただし、プランク本人は電磁場はあくまで連続的なエネルギーを持っていて、外部とのエネルギーのやりとりが$h\nu$という単位で行われると考えていた）。つまり高い振動数の光はエネルギーをやりとりする時の単位が大きいのだ、ということになる。金銭のやりとりに置き換えて言うならば、「低い振動数の光は100円玉や1000円札でもお金を受け取るが、高い振動数の光は10000円札でないと受け取らない」ということになる。外界は1000円札（だいたい$k_\mathrm{B}T$ぐらいのエネルギー）を用意して空洞内の電磁波にお金（エネ

[†12] 「高い振動数ということはX線やγ線であって、空洞の壁を透過してしまう」ということで高い振動数の電磁波が空洞内にないことを説明できるように思えるかもしれないが、それではプランクの式のスムーズな減衰を説明できない。

[†13] プランクは仮想的な「振動子」の存在を仮定し、その振動子のエネルギーが$h\nu$の整数倍だとした。

ギー）を配っているが、10000円札でないとお金を受け取らない高い振動数の光は分け前にありつけない[†14]。

　当時の常識ではエネルギーというのは1個2個と数えられるものではなかったので、プランク本人も含めて多くの物理学者がこの結果には大いに悩まされたようだが、1905年[†15]、アインシュタインは「**光量子仮説**」をとなえ、プランクの式は光が1個2個と数えられる「光量子」でできていることを示しているのだ、と説明した。アインシュタインの考えは1905年の時点ではすぐには受け入れられなかったが、それに続く実験がこの仮説の正しさを証明していくことになる。

1.2.2　光電効果

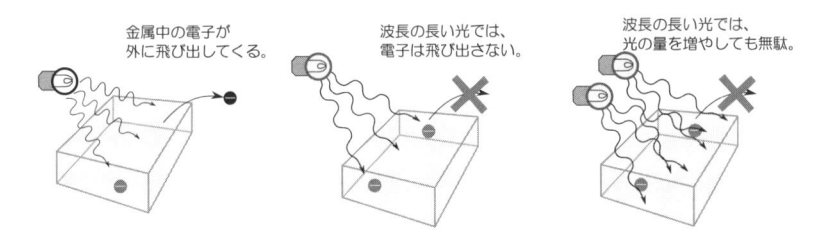

| 金属中の電子が外に飛び出してくる。 | 波長の長い光では、電子は飛び出さない。 | 波長の長い光では、光の量を増やしても無駄。 |

　アインシュタインが光量子の存在証拠としてあげたのが光電効果である[†16]。この現象は1887年にヘルツが発見し、1902年にはレナルトにより飛び出してきた電子のエネルギーが光の強さとは関係ないことが確認されていた。それは光（プランクの式とは違って、空洞内に閉じこめられた光ではない）が、まるで一定の単位のエネルギーを持ってきたかのごとく考えられる。しかも「ある一定の振動数（「臨界振動数」と呼ぶ）よりも振動数の小さい光を当てた場合、電子が全く飛び出してこない」という事実がわかっていた。

[†14] なお、同様に「エネルギーが分配されなくなる」という現象として「デューロン・プチの法則の破れ」が知られている。デューロン・プチの法則とは、固体のモル比熱がだいたい$3R$（Rは気体定数）になるという法則で、常温ではいい精度で成立する（そして、古典的には導出できる）のだが、温度が低くなると破れてしまう（比熱が小さくなる）ことが知られている。これは温度が低くなると（上の説明での）「配るお金の単位」k_BTが小さくなり、固体分子がエネルギーを受け取れなくなる、と解釈できる（アインシュタインとデバイによる固体比熱の理論）。

[†15] この1905年はアインシュタインがブラウン運動の原因を分子運動とする論文と、特殊相対論の論文を出した年でもあり、「奇跡の年」と呼ばれている。

[†16] 「アインシュタインは光電効果を説明しようとして光量子を導入した」と書いてある本が見かけられるが、アインシュタインの主たる目標はプランクの輻射式などの現象に光が量子だとする解釈を与えることにあり、光電効果は光量子仮説への補強の一つである。

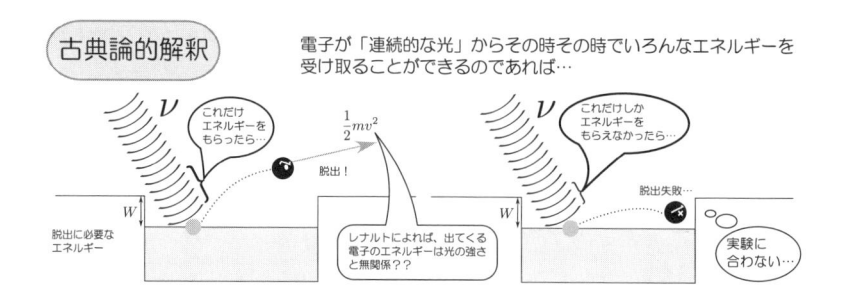

古典論的解釈

電子が「連続的な光」からその時その時でいろんなエネルギーを受け取ることができるのであれば…

これだけエネルギーをもらったら… → 脱出！
これだけしかエネルギーをもらえなかったら… → 脱出失敗…
実験に合わない…

レナルトによれば、出てくる電子のエネルギーは光の強さと無関係？？

この事実は「光が $h\nu$ というエネルギーを持って電子に吸収される。電子はそのエネルギーが金属の外に出るために必要なエネルギー（「**仕事関数**」と呼ぶ）より大きければ外に出る」と考えると説明可能である[†17]。

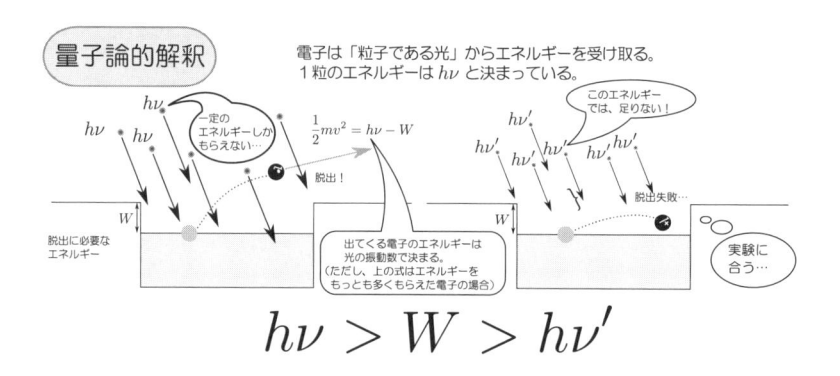

量子論的解釈

電子は「粒子である光」からエネルギーを受け取る。1粒のエネルギーは $h\nu$ と決まっている。

一定のエネルギーしかもらえない… → $\frac{1}{2}mv^2 = h\nu - W$ 脱出！
このエネルギーでは、足りない！ → 脱出失敗
実験に合う…

出てくる電子のエネルギーは光の振動数で決まる。（ただし、上の式はエネルギーをもっとも多くもらえた電子の場合）

$$h\nu > W > h\nu'$$

プランクの式と同様に、「光が電子に与えるエネルギーが '量子化' されているから」というのがこの問題の答になる。

$h\nu$ という単位をもったエネルギーの塊が降ってくると考えることで、振動数が低いと電子が出てこない理由も振動数が高い場合に出てくる電子のエネルギーが光の強さと無関係なことも、説明できる。図に描いたように電子のエネルギーはもっとも大きい場合で $\frac{1}{2}mv^2 = h\nu - W$ となるが、実際こうであることがミリカンにより実験で確認された（1916年——アインシュタインが光量子仮説を唱えてから11年かかっていることに注意！）。この実験結果

[†17] 電子が金属の外に出るのにエネルギーを要するのは、電子が外に出れば「正に帯電した金属」と「負に帯電した電子」が存在することになる（正負の電荷が引き離されることになる）からである。よって仕事関数は、原子のイオン化エネルギーと関係している。

で「光は粒子である」という考え方に向けて大きく前進することになる。

なお、「光量子」(light-quantum) というのは古い言い方で、現代では「光子」(photon) と呼ぶのが普通である。

【FAQ】光子は 2 個以上いっぺんに当たることはないのですか？
・・・・・・・・・・・・・・・・・・・・・・・・・・・・・・・・・・・・・・

「光子 1 個で電子を叩きだそうとするから臨界振動数が存在しているという結論になるが、2 個の光子からエネルギーをもらえば飛び出せるのではないのか？」（お金のたとえで言うと、「10000 円欲しいが 1000 円札しかくれないというのなら、10 枚ためればいいのではないのか？」）と疑問に思う人は数多い。つまり 1 個の光子では $h\nu < W$ なので外へ出れなくても、1 個の光子が当たることによって「通常よりも少しエネルギーが高くなった電子」にさらにもう 1 個光子が当たり、

$$2h\nu - W > 0 \tag{1.3}$$

になっていればいいのではないか、と。

まずそういうことが起こり得るかどうかをおおざっぱに考察してみよう。ただしここでの計算は（このページを読んでいる読者は量子力学をまだよく知らないのだから！）古典力学的に行う。

100W の電球のエネルギーのうち 10 % が光になっているとして、可視光（だいたい 10^{14}Hz ぐらいの振動数）の光子が 1 秒に何個出てくるかを計算してみると、

$$\frac{P(1s\text{当りのエネルギー})}{h\nu(\text{光子 1 個のエネルギー})} = \frac{10}{6.6 \times 10^{-34} \times 10^{14}} \simeq 1.5 \times 10^{20}\text{個} \tag{1.4}$$

である。この光子が 1/100 の確率で電子をたたき出せば、（素電荷を 1.6×10^{-19}C として）光電効果によって流れる電流が $1.5 \times 10^{20} \times (1/100) \times 1.6 \times 10^{-19} = 0.24$A となる（実際の実験でも流れる電流はこの程度である）。

実験している金属がアボガドロ数（6×10^{23}）個程度の原子（自由電子も同じぐらい）を含んでいることを考えると、1 個の原子にやってくる光子は 4000 秒に 1 個でしかない。一方、上で計算したように 6.6×10^{-20}J 程度のエネルギーをもらった電子は、

$$\sqrt{\frac{2E}{m}} = \sqrt{\frac{2 \times 6.6 \times 10^{-20}}{9.1 \times 10^{-31}}} \simeq 3.8 \times 10^5 \text{m/s} \tag{1.5}$$

程度の速さで走ってしまうことになるから、金属の端まで1m程度とすると 10^{-6} s ぐらいで金属の端に達する。そして仕事関数よりもエネルギーが少ないので、ポテンシャルの壁に跳ね返されてそこでせっかくもらったエネルギーを拡散させてしまう（おそらくは端に達するよりエネルギーが拡散する方が早いと思われるが、ここは時間を長めに見積もることにする）。平均で4000秒に1回しか当たらないものが 10^{-6} 秒の間に2回当たる確率は、10^{-19} 程度である。しかし光子は1秒で 10^{20} 個も出てくるのだから、1秒に10回ぐらいは「光子が2発当たる」ということが起こっていいことになる。だがそれでは電流としては $10 \times (1/100) \times 1.6 \times 10^{-19} = 1.6 \times 10^{-20}$ A にしかならないのである（うまく光子が当たったとして、外へ出てくる確率は先ほど同様1/100とした）。

　量子力学の勉強が進むと上で書いたような古典力学的予想より遙かにこの現象が起こりにくいことがわかる。というのは光子が2発当たることによって2段階に分けてエネルギーをもらうためには、いったん電子が「通常より少しエネルギーが高い状態」にならなくてはいけないが、金属内の電子の状態を考えると、そんな状態が存在しないことがあるからである。金属内の電子は、おそらく今この部分を読んでいる人の予想を大きく裏切る形で存在している。後で述べるエネルギーギャップについての話を参照。
→ p219

1.2.3　コンプトン効果

　電子にX線を当てて、反射してきたX線を観測する、という実験がある。コンプトンは1923年にこの実験を行い、X線の波長 λ（散乱前）と λ'（散乱後）と、散乱の角度 θ の間に、

$$\lambda' - \lambda = (定数)(1 - \cos\theta) \tag{1.6}$$

という実験式を得た[18]。この現象をX線も電子も古典力学的に解釈すると以下の図のように「X線という波が電子という粒子にエネルギーと運動量を与えた」と考えることになる。

---

[18] 「コンプトン効果」という言葉はもともと、散乱後のX線の波長が変化するという現象の名前である。「電子を跳ね飛ばす」ことがコンプトン効果なのではない。そもそもコンプトンがこの実験をした時は、電子の方の速度などは測っていない。

1.2 光の粒子性の顕れ

[図: 古典論的解釈。波長 λ の波が入射し、散乱角 θ で波長 λ'、より大きな角度で波長 λ'' に散乱される様子。電子が運動量 mv で角度 ϕ 方向に跳ね飛ばされる。$\lambda < \lambda' < \lambda''$。「散乱の角度が大きいと波長の伸びも大きい、という実験結果が出た。」]

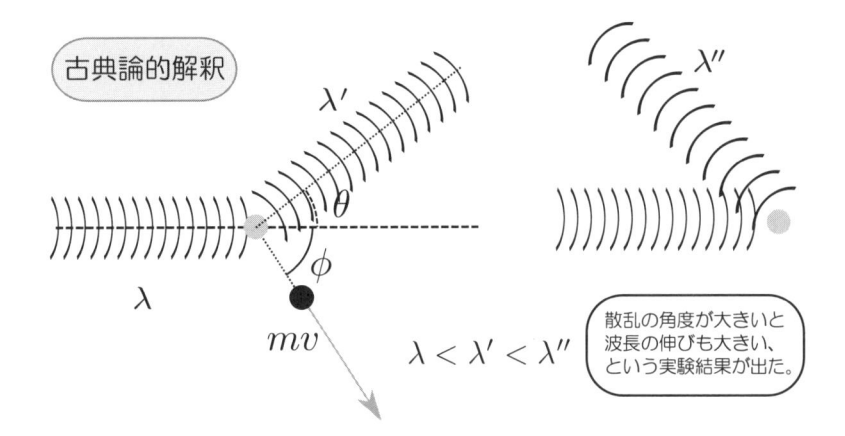

普段、光の運動量はなかなか実感できないが、古典的な波動としての光にも運動量はちゃんとあるので、電子を跳ね飛ばして散乱すること自体は古典的にも不思議なことではない[19]。

真空中の電磁場がエネルギー密度 $\rho_E = \dfrac{\varepsilon_0}{2}|\vec{E}|^2 + \dfrac{1}{2\mu_0}|\vec{B}|^2$ と運動量密度 $\vec{g} = \varepsilon_0 \vec{E} \times \vec{B}$ を持つことはマックスウェルの電磁理論から知られていた。平面波のように一方へ進行する電磁波の場合、この二つは $\rho_E = |\vec{g}|c$ という関係を持つ。この、運動量がエネルギーの $\dfrac{1}{c}$ 倍[20]という結果ゆえに、「光の運動量」は日常では認識されることがあまりない[21]。

しかし古典論の範囲でこの現象を解釈しようとすると困難に陥る。この「波長が伸びる $(\lambda < \lambda')$」という現象は、電子がX線によって跳ね飛ばされた結果、X線が反射する時のドップラー効果であると考えられる。となると、電子が速く進めばより大きなドップラー効果を起こし、波長がより伸びることになりそうである。

---

[19] この点を勘違いして「古典的な光には運動量がない」と思っている人がたまにいるがとんでもないことである。

[20] 通常の物質ではエネルギー $\dfrac{1}{2}mv^2$ に対し運動量 mv なので、運動量はエネルギーの $\dfrac{2}{v}$ 倍。

[21] 100W の光が運ぶ運動量は1秒あたり $\dfrac{100}{3.0 \times 10^8} \simeq 3.3 \times 10^{-7}$ kg·m/s で、1秒ごとに 3.3×10^{-2} g の物質が 1cm/s でぶつかってくるという状況に等しい。なかなか実感しにくい数字である。

古典論的解釈の難点

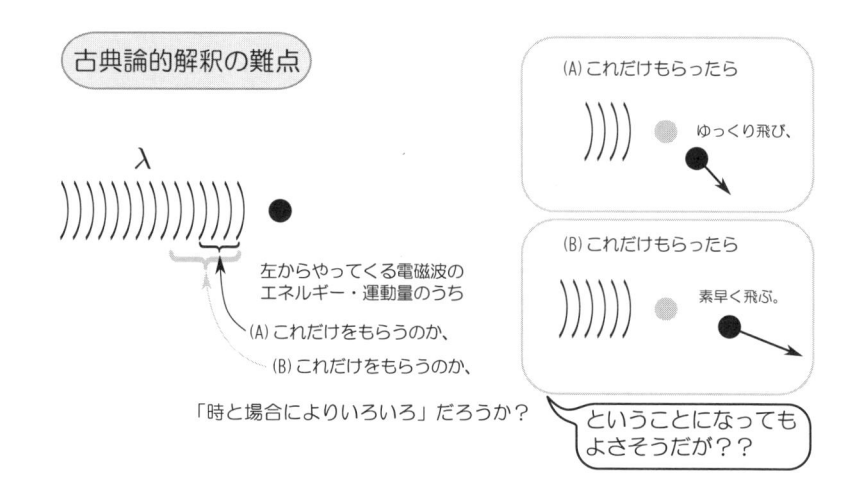

(A) これだけもらったら　ゆっくり飛び、

(B) これだけもらったら　素早く飛ぶ。

左からやってくる電磁波のエネルギー・運動量のうち
(A) これだけをもらうのか、
(B) これだけをもらうのか、
「時と場合によりいろいろ」だろうか？

ということになってもよさそうだが？？

　古典論では電磁場（X線）のエネルギーと運動量は連続的であり、その連続的なエネルギー（および運動量）のうちどの程度を電子がもらうかは「時と場合によりいろいろ」であってよさそうに思われる。つまり (1.6) の右辺の (定数) は定数ではなく「電子がどれくらいのエネルギーをもらったかによって変化する数」になるはずであった。ところが、(1.6) を見ると、ある角度で散乱された時の波長の伸びは一つに決まっている。

　となると、「電磁場のエネルギー・運動量のうち、どれだけを電子がもらうかは時と場合による」と考えてはいけなくて、「ある塊のエネルギー・運動量をもらうことしかできない」という制約がついていることになる。

　この制約を、「**電磁場は光子という粒子の集まりであり、エネルギーも運動量も光子1粒分ずつが電子とやりとりされる**」から来ると考えると、コンプトンの実験結果を正しく説明できる。

　一方向に進む電磁場の運動量は電磁場のエネルギーの $\frac{1}{c}$ なのだから、光子のエネルギーが $h\nu$ ならば、光子の運動量の大きさは $\frac{h\nu}{c} = \frac{h}{\lambda}$ と考えられることになる。こうして次ページの図のようにX線の散乱を「光子と電子の衝突現象」と捉えることができる。

1.2 光の粒子性の顕れ

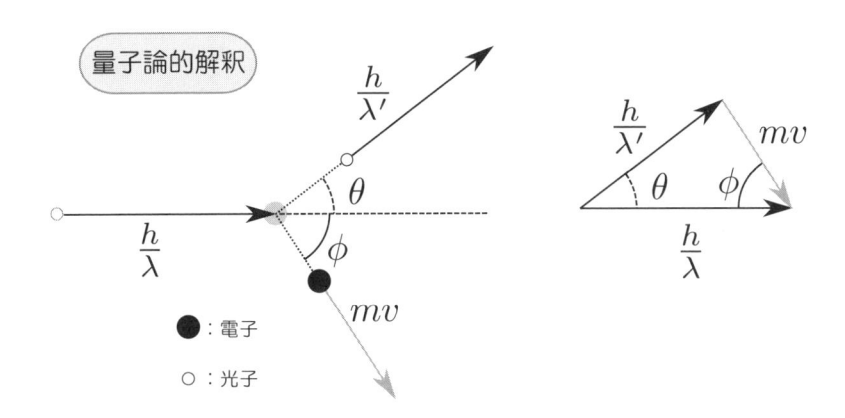

量子論的解釈

●：電子 ○：光子

これに従って計算すると、右上に書いた「運動量保存の三角形」に余弦定理を適用して、

$$(mv)^2 = \left(\frac{h}{\lambda}\right)^2 + \left(\frac{h}{\lambda'}\right)^2 - 2\frac{h}{\lambda}\frac{h}{\lambda'}\cos\theta \tag{1.7}$$

という式と、エネルギーの保存則

$$\frac{1}{2}mv^2 = \frac{hc}{\lambda} - \frac{hc}{\lambda'} \tag{1.8}$$

から、v^2 を消去することにより、

$$\lambda' - \lambda \simeq \frac{h}{mc}(1 - \cos\theta) \tag{1.9}$$

という式を得る。この $\frac{h}{mc} \simeq 2.4 \times 10^{-12}$m を「**コンプトン波長**」と呼ぶ。

--------------------------------- 練習問題 ---------------------------------
【問い 1-1】 (1.9) を導け。ただし計算中 λ と λ' はほとんど差がないので、$\frac{1}{\lambda} - \frac{1}{\lambda'}$ に比べて $\left(\frac{1}{\lambda} - \frac{1}{\lambda'}\right)^2$ は無視できるという近似が必要である。

ヒント → p337 へ　解答 → p345 へ

実験式(1.6)（→ p28）の（定数）はこの式の $\frac{h}{mc} \simeq 2.4 \times 10^{-12}$m とよく一致し、光がエネルギー $h\nu$、運動量 $\frac{h}{\lambda}$ の粒子の集合であるという考えへの支持がまた一つ加わった。

こうして光が波動性と粒子性の両方の面を持つことがわかった。更に時代

が進むことで、実は「波動性と粒子性の二重性」は光だけではなく、物質一般の持つ性質であることがわかる[†22]。

そのことを認識した結果、量子力学ができあがる。次の章では、どのような現象の観察から物質の波動性が発見され理解されるようになってきたかを話そう。

1.3 章末演習問題

★【演習問題1-1】

紫外線（波長が5×10^{-8}m）と赤外線（波長が1×10^{-6}m）の1個の光子の持つエネルギーと、水素原子のイオン化エネルギー13.6eVを比較せよ。これは何を意味するか。

（注：「eV」はエネルギーの単位で「電子ボルト」と読む。1eVは1.6×10^{-19}J。電子を1Vの電位差で加速した時に電子が得るエネルギーである。1keV（キロ電子ボルト）=1000eV, 1MeV（メガ電子ボルト）=1000keVなどもよく使われる）

ヒント → p1wへ　解答 → p10wへ

★【演習問題1-2】

100Wの電球が波長5.0×10^{-7}mの光を出しているとすると、この電球が1秒間に出している光のエネルギーは$h\nu$を単位として何個分と考えられるか。光速は3.0×10^{8}m/sである。

また、この電球の1メートル向こうで断面積0.5cm^2の瞳でこの光を見たとすると、瞳に飛込む光子は1秒に何個か。

ヒント → p1wへ　解答 → p10wへ

★【演習問題1-3】

0等星の照度は2.5×10^{-6}ルクスである。1ルクスは1平方メートルあたり$\frac{1}{683}$ワットのエネルギー流に対応する。人間の瞳の広さを0.5cm^2として、瞳から入ってくるエネルギーを考え、そのエネルギーが眼の水晶体（レンズ）によって視細胞1個（半径10^{-6}mの球とする）に集められたとする。光を波動と考えた場合、視細胞にある感光物質（ロドプシン）の1原子（半径10^{-10}mとしよう）が化学反応するエネルギー（5×10^{-19}Jとしよう）を得るには何秒かかるか。

ヒント → p1wへ　解答 → p10wへ

★【演習問題1-4】

「光が粒でやってきていて、連続的な波ではないから、星の光がまたたいて見えるのではないか？」と言った人がいる。これがほんとうかどうか、つまり星のまたたきは光子の粒子性によるものかどうかを考察せよ。

ヒント → p1wへ　解答 → p11wへ

[†22] なお、物質場がまた粒子性と波動性を併せ持つという性質を持っていることを考えると、光の粒子性を使わなくても光電効果やコンプトン効果などを説明できるという議論がある。しかしこれは一つの現象を説明するのに二通りの方法があると言っているだけで、けっして光（電磁場）が量子化されないと主張しているわけではないことに注意。現代の考え方としてはもちろん「両方を量子論的に扱え」ということになる。

第2章
物質の粒子性と波動性

この章では、量子力学誕生以前にどのように物質の粒子性と波動性が考えられていったかを示そう。

2.1 原子の安定性の謎

2.1.1 原子スペクトルの問題

　原子を構成する原子核や電子などの粒子が波動性を持つことの発見には、かなり長い時間を要している。光と同様に、「波動性を持つ」と言っても海の波と違って波打っているところが見えるわけではないので、たくさんの状況証拠から推測されていくことになる。後の時代から振り返ってみると、物質の波動性の証拠はまず、0.1.1節や0.1.2節で紹介した「原子の運動に対する制限」として得られている。といっても原子の中の運動もこれまた眼に見えない。もっとも顕著であった原子の運動に対する制限の状況証拠は、原子の出す光が元素固有のスペクトルを持つことであった[†1]。原子が特有の光を出すことの目に見える現象としては炎色反応などがある[†2]。オーロラが美しい色の光を放つのも、空気中の酸素や窒素などが出す光が特定の波長になっていることからである。0.1.2節で「原子の周りを回る電子のエネルギーは取り出せないのか」という疑問を書いたが、実は一部取り出せているのがこの光である（ただし、この光は何かによってエネルギーを与えられた後、元のエネ

[†1] 元素固有の光が最初に観測されたのは、「出す光」ではなく「吸収する光」の方であった（フラウンホーファー線）。

[†2] 「炎色反応なんて見たことないよ」と言う人もいるかもしれないが、花火の色はまさにこれである。同じ元素を入れておけば同じ色になるからこそ、花火師さんが花火に色をつけることができる。

ルギーに戻る時に出てくるのであって、自然発生しているわけではない)。

水素原子が出す光の波長 λ は

$$\frac{1}{\lambda} = R\left(\frac{1}{(n_1)^2} - \frac{1}{(n_2)^2}\right) \tag{2.1}$$

という式で書けることがわかっていた。R は「**リュードベリ定数**」と呼ばれる定数で、$R \simeq 1.097 \times 10^7 \simeq \dfrac{1}{9.113 \times 10^{-8}}$[1/m] という値を持つ。$n_1, n_2$ は自然数である ($n_1 < n_2$)。水素原子の出す光を調べると、n_1, n_2 にいろんな自然数を代入した結果として計算される波長の光が出ていたのである。$n_1 = 1$、$n_1 = 2$、$n_1 = 3$ に対応するスペクトルをそれぞれ発見者の名をとってライマン系列、バルマー系列、パッシェン系列と呼ぶ。$n_1 = 2$（バルマー系列）は可視光ぐらいの波長を持つ[†3]こともあってもっとも古く発見されている（1885年）。ライマン系列とパッシェン系列の発見は20世紀初めの、アインシュタインが光量子仮説を唱えた頃である。これらの系列は20世紀の初め頃までに発見されたが、それはあくまで実験・観測による発見であって、なぜこういう式が成立するかについては全く明らかにされていない。ただこの時点では、古典力学的にこの法則を導き出すことができないことが問題視されていたにすぎない。

ラザフォードが「原子核」の存在を実験的に見い出した[†4]ことはこの謎に拍車をかける。ラザフォードの実験では金箔に α 粒子が打ち込まれ、その α 粒子が非常に大きい角度（ほぼ反対まで）に散乱された。

使われた α 粒子は 8MeV ($= 8 \times 1.6 \times 10^{-13} = 1.3 \times 10^{-12}$J) ぐらいのエネルギーを持っていた。ここで金の原子核（電荷 $79e$）が（実際には違うが）点であると考えて、アルファ粒子（電荷 $2e$）がどの程度まで金の原子核に近づけるかを考えてみると、運動エネルギーがすべてクーロン力の位置エネルギーに変化してしまった時点で α 粒子は静止するから、

$$1.3 \times 10^{-12} = \frac{k \times 2e \times 79e}{r} \tag{2.2}$$

という式が成立し、$r = 2.8 \times 10^{-14}$m ぐらいまで近づけることになる。ただしこれは原子核が点だと考えた場合である。

[†3] ライマン系列は紫外線、パッシェン系列は赤外線。
[†4] 実際に実験を行い論文として発表したのは、ラザフォードではなく彼の助手であったガイガーとマースデン。

2.1 原子の安定性の謎

トムソンの原子

正電荷は、この範囲に広がって分布

アルファ粒子は、少しは曲がるが強い力を受けず、跳ね返されることもない

ラザフォードの原子

大きい角度で跳ね返される。

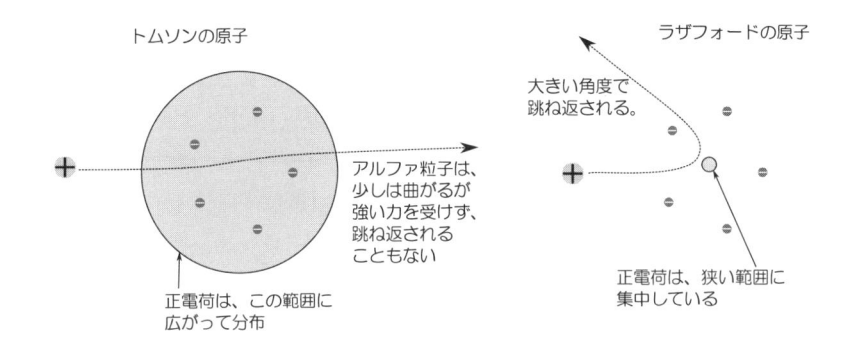

正電荷は、狭い範囲に集中している

当時考えられていた原子のモデルの主流はトムソンによるもので、原子の大きさである 10^{-10} m 程度の広がりを持って正電荷が分布し、その中に電子が入っているという考えであった。このモデルで考えると、アルファ粒子はクーロン力で遅くはなるが止められることなくやすやすと原子核内部に侵入し、（原子核内部になると電場はむしろ弱まるので）大きな力を受けることなくそのまま通過してしまうと考えられたのだが、実験結果はこの予想に反した。

こうして、「小さい原子核の周囲を電子が回る」状況を考えなくてはいけなくなったわけである。原子のサイズ 10^{-10} m は電子がどの程度の広がりで存在しているかを示す。問題はこの電子が、どうしてこんなところ（原子核の半径の 1 万倍もの距離だけ離れたところ）を回っているのか、である――半径の 1 万倍も離れたところと言われると、もっと近いところを回ってもよさそうに思えないだろうか？？

古典力学的に考えるとけっして電子の軌道に制限が出てこない。それはいま扱っている物理現象に登場する量の次元を考えることからもわかる。水素原子の半径を何かから計算できるとしよう。この場合、その計算結果に使える「材料」となる量は

	次元	MKSA 単位系での数値
換算質量 μ	[M]	9.1×10^{-31} kg
素電荷 e	[Q]	1.6×10^{-19} C
比例定数 k	[ML^3 T^{-2}Q^{-2}]	9.0×10^9 F^{-1}m

である。最後の「比例定数」というのは、クーロンの法則 $F = \dfrac{kQq}{r^2}$ に現れ

る比例定数kのことである。中央の枠の [　] に書いたのはそれらの量の持つ次元で、Mは質量、Lは長さ、Tは時間、Qは電気量を表す。単位で書くならば、[L] はメートル、[M] はキログラム、[T] は秒、[Q] はクーロンである。物理の計算では必ず次元がそろわなくてはいけない。この「次元」の概念が理解しにくい人は、まず「物理の計算では両辺の単位がそろわなくてはいけない」というところから理解していくとよい。クーロンの法則の比例定数の次元が上のようになるのは、$F = \dfrac{ke^2}{r^2}$ のように、e^2 [Q^2] を掛けて r^2 [L^2] で割ると力 [MLT^{-2}] になるからである。

　もし原子の半径が古典力学で計算できるとしたら、これらの量を使って作られた、長さの次元 ([L]) を持つ式が出てくることになる。しかし、どうやってもそんなことはできない。すぐにわかることは [L] を含むのは k だけだが、その k に含まれている [T] を消してくれる相手がどこにもいない[†5]ことである ([M] や [Q] は消してくれる相手がいる)。古典力学を使って計算している限り、原子核の周りを電子がみな同じ軌道で運動していることを導くことはできそうにない。

　こういうふうに定数の次元を考えることで物理的内容にある程度の目安をつけることを**次元解析**と言う。

【補足】 ╋╋╋╋╋╋╋╋╋╋╋╋╋╋╋╋╋╋╋╋╋╋╋╋╋╋╋╋╋╋╋╋╋╋╋╋
　次元解析は物理を考えるうえで強力なツールであり、いろいろな場面で役に立つ (たとえば次の問いを見よ)。なぜこのような考え方がうまくいくのか、その理由は以下のように考えられる。

　たとえば国際単位系 (SI) では長さの単位にメートル、時間の単位に秒、質量の単位にキログラムを採用しているが、使う単位を変えたとすると何が起こるかを考えてみよう。物理というのはどんな単位を採用しているかにかかわらず成立すべきである。だから、単位系を変更した時、物理量の間の関係式の左辺と右辺が同じ変更を受けなくてはいけないのである。たとえば、時間の基礎単位を秒から分に変えれば、時間を表す数値はすべて 1/60 になるだろう。この時、速度は (m/s から m/分に変わるから) 60 倍になる。加速度は (m/s^2 から m/分^2 に変わるから) $60^2 = 3600$ 倍になる。等加速度運動の式

$$x = x_0 + v_0 t + \frac{1}{2} a t^2 \tag{2.3}$$

[†5] 光速度 c (次元 [LT^{-1}]) を使って [T] を消したら？——と思うかもしれないが、それをやると原子半径よりずっと小さい値になる。

2.1 原子の安定性の謎

は、ちゃんと両辺の次元が合っており、t が 1/60 倍になると同時に v が 60 倍、a が 3600 倍になれば、等号は成り立つ。物理に出てくるどんな式もこのような関係を満たしている。このようにスケールの変換をした時に左辺と右辺が同じ変換を受けるためには「次元」がそろっていなくてはいけない。たとえば、

$$x = vt^2 \tag{2.4}$$

のような式があったとすると（もちろんこんな式はないのだが！）、時間の単位を秒から分に変えた時、左辺は変わらず右辺が 1/60 になってしまうことになる。物理の式として、こんな不合理な話はない。

「次元と単位って何が違うんですか？」という質問をよく受けることがあるが、以上のことからわかるように、次元は単位よりも深い、広い概念である。

✝✝✝✝✝✝✝✝✝✝✝✝✝✝✝✝✝✝✝✝✝✝✝✝✝✝✝✝✝✝✝✝✝【補足終わり】

---------------------------- 練習問題 ----------------------------

【問い 2-1】 ケプラーの第 3 法則（公転周期の自乗と軌道長径の 3 乗が比例する）を、惑星が円運動しているとして、次元解析だけから導け（この場合使える物理定数は万有引力定数 G である。太陽の質量 M も使ってよいだろう）。

ヒント → p337 へ　解答 → p345 へ

以上のような理由で、古典力学を使う限り、原子の中の電子が一定の距離のところしか回れないなどということは導出できない。このようなおかしな結果になった理由として、

「原子内部のようなミクロな領域では、マックスウェルの電磁理論やニュートン力学が成立しないのではないか？」

という考えが浮かぶ。実際、マックスウェルの電磁気学が成立しない状況があることは、プランクのエネルギー量子やアインシュタインによる光量子仮説で示されている。

そこで、プランクが「光のエネルギーの変化は $h\nu$ の整数倍である」としたように、h を含む条件をつけることでこの状況が回避できるのではないかと考えられる。ありがたいことに h の次元は $[\mathrm{ML^2T^{-1}}]$ であり、上の量と組み合わせることで次元が $[\mathrm{L}]$ になる量を作れそうである[†6]。

[†6] プランクは初めてプランク定数 h を導入した時、「次元のある物理定数が増えた」ことを一番喜んだという話である。余談であるが、k_B で表されるボルツマン定数（統計力学で出てくる）も、実際に最初に使ったのはプランクである。「k_B もプランク定数と呼ぶべきでは？」と言われて「私は定数二つもいらないよ」と答えたとか。

では、h を含めて考えると電子の軌道半径がどう予想できるかを示そう。上に書いたように、次元 [T] を消去せねばならない。k に $[\mathrm{T}^{-2}]$、h に $[\mathrm{T}^{-1}]$ が入っていることから、$\dfrac{h^2}{k}$ という組み合わせが必要である。この組み合わせだと、次元は $[\mathrm{MLQ}^2]$ であるから、$[\mathrm{MQ}^2]$ を消すために μ, e を使う。原子の半径に関係あるのは原子核と電子の相対運動であるから、相対運動を記述する時に出てくる質量である換算質量 $\mu = \dfrac{Mm}{M+m}$ を使って次元 [M] を消すのが妥当だろう（ただし、この場合の換算質量は電子の質量とそう大きくは違わない。換算質量の意味については、(ずいぶん先だが) 13.1節を参照せよ)。
$\to$ p290

以上から、原子半径（電子の円運動の半径）r は（無次元定数）$\times \dfrac{h^2}{k\mu e^2}$ という形になると考えられる。具体的な数字を入れてみると、この値は

$$\frac{h^2}{k\mu e^2} = \frac{(6.6 \times 10^{-34})^2}{9.0 \times 10^9 \times 9.1 \times 10^{-31} \times (1.6 \times 10^{-19})^2} = 2.1 \times 10^{-9}[\mathrm{m}] \quad (2.5)$$

となる。この値は水素原子の半径よりちょっと大きいのだが、実は次の節で出てくるボーアの量子条件というのを使って計算すると、この答えには無次元定数として $\dfrac{1}{(2\pi)^2} \simeq 0.0253$ が掛かり、$5.3 \times 10^{-11}\mathrm{m}$ という答えが出て、現実の水素原子半径ぐらいになるのである。この値

$$\frac{h^2}{4\pi^2 \mu k e^2} = \frac{\hbar^2}{\mu k e^2} \quad (\hbar = \frac{h}{2\pi}) \quad (2.6)$$

を**ボーア半径**と呼ぶ。今後よくこの $\dfrac{h}{2\pi}$ という組み合わせが登場するので、h の上の方に横線を引っ張った記号を使って、$\hbar = \dfrac{h}{2\pi}$ と書くことにする。$\hbar$ は「**エッチバー**」と読む。「**ディラックの h**」と呼ばれることもある。

この節で述べたのは「プランク定数を使って次元解析すると原子半径が出せる」ことだが、むしろ逆に「プランク定数がなかったら原子半径に関しては全く手がかりが得られない」ことを感じ取ってもらいたい。実際の量子力学の発展の歴史においては、いろいろなやり方で原子の安定性の問題を解こうと苦労がされた。その上で「何か新しい物理を構築しない限り原子の存在を説明する方法はない」ことが物理学者たちの共通認識となり、その先にボー

2.2 ボーアの原子模型

2.2.1 量子条件

結局、原子の安定性を説明する方法には、古典力学にプランク定数hを含むような条件を付け加える必要がある。

ボーアはその条件として、電子が円運動している場合について

---- ボーアの量子条件 ----
$$\mu v \times 2\pi r = nh \quad (n = 1, 2, \cdots) \tag{2.7}$$

という条件を選んだ[†8]（nは自然数）。

古典力学の運動方程式

$$\mu \frac{v^2}{r} = \frac{ke^2}{r^2} \tag{2.8}$$

と連立させることで、半径rが求まる。具体的には、この二つからvを消去するために、(2.7)を自乗して(2.8)を辺々割り、

$$\frac{\mu \frac{v^2}{r}}{(\mu v \times 2\pi r)^2} = \frac{\frac{ke^2}{r^2}}{(nh)^2}$$
$$\frac{1}{4\pi^2 \mu r^3} = \frac{ke^2}{n^2 h^2 r^2} \tag{2.9}$$
$$\frac{n^2 h^2}{4\pi^2 \mu k e^2} = r$$

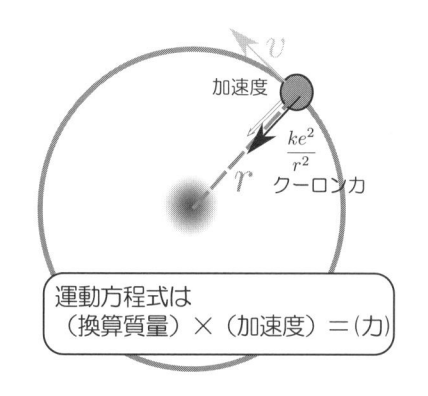

という式が出る。電子の回転の半径が、$\dfrac{h^2}{4\pi^2 \mu k e^2} \simeq 5.29 \times 10^{-11}\mathrm{m}$（これは

[†7] ボーア自身は博士論文において古典力学では反磁性（ある種の物質が外部磁場中ではそれとは逆向きの磁場を作る現象）が説明できないことを証明している。後にこれもまた、量子力学的現象であることがわかった。たった一つの現象だけで量子力学が支持されているわけではない。

[†8] 実際のボーアの出発点は光の場合の$E = h\nu$を真似した、$E = -\dfrac{1}{2}h\nu$であった。電子は原子に束縛されており全エネルギーは負なので、負の係数がつく。

前に出てきたボーア半径)に自然数の自乗を掛けたものになることがわかる。
→ p38
電子の持つ全エネルギーは

$$\underbrace{\frac{1}{2}\mu v^2}_{\text{運動エネルギー}} \underbrace{- \frac{ke^2}{r}}_{\text{位置エネルギー}} \tag{2.10}$$

であるが、(2.8) から $\mu v^2 = \dfrac{ke^2}{r}$ という式を作って代入すると、

$$\underbrace{\frac{1}{2}\frac{ke^2}{r}}_{\frac{1}{2}\mu v^2} - \frac{ke^2}{r} = -\frac{ke^2}{2r} \tag{2.11}$$

となる[†9]。r はすでに求まったから、全エネルギーは

$$E_n = -\frac{2\pi^2\mu k^2 e^4}{n^2 h^2} = \frac{E_1}{n^2} \quad \left(E_1 = -\frac{2\pi^2\mu k^2 e^4}{h^2}\right) \tag{2.12}$$

である。E_1 の値は -2.18×10^{-18} J であり、電子ボルト (eV) という単位[†10]で測ると、-13.6eV となる。

こうして半径とエネルギーは「量子条件」によって制限され、自由ではなくなった。これによって水素原子の個性が消滅するわけである（正確に言うと、$n = 1, 2, \cdots$ という数字だけは選べる）。

この式から、電子が $n = n_2$ の軌道から $n = n_1$ の軌道へと移動した時のエネルギー差を計算し、ちょうどそれだけのエネルギーを持った光子を放出すると考えると、

$$h\nu = \frac{E_1}{(n_2)^2} - \frac{E_1}{(n_1)^2}$$
$$\frac{hc}{\lambda} = -\frac{2\pi^2\mu k^2 e^4}{h^2}\left(\frac{1}{(n_2)^2} - \frac{1}{(n_1)^2}\right) \tag{2.13}$$
$$\frac{1}{\lambda} = \underbrace{\frac{2\pi^2\mu k^2 e^4}{h^3 c}}_{=R}\left(\frac{1}{(n_1)^2} - \frac{1}{(n_2)^2}\right)$$

[†9] このような周期運動において、位置エネルギーが運動エネルギーの負の定数倍になることは非常によく起こる（一般的証明もあり「ヴィリアル定理」と呼ばれる）。
[†10] 電子が 1V の電位の場所にいる時に持つ位置エネルギーを -1eV とする（電子の電荷が負なのでマイナス符号がつく）。1eV$=1.6 \times 10^{-19}$J である（この数字は素電荷）。

となり、$\dfrac{2\pi^2\mu k^2 e^4}{h^3 c}$ がリュードベリ定数 R だとすれば、(2.1)が出てきた（もちろん、これを R とすることは数値的にも一致するのである）。

この「$n=n_2$ の軌道から $n=n_1$ の軌道へ」は、運動方程式によらない変化であるから、「変化」よりは少し高級（？）な言葉を使って「**遷移**」(transition)と呼ぶ。0.2.2節で述べた「波動関数の収縮」の例と言える。

2.2.2 ボーア・ゾンマーフェルトの量子条件

ボーアの量子条件は円軌道に対する条件であったが、もっと一般的に使える条件として考えられたのが

―― ボーア・ゾンマーフェルトの量子条件 ――

$$\oint p_i \mathrm{d}q_i = nh \quad (n=1,2,\cdots) \tag{2.14}$$

q_i は一般座標、p_i はそれに対応する一般運動量。$\oint$ は一周分の積分を表す（i に関して和はとらない！）。

である[†11]。

この式の q, p は一般座標と一般運動量であるから、ボーア模型の場合は角度変数 ϕ とそれに対する運動量（つまり角運動量）p_ϕ と考える（動径方向の運動量 p_r は円運動では0だから考えない）ことができて、

角運動量保存則より、p_ϕ は一定

$$\begin{aligned}\int_0^{2\pi} p_\phi \mathrm{d}\phi &= nh \\ 2\pi p_\phi &= nh \\ p_\phi &= n\dfrac{h}{2\pi} = n\hbar\end{aligned} \tag{2.15}$$

という式（角運動量は $\hbar$ の自然数倍）になる。

古典的に電子が楕円軌道を描いている時、原子核に近いところでは運動量が大きく、遠いところでは運動量が小さくなるであろうことが予想される。

[†11] この形の式がよく書かれるが、実際には $\oint p_i \mathrm{d}q_i = \left(n+\dfrac{1}{2}\right)h$ のように、$\dfrac{1}{2}h$ だけずれることもある。

ボーア・ゾンマーフェルトの量子条件は、p が変化しながらの積分にも対応している。

楕円軌道の場合、r 方向の運動量もあるので、$\oint p_r \mathrm{d}r = n'h$ という条件がつくのでは？——と考えたくなる。

エネルギー保存則

$$\frac{1}{2\mu}(p_r)^2 + \frac{1}{2\mu r^2}(p_\phi)^2 - \frac{ke^2}{r} = E \quad (\text{ただし、} E \text{は負の定数}) \tag{2.16}$$

と、角運動量保存則

$$p_\phi = L\,(\text{一定}) \tag{2.17}$$

があるので、

$$p_r = \pm\sqrt{2\mu E + \frac{2\mu ke^2}{r} - \frac{L^2}{r^2}} \tag{2.18}$$

として、

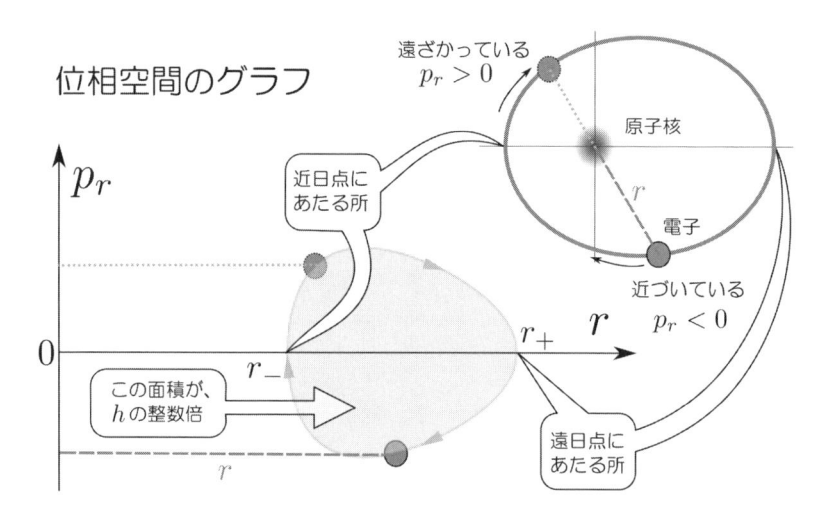

位相空間のグラフ

（図：位相空間のグラフ。p_r-r 平面における閉曲線。r_- は近日点にあたる所、r_+ は遠日点にあたる所。この面積が h の整数倍。遠ざかっているとき $p_r > 0$、近づいているとき $p_r < 0$。原子核のまわりを電子が楕円軌道で運動。）

のように位相空間のグラフを描いて、積分

$$\oint p_r \mathrm{d}r = \pm \oint \mathrm{d}r \sqrt{2\mu E + \frac{2\mu ke^2}{r} - \frac{L^2}{r^2}} = \pm L \oint \mathrm{d}r \sqrt{\frac{2\mu E}{L^2} + \frac{2\mu ke^2}{L^2 r} - \frac{1}{r^2}} \tag{2.19}$$

を行う（円運動であれば $r_+ = r_-$ となってこのグラフの面積は 0 となる）。

2.2 ボーアの原子模型

【補足】✛✛✛✛✛✛✛✛✛✛✛✛✛✛✛✛✛✛✛✛✛✛✛✛✛✛✛✛✛✛✛✛

根号の前の複号 $\pm$ は r が増加して（$dr > 0$）いる時 $+$、減少して（$dr < 0$）いる時に $-$ を取るから、全体として $\pm dr$ が常に正になるように計算される。(2.19) 式の根号の中身 $2\mu E + \dfrac{2\mu k e^2}{r} - \dfrac{L^2}{r^2}$ が 0 になる条件から作った 2 次方程式

$$2\mu E r^2 + 2\mu k e^2 r - L^2 = 0 \tag{2.20}$$

の解となる二つの地点 $r = r_\pm = \dfrac{-\mu k e^2 \pm \sqrt{\mu^2 k^2 e^4 + 2\mu E L^2}}{2\mu E}$（惑星の運動であれば遠日点と近日点に対応する）で $p_r = 0$ となる（重解の時が円運動である）。一周の間に、r は r_- から r_+ までの範囲を 2 回行き来することになるので、計算すべき積分は

$$2L \int_{r_-}^{r_+} \sqrt{\dfrac{2\mu E}{L^2} + \dfrac{2\mu k e^2}{L^2 r} - \dfrac{1}{r^2}}\, dr \tag{2.21}$$

である。この積分はちょっとめんどうではあるが $r_\pm$ を使って書き直してから実行すると（演習問題 2-4 を見よ）、
→ p.49

$$2L \int_{r_-}^{r_+} \sqrt{\left(\dfrac{1}{r_+} - \dfrac{1}{r}\right)\left(\dfrac{1}{r} - \dfrac{1}{r_-}\right)}\, dr = L \left(\pi \dfrac{r_- + r_+}{\sqrt{r_- r_+}} - 2\pi\right) \tag{2.22}$$

という解が出る。$r_+ + r_- = \dfrac{ke^2}{-E}$, $r_+ r_- = \dfrac{L^2}{-2\mu E}$ を代入して、

$$L \left(\pi \dfrac{\frac{ke^2}{-E}}{\sqrt{\dfrac{L^2}{-2\mu E}}} - 2\pi\right) = n' h$$

$$\pi k e^2 \sqrt{\dfrac{2\mu}{-E}} - \underbrace{2\pi L}_{=nh} = n' h \tag{2.23}$$

となる（最後では、$L = n\hbar$ だったことを使った）。結局、

$$\pi k e^2 \dfrac{\sqrt{2\mu}}{\sqrt{-E}} = (n + n') h$$
$$2\pi^2 \mu k^2 e^4 \dfrac{1}{-E} = (n + n')^2 h^2 \tag{2.24}$$
$$E = -\dfrac{2\pi^2 \mu k^2 e^4}{(n + n')^2 h^2}$$

となって、楕円軌道の場合もエネルギーは量子化され、しかもその式は円軌道の場合の n を $n + n'$ に置き換えるという、非常に簡単な結果となっている。つまり楕円軌道であっても、水素原子の電子の持つエネルギーは $E = \dfrac{E_1}{(\text{自然数})^2}$ の形にまとまるのである。

✛✛✛✛✛✛✛✛✛✛✛✛✛✛✛✛✛✛✛✛✛✛✛✛✛✛✛✛✛【補足終わり】

こうして、水素原子の持つエネルギーを（実験に合うように！）求める方法がわかった。

この積分 $\oint pdq$ は、いわば「位相空間の中の広がりの面積」を計算していることになる[†12]。0.2.1節で、古典力学的状態は位相空間の点だが、量子力学的状態は位相空間内では広がりがあることを述べたが、この面積 h[†13]こそがその広がりである。ボーアやゾンマーフェルトがこの条件を出した時点ではこの点は明確ではなく、h は「粒子の位相空間での軌道が描く面積」であったが、この後の量子力学の発展で、粒子は位相空間の中で広がりを持って存在するということがわかってきた（これが後の不確定性関係につながる）。

ボーア・ゾンマーフェルトの条件はこの段階では「手で付け加えられた」条件にすぎない。しかしこの条件は非常にうまく水素原子の電子状態を表現していたのである。ただ残念なことには、この積分は周期的な運動に対してしか意味がない。

2.3　ド・ブロイの考え

さて、ここまでのお話はすべて「**古典力学に新しい制限条件を付け加える**」ことで現象を説明しようとしていた。ここからは視点が大きく変わる。むしろもっと大胆に、「**古典力学ではない新しい力学を考えて、その新しい力学の中で状況に応じて古典力学が成立しているようにみえる**」とすることで現象を説明しようとする[†14]。

1924 年、ド・ブロイは彼の博士論文で、「**波だと思っていた光に粒子性があるのなら、粒子だと思っている電子などの物質にも波動性があるのではないか？**」という考え方[†15]から物理的考察を行った。

コンプトン効果などの結果から、光が「エネルギー $h\nu$、運動量 $\dfrac{h}{\lambda}$ を持つ粒子」であることはわかってきていたから、ド・ブロイは光の場合の類推とし

[†12] 位相空間の面積は座標変換を行っても変わらない量である。だから、$= nh$ とすることに普遍的意味がある。

[†13] 1 次元問題の場合。n 次元の問題なら h^n になる。

[†14] 科学の発展において、古い理論に小さな修正を加えていくことで現象を説明しようとしてもすっきりしない、という時には新しい考えを導入していくことが必要になる。天動説は「周天円」という複雑な機構を使って惑星の（見かけの）運動を記述しようとしたが、「惑星が楕円軌道している」という新しい考えのおかげで複雑な機構は消失する。ボーアの量子条件についても、ここで学ぶド・ブロイの考えのおかげでいっきに筋の通った説明が可能になるのである。

2.3 ド・ブロイの考え

て、電子などにも（Vは位置エネルギーとして）

$$\frac{1}{2}mv^2 + V = h\nu, \quad mv = \frac{h}{\lambda} \tag{2.25}$$

という対応関係をつけた。そして、この $mv = \frac{h}{\lambda}$ という条件が、ボーアの量子条件に（波動の概念を使った）物理的理由を与えることに気づいた。

ボーアの量子条件 $mv \times 2\pi r = nh$ に、$mv = \frac{h}{\lambda}$ を代入してみると、

$$\frac{h}{\lambda} \times 2\pi r = nh$$
$$2\pi r = n\lambda \tag{2.26}$$

となり、「円周 $2\pi r$ が波長 λ で割り切れる」という条件になる。この式の n が自然数でないと、一周回ってきた「物質波」がうまくつながらない。

したがって量子条件とは「円周の上で波がきれいにつながって定常波になれる条件」だったことになる。

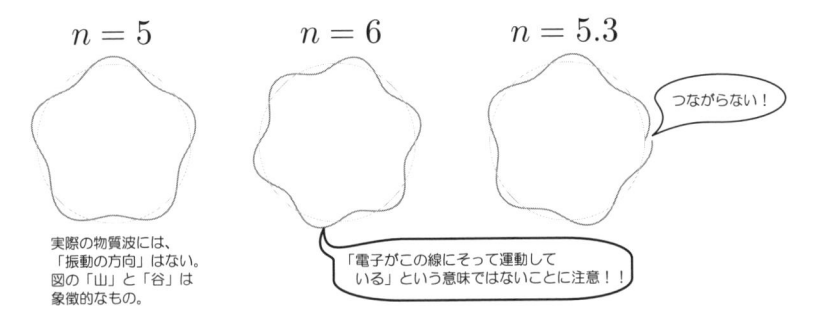

$n = 5$ $n = 6$ $n = 5.3$

つながらない！

実際の物質波には、「振動の方向」はない。図の「山」と「谷」は象徴的なもの。

「電子がこの線にそって運動している」という意味ではないことに注意！！

【FAQ】きれいにつながらなくてもいいのでは？

ただ、波が存在していればいいだけなら、次の図右のような「むりやりつないだ波」もよいことになるが、運動方程式も満たさなくてはいけない。「一部だけ波長が短くなった波」はこの位置には不釣り合いな大きな運動エネルギーをもっていることになるから、考えている問題の解にはならない。

[†15] と、要約してしまうと、ド・ブロイの着想はずいぶん単純に思えるかもしれない。3.1.2節で詳しく
→ p54
述べるように、彼は光学におけるフェルマーの定理と力学の最小作用の原理の類似性から、光と物質に共通の物理法則があることを予想した。

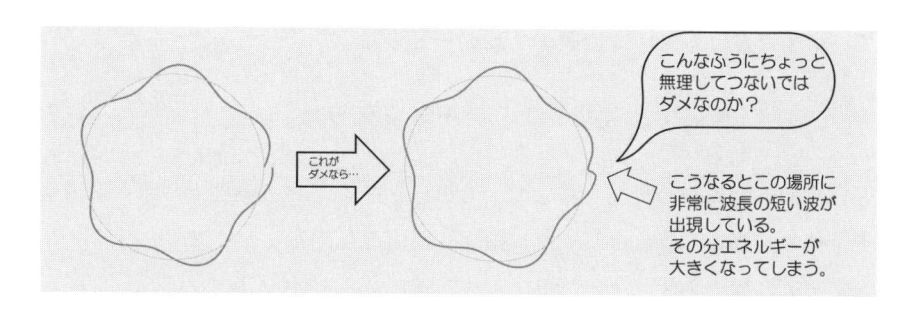

2.4　電子が波動であることの証明

こうして、ボーアが導入した、不思議な「量子条件」に、一つの説明が加えられることになった。

ボーア・ゾンマーフェルトの量子条件をちゃんと説明できたことはド・ブロイの考え方の大きな勝利であったが、これだけなら「すでにあった現象を示す式を説明した」のみであった。よって続いて「物質（電子）が波であることを示す新しい物理現象」が見つからなければ「今ある現象を説明できるようにうまく話を作っただけ」という評価になったかもしれない。しかし幸運にも、「電子は波である」という証拠が続々と見つかっていったのである。

実はド・ブロイが物質波の考えを示す1924年の少し前から、電子が結晶により回折を起こす現象が報告されていた[†16]。1927年にはダビッソンとガーマーによるニッケル単結晶に電子線を当てる実験で電子が（ド・ブロイの公式どおりの波長を持った）波であると考えると見事に説明できる回折現象を起こすことがわかった。

電子線による回折像は、それに先だって観測されていたX線による回折像と非常に似た像となっており、それが波長の短い波が原子で散乱されてできる像であることを物語っていた。しかもその波長はド・ブロイの考えた式の通りであることもわかった。

この実験は0.2.2節で示した実験と比べ多数の原子による散乱が起こっているが、干渉現象である点は同じで、電子がやはり広がって、互いに干渉しあう

[†16] この実験結果が電子が波であることを示している、と指摘したのはエルザッサーで、彼はラムザウアー効果（希ガス原子に電子をぶつけると、遅い電子がほとんど衝突しなくなる効果）もまた、「遅い電子」＝「波長の長い物質波」と考えて説明できると言った。1次元散乱問題におけるラムザウアー効果に類似した現象の説明は、p210を見よ。

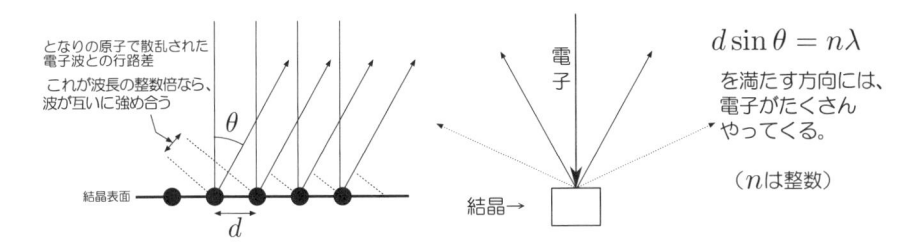

図中:
- となりの原子で散乱された電子波との行路差
- これが波長の整数倍なら、波が互いに強め合う
- 結晶表面
- d
- θ
- 電子
- 結晶→
- $d\sin\theta = n\lambda$ を満たす方向には、電子がたくさんやってくる。
- （nは整数）

現象を起こしていると考えない限り、説明がつかない。こういう現象が続々見つかったことは、仮説として「物質波」を提唱したド・ブロイにとっては、とても幸運なことであった。

2.5 古典力学と量子力学の関係

ド・ブロイのこの新しい考え方（彼は「波動力学」と呼んでいた）がどのように発展し、理論的裏付けを与えられていったのかの詳細は次の章から説明するが、その前に波動力学では「力」をどのように考えるかをざっと説明しておこう。

ド・ブロイの考え方を進めると、「水素原子の周りで電子が円運動している」現象を、図のように物質波が円を描くように進行していると考えられる。

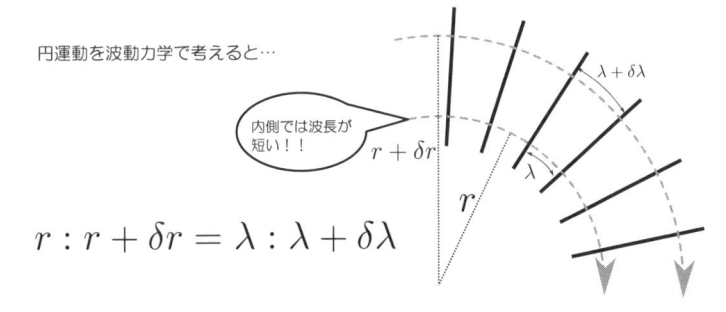

図中:
- 円運動を波動力学で考えると…
- 内側では波長が短い！！
- $r + \delta r$
- r
- λ
- $\lambda + \delta\lambda$

$$r : r + \delta r = \lambda : \lambda + \delta\lambda$$

物体が円運動する理由は、粒子として考えると、中心に向かう力があるために曲がったと考えられるが、波動として考えると、「中心に近いところほど波長が短いから曲がる」と解釈できる。

粒子と考えた時、この粒子は半径r、速さvの円運動をしている。この場合の加速度は$\dfrac{v^2}{r}$で中心向きであり、働く力は$\dfrac{\mathrm{d}V}{\mathrm{d}r}$でやはり中心を向くので、運動方程式は

$$\frac{mv^2}{r} = \frac{dV}{dr} \tag{2.27}$$

と書ける。運動方程式を、粒子を波動と考えて「導出」してみよう。図から波長 λ と半径 r は比例すべきである。よって、$\frac{\lambda + \delta\lambda}{\lambda} = \frac{r + \delta r}{r}$ が成立する。運動量は λ に反比例するので、$\frac{p}{p + \delta p} = \frac{r + \delta r}{r}$ となる。内側を通る波と外側を通る波の振動数が等しいという式から、

$$\frac{p^2}{2m} + V(r) = \frac{(p + \delta p)^2}{2m} + V(r + \delta r) \tag{2.28}$$

という式が作れるから、$p + \delta p = p \times \frac{r}{r + \delta r}$ を代入すると、

$$\begin{aligned}\frac{p^2}{2m} + V(r) &= \frac{p^2}{2m}\frac{r^2}{(r + \delta r)^2} + V(r + \delta r) \\ \frac{p^2}{2m}\left(1 - \frac{1}{\left(1 + \frac{\delta r}{r}\right)^2}\right) &= V(r + \delta r) - V(r)\end{aligned} \tag{2.29}$$

という式になるが、δr は小さいので $\frac{1}{\left(1 + \frac{\delta r}{r}\right)^2} \simeq 1 - 2\frac{\delta r}{r}$ と近似を行って

$$\begin{aligned}\frac{p^2}{2m}\left(\frac{2\delta r}{r}\right) &= \frac{dV(r)}{dr}\delta r \\ \frac{p^2}{mr} &= \frac{dV(r)}{dr}\end{aligned} \tag{2.30}$$

となる。この式の左辺は $\frac{mv^2}{r}$ だから、運動方程式 (2.27) となるのである。

これから、古典力学において「力が働く」現象は、波動力学において「波長を短くする」現象になっていることがわかる。位置エネルギーの低いところ（結果として運動エネルギーが大きくなるところ）で波長が短くなり、そのために波が曲がる、というのが波動力学での「力を受けた」という現象である。つまりは「屈折」こそが「力による加速」なのである。「なぜ物質波の波長が変わるのか」についてはこの段階ではまだ説明されないが、それは古典力学における力の原因が説明されないのと同じことである。

ド・ブロイはさらに、古典力学における最小作用の原理と物質波の干渉とを結びつけることで彼の「波動力学」を考えた。その内容については次の章で述べよう。

量子力学を勉強していくうえで「古典力学は使えない」ことは頭ではわかっていても、ついつい「古典力学に量子条件がついたものが量子力学」と考えてしまう人は多い。次の章からは、量子力学的な「運動」の考え方を本格的に考えていく。「頭から古典力学を（少なくともいったんは）追い出す」つもりで勉強を進めて欲しい。

2.6 章末演習問題

★【演習問題2-1】
　弦を伝わる横波の伝播速度は、弦の線密度 ρ と弦の張力 T に依存する（ギターの弦を考えてみよ）。どのように依存するかを次元解析から導け。　ヒント → p1w へ　解答 → p11w へ

★【演習問題2-2】
　クーロンポテンシャルが $\dfrac{ke^2}{r}$ のように距離に反比例するのは、空間が3次元であること（よって、電場が $\dfrac{ke^2}{r^2}$ のように距離の自乗に反比例すること）に関係している。空間の次元が大きくなれば電場はもっと早く弱まることになる。たとえば N 次元の空間であれば、電場の式は $\dfrac{ke^2}{r^{N-1}}$ となり、ポテンシャルは $\dfrac{ke^2}{r^{N-2}}$ となるだろう。この場合、ke^2 は（エネルギー）×（距離）$^{N-2}$ の次元、すなわち $[\mathrm{ML}^N\mathrm{T}^{-2}]$ を持つことになる。これとプランク定数 h と電子の換算質量 μ を使って「原子半径の式」を次元解析を使って作れ（細かい係数などが未決定になるのは致し方ない）。ボーアの条件を考えるとすれば、h には自然数 n が掛け算されているはずであると考えよう。そうすると、n の増加と半径の関係は、次元が違うとどのように変わるか？
　　　　　　　　　　　　　　　　　　　　　　　　　　ヒント → p1w へ　解答 → p11w へ

★【演習問題2-3】
　電子の質量は $9.1 \times 10^{-31}\,\mathrm{kg}$ である。以下の表を埋めよ。

エネルギー (eV)	1	10	100	1000	10^6	10^9
運動量 (kg・m/s)						
波長 (m)						

電子線を結晶に当てて干渉の様子を見るためには、どの程度のエネルギーの電子線を使えばよいか。表を見て判断せよ。原子間隔はだいたい $10^{-10}\,\mathrm{m}$ ぐらいだとする。
　　　　　　　　　　　　　　　　　　　　　　　　　　ヒント → p2w へ　解答 → p11w へ

★【演習問題2-4】
　(2.22)の積分 $2L\displaystyle\int_{r_-}^{r_+}\sqrt{\left(\dfrac{1}{r_+}-\dfrac{1}{r}\right)\left(\dfrac{1}{r}-\dfrac{1}{r_-}\right)}\,\mathrm{d}r$ を行え。$a > 1$ の時、
$$\int_0^\pi \frac{1}{a+\cos\theta}\,\mathrm{d}\theta = \frac{\pi}{\sqrt{a^2-1}} \tag{2.31}$$
であるという公式を使うとよいかもしれない。　　　　　ヒント → p2w へ　解答 → p12w へ

第3章
波の重ね合わせと不確定性関係

物質も波であり、その波の重ね合わせで「古典的運動」が得られることを見よう。それゆえ、量子力学での物理量は不確定性を持つ。

3.1 古典力学から量子力学へ

　古典力学は、運動方程式という時間微分を含む方程式によって「物体の運動」を記述し、予言する理論体系であった。古典力学においては運動方程式は何かから導かれる式ではなく、物理法則である。ただし「最小作用の原理」の方を物理法則と考えれば運動方程式は（オイラー・ラグランジュの方法を介して）最小作用の原理から導かれる式となる。

　量子力学では、その最小作用の原理も「波の重ね合わせ」によって導かれる近似的法則となる。それと似たような状況（ある理論では原理であるものが、別の理論では近似的法則になる）の例が、次に説明するフェルマーの原理と波動光学である。これがド・ブロイによる物質波の概念のお手本となった。

3.1.1　フェルマーの原理と波動光学

　ド・ブロイが物質波を考えた背景には光学がある。光学においても幾何光学という立場と、波動光学という立場がある。幾何光学では「光線」を考え、光線がどのように進んでいくかを計算する。一方波動光学では「波」を考え、空間の各点各点に発生する波の重ね合わせによって波の運動を計算する。この二つのどちらを使っても光がどのように進行するかを考えることができる。

　そこでこの節では、フェルマーの定理と波動光学の関係を、屈折の法則を

考えて調べてみよう。

屈折の法則を、位相が停留値になる条件から導出してみる。2次元平面を考え、$(0, -H)$から、(L, H)まで波が伝播するとする。

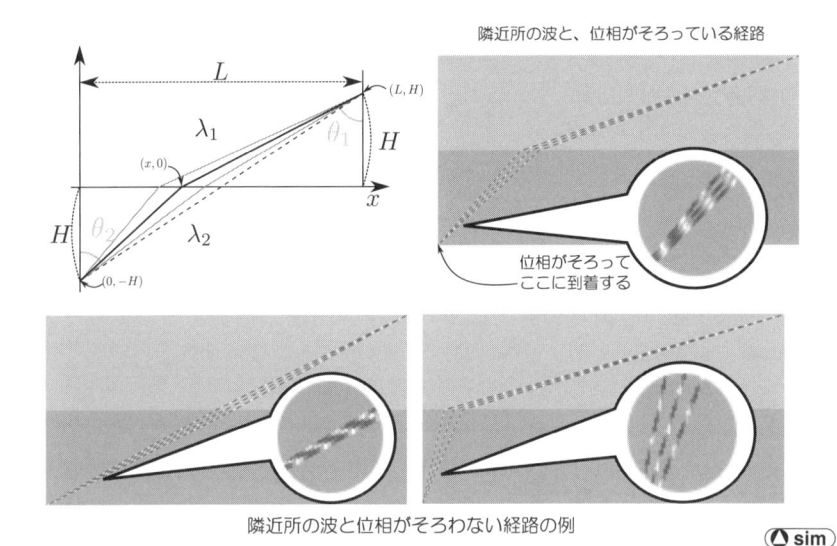

上半面$y > 0$では波長がλ_1、下半面$y < 0$では波長がλ_2になっているとする。波が$(x, 0)$において、下半面から上半面に入るとし、そこでは屈折するが、それ以外の場所では直線的に伝播すると考える[†1]。出発点から到着点までの、距離による位相差$2\pi \times \dfrac{距離}{波長}$を計算すると、

$$2\pi \times \left(\frac{\sqrt{H^2 + x^2}}{\lambda_2} + \frac{\sqrt{H^2 + (L-x)^2}}{\lambda_1} \right) \tag{3.1}$$

である。これが極値となる条件は、xで微分して0、すなわち

$$2\pi \times \left(\frac{x}{\sqrt{H^2 + x^2}\lambda_2} + \frac{-(L-x)}{\sqrt{H^2 + (L-x)^2}\lambda_1} \right) = 0 \tag{3.2}$$

である。これを書き直すと、

$$\underbrace{\frac{x}{\sqrt{H^2 + x^2}}}_{\sin\theta_2} \times \frac{1}{\lambda_2} = \underbrace{\frac{(L-x)}{\sqrt{H^2 + (L-x)^2}}}_{\sin\theta_1} \times \frac{1}{\lambda_1} \tag{3.3}$$

[†1] 波長の変化がない場合は「直線的に伝播する」場合が位相差が極値になることはすぐに計算できる。

であり、

屈折の法則

$$\frac{\sin\theta_1}{\sin\theta_2} = \frac{\lambda_1}{\lambda_2} \tag{3.4}$$

が導かれる。

---練習問題---

【問い 3-1】 屈折の法則を、波を粒子と考えた時に持つ運動量に関する式で書き直してみよ。その式の物理的意味は何か？　　ヒント → p337 へ　　解答 → p345 へ

波動光学では「位相の極値」をどう解釈するかを理解するために、位相 (3.2) のグラフを描こう。

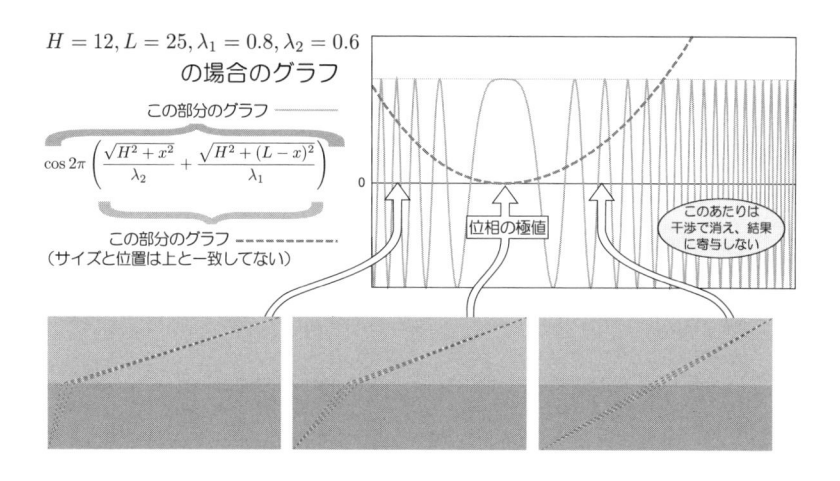

$H = 12, L = 25, \lambda_1 = 0.8, \lambda_2 = 0.6$ の場合のグラフ

この部分のグラフ ——

$$\cos 2\pi\left(\frac{\sqrt{H^2+x^2}}{\lambda_2} + \frac{\sqrt{H^2+(L-x)^2}}{\lambda_1}\right)$$

この部分のグラフ --------
（サイズと位置は上と一致してない）

位相の極値

このあたりは干渉で消え、結果に寄与しない

のようになる。位相が極値となる場所以外は、激しい振動のため、足し算すると影響が消えてしまうであろうことが理解できる。

【FAQ】極値を取るような経路が二つ以上あるときはどうなるのですか？

これはたいへんよい質問。その場合は全ての経路を通る場合の結果を足すことになる。ヤングの実験などで起こる干渉は、まさにその例である。

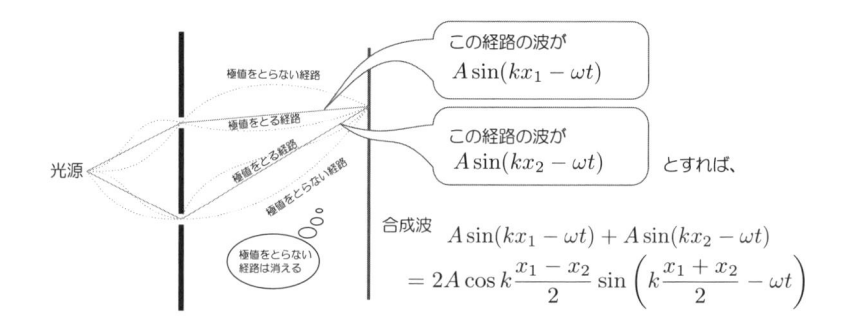

この経路の波が $A\sin(kx_1 - \omega t)$

この経路の波が $A\sin(kx_2 - \omega t)$ とすれば、

合成波
$$A\sin(kx_1 - \omega t) + A\sin(kx_2 - \omega t) = 2A\cos k\frac{x_1 - x_2}{2}\sin\left(k\frac{x_1 + x_2}{2} - \omega t\right)$$

波動（光など）がどのように進行するかは、フェルマーの原理で考える（幾何光学）こともできるし、波の重ね合わせを使って考える（波動光学）こともできる。考えているスケールに比べて波長が短い場合（日常現象における可視光の場合など）は幾何光学を使う方が簡単である。逆に考えているスケールに比べ波長がcomparable[†2]であるか大きい場合は、波動光学を使わねばならない。以下のように、使う理論の使い分けがされている。

	波長が短い場合	波長が長い場合
光学の世界	幾何光学 (フェルマーの原理)	波動光学
力学の世界	古典力学 (最小作用の原理)	波動力学

力学でも粒子の進行を、最小作用の原理を使って考えることができる。最小作用の原理に対応するのがフェルマーの原理すなわち幾何光学である。では波動光学に対応するものは何か？？？——ド・ブロイはこのような考え方から物質の波動説に到達し、自身のこの考え方を「波動力学」と呼んだ。

[†2] comparable は「比較できる」という意味で、同程度の大きさであることを表す言葉。

3.1.2 最小作用の原理と、波の重ね合わせ

この節の目標は、2.5節で考えた「屈折」と「力」の関係を、もう少し一般的なお話にしたいということである。そのため、少し解析力学の考え方を使う。解析力学について不安な人は付録Aで確認しよう。とりあえずA.1節「最小作用の原理」の内容をざっと理解しておけば、この先も読める。解析力学が苦手だからその勉強を後に回したい、という人は、とりあえず波の位相の式(3.6)を認めておけば、続けて読んでもなんとかなるだろう。

物質の波動性と、古典力学におけるハミルトンの原理との関係を述べる。ハミルトンの原理によると、作用の積分

$$\int dt \left(p\frac{dx}{dt} - H \right) = \int (p dx - H dt) \tag{3.5}$$

が停留値となるのが実現する運動である。ここでド・ブロイが示した粒子の運動量／エネルギーと波の波長／振動数の関係式 $p = \dfrac{h}{\lambda}$, $H = E = h\nu$ を使って置き換えると、

$$\int \left(\frac{h}{\lambda} dx - h\nu dt \right) = h \int \left(\frac{dx}{\lambda} - \nu dt \right) \tag{3.6}$$

が停留値になる運動が実現する、ということが言える。この積分の中身の意味を考えよう。波長 λ、振動数 ν の波が $A \sin \left(2\pi \left(\dfrac{x}{\lambda} - \nu t \right) + \alpha \right)$ のように書ける（x方向に波が進んでいる場合）ことを思い出そう。この式のsinの中身 $2\pi \left(\dfrac{x}{\lambda} - \nu t \right) + \alpha$ を「位相」と呼ぶ。時刻t、場所xでの波と、時刻$t + \delta t$、場所$x + \delta x$ での波の位相を比較すると、$2\pi \left(\dfrac{\delta x}{\lambda} - \nu \delta t \right)$ だけ変化している。つまり、作用 $h \int \left(\dfrac{dx}{\lambda} - \nu dt \right)$ は、位相差 $\times \underbrace{\dfrac{h}{2\pi}}_{=\hbar}$ である。

よって、古典力学でのハミルトンの原理（「**作用の値が停留値をとるべし**」）に対応するのは、量子力学では、「**波の位相が停留値をとるべし**」である。いや正確に述べれば「**停留値をとるべし**」ではなく「**停留値をとるところが主要部として生き残る**」である。つまり量子力学において、最小作用の原理は「原理」ではなく波の干渉の「結果」である。

今、ある時空点 (x_1, t_1) から (x_2, t_2) へ、いろんな経路をたどって波が到達したとする。(x_2, t_2) において観測される波は、そのいろんな経路をたどった

波の和である。経路によって、波はいろんな位相を取る。そしてそのいろんな位相の波の足し算が行われることになる。位相変化が小さいところの足し算は、位相が消し合うことなく残る[†3]。それに対して位相が大きく変化しているところの足し算は、足し合わされて消えてしまうのである[†4]。

古典力学の「運動」

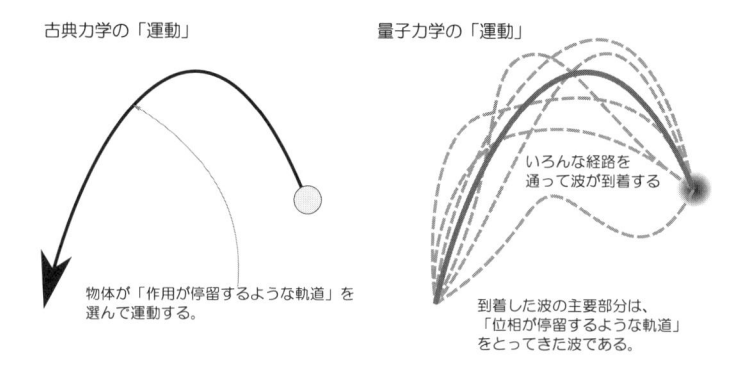

物体が「作用が停留するような軌道」を選んで運動する。

量子力学の「運動」

いろんな経路を通って波が到着する

到着した波の主要部分は、「位相が停留するような軌道」をとってきた波である。

　古典力学的立場では、我々は粒子がニュートンの運動方程式にしたがって運動していると考えていた。しかし、量子力学的立場では、進行していくのはたくさんの波の重なり合いである。波の大多数は互いに消し合うが、古典力学で計算される経路に近いところを通った波は消されずに残る。これが、我々がこの世界で古典力学が成立している（そして、最小作用の原理という物理法則がある）と'錯覚'した理由なのである[†5]。

【FAQ】消し合って消える時、エネルギーは保存しないの？
・・・・・・・・・・・・・・・・・・・・・・・・・・・・・・

　光や音などの波が干渉する時、ある場所で弱め合う時は必ず、その場所とちょっと条件が違う場所（すぐ隣）では強め合っている。よって、全体でエネルギーを計算するとちゃんと保存する。物質波の場合も同じで、ある場所で消し合ったからといって、「エネルギーが消えた」わけではない。

[†3] 位相が停留値を取るのが重要なのではなく、停留値を取るところでは変化が小さい、ということが重要である。

[†4] このあたりの話は「光がなぜ直進するように見えるか？」を話した時の考え方と全く同じである！
→ p18

[†5] 物理においては、「巨視的な現象は古典力学で、微視的な現象は量子力学で」という'棲み分け'がされているが、これは決して「巨視的な現象は量子力学の守備範囲外」というわけではないことに注意。ド・ブロイが物質波の考え方で明らかにしたことは、巨視的な現象（最小作用の原理＝古典力学で記述される）も微視的な現象（ボーアの原子模型の成立など）も「物質は波動である」と考えることで統一的に記述できることである。ただ、だからと言って巨視的な現象に量子力学を使うのは（現実的な計算可能性という意味で）得策ではないことは把握しておく必要がある。

ここで、量子力学を考える上で大切な一般的注意をしておく。何より忘れてはならないことは、現実の世界を司る法則は量子力学であって、「古典力学は量子力学の近似にすぎない」ということである。我々は物理を勉強する時まず古典力学から勉強し、その後で「実はミクロの世界では古典力学が成立せず……」ということで量子力学を勉強する。しかし、物理を勉強する順番、あるいは物理の発展してきた歴史とは逆に、量子力学こそが本質であり、古典力学が成立するというのは錯覚にすぎない。「たまたま量子力学的現象が顕著でないような場合に限って古典力学を使ってもかまわない」[†6]というのが正しい理解である。

---— 重ねて、注意 —---

　ここまでを読んで、「どうして量子力学なんて妙ちくりんなものが成立するのか？」という疑問を感じている人も多いのではないかと思う。そしてこれから先を読んでいても、きっと同じように感じるだろう。

　逆に「どうして我々（の祖先）は古典力学なんてものが成立すると思ってしまったのか？」と考えてみて欲しい。上でも述べたように、量子力学は、考えているスケールが波動としてみた時の波長よりも十分大きいような時には、古典力学と同じ結果を出す（波長の短い波に対しては幾何光学と波動光学が同じ結果を出すことと同様である）。普段は量子力学と古典力学は同じ結果を出す場合ばかりなので、量子力学の存在に、我々はなかなか気づかない。

　同じようなことが相対論にも言えて、我々の'常識'は物体が光速の何万分の1でしか動かないような世界で作られている。それゆえに $\sqrt{1-\left(\frac{v}{c}\right)^2}$（相対論におけるローレンツ短縮の因子）などという量は1としか実感できない。

　我々は量子力学を実感するには大きすぎ、相対論を実感するには小さすぎる。別の言い方をすれば、我々にとってプランク定数hは小さすぎるし、光速度cは速すぎる。だから我々の'常識'は古典力学やニュートン力学を「正しい」と感じてしまう。しかし、だまされてはいけないのである。

　ド・ブロイもボーアもアインシュタインも、狭い知見で作られた'常識'から離れて大きな視点を持つことができたからこそ、この世界の真実を知ることができた。21世紀に生きる我々も、思考を柔軟にして量子力学を学んでいこう。

[†6] どっちを使ってもいい状況なら古典力学を使う方が楽なのは当然のことである。橋を設計する時に量子力学を使う人はいない。逆にミクロな話をする時には量子力学がどうしても必要である。ICを設計するのは古典力学ではできない。

3.2 不確定性関係

こんなふうに「波の干渉」を使って物理法則を説明すると「そんなにうまく消し合うのだろうか？」という不安を覚える人もいるに違いない。その不安はもっともであって、実際完璧にうまく消し合うわけではない。ある程度の広がりが常に残るのである。それは光や音のような日常見られる波でも見えることである。「物質波が（古典力学で考えられる到着点以外でも）完全に消し合わない」ことは、到着点は「**ぼやける**」ことになる。どのようにぼやけるのかを計算してみよう。

この「物質波は必然的にぼやける」ことこそ、量子力学において「**不確定性関係**」と呼ばれる現象である。

3.2.1 局在する '波'

波動を表現する関数（具体的には三角関数）を使って、「ある一点に物質波が集中している状況」を出現させよう。このような状況を「波が**局在**(localize)した」と言う。

問題を1次元的に考えて、$\cos x$で表現される波を考える。この波は、まったく局在していない。このように1個の三角関数（e^{ikx}のような指数関数でもよいが）で表現される波を（光の場合にちなんで）「単色波」と呼ぶ。

単色波は全く局在しない。しかし、これに$\cos 2x$を足すと、波の強め合うところと弱め合うところが生まれる（いわゆる「うなり」）。

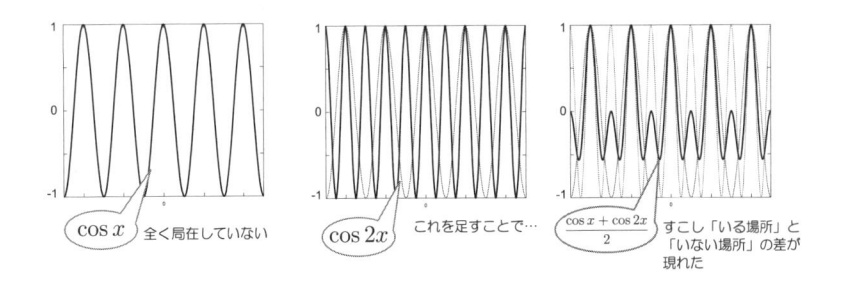

$\cos x$ 全く局在していない

$\cos 2x$ これを足すことで…

$\dfrac{\cos x + \cos 2x}{2}$ すこし「いる場所」と「いない場所」の差が現れた

さらにどんどん波を重ねていった結果が以下の図である。

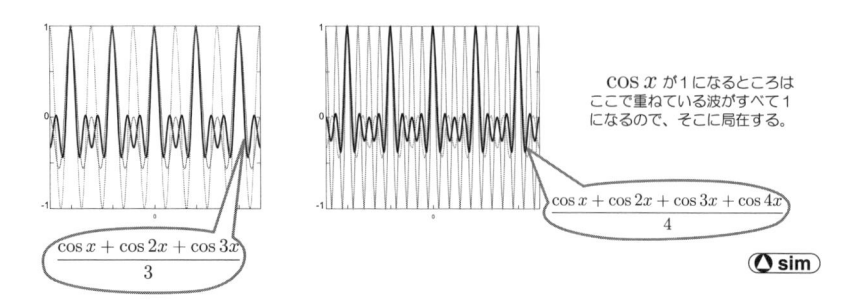

cos x が1になるところはここで重ねている波がすべて1になるので、そこに局在する。

$$\frac{\cos x + \cos 2x + \cos 3x}{3}$$

$$\frac{\cos x + \cos 2x + \cos 3x + \cos 4x}{4}$$

🅢 sim

なお、ここまでの図を見ると「同じ形の繰り返しになっていて'局在'しないのでは？」と不安になるかもしれないが、それは今重ねた波が $\cos x$（波長 2π）、$\cos 2x$（波長 π）、$\cos 3x$（波長 $\frac{2\pi}{3}$）……と、2π から始めてより波長が短い方の波をどんどん重ねていったからである。2π よりも波長の長い波を重ねていけば、また波の局在の仕方は変わってくる。

図を見ながら感じて欲しいことは、特定の波長をもった波一つ（単色波）では、局在は作れず、さまざまな波長の波を重ねることで初めて、局在した波が生成されるということである。より狭い範囲に波を局在させるには、より波長の短い波を含めて、さまざまな波長の波を重ね合わせていかなくてはいけない。

もう少し具体的に重ね合わせと局在の関係を見よう。

一般の関数は（よほど「たちの悪い関数」でない限り）、

$$f(x) = \frac{1}{\sqrt{2\pi}} \int_{-\infty}^{\infty} dk \ e^{ikx} \tilde{f}(k) \tag{3.7}$$

のように、一定波数を持った波 e^{ikx} の適当な和で表すことができる。

$$\tilde{f}(k) = \frac{1}{\sqrt{2\pi}} \int_{-\infty}^{\infty} dx \ e^{-ikx} f(x) \tag{3.8}$$

という逆関係も成立する[7]。$f(x)$ から $\tilde{f}(k)$ を求めることを「フーリエ変換」、逆に $\tilde{f}(k)$ から $f(x)$ に戻すことを「逆フーリエ変換」と呼ぶ[8]。

---

[7] 付録Bに少し説明を書いた。
→ p333
[8] 流儀によっては、$\tilde{f}(k)$ に記号 ~ をつけない場合もある。そのように書いた場合でも、$f(x)$ と $f(k)$ は別の関数であるので混乱しないように。

3.2 不確定性関係

すなわち、e^{ikx} に適当な重み $\tilde{f}(k)$ を掛けて k で積分することでどんな $f(x)$ でも表現できる。これは物理的には「いろんな波長を持つ平面波を適切に足し上げれば、どんな波だって（いや波でなくても）実現できる」ということである。k の積分は $(-\infty, \infty)$ で行うが、$\tilde{f}(k)$ が 0 になる領域は積分しても結果は 0 なのだから、$\tilde{f}(k)$ が 0 でない領域[†9]だけを積分すればよい。

---- 波数の定義 ----

波を e^{ikx}（あるいは $\sin kx$ や $\cos kx$ でもよいが）と表示した時の k を「**波数**」と呼ぶ。「波数」という言葉のために誤解しやすいが、単に「波の数」と思ってはいけない。正確な定義は「単位距離あたりの位相変化」ということになる。あるいは、「距離 2π の中に入っている波の数」と考えてもよい（ややこしいことに「単位長さの中に入っている波の数」ではない）。波長 λ とは

$$k = \frac{2\pi}{\lambda} \tag{3.9}$$

という関係にある。$p = \dfrac{h}{\lambda}$ なので、

$$p = \frac{hk}{2\pi} = \hbar k \tag{3.10}$$

である。

たとえば、もっとも単純な「平面波の重ね合わせで作られた関数」の一例として、

$$\tilde{f}(k) = \begin{cases} \dfrac{1}{2D} & -D < k < D \\ 0 & \text{それ以外} \end{cases} \tag{3.11}$$

という場合[†10]を考えよう。重ね合わせの結果（逆フーリエ変換）は

$$f(x) = \frac{1}{\sqrt{2\pi}} \int_{-D}^{D} dk\, e^{ikx} \frac{1}{2D} = \frac{1}{\sqrt{2\pi}\, 2D} \left[\frac{e^{ikx}}{ix} \right]_{-D}^{D} = \frac{1}{\sqrt{2\pi}\, Dx} \sin Dx \tag{3.12}$$

[†9] このような領域を「$\tilde{f}(k)$ の台 (support)」と呼ぶ。
[†10] ここでは計算が単純になることを優先したので、後で行う「規格化」という手続きを踏んでいないことに注意。→ p92

である。分母に x があることから遠方では減衰していくので、ピークは $x=0$ にのみ存在する[†11]。さっきの和の場合にピークがたくさん現れたのとは違うが、これは波長が長い（すなわち、k が小さい）波をちゃんと計算しているからである（k の積分が $k=0$ を含んでいることに注意）。

グラフで描くと、

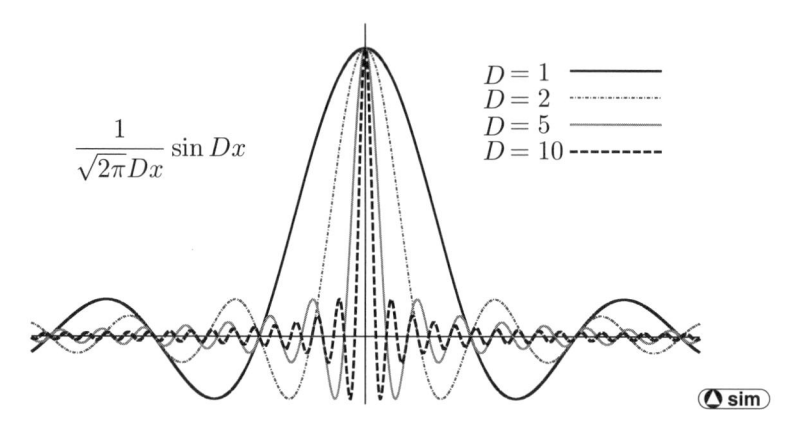

$$\frac{1}{\sqrt{2\pi}Dx}\sin Dx$$

$D=1$
$D=2$
$D=5$
$D=10$

となる。D が大きくなることで局在に近づいていることがわかる。横軸を x とした $f(x)$ のグラフ、すなわち「x-空間のグラフ」と、横軸を k とした $\tilde{f}(k)$ のグラフ、すなわち「k-空間のグラフ」[†12]を並べて描くと、

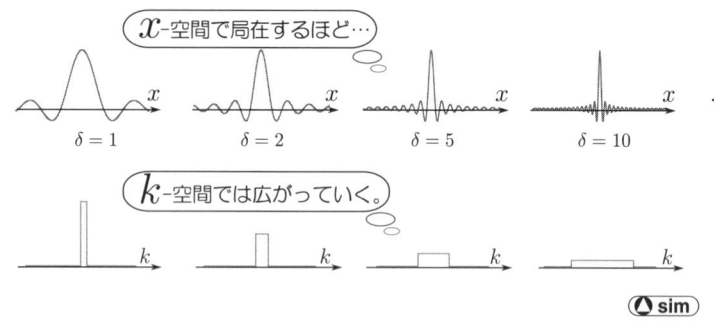

x-空間で局在するほど…

$\delta=1$、$\delta=2$、$\delta=5$、$\delta=10$

k-空間では広がっていく。

という図になる。

[†11] $x=0$ で分母が 0 になることを気にする人がいるかもしれないが、$\displaystyle\lim_{\theta\to 0}\frac{\sin\theta}{\theta}=1$ という式があるのでこの値は有限となる。

[†12] 波数 k は運動量と結びつくので「運動量空間」という言い方をすることもある。

3.2 不確定性関係

k と x の広がりの様子のイメージを図に描くと、

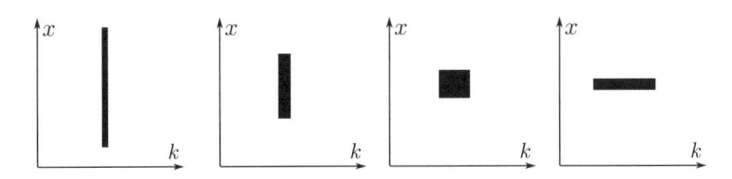

となる。$p = \hbar k$ であったから、p と x の広がりについても同じように「p の広がりを狭めると x の広がりが大きくなる」ことが言える。p と x のグラフとしてこのイメージ図を見ると、ボーア・ゾンマーフェルトの条件(2.14)により位相空間の面積が h の整数倍になった意味がわかってくる。

k-空間での足し算のイメージは、次の図の通りである。

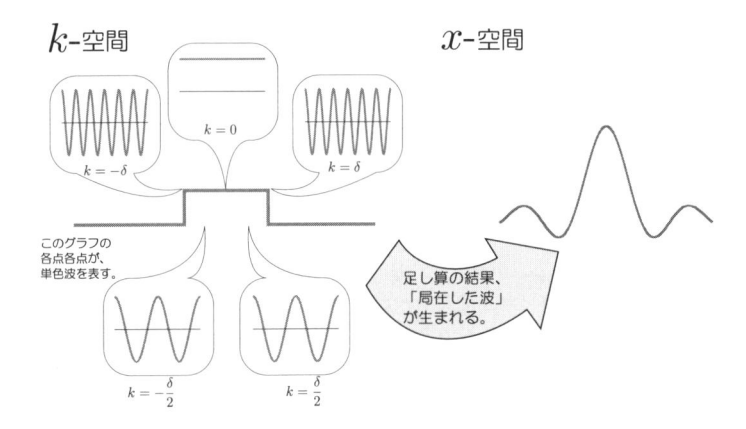

ここで波数 k の広がりは（$-D$ から D までの）$\Delta k = 2D$ である。一方 x の広がりはおおざっぱに評価すると、「中心から、最初に $\sin Dx$ が 0 になるまで」の距離 $\dfrac{\pi}{D}$ の 2 倍と考えて、$\Delta x = \dfrac{2\pi}{D}$ と考えられる。よって、

$$\Delta k \Delta x = \frac{2\pi}{D} \times 2D = 4\pi \tag{3.13}$$

となる。

物質波の波数と運動量の関係は $p = \dfrac{hk}{2\pi} = \hbar k$ であったから、運動量の広がり Δp と位置の広がり Δx の関係は、

$$\Delta p \Delta x = \hbar \times 4\pi = 2h \tag{3.14}$$

程度だということになる。この関係を「**不確定性関係**」と呼ぶ。

不確定性関係はボーア・ゾンマーフェルトの条件(2.14)により位相空間の面積が最低でも h 程度になる、と表現することもできる（前ページのイメージ図を参照）[†13]。

ここで行ったのは $\Delta x, \Delta p$ の定義もかなりいいかげんで、おおざっぱな計算であることに注意しておこう。$\tilde{f}(k)$ を(3.11)と（$f(x)$ を(3.12)と）選んだから $2h$ になったが、関数の形を変えるといろいろな数字が出る。そこで今は

---- 不確定性関係のおおざっぱな表現 ----

$$\Delta p \Delta x \gtrsim h \tag{3.15}$$

と、この程度の精度で考えておこう[†14]。

「もっといい関数 $f(x)$」を選べば $\Delta p \Delta x$ をもっと小さくできるのでは？――と考える人もいるかもしれない。厳密に定義された Δx と Δp の評価は後で行うが、いかなる関数を選んでも $\Delta p \Delta x \geq \dfrac{\hbar}{2}$（上のおおざっぱなものの $\dfrac{1}{4\pi}$ 倍）となることが証明されてしまう。

3.3　もっとも極端な局在――デルタ関数

物質波を局在させるためには、たくさんの波を重ね合わせる必要があった。この節では、もっとも極端な局在状態――物質波はある一点にのみ存在し、そこ以外の場所（ほんの少し離れても）には存在しないような状態――を考えよう。

この場合の物質波の様子は「**デルタ関数**」（「**ディラックのデルタ関数**」とも呼ぶ）で表現される。

[†13] 最初にボーア・ゾンマーフェルトの条件が出てきた時は「一回周期運動を回る間に位相空間内で描く軌道」の条件であったが、ここではある瞬間の波についての条件に変わっている。これは量子力学での'運動'が古典力学での'運動'と意味が違うためなのだが、その点はずっと後のp180あたりで説明する。

[†14] 不等号の下に〜がついていることで「おおざっぱに」を表現している。

3.3 もっとも極端な局在—デルタ関数

―― デルタ関数の定義 ――

デルタ関数 $\delta(x)$ とは、任意の関数 $f(x)$ と掛けて積分することにより、

$$\int_{x_1}^{x_2} f(x)\delta(x)\mathrm{d}x = \begin{cases} f(0) & (x_1 < 0 < x_2 \text{の時}) \\ -f(0) & (x_2 < 0 < x_1 \text{の時}) \\ 0 & (\text{それ以外}) \end{cases} \quad (3.16)$$

となるような関数である。

特に $f(x) = 1$ の時は

$$\int_{x_1}^{x_2} \delta(x)\mathrm{d}x = \begin{cases} 1 & (x_1 < 0 < x_2 \text{の時}) \\ -1 & (x_2 < 0 < x_1 \text{の時}) \\ 0 & (\text{それ以外}) \end{cases} \quad (3.17)$$

である。

デルタ関数は単純に表現すれば「$x = 0$ 以外では 0 になっていて、$x = 0$ でだけ無限大の高さを持っているが、積分すると 1 になるような関数」ということになる[†15]。よって、積分範囲の中に $x = 0$ が入ってなければ結果は 0 になる。また、逆方向の積分の時には符号がひっくり返る。

デルタ関数にはいくつかの表現がある。すでに出た例では(3.11)で、$D \to 0$ とした時の $\tilde{f}(k)$ は実は $\delta(k)$ である。というのは、$D \to 0$ とすることで、(3.11)の $\tilde{f}(k)$ は $k \neq 0$ の全ての点で 0 であり、かつ積分すると 1 になるからである。

これとほぼ同じではあるが、単純な表現として、

―― 階段関数によるデルタ関数の表現 ――

$$\delta(x) = \lim_{\Delta \to 0} \frac{\theta(x+\Delta) - \theta(x-\Delta)}{2\Delta} = \frac{\mathrm{d}\theta(x)}{\mathrm{d}x} \quad (3.18)$$

もある。ただし $\theta(x)$ は**階段関数**と呼ばれ、その定義は

[†15] デルタ関数 $\delta(x)$ は、クロネッカーデルタ δ_{ij} (この記号は、$i = j$ の時に 1 で、それ以外で 0 になる) の連続変数バージョンであると考えても良いだろう。

階段関数の定義

$$\theta(x) = \begin{cases} 1 & x > 0 \\ 0 & x < 0 \end{cases} \tag{3.19}$$

である[†16]。

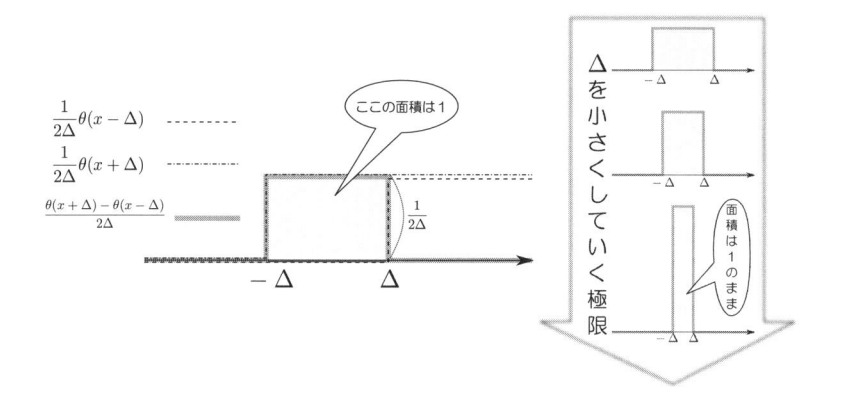

この関数のグラフは図のようになるので、$\Delta \to 0$ では $x = 0$ でのみ（無限大の）値を持ち、0 を含む範囲で積分すれば答えは 1 である。任意の関数 $f(x)$ をかけてから積分すれば $f(0)$ が出てくる（ただし、$\lim_{x \to 0} f(x)$ が有限で確定した値を持たなくてはだめ）。

練習問題

【問い3-2】 $\delta(x) = \dfrac{\mathrm{d}}{\mathrm{d}x}\theta(x)$ を使って、

$$\int_{x_1}^{x_2} f(x)\delta(x)\mathrm{d}x = \begin{cases} f(0) & (x_1 < 0 < x_2 \text{の時}) \\ -f(0) & (x_2 < 0 < x_1 \text{の時}) \\ 0 & (\text{それ以外}) \end{cases} \tag{3.20}$$

を示せ。

ヒント → p337 へ　解答 → p346 へ

デルタ関数は「関数」という名前はついているものの、本来の意味での関

[†16] $\theta(0)$ の値は定義されていないが、$\dfrac{1}{2}$ としている場合が多い。

数とは言い難く、何かと積分されて初めてちゃんとした数学的意味がある量である。そういう意味で「関数」とは呼び難いので、「超関数」[†17]と呼ぶ。

デルタ関数を平行移動した $\delta(x-a)$ に対しては、

$$\int_{x_1}^{x_2} f(x)\delta(x-a)\mathrm{d}x = \begin{cases} f(a) & (x_1 < a < x_2 \text{の時}) \\ -f(a) & (x_2 < a < x_1 \text{の時}) \\ 0 & (\text{それ以外}) \end{cases} \quad (3.21)$$

が成立することに注意しよう。他にも

───── デルタ関数の性質 ─────

(1) $\delta(-x) = \delta(x)$

(2) $\delta(cx) = \dfrac{1}{|c|}\delta(x)$ (c は定数)

(3) $\delta((x-a)(x-b)) = \dfrac{1}{|a-b|}\left(\delta(x-a) + \delta(x-b)\right)$

(4) $x\dfrac{\mathrm{d}}{\mathrm{d}x}\delta(x) = -\delta(x)$

のような性質がある。これらの性質は、両辺に任意の関数 $f(x)$ を掛けて積分したとして、どちらも同じ結果になることを使えば証明できる。

─────────── 練習問題 ───────────

【問い 3-3】 上のデルタ関数の性質を証明せよ。　ヒント → p338 へ　解答 → p346 へ

量子力学でよく使われるデルタ関数の表現は

───── フーリエ変換によるデルタ関数の表現 ─────

$$\frac{1}{2\pi}\int_{-\infty}^{\infty} \mathrm{e}^{\mathrm{i}kx}\mathrm{d}k = \delta(x) \quad (3.22)$$

である（これ以外にもデルタ関数の表現方法はたくさんある）。

この関数は、$\mathrm{e}^{\mathrm{i}kx}$ という単色波を、いろんな波数について足し算していった結果である。その結果、いろんな位相の波を足し算することになるので、ほとんどの場所で答は 0 となる。ただし唯一、$x = 0$ でだけは k の値に関係な

[†17] 英語では distribution。

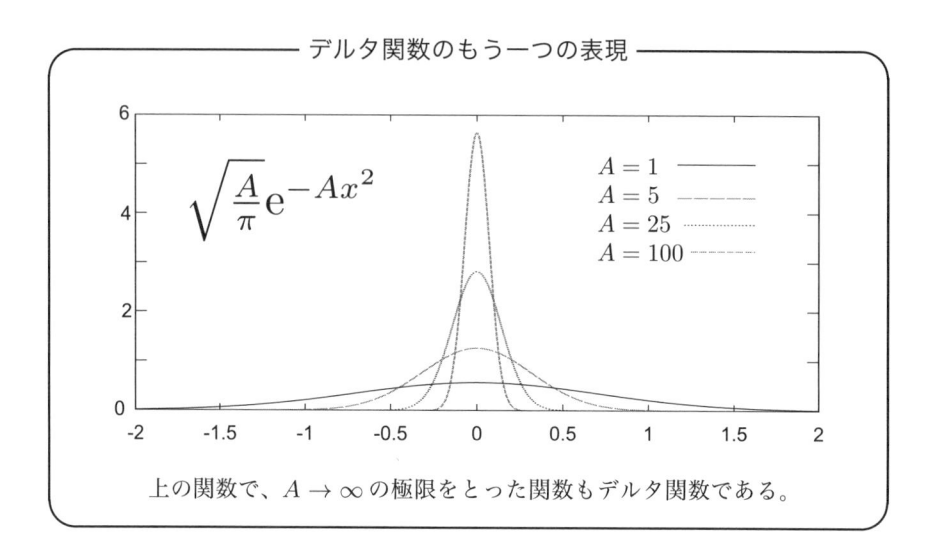

> **― デルタ関数のもう一つの表現 ―**
>
> $\sqrt{\dfrac{A}{\pi}} e^{-Ax^2}$
>
> $A = 1$
> $A = 5$
> $A = 25$
> $A = 100$
>
> 上の関数で、$A \to \infty$ の極限をとった関数もデルタ関数である。

く e^{ikx} の位相が0である。この点に関してだけは無限個の波が同位相で足されることになり、結果として発散する。

波が

$$\delta(x) = \frac{1}{2\pi} \int_{-\infty}^{\infty} dk\, e^{ikx} \tag{3.23}$$

のような関数で表現されているとすると、これはすなわちある一点 $x = 0$ に波動が集中した状態であるから、$\Delta x = 0$ である。そのかわり、k が $-\infty$ から ∞ までの全ての値を、同じ係数で積分されているということは、$p = \hbar k$ が全く決定できないことになるので、$\Delta p = \infty$ になっている。

逆に $\Delta p = 0$ になるのは一つの波長、つまり一つの運動量 p だけを持っている状態である e^{ikx} の時であるが、この波の振幅は絶対値 $|e^{ikx}|$ であり、常に1である。つまり、粒子がどこにいるのか全くわからず、$\Delta x = \infty$ である。このように、不確定性関係は波の性質と深く結びついている。

3.4 波束の進行——群速度

「特定の場所にのみ存在する（局在する）波」は、「いろんな波長を持った平面波が重なった波」と考えられる。いろんな波長の波を、ある場所に波の「山」が集中するように重ね合わせると、結果としてその場所が大きくもりあがった「波の塊」ができる。このように波の重なりによってできた「波の塊」ができている状態の物質波を、我々は「局在する粒子」として感知する。この「波の塊」を**波束** (wave packet) と呼ぶ。

波束はどのように進行するであろうか？——今、単色波の足し算で波束を作ったわけであるが、この1個1個の単色波が同じ速度で進むなら、波束もその形を保ったまま、単色波と同じ速度で進む。しかし、各々の単色波の速度が違えば、波束は形を変えながら進むことになる。

以下で、時間が経つと波がどのように変化していくかを考え、波束の運動を考える。先に答を述べておくと、**「1個1個の単色波の速度と、その集合体である波束の速度は一致しない」**のである。

まず単色波（1種類の波長の波しか入っていない場合、つまり e^{ikx}）について考えよう。今、波数（定義は $\frac{2\pi}{波長}$）が k で、角振動数（$2\pi \times$ 振動数で定義される）が ω であり、x 軸正方向に進行している波を考えると、その波は $e^{ikx-i\omega t}$ のような式で表すことができる。この式を少し書き直すと、$e^{ik\left(x-\frac{\omega}{k}t\right)}$ となる。これは「関数 e^{ikx} を $\frac{\omega}{k}t$ だけ平行移動させた関数」と考えられるから e^{ikx} という関数が単位時間ごとに $\frac{\omega}{k}$ ずつ移動していくと考えていい。この波の速度が

---- 位相速度の公式 ----
$$v_p = \frac{\omega}{k} \tag{3.24}$$

である。v_p は「同位相の点がどのように動いていくかを示す速度」なので「**位相速度**」(phase velocity) と呼ぶ。波長 $\lambda (= \frac{2\pi}{k})$ と振動数 $\nu (= \frac{\omega}{2\pi})$ を使って書くと、$v_p = \lambda\nu$ となる。これは「1個の波の長さが λ で、これが単位時間に ν 個通り過ぎる。すると波が単位時間に $\lambda\nu$ だけ進行する」というふうに考えるとわかりやすい式である。

位相速度は「波束（あるいは「粒子」）の動く速度」とは一致しない。そも

そも、$e^{ikx-i\omega t}$ という波は、宇宙の端から端まで（$x=-\infty$ から $x=\infty$ まで）常に同じ振幅1で振動している波であって、波の「塊」になっていない。つまり単色波の速度を考えても、波の塊の速度はわからない。いろんな波長の波（いろんな k の波）を足し合わせて「塊」を作ってその速度を考えなくてはいけない。

この「波のこぶ」の進む速度を v_g と書こう。v_g のことは、「波の塊（グループ）の速度」という意味で、**群速度** (group velocity) と呼ぶ。

群速度と位相速度が違ってくる理由は、次の図を見るとわかる。まず、今「こぶ」になっているところ、つまり山と山が重なって高い山が出現している場所を考えよう。二つの単色波の位相速度は違っているから、次には違う場所で山と山が重なることになる。

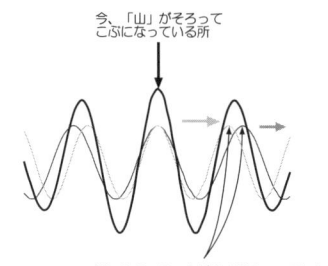

位相速度より群速度の方が速い場合　　　位相速度より群速度の方が遅い場合

波長の短い波の方が位相速度が速い場合（これはつまり、k が大きいほど位相速度が速い場合）、次に重なる山は今重なっている山よりも前（図の右）にある。ということは、単色波が動くよりも速く、波のこぶ部分が動くことになる。つまり群速度の方が位相速度より速い。

逆に波長の長い波の方が位相速度が速い場合は、次に重なる山は今重なっている山よりも後ろであり、群速度は位相速度より遅くなる。

3.4 波束の進行—群速度

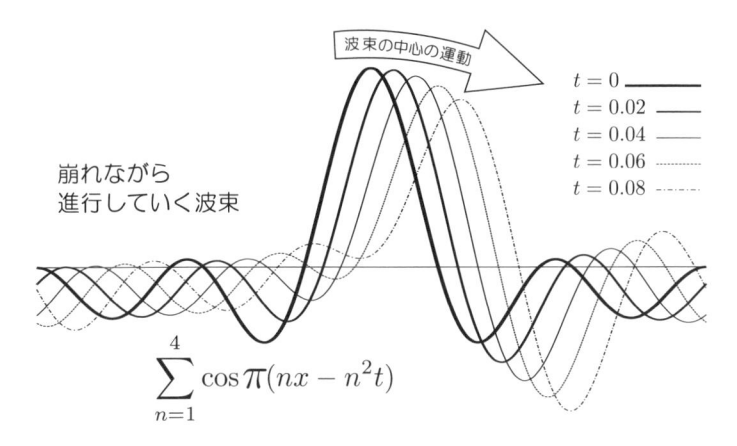

$$\sum_{n=1}^{4} \cos\pi(nx - n^2 t)$$

(図中注記: 波束の中心の運動, 崩れながら進行していく波束, $t=0$, $t=0.02$, $t=0.04$, $t=0.06$, $t=0.08$)

では、簡単な場合の波束の進行する様子を図にしてみよう。上のグラフは図中に示したように、$k=n\pi$, $\omega=n^2\pi$ である波 ($n=1,2,3,4$) の重ね合わせである。位相速度 $\frac{\omega}{k} = \frac{n^2\pi}{n\pi} = n$ となるから、n の違う波が各々違う速度で走る。結果として、$t=0$ においては $x=0$ にあった波のピークは少しずつずれていくし、少しずつ波束が崩れていっていることもわかる。

もう少し一般的に、二つ以上のたくさんの波が重なって波束を作っている場合を考えよう。ある波の塊が

$$\int \mathrm{d}k f(k) \mathrm{e}^{\mathrm{i}kx - \mathrm{i}\omega(k)t} \tag{3.25}$$

のように、いろんな k を持つ波の和で書かれているとしよう。$f(k)$ は、いろんな k の波をどの程度の重みをもって足し算していくかを表す関数である。ここで、ω を $\omega(k)$ と書いて k の関数であるとした。ω と k にはなんらかの関係があるのが普通である。ω と k の関係を「**分散関係 (dispersion relation)**」と呼ぶ[†18]。

この波が $k=k_0$ を中心とした狭い範囲でだけ $f(k) \neq 0$ であるような波だとする。そのような時は

$$\omega(k) = \omega(k_0) + \frac{\mathrm{d}\omega(k_0)}{\mathrm{d}k}(k - k_0) + \cdots \tag{3.26}$$

[†18] なぜ「分散」関係なのかというと、関数 $\omega(k)$ の形によって、進行していく波がどう変形するかが決まるからである(この変形は、広がることが多い)。後で出てくる「波動関数の分散」などの「分散」とはまた別もの。
→ p163

と展開して[†19]、$\cdots$ で示した $(k-k_0)^2$ 以上のオーダーの項は無視する。それを(3.25)に代入すると、
$\to$ p69

$$e^{ik_0 x - i\omega(k_0)t} \underbrace{\int dk f(k) \exp\left[i(k-k_0)x - i\frac{d\omega(k_0)}{dk}(k-k_0)t\right]}_{x - \frac{d\omega(k_0)}{dk}t \text{ の関数}} \tag{3.27}$$

となる。この後ろの部分は $x - \frac{d\omega(k_0)}{dk}t$ の関数になっているので、これを $F\left(x - \frac{d\omega(k_0)}{dk}t\right)$ と書くと波は

$$e^{ik_0 x - i\omega(k_0)t} F\left(x - \frac{d\omega(k_0)}{dk}t\right) \tag{3.28}$$

と書ける。

いま考えた重ね合わされた波は、場所によって違う振幅 $\left(F\left(x - \frac{d\omega(k_0)}{dk}t\right)\right)$ を持っている、$e^{ik_0 x - i\omega(k_0)t}$ で表される波であると近似して考えられる。

この振幅の部分は $F(x)$ を x 方向に $\frac{d\omega(k_0)}{dk}t$ だけ平行移動させた関数、と考えられる。ゆえに、この振幅は

───── 群速度の公式 ─────
$$v_g = \frac{d\omega(k_0)}{dk} \tag{3.29}$$

という速度をもって移動していることになる。$\omega(k) = ck$ という単純な比例関係の時は、群速度と位相速度も c となって一致し、波の形は進行しても変化しない（こうなる例は、真空中の光）。

[†19] この式の $\frac{d\omega(k_0)}{dk}$ は「$\omega(k)$ という k の関数を k で微分した後、$k = k_0$ と置く」という計算の結果。先に代入してから微分するのではない（そんなことしたら答は0）。

3.4.1 物質波の'速度'

物体が「放物線を描いて落ちている」状況を、物質波で表現してみよう。

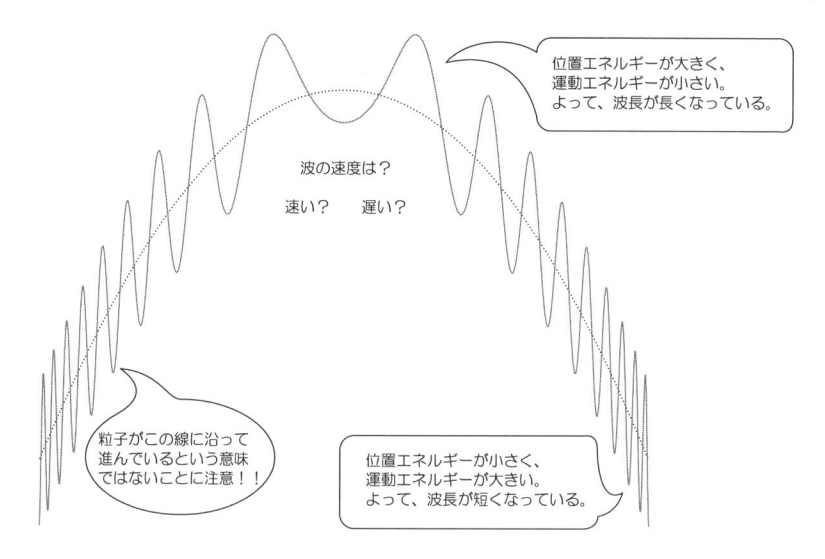

（図：放物線上に波長の異なる波が描かれている。吹き出し：「位置エネルギーが大きく、運動エネルギーが小さい。よって、波長が長くなっている。」「波の速度は？ 速い？ 遅い？」「粒子がこの線に沿って進んでいるという意味ではないことに注意！！」「位置エネルギーが小さく、運動エネルギーが大きい。よって、波長が短くなっている。」）

なお、このような図について、初学者が誤解しやすい点をいくつか注意しておく。まず、物質波は縦波でも横波でもない。上の図では表現上の都合として波線で描いているが、上下に振動しているわけではない。振動しているのは向きのないスカラー値（実は複素数の値）である。

また、実際には物質波の波長は非常に短いのが普通であって、図では大袈裟に書かれていることも忘れないように。実際、物質波の波長があまりにも短い、そのことこそが我々が物質を「波」と感じられない理由なのである（ニュートンが光を波だと思わなかったように！）。たとえば電子（質量 9.1×10^{-31}kg）が1Vの電圧で加速された時の速さは 6.0×10^5m/sであるが、この時の波長は

$$\frac{h(6.6 \times 10^{-34})}{\lambda} = m(9.1 \times 10^{-31}) \times v(6.0 \times 10^5) \quad (3.30)$$

より、$\lambda = 1.2 \times 10^{-9}$mである。原子10個分程度の大きさはあるものの、日常的感覚からすると十分短い[20]。

---

[20] 波長を大きくするためにはかける電圧を下げる。たとえば 10^{-6}V 程度にすれば、電子の速さは0.6m/s程度になり、波長は1.2mmぐらいになる。ただし、電子をこんなに遅くすることが難しい。

【補足】＋＋＋＋＋＋＋＋＋＋＋＋＋＋＋＋＋＋＋＋＋＋＋＋＋＋＋＋＋＋＋＋

なお、よく量子力学の（特に一般向けの）本に「体重100kgの人間が秒速1m/sで歩いていると、その人間の波長は？」のような問題が書いてある（ちなみに答えは6.6×10^{-36}mとなる）。人間のような物体に対して$mv = \frac{h}{\lambda}$という式を使ってしまうのは正しいだろうか。人間を構成している原子1個1個が波であり、それぞれに波長を持っていたとしても、人間（に限らず、原子分子の集合体ならなんでもいいが）に「波長」はあるのだろうか？

後で波動関数がe^{ikx}のような複素数の波で書けることをみる。実はいくつかの粒子が複合してできた粒子の波動関数は（すくなくとも第1近似では）各々の波動関数の積（和ではなく）で表される。波数k_1の波で表現される粒子と波数k_2の波で表現される粒子が複合した粒子は、$e^{ik_1 x} \times e^{ik_2 x} = e^{i(k_1+k_2)x}$という波動関数で表現されるが、波数が$k_1 + k_2$のように足し算されると、波長は短くなる。こう考えると複数の粒子の集まりに対する「波長」を運動量の和を使って計算することも完全に間違いではない。しかし、人間のように巨視的に大きい物体の場合、構成する粒子の波動関数は互いに重なっていない部分も多い（手を作っている原子と足を作っている原子が重なっていたらたいへんだ）ので、単純に積で表現できるわけではない。よって大きな物体の「波長」には、計算上の遊び以上の物理的意味はないと思ったほうがよい。

→ p96

＋＋＋＋＋＋＋＋＋＋＋＋＋＋＋＋＋＋＋＋＋＋＋＋＋＋＋＋　【補足終わり】

さて、ここでこの波の進行速度を考えてみよう。

ド・ブロイの条件（エネルギーが$h\nu$、運動量が$\frac{h}{\lambda}$）を自由粒子に適用してみると、

$$\frac{1}{2}mv^2 = h\nu, \quad mv = \frac{h}{\lambda} \tag{3.31}$$

という（一見）妙な式ができあがる。振動数νで波長λの正弦波は

$$A\sin\left[2\pi\left(\frac{x}{\lambda} - \nu t\right) + \alpha\right] = A\sin\left[\frac{2\pi}{\lambda}(x - \nu\lambda t) + \alpha\right] \tag{3.32}$$

という式で書けるから、$v = \nu\lambda$だと考えたくなる。しかし、(3.31)の示すところによれば、

$$\nu\lambda = \frac{h\nu}{\frac{h}{\lambda}} = \frac{\frac{1}{2}mv^2}{mv} = \frac{v}{2} \tag{3.33}$$

である。つまりド・ブロイの波が進む速さは、「粒子」の進む速さの半分になってしまう。

3.4 波束の進行—群速度

自由粒子でない場合は、もっと深刻な問題が現れる。ポテンシャル $V(x)$ の中を運動しているのであれば、

$$\frac{1}{2}mv^2 + V(x) = h\nu, \quad mv = \frac{h}{\lambda} \tag{3.34}$$

となる。エネルギー保存則[†21]からすれば $V(x)$ が大きい（つまりポテンシャルが高い）場所では v は小さくなる。よって $V(x)$ が大きい場所では λ は大きくなり、ν は変化しない。これは $v = \nu\lambda$ という式と矛盾する。だって ν が変わらず λ が大きくなるのなら、どう考えても v は速くなりそうではないか（この件に関しては $v = 2\nu\lambda$ だとしても状況は変わらない）。

物質波を p71 の図のような連続的にどこまでも続く波ととらえていると、この謎は解けない。実は物体が「運動している」のは、波束が次の図のように移動しているということである。

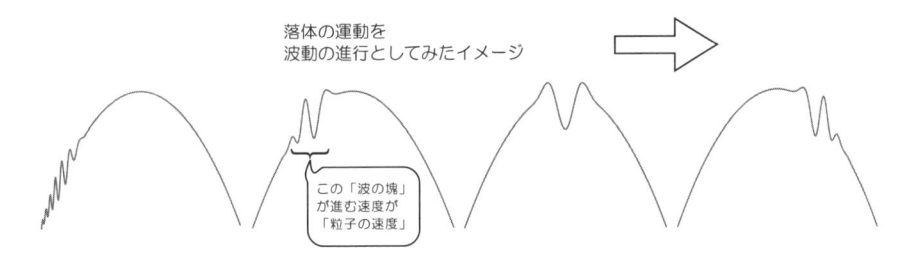

落体の運動を
波動の進行としてみたイメージ

この「波の塊」
が進む速度が
「粒子の速度」

波束の動く速度である群速度を計算してみる。そのためには ω と k の関係式が必要である。(3.34)で $mv = \hbar k$, $h\nu = \hbar\omega$ と置き直すと、
→ p73

$$\frac{1}{2m}(\hbar k)^2 + V(x) = \hbar\omega \tag{3.35}$$

となる。両辺を k で微分して、

$$\frac{\hbar^2 k}{m} = \hbar\frac{d\omega}{dk} \tag{3.36}$$

よって、$v_g = \dfrac{\hbar k}{m}$ となるが、この量は k が大きいところで（波長の短いところで）大きくなる量である。

[†21] 物質波の考え方からすると、エネルギーが保存することは「物質波の振動数が場所によらず一定であること」を示すことになる。これはすなわち波の連続性である！

この式から $mv_g = \hbar k = \dfrac{h}{\lambda}$ が成立していることがわかる。波束を粒子と見た時の運動量 mv_g が $\dfrac{h}{\lambda}$ に対応する。このように波の伝わる速度には2種類あるが、古典力学での粒子の運動と対応しているのは群速度の方である。

古典力学と量子力学の対応を考えた時に、「波動関数の位相が極値を取る波の経路が古典的運動の経路である」と考えたが、群速度を考える時も同様にして考えられる。波の位相が $\varphi = kx - \omega(k)t$ だとする。群速度というのは「波の振幅が大きくなっている部分」の進行速度であるが、振幅が大きくなるためには、その波束を構成している1個1個の波 $e^{i\varphi}$ の位相がそろっていればよい。よって位相 φ を k で微分して0になる点では「位相変化が0になって、波が強め合っている点」だと考えられる。この条件から、位相がそろっている点が満たすべき条件は

$$\frac{d}{dk}(kx - \omega(k)t) = x - \frac{d\omega}{dk}t = 0 \tag{3.37}$$

である。これからも群速度が $\dfrac{d\omega}{dk}$ であることがわかる。

落体の運動を量子力学的に考えると物体が落ちていくほど波長が短くなる（＝運動量が大きくなる）ことによって屈折が起こると考えることができた。この時、波長が縮むと位相速度 $v_p = \dfrac{\omega}{k} = \lambda\nu$ は遅くなる。しかし、群速度の方は古典的な速度と同様、速くなっていく。

3.5　不確定性関係の意味

「波の重ね合わせ」という形で物質（波）の運動を考えた結果、必然的に不確定性関係が出現した。

不確定性関係は非常に神秘的な関係式と思えるかもしれない（ここに哲学的意味を求めようとする人までいるようだ）が、ここまでの話の筋道をきっちりとたどった人ならばもうおわかりだろうが、不確定性関係が出現する理由は単に我々が思っているほど物質という存在が単純ではないというだけのことである[22]。

---

[22] そういう意味では後で話す「波動関数の収縮」という問題に比べれば、大きな問題ではないとも言える。何よりどう解釈すべきかすら定説がない「波動関数の収縮」と違って、不確定性関係は明瞭に解釈できる。

3.5 不確定性関係の意味

実際のところ、ド・ブロイの式 $p = \dfrac{h}{\lambda}$ を認めて「物質は波動性を持つ」ことを考えれば、不確定性関係はしごく当然の関係式であり、波動性を仮定すると必然的に導かれる[†23](後で、量子力学の基本原理であるところの「正準交換関係」から不確定性関係を導く)。
→ p167
→ p120

不確定性関係を最初に提示したのはハイゼンベルクであるが、その時は「ガンマ線顕微鏡」という架空の実験装置による思考実験を行った(章末演習問題3-8を見よ)。ハイゼンベルクはその中で「xを観測するとpが乱される」という形での不確定性を論じた。そのためもあってか、不確定性の意味を「観測しようとすると乱されるから観測できない」という意味だと誤解する人が多いので、ここで強調しておく。
→ p79

――――― 勘違いしないよう、注意！ ―――――

不確定性というのは観測する前の状態ですでに存在している。

誰がどのように観測するか否かにかかわらず、$\Delta x \Delta p \gtrsim \hbar$ という関係は成立しているのである。Δx や Δp は測定誤差ではなく、「値の広がり」を表す。「粒子は Δx の幅のどこにいるのかわからない」というよりも「Δx の範囲に広がっている」と考えるべきである[†24]。

この「広がっている」という言葉も「場所 x にいるかもしれないし場所 $x + \Delta x$ にいるかもしれない」という感覚で捉えてはいけない。

「どこにいるのかわからない」という考え方をすると、測定手段(実験機器など)の責任で Δx が生じているような印象を持ってしまう。不確定性は、実験機器の責任によって生じるのではなく、物質の波動的性質によって必然的に生じると考えなくてはならない。

現実において存在している粒子も、不確定性関係を守っている。我々は原子や原子核の大きさをこれくらい、と測定しているが、実際にその物質がそれだけのサイズを持っているというより、その粒子がだいたいそれぐらいの

[†23] 「不確定性原理」と呼ばれることもあるが、他から導かれるという意味では「原理」の資格はない。
[†24] $\Delta x \Delta p \geq \dfrac{\hbar}{2}$ は粒子の存在の広がりについての式である。観測することによって状態が乱されることによる不確定性ももちろん存在するが、それについては、$\Delta x \Delta p \geq \dfrac{\hbar}{2}$ とは少し違う関係式が成立することがわかっている。

範囲の中に広がって存在している（Δx がその程度の大きさである）と判断せねばならない。

------------------------------- 練習問題 -------------------------------

【問い3-4】 以下の二つの現象が不確定性関係に即していることを確かめよ。

(1) 原子核の周りを'回っている'電子はだいたい 10eV 程度のエネルギーを持っている。原子の半径は 10^{-10}m 程度である。
(2) 原子核内の核子は 1MeV($=10^6$eV) 程度のエネルギーを持っている。原子核の半径は 10^{-14}m 程度である。

註：1eV=1.6×10^{-19}J。電子の質量は 9.1×10^{-31}kg。核子の質量は 1.7×10^{-27}kg。

ヒント → p338 へ　解答 → p348 へ

3.6　章末演習問題

★【演習問題3-1】

相対論的粒子の場合、エネルギーと運動量の関係は $E = \sqrt{p^2c^2 + m^2c^4}$ である。$E = \hbar\omega, p = \hbar k$ はこの場合でも成立するので、ω と k の関係は $\hbar\omega = \sqrt{\hbar^2k^2c^2 + m^2c^4}$ である。この場合の位相速度 v_p と群速度 v_g を波数 k の関数として求め、$v_p v_g = c^2$ であることを確認せよ。v_p と v_g のうち一方は光速を超えることになるが、それはどちらか。これは物理的に許される結果だろうか？

ヒント → p2w へ　解答 → p13w へ

★【演習問題3-2】

デルタ関数の微分 $\frac{\mathrm{d}}{\mathrm{d}x}\delta(x)$ をどう定義すればよいかを考えよう。そもそもデルタ関数そのものが何か関数を掛けて積分した結果で定義されている。ゆえに、$\int f(x) \frac{\mathrm{d}}{\mathrm{d}x}\delta(x)\mathrm{d}x$ のような量を考えなくてはいけない。部分積分ができるとすれば、

$$\int_a^b f(x) \frac{\mathrm{d}}{\mathrm{d}x}\delta(x)\mathrm{d}x = [f(x)\delta(x)]_a^b - \int_a^b \frac{\mathrm{d}f(x)}{\mathrm{d}x}\delta(x)\mathrm{d}x$$

となる。これから、$\int f(x) \frac{\mathrm{d}}{\mathrm{d}x}\delta(x)\mathrm{d}x$ を求めよ。

ヒント → p2w へ　解答 → p13w へ

★【演習問題3-3】

デルタ関数に関する公式

$$\delta(f(x)) = \frac{1}{|f'(x)|}\delta(x - x_0)$$

を証明せよ。ただし、x_0 は $f(x) = 0$ となる点で、いま考える積分範囲ではこの一点しかないものとする。

ヒント → p2w へ　解答 → p13w へ

3.6 章末演習問題

★【演習問題 3-4】
(3.18)と(3.22)が同じ意味を持つことを、以下の手順で示せ。
→ p63   → p65

(1) (3.18)の極限 $\Delta \to 0$ をとらずに、フーリエ変換 $F(k) = \frac{1}{\sqrt{2\pi}}\int_{-\infty}^{\infty} f(x)\mathrm{e}^{-\mathrm{i}kx}\mathrm{d}x$
→ p63
する。
(2) フーリエ変換の結果の、$\Delta \to 0$ の極限をとる。
(3) 逆フーリエ変換 $f(x) = \frac{1}{\sqrt{2\pi}}\int_{-\infty}^{\infty} F(k)\mathrm{e}^{\mathrm{i}kx}\mathrm{d}k$ で戻す。

ヒント → p2w へ   解答 → p14w へ

★【演習問題 3-5】
波動光学では、「光は自分の波長と同じくらいの隙間を通り抜けた後、よく回折する」ことが知られているが、この現象も不確定性関係の顕れと考えられる。

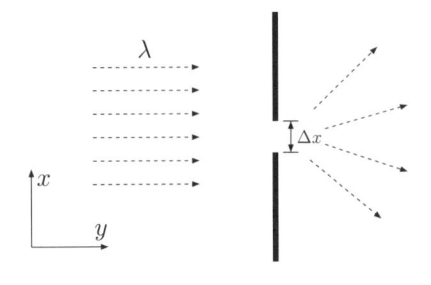

幅 d のスリットを波長 λ の光が通り抜けたとする。この時、光子の存在位置は、$\Delta x = d$ という不確定性を持って決められたことになる（ただし、決まったのは x 方向、すなわち進行方向に垂直な方向）。このため、光子の x 方向の運動量は $-\frac{\Delta p}{2} < p < \frac{\Delta p}{2}$ のような不確定さを持つ。Δp はどのくらいとなるか。光子の全運動量の大きさ（変化しないはず）と上の答を比べることにより、光子の進行方向の不確定性（光の進行方向に対する広がり角度）を角度の正弦の不確定性 $\Delta(\sin\phi)$ で求めよ。広がり角度が 30°になるのはどんな時か。

ヒント → p2w へ   解答 → p15w へ

★【演習問題 3-6】
電子を使ってヤングの実験をしたとすると、電子を波と考えた場合の波長 λ、スリット幅 d、スリットからスクリーンまでの距離 L を使って $\frac{L\lambda}{d}$ と表せる幅の干渉縞ができる。これは光と全く同様の結果であり、1個の電子が両方のスリットを波の形で同時に通過していると考えなくては干渉が説明できない。そこでどちらを通過しているのかを測定してみたいと思ったとしよう。電子の質量を m とし、スリットに入る前は速度 v で真横に進んでいたとして、以下の問いに答えよ。

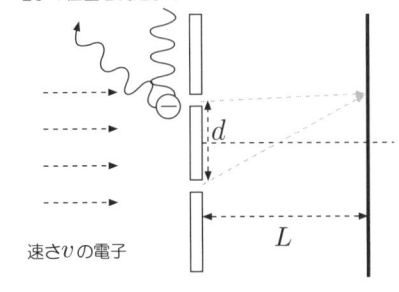

(1) 電子がどちらを通ったかを測定するために、横から光を当てて反射を調べるとする。光の波長が d より短くなくては、電子がどちらを通ったか判定できない。この光は最低でもどの程度の運動量を持つか。

(2) スリット通過時に電子に光が当たったことにより、電子は光が持っていた横方向の運動量の一部（どれだけであるかは実験するたびに違う）をもらってしまうので、電子の横方向の運動量に不確定性が生じる。これにより電子の到達場所がどの程度ずれるかを概算せよ。

(3) 前問の答えを、光を使って場所を調べない場合にできる干渉縞の幅と比較せよ。この結果、光を使って場所を調べた場合の干渉はどのようになると考えられるか。

ヒント → p2wへ　解答 → p15wへ

★【演習問題3-7】

二重スリットの実験（ヤングの実験）では、どちらのスリットを光が通ったかわからない、という話がある。

今図のように中央に光がやってきたとしよう。上のスリットを通った時ならば光はスリット部分で下向きの運動量を与えられたことになるし、下を通ったならば上向きの運動量を与えられたことになる。運動量は保存するから、その分スリットが上下動するはずだ。では、スリットの上下動を観測することで上のスリットを通ったのか下のスリットを通ったか判断できるのか？

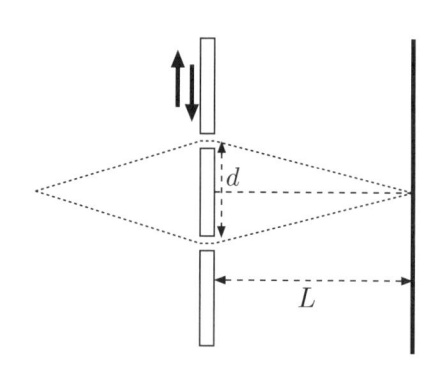

光子の持つ運動量を $\dfrac{h}{\lambda}$ として、この問題を考察せよ。

（hint：スリットの上下動を観測するためには、スリット自体の運動量をどの程度正確に測定しなければいけないかをまず考えよ。

その時、スリットの位置はどの程度正確に測定できるかを考えよ。）

ヒント → p3wへ　解答 → p16wへ

★【演習問題3-8】

ハイゼンベルクは以下のような思考実験で、不確定関係が成立していることを説明した。

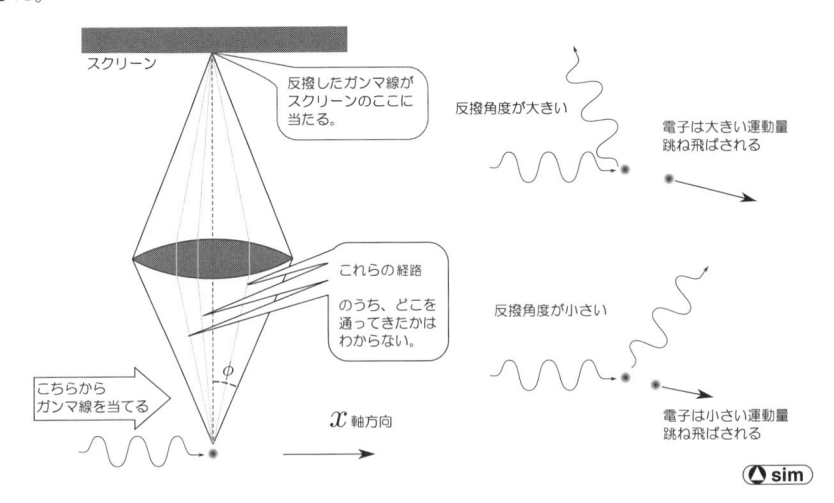

顕微鏡のような光学系による観測では、観測する物体の位置を $\Delta x = \dfrac{\lambda}{2\sin\phi}$ 程度の誤差を持ってしか決めることができない（ϕ の意味は図に示した）。この式だけを見ると、「λ を小さくする」「ϕ を大きくする」の二つの方法で Δx を小さくできる（ϕ は $\dfrac{\pi}{2}$（90°）未満にしか大きくできないが）。

λ が小さい光ということで、仮想的に γ 線を使った顕微鏡を考えてみる。γ 線のような大きなエネルギーを持った光子は、観測対象の粒子を（コンプトン効果により）跳ね飛ばしてしまう。そこで、この顕微鏡による位置測定は、光子1個による「一発勝負」になる。

どれくらい飛ばされたかは、反射された光の角度によって測定されるが、この角度は（この実験装置では）測定できない。

観測対象の粒子がどの程度跳ね飛ばされたかがわからないために起こる「粒子の持つ x 方向の運動量」の誤差 Δp はいくらか。$\Delta p \Delta x$ を計算してプランク定数程度になることを示せ。

ヒント → p3w へ　　解答 → p16w へ

第4章

シュレーディンガー方程式と波動関数

ド・ブロイの考え方を微分方程式の形にまとめていこう。

この章からいよいよ本格的に量子力学を勉強していくわけだが、説明を簡単にするために、第12章までのしばらくの間（特に断らない限り）1次元空間の問題のみを扱うことにする。すなわち、空間座標は x のみとし、y, z 座標は考えない。
→ p247

4.1 シュレーディンガー方程式

波動力学の考えは革新的なものであったが、それゆえにド・ブロイが提唱した時点では数学的基盤がはっきりしていなかった。もう一度まとめてみよう。

---── 波動力学の考えの肝要な部分 ───

- 物質が波動性を持つとする。その波が振動数 ν、波長 λ を持つとすると、物質のエネルギーは $h\nu$、運動量は $\dfrac{h}{\lambda}$ である。
- 波の位相に対応するものが古典力学における「作用」であると考える。
- 「作用の極値」は「波の干渉によって消えない部分」として実現する。我々が普段見ている「運動」は「干渉によって消されなかった波」が顕れたものである。

4.1 シュレーディンガー方程式

シュレーディンガーはド・ブロイの話を聞いた後、その考えを方程式の形にまとめることを考えた。物質が波動性を持つのなら、その波動の方程式を作りたい、というのがシュレーディンガーの目論見であった。

この目論見を達成するにはいろんな方向からのアプローチが考えられる。

4.1.1 $E = h\nu,\ p = \dfrac{h}{\lambda}$ から

これまでに出てきた物質と波動をつなぐ式は、プランクの関係式からアインシュタインが光量子のエネルギーの式として出した

$$E = h\nu \tag{4.1}$$

と、ド・ブロイの関係式

$$p = \frac{h}{\lambda} \tag{4.2}$$

がある。この二式は光や物質で一般に成立するし、実験的にも確認されている。

振動数 ν で波長 λ をもち、x 軸の正方向へと伝播する波は

$$\psi_\lambda = e^{2\pi i\left(\frac{x}{\lambda} - \nu t\right)} \tag{4.3}$$

という式で表すことができる。

(4.3) で表される波は平面波であって、宇宙の端から端まで同じ振幅で振動している波である[†1]。実際にこの世に存在している波はこれらの波のいろんな波長のものを足し算したもの（結果として、特定の部分だけに局在する）になるであろう。

今から作る方程式は線型同次方程式（変数に関して1次の量のみを含む方程式）であることを要求する。線型同次であれば、解の重ね合わせができる[†2]。つまり、A という解と B という解を見つけたならば、$\alpha A + \beta B$ （α, β は適当な定数）も解である。したがっていろんな λ に対して ψ_λ を求めれば、その重ね合わせでさらにたくさんの解を作ることができるであろう。これを「**重ね合わせの原理**」(principle of superposition) と呼ぶ。電磁場や、音など

[†1] 運動量（波長）を一つに決めてしまうと、波が宇宙全体に広がってしまうこともまた、不確定性関係の実現である。
[†2] というよりは重ね合わせの原理が成立して欲しいから、線型同次な方程式を選ぶ。

の波には重ね合わせの原理が成立する[†3]。ここまで考えてきたことからすると、重ね合わせの原理は量子力学でも成立していて欲しい。

逆に重ね合わせの原理が満たされているならば、複雑な波も簡単な平面波の重ね合わせで表現できることになるので、とりあえず平面波をとりあげて考えていけばよいことになる。

というわけで一つの関数 $\psi_\lambda = \mathrm{e}^{2\pi i\left(\frac{x}{\lambda} - \nu t\right)}$ を考えるわけだが、この形の関数の前では、

$$p = \frac{h}{\lambda} \to -\mathrm{i}\frac{h}{2\pi}\frac{\partial}{\partial x} = -\mathrm{i}\hbar\frac{\partial}{\partial x} \tag{4.4}$$

$$E = h\nu \to \mathrm{i}\frac{h}{2\pi}\frac{\partial}{\partial t} = \mathrm{i}\hbar\frac{\partial}{\partial t} \tag{4.5}$$

という置き換えをしてもいい。なぜなら、

$$-\mathrm{i}\hbar\frac{\partial}{\partial x}\mathrm{e}^{2\pi i\left(\frac{x}{\lambda} - \nu t\right)} = -\mathrm{i}\hbar \times \frac{2\pi\mathrm{i}}{\lambda}\mathrm{e}^{2\pi i\left(\frac{x}{\lambda} - \nu t\right)} = \frac{h}{\lambda}\mathrm{e}^{2\pi i\left(\frac{x}{\lambda} - \nu t\right)} \tag{4.6}$$

$$\mathrm{i}\hbar\frac{\partial}{\partial t}\mathrm{e}^{2\pi i\left(\frac{x}{\lambda} - \nu t\right)} = \mathrm{i}\hbar \times (-2\pi\mathrm{i}\nu)\mathrm{e}^{2\pi i\left(\frac{x}{\lambda} - \nu t\right)} = h\nu\mathrm{e}^{2\pi i\left(\frac{x}{\lambda} - \nu t\right)} \tag{4.7}$$

となるからである。このように

--- 固有値方程式 ---

$$（演算子）\times （関数）= （値）\times \underbrace{（関数）}_{\text{左辺と同じ}} \tag{4.8}$$

となる（つまり、演算子を掛けると元の関数の定数倍になる）ような関数をその演算子に対する「**固有関数**」と呼び、その定数、すなわち右辺に出てくる（値）を「**固有値**」と呼ぶ。そして上のような形の方程式を「**固有値方程式**」と呼ぶ。固有関数を考えることの意味については、この章を読んでいくうちにわかってくると思う[†4]。

古典力学においては、エネルギーはハミルトニアン $H(p,x)$ として、運動量や座標の関数として表された。量子力学におけるエネルギー $E = \mathrm{i}\hbar\frac{\partial}{\partial t}$ も、

[†3] たとえば浅い水の表面にできる波など、方程式が線型でなく重ね合わせの原理が成立しない場合もある。

[†4] 歴史的事情から、英語の本でも、これらの「固有」はドイツ語である eigen（発音は仮名書きするとアイゲン）を使う。固有関数は eigen function、固有値は eigen value。

同様に運動量や座標と関係付けられるはずである。その関係を、波動方程式の形で表したものがシュレーディンガー方程式である。

非相対論的な一次元古典粒子の場合、$E = H = \dfrac{1}{2m}p^2 + V(x)$ であるから、そのような粒子を表す波は

$$\underbrace{i\hbar \dfrac{\partial}{\partial t}}_{E\text{を表す部分}} \psi(x,t) = \underbrace{\left(-\dfrac{\hbar^2}{2m}\dfrac{\partial^2}{\partial x^2} + V(x)\right)}_{H\text{を表す部分}} \psi(x,t) \tag{4.9}$$

のような方程式を満たすであろうと考えることができる。これがシュレーディンガー方程式である。この $\psi(x,t)$ は複素数に値をとる関数で、「**波動関数**」と呼ばれる。

【補足】✛✛✛✛✛✛✛✛✛✛✛✛✛✛✛✛✛✛✛✛✛✛✛✛✛✛✛✛✛✛✛✛✛✛✛
　余談ではあるが、相対論的にはエネルギーと運動量の間には、

$$E^2 = |\vec{p}|^2 c^2 + m^2 c^4 \tag{4.10}$$

という関係式が成立する。シュレーディンガーは最初この方程式を波動方程式に焼き直して

$$\left(-\hbar^2\left(-\dfrac{\partial^2}{\partial t^2} + c^2\dfrac{\partial^2}{\partial x^2} + c^2\dfrac{\partial^2}{\partial y^2} + c^2\dfrac{\partial^2}{\partial z^2}\right) + m^2 c^4\right)\phi(\vec{x},t) = 0 \tag{4.11}$$

という式を作ったそうである（この章でここだけは y,z 座標を入れて書いたが、p_x 以外に p_y, p_z があるのでこうなる）。ところがこれを使って電子の運動を計算してみると、実験に合った答えが出なかったので、いったん書き上げた論文を撤回して、非相対論的な式である(4.9)を作った。
　→ p83

　この相対論的な方程式 (4.11) は、後に電子ではない別の粒子に対する波動方程式として使われ、クライン・ゴルドン (Klein-Gordon) 方程式と呼ばれている。時間に関して一階の微分方程式であるシュレーディンガー方程式と違って、クライン・ゴルドン方程式は時間に関して二階の微分方程式である。後で述べるが時間に関して一階であることと ψ が複素数であることは関係があるので、クライン・ゴルドン方程式の場合は ϕ が複素数である必要はない。電子の相対論的方程式としてはディラック (Dirac) 方程式という、全く別の式があり、相対論的な計算ではそちらを使う必要がある。クライン・ゴルドン方程式は電子に適用すると実験に合わないと上で述べたが、ディラック方程式はぴったり実験に合う。
→ p96

✛✛✛✛✛✛✛✛✛✛✛✛✛✛✛✛✛✛✛✛✛✛✛✛✛✛✛✛✛✛✛【補足終わり】

4.1.2 解析力学から

解析力学のハミルトン・ヤコビ方程式
→ p329

$$-\frac{\partial \bar{S}}{\partial t} = H\left(x, p = \frac{\partial \bar{S}}{\partial x}\right) \tag{4.12}$$

では、ハミルトンの主関数（作用に対応するもの[†5]）を $\bar{S}$ と置いて、$\frac{\partial \bar{S}}{\partial x_i}$ が運動量 p_i、$-\frac{\partial \bar{S}}{\partial t}$ がハミルトニアン H であった（どうして運動量が x 微分でエネルギーが t 微分（の -1 倍）なのかは、付録A.8を見よ）。この $\bar{S}$ を $e^{\frac{i}{\hbar}\bar{S}}$ の
→ p329
ようにexpの肩に（係数 $\frac{i}{\hbar}$ つきで）あげたもの、すなわち $\psi = e^{\frac{i}{\hbar}\bar{S}}$ を波動関数と思えば、

$$i\hbar \frac{\partial}{\partial t}\psi(x,t) = H\left(x, -i\hbar\frac{\partial}{\partial x}\right)\psi(x,t) \tag{4.13}$$

が ψ の満たすべき方程式となる（正確には、これはハミルトン・ヤコビの方程式と全く同一ではない）。

3.1.2節でも述べたように、古典力学では「作用が停留するような経路」を
→ p54
粒子が通る。ハミルトン・ヤコビの方程式は、作用が停留する条件を示したものであった。力学では理由もなく（「原理」として）作用が停留すると考えたが、量子力学では「たくさんの経路を通るが、位相すなわち作用が停留するような経路を通る波は干渉によって消し合わないので残る」と考える。その干渉する波の様子を、波動方程式によって表現したのがシュレーディンガー方程式であると言える。

【補足】 ++
一般座標 q_i には、x, y, z の他、θ, ϕ のような角度座標も入ってくる。たとえば直交座標での作用と極座標での作用は

$$\int dt\left(p_x \frac{dx}{dt} + p_y \frac{dy}{dt} + p_z \frac{dz}{dt} - H\right) \to \int dt\left(p_r \frac{dr}{dt} + p_\theta \frac{d\theta}{dt} + p_\phi \frac{d\phi}{dt} - H\right) \tag{4.14}$$

[†5] 正確に述べると、「運動方程式を満たす経路に沿って作用を計算したもの」が主関数。量子力学では「運動方程式を満たす」という条件を外して、$\frac{i}{\hbar}$ を掛けた後でexpの上に乗せる。

のように書き直すことができる[†6]。$\frac{i}{\hbar} \times$(作用)が波動関数ψの$\exp$の肩に乗っていると思えば、ϕに対する運動量である角運動量p_ϕは、$-i\hbar \frac{\partial}{\partial \phi}$のように置き換えられることになる。その他の一般座標も同様である。ただし一般座標に対する運動量の中には単純に$-i\hbar \frac{\partial}{\partial X}$と表すことができない場合があるが、その例に関してはまた後で述べよう。
→ p259

+++++++++++++++++++++++++++++++ 【補足終わり】

この考え方からすると、ボーア・ゾンマーフェルトの量子化条件$\oint pdq = nh$は、以下のように考えられる。$p = -i\hbar \frac{\partial}{\partial q}$であり、波動関数が$e^{i(位相)}$という形で書けていると思えば、$p$はすなわち、$\hbar \frac{\partial (位相)}{\partial q}$($-i$と$i$が掛け算されて消えた)である。これに$dq$を掛けて一周積分すれば、

$$\oint \hbar \frac{\partial (位相)}{\partial q} dq = \hbar \times (一周の位相差) = nh \quad \rightarrow \quad 一周の位相差 = 2n\pi \tag{4.15}$$

という式になる。すなわち、任意の道を一周した時に、波動関数の位相が2πの整数倍だけ変化することを示している。$e^{2\pi i} = 1$であるから、波動関数の値は変化してないことになる。ボーア・ゾンマーフェルトの条件は、波動関数の値が一価（一つの場所に一つの値しかないこと）であれという条件である。

【FAQ】運動量が$-i\hbar \frac{\partial}{\partial x}$なのにエネルギーが$i\hbar \frac{\partial}{\partial t}$と、符号がひっくり返っているのはなぜですか？

・・・・・・・・・・・・・・・・・・・・・・・・

それは結局、上の式の位相部分に現れる組み合わせ$px - Et$の符号の違いである。相対論の計算では、$px - Et$にあたる量は$p_\mu x^\mu = -p^0 x^0 + p^1 x^1 + p^2 x^2 + p^3 x^3$のように4次元運動量と4次元座標のローレンツ内積で書かれる(ここだけ3次元で書いた)。

$$-p^0 x^0 + p^1 x^1 \underbrace{+ p^2 x^2 + p^3 x^3}_{3次元ならこれも} = -Et + px \tag{4.16}$$

[†6] より一般には、時間の全微分にあたる項が付け加わることもある。

の時間成分と空間成分の符号の違いが現れたと思えばよい。

つまり、符号の違いの出元は、相対論的4次元内積の符号だとも考えられるし、解析力学で作用が $S = \int (p dx - H dt)$ と書けたからだと言ってもよい。解析力学、相対論、量子力学は互いにつながっている。

相対論的不変性を考えれば、$\Delta x \Delta p > h$ なのなら $\Delta E \Delta t > h$ になることも当然のように思えてくる。ただし、いま考えているのはシュレーディンガー方程式という「非相対論的な波動方程式」なので、その立場では $\Delta x \Delta p > h$ と $\Delta E \Delta t > h$ はあくまで別の種類の式である（これについては後で詳しく述べる。
→ p129

4.2　波動関数の意味

これで方程式ができたが、ではこの方程式の解となる、ψ とはいったい何なのか。

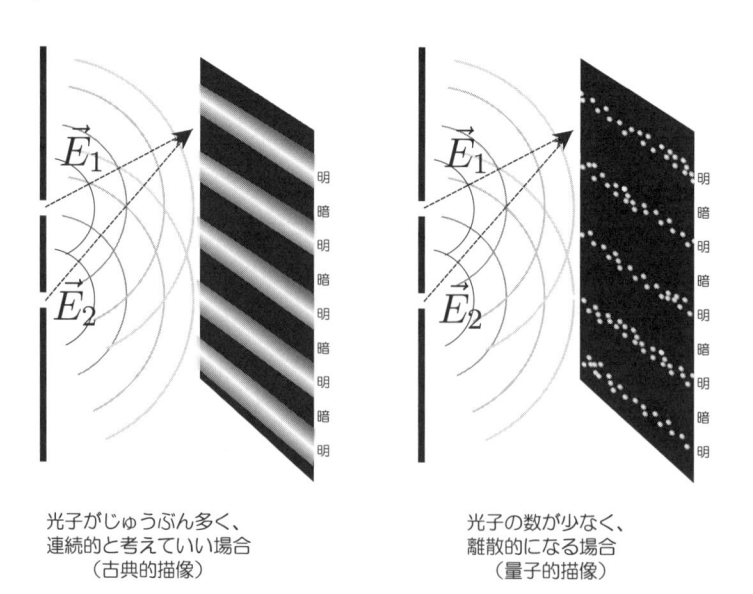

光子がじゅうぶん多く、
連続的と考えていい場合
（古典的描像）

光子の数が少なく、
離散的になる場合
（量子的描像）

光の干渉の類推から考えよう。電場 $\vec{E}_1$ と電場 $\vec{E}_2$ が重ね合わされると $\vec{E}_1 + \vec{E}_2$ という電場ができる。この電場の持つエネルギー密度は

$$\frac{1}{2}\varepsilon_0\left(\vec{E}_1+\vec{E}_2\right)^2 = \frac{1}{2}\varepsilon_0\left(\vec{E}_1\right)^2 + \frac{1}{2}\varepsilon_0\left(\vec{E}_2\right)^2 + \underbrace{\varepsilon_0\vec{E}_1\cdot\vec{E}_2}_{干渉項} \tag{4.17}$$

となる。最後の項が二つの電場が重なったことによって強めあったり弱めあったりする効果の表れる項である(磁場に関しても同様の式が成立するが省略した)。古典電磁気学で考えれば、この干渉項がプラスとなる部分は強い光となり、マイナスとなる部分は弱い光となる。(4.17)で、$\vec{E}_1$ と $\vec{E}_2$ が同程度の大きさなら、逆向きの時にはちょうどエネルギー密度は0になる。

この電場や磁場はたくさんの光子によって作られているものである。この「古典的描像」であるところの電場・磁場と、「量子的描像」であるところの光子とは、いったいどのような関係にあるだろうか?

まず、電場 $\vec{E}$ や磁場 $\vec{B}$ は光子の数とは直接に結びつかない。電場・磁場はどちらもベクトル量(向きや正負がある)であり、光子の数という、負にならないスカラー量とは結びつかない。

ここで、光子は1個あたり $h\nu$ というエネルギーを持っていたことを思い起こそう。光の場合、エネルギー密度は $\rho h\nu$ というふうに、光子の個数密度 ρ と光子1個あたりのエネルギー $h\nu$ の積として書くことができるだろう。一方、電磁場の持つエネルギー密度は古典力学的には $\frac{1}{2}\varepsilon_0|\vec{E}|^2 + \frac{1}{2\mu_0}|\vec{B}|^2$ であった。この量が光子の個数と結びつく。

電磁場の場合は、電磁場のうちある振動数を持つ成分について、

$$\frac{1}{2}\varepsilon_0|\vec{E}|^2 + \frac{1}{2\mu_0}|\vec{B}|^2 \propto (光子の個数密度) \tag{4.18}$$

のような関係が成立している。

この式は、光子がたくさんある場合について、その密度と古典的な電場・磁場の関係を示した式となる。しかし、光子が一度に1個ずつしか来ないような状況(ものすごく暗い光で実験する)にしても、ヤングの実験をするとちゃんと干渉が起こる。上の式を文字通り「光子がたくさんある場合の個数密度」と解釈すると、このような実験の結果は説明できないことに注意しよう。1個だけの光子を使ってヤングの実験を行ったとしよう。そうすればスクリーンの上には1個だけ感光する点が現れるだろう。この場合の古典的電磁場は何を表すのだろう?——光子の個数密度ではない。

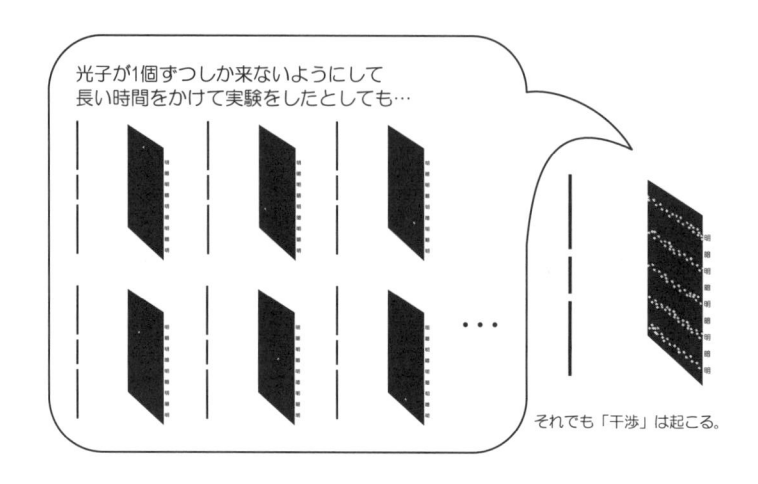

> 光子が1個ずつしか来ないようにして長い時間をかけて実験をしたとしても…
>
> それでも「干渉」は起こる。

4.2.1 確率解釈

$\frac{1}{2}\varepsilon_0|\vec{E}|^2 + \frac{1}{2\mu_0}|\vec{B}|^2$ という量は「光子がその場所に来ている確率」に比例していると考える。光子がたくさんいるならば、この量は個数密度に比例していることはもちろんである。我々が通常目にする状況では、電場や磁場は非常にたくさんの数の光子で作られている[†7]。

我々はたまたま光については波動的描像を先に知ったし、電子については粒子的描像を先に知った。実は光も電子も両方の性質を持っているのだから、電子の波動的描像を表す実体が必要となってくる。それが波動関数である。

光と物質粒子（たとえば電子）の、粒子的・波動的描像での表現をまとめると以下の表のようになる。

粒子的描像	波動的描像
光子（エネルギー $h\nu$）	電場、磁場 $(\vec{E}, \vec{B})$
物質粒子（エネルギー $\frac{1}{2}mv^2 + V$）	波動関数 (ψ)

この対応関係を信じて、波動関数 ψ と粒子の個数密度の間には、電磁場の場合の式(4.18)からの類推で、
→ p87

[†7] ここでは電場・磁場と波動関数との類似性を手がかりに話を進めているが、通常「電場・磁場」と見なされるものはたくさんの光子の集まりであり、1個の粒子の話をしている時とは本質的に異なることには注意しておかなくてはいけない。

4.2 波動関数の意味

$$(\psi(x,t)\text{の実部})^2 + (\psi(x,t)\text{の虚部})^2 \propto (\text{粒子の個数密度}) \quad (4.19)$$

のような関係が成立するだろうと考える。電場 $\vec{E}$ や磁場 $\vec{B}$ が光子の数と直接結びつかなかったことと同様に、$\psi(x,t)$ そのものを粒子数密度と考えることはできない。$\psi(x,t)$ はプラスになったりマイナスになったり（どころか複素数にもなったり）する関数であるから、粒子数という絶対負にならない実数と直接に結びつかない。0.2.2節で簡単に記したように、電子波の散乱実験で「電子が干渉によって消し合う」現象が起きていることを思い起こそう[†8]。
$\psi(x,t) = \psi_R(x,t) + \mathrm{i}\psi_I(x,t)$ ($\psi_R(x,t), \psi_I(x,t)$ はどちらも実数) と書けば $\psi^* = \psi_R(x,t) - \mathrm{i}\psi_I(x,t)$ なので、$(\psi(x,t)\text{の実部})^2 + (\psi(x,t)\text{の虚部})^2$ は

$$\begin{aligned}\psi^*(x,t)\psi(x,t) &= (\psi_R(x,t) - \mathrm{i}\psi_I(x,t))(\psi_R(x,t) + \mathrm{i}\psi_I(x,t)) \\ &= (\psi_R(x,t))^2 + (\psi_I(x,t))^2\end{aligned} \quad (4.20)$$

となって、$\psi^*\psi$ と書くことができる。これは複素数 ψ の絶対値の自乗[†9]になっている ($\psi = R\mathrm{e}^{\mathrm{i}\theta}$ と書いたならば、$\psi^*\psi = (R\mathrm{e}^{-\mathrm{i}\theta})(R\mathrm{e}^{\mathrm{i}\theta}) = R^2$)。後でこの量がちゃんと保存量になっていることを確認する。
→ p96

波動関数の絶対値の自乗 $|\psi(x,t)|^2$ も、「粒子がたくさんいて、そのたくさんいる粒子の密度を表すもの」と考えるのは実験にそぐわない。粒子が1個しか存在しない場合でも、$|\psi(x,t)|^2$ にはちゃんと物理的意味がある。その証拠に、実際に1個の粒子を見つけようとすると、どこか一点に見つかる（ヤングの実験であれば、スクリーンのどこか一カ所だけが感光する）。そして波動関数はその粒子が見つかる確率を表しているのである。ヤングの実験において「明」となるポイントは見つかる確率が高い（波動関数の絶対値の自乗が大きい）。「暗」となるポイントは見つかる確率が低い（波動関数の絶対値の自乗が小さい）。光に対するヤングの実験の場合の波動関数に対応するのは電場と磁場である。光を電磁波と考えた時、電場と磁場が強くなっているところは「光子が到着する確率が高い場所」なのである。

[†8] 何度も書いているがもう一度確認しておく。このような干渉が起こったところを見て「エネルギーが保存してない」などと思ってはいけない。波は常にある程度の広がりを持ち、その広がりの中である場所が弱め合うなら、他に強め合う場所が必ずある。トータルのエネルギーは決して増えも減りもしない。電子などの粒子の数に関しても同様である。

[†9] 複素数の「絶対値」は $\sqrt{(\text{実部})^2 + (\text{虚部})^2}$ で定義する。$\sqrt{(\text{実部})^2 - (\text{虚部})^2}$ のような変な定義を採用すると「0でない数の絶対値は0にならない」という絶対値の性質を満たさない。

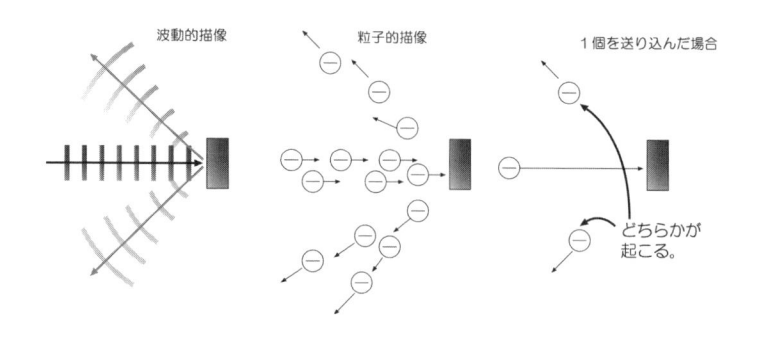

シュレーディンガー本人は、電子などの粒子が実際に広がっていて、$|\psi(x,t)|^2$ は密度だと考えたかったらしい[†10]。ゆえに彼は確率密度という解釈には反対していた。しかし、$\psi(x,t)$ を実体のともなった密度のようなものだとすると、波を分割することで「電子 $\frac{1}{2}$ 個」が作れてしまうことになるが、そんな現象は決して起きない。電子を金属結晶で散乱させるような場合を考えてシュレーディンガー方程式を解いて $\psi(x,t)$ を求めたとしよう。たくさんの電子で実験すると、確かに $|\psi(x,t)|^2$ が電子がやってくる数に比例している。では1個の電子を散乱させた時に何が起こるのかというと、別に1個の電子が分割されて届くわけではなく、$|\psi(x,t)|^2$ が0でないようなどこか一カ所に1個の電子が到着する。

　たとえ波動関数が二つに分かれたとしても、観測してみると電子はどちらか片方で1個見つかるのである。「波動関数は、たくさんある粒子のうち何個がここにあるかを表している」という考え方は正しくない。そうではなく「波動関数はその絶対値の自乗 $\psi^*(x,t)\psi(x,t)$ が、1個の粒子が見つかる確率を表しているような関数である」と考えなくてはならない。これを**「確率解釈」**と言う。一見、気持ちが悪い解決法であるが、確率解釈に矛盾するような実験結果は見つかっていない。ボルンによって始められて、ボーアら、コペンハーゲンにいた物理学者たちによって支持されて広まったため、確率解釈は**「コペンハーゲン解釈」**とも呼ばれる。

　確率解釈はそれだけでも（古典力学的な常識を持った人間には）気持ち悪い印象を残すのだが、この解釈を容認するためには、もっと気持ち悪い印象を

[†10] 実際のところ、シュレーディンガーも $\psi^*(x,t)\psi(x,t)$ を「重み関数」と呼んで、すぐ後で説明する確率解釈にもう一歩というところまで迫っていた。

残す物理現象を認めねばならない。電子に関するヤングの実験で「スクリーンに当たるまでは波動関数は広がっており、当たると瞬時に一点のみに電子が表れる」と解釈しなければならなかったことを思い出そう。このように何か（観測器など）に出会うことで波動関数の広がりが小さくなることを「**波動関数の収縮**」と言う。この意味でも、$|\psi(x,t)|^2$ が電子の密度だとすることは具合が悪い。電子が一点に届いた瞬間に広がっていた電子が（超光速で！）収縮することになってしまう。この収縮に関してはシュレーディンガー方程式では計算できない。というより、いかにしてこの収縮が起こるのか、結論はまだ出ていない。

　波動関数を計算しただけでは、「粒子がどこにいるか」はわからない。これが

- 本質的にわからない（わかりようがない）

のか、それとも

- 本当はわかるのにただ量子力学が不完全であるためにわからない

のか、ということはしばしば論争の種になっている。

【補足】＋＋＋＋＋＋＋＋＋＋＋＋＋＋＋＋＋＋＋＋＋＋＋＋＋＋＋＋＋＋＋
　「ほんとうは粒子がどこにいるのかは決定しているのだが、量子力学では計算できない」という考え方は「隠れた変数の理論」と呼ばれる。その「隠れた変数」を知ればちゃんと粒子がどこにいるのかがわかるはずだ、という考え方である。たとえば波動関数は粒子を導く場 (guiding field) であって、粒子はその中を $|\psi(x,t)|^2$ に比例する確率で動いていく、という考え方などがある。これは少なくとも「粒子が一点にいる」という点に関しては感覚的には納得しやすい考えなのだが、残念なことに「隠れた変数」の存在は実験的に否定されており、「粒子がどこにいるのかは本質的に決定不可能」と考えるほかなさそうである。なお、厳密に言えば、隠れた変数にあたる物理量が超光速で伝播すると考えれば、実験的に矛盾しない理論を作ることもできる。しかし、超光速で伝播するようなものを考えるのは極めて不自然である。確率解釈と「超光速で伝播する隠れた変数」のどちらがより不自然かと問われれば、「どっちもどっち」としか言いようがないが、しかし、シンプルさでは確率解釈の勝ちであろう。
＋＋＋＋＋＋＋＋＋＋＋＋＋＋＋＋＋＋＋＋＋＋＋＋＋＋＋＋＋【補足終わり】

4.2.2 波動関数の規格化

以上のように、波動関数の絶対値の自乗 $\psi^*(x,t)\psi(x,t)$ がその場所に粒子がやってくる確率に比例するだろうと考えられる。「比例」ではなく厳密に「確率密度」にするためには、

$$\int_{考えている全空間} \mathrm{d}x\, \psi^*(x,t)\psi(x,t) = 1 \tag{4.21}$$

となるようにしておけばよい（これはすなわち「全確率が1」ということ）。このようにすることを**「規格化」**(normalization) と言う。

具体的に、

$$\int_{考えている全空間} \mathrm{d}x\, \psi^*(x,t)\psi(x,t) = N \tag{4.22}$$

という計算結果になったとしよう。

波動関数 $\psi(x,t)$ に対し、上の式の平行根である $\sqrt{N}$ のことを波動関数のノルム (norm) と呼ぶ。ノルムはベクトルの長さに対応し、規格化されているならば1である。古い波動関数をそのノルムで割って、

$$\psi_{新}(x,t) = \frac{1}{\sqrt{N}}\psi(x,t) \tag{4.23}$$

として新しい $\psi_{新}(x,t)$ を作れば、この波動関数は規格化されている。

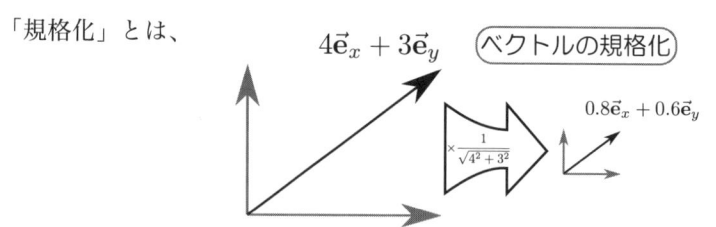

「規格化」とは、

のようにして元のベクトルと同じ向きを向いて長さ1のベクトルを作るという計算と本質的に同じことを、波動関数に対して行っていると思えばよい。

4.2.3 射影仮説

量子力学では、波動関数が与えられても、「粒子がどこにいるか」は判定できない。「このあたりにいる確率は80%」というような曖昧な予測しかできないことになる。そのような予測ができないのは「観測機器が悪いから」とか「誤差が入ってくるから」というような二次的な理由からではない。すで

4.2 波動関数の意味

に何度か述べたように、物質波はいろんな波の重ね合わせでできている。つまりもともと波動関数は「いろんな状態の重ね合わせ」であり、何かを観測した時にその状態のうち特定のものが選ばれることになる。そして、どの状態が選ばれるのかを決める方法がないのである。ある状態が選ばれる確率は$\psi^*\psi$を使って計算（具体的にはこの後で説明していく）することはできる。

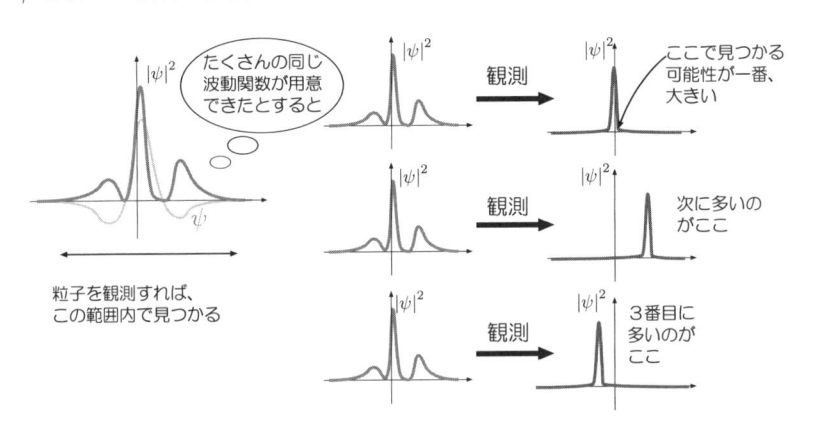

ここで、もう一度まとめておく。量子力学では古典力学のように「粒子はどこにいる」と断言することができないのだが、その理由は二つある。「波動関数で表される量子状態では、粒子の位置や運動量が確定していない」点と、「観測した時にいろんな波動関数で表される状態の中から一つの状態が確率的に選ばれる」点である。この二つは（関連はあるのだが）違う種類のものであることは理解しておかなくてはいけない。特に後者の方が問題として大きい。これは量子力学では「ある現象が起こる確率」しか計算できないことを意味するからである（波動関数が収縮する前に「どこに収縮するか」を予言することは不可能である）。

ここまでで説明したような「波動関数の収縮」がどのようにして起こるのかについては現在のところ確たる説はなく、「量子力学の前提（仮説）の一つである」と考えるしかない。この仮説を「**射影仮説**」と呼ぶ。

このように量子力学で計算できるのが確率だけであることには昔から批判が多かった。アインシュタインの「**神はサイコロを振らない**」という言葉は有名である。しかし、いろんな実験から確率解釈が少なくとも実験結果を説明するには十分であることは確認されている。実は量子力学の解釈は一つではなく、他にも多世界解釈とか、ボームによるパイロット波による理論なども

あるが、確率解釈に比べるとマイナーである。

　量子力学というのは、ある意味我々の常識からは考えられないような現象を扱うものである。だが、このような「一般常識が通用しない」が「しかし真実」であったことは科学においてはこれまでもいくらでもある。たとえば「太陽が地球の周りを回っている」という常識は地動説にとって代わったし、「物体が運動している時はその物体に力が働いている」という常識は慣性の法則によって間違いであることがわかった。

　我々の住んでいる世界は、我々が目で見て直感的に感じるとおりに動いているとは限らない。「地球が動いている」と悟ったコペルニクスのように、慣性の法則を発見したガリレイのように、世界を注意深く調べることができる者だけが、直感によって覆い隠されていた真実を見抜くことができる。量子力学を勉強する時には、量子力学の常識破りな部分が、どのように注意深く組み立てられてきたものであるかを学びとっていかなくてはならない。「誰かがこう言ったから」「教科書にそう書いてあるから」ではなく、どのような過程でこの不思議な量子力学ができあがるにいたったか、そして物理学者達の苦労の末にできあがった量子力学がどのようにこの世界を記述しているのか、を自分で納得しながら学習していって欲しい。量子力学はなかなか納得できない、不思議な学問であるが、だからこそしっかり理解できた時の喜びは大きいと思う。

4.2.4　シュレーディンガーの猫　✚✚✚✚✚✚✚✚✚✚✚✚✚✚✚【補足】

　波動関数の収縮の問題に関して、「シュレーディンガーの猫」という有名な話がある。シュレーディンガーが、上のような「観測するまでは重ね合わせ状態」という考え方を批判するために持ち出した、以下のような例え話である（シュレーディンガー自身は量子力学を確率的に解釈することを嫌っていた）。

> 放射性物質が崩壊すると毒ガスが出て、中にいる猫が死ぬような仕掛けのしてある箱があったとする。放射性物質の崩壊というのも量子力学的現象で崩壊がいつ起るかは確率的にしか予言できない。だから、放射性物質の状態は（観測する前は）「まだ崩壊してない」と「すでに崩壊した」の二つの状態の重ね合わせになっている。しかし、「まだ崩壊していない」は猫の生と、「崩壊した」は猫の死と結び付いている。だから、観測する前は「まだ崩壊していない」と「崩壊した」のどちらにあるかわからない——つまり二つの状態の重ね合わせになっている——という状態を認めるのであれば、同様に、観測する前は猫が「生」と「死」の二つの状態にどちらにあるのかわからない——つ

まり二つの状態の重ね合わせになっている——という状態の存在も認めなくてはならない。しかし我々は「生」と「死」の二つの混ざりあった状態の猫なんて、見たことはない……。

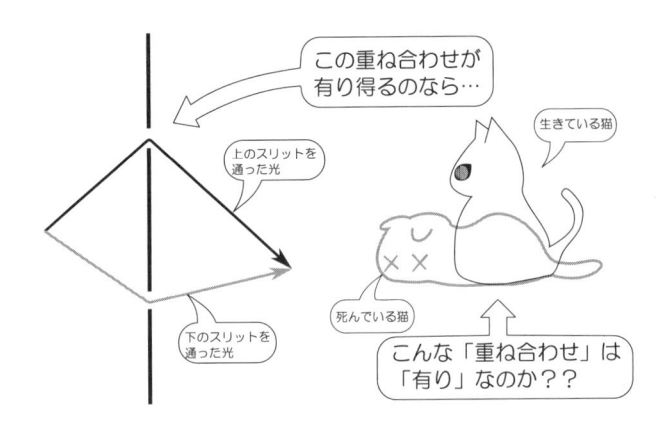

この疑問をどう解決するのかは難しい問題で、考え始めると夜も眠れないほどに「はまってしまう」問題である。それゆえとりあえずはあまり深く考えない方が精神衛生上はいいのだが、量子力学において「状態の重ね合わせ」という概念が非常に重要であり、ミクロな話をする時にはこのような考え方を避けることはできないことは理解しておいて欲しい[†11]。

量子力学の標準的解釈においては、最終的に人間が観測するまでのどこかの段階で、波動関数は重ね合わせの状態からいっきにどれか一つの状態へと収縮すると考える。そして、どの状態に収縮するかの確率が $\psi^*\psi$ によって表されると考える。

シュレーディンガーの猫の話の焦点は、『波動関数の収縮はいつ起こるのか』という疑問である。これに対する答えとして、一つ有り得るのは、「測定器が放射性物質の崩壊を測定した時点でもう波動関数は収縮している」という考え方である。この考え方ならば、生きた猫と死んだ猫の重ね合わせなどを考えなくてもすむ。しかし、「ではいったい何が波動関数が収縮するかしないかを分ける境界なのか?」という点は曖昧である（曖昧だが、それでも実験を説明できる計算結果は出せる）。

もう一つの考え方はウィグナーらによる「人間の意識に到達した時に波動関数は収縮する」という考え方である。人間が感知していない時に波動関数が収縮していようがしてしまいがある意味「知ったことではない」と考えるとこの考え方には一理あるが、人間の意識など所詮は一連の化学反応ではないかという立場に立つと、「人間の意識が物理現象にとってそんなに重要だと考えるのは傲慢ではないか」と

[†11] 我々は「電子」のようなミクロな物体では「状態の重ね合わせ」をよく見るが、「猫」のようなマクロな物体に「状態の重ね合わせ」を見ることはない。それはなぜか——というのがシュレーディンガーの猫のお話の肝となる部分。

も思われる。

　また一つの考え方は、波動関数の収縮などを考えず、観測した後も「猫が死んだと観測する観測者」と「猫が生きていると観測する観測者」の重ね合わせができていると考える。さらには観測者だけでなく、世界全体を重なり合ってたくさんあると考えてしまう。観測者がそれぞれ別の世界に存在しているので、各々の観測者はけっして重ね合わせを見ない。この解釈では、ありとあらゆる世界が並列して（しかし、互いの間には何の干渉も相互作用もないままに）存在していることになる。この考え方を推し進めたものが多世界解釈である。

　さらにもう一つの立場としては、上でも述べた「隠れた変数」の理論がある。確率で決まるようなものはどこにもなく、実際には粒子がどの場所にいるかは最初から決まっているという考え方であるが、この考え方で実験を説明するには、非常に複雑で、かつ不自然な相互作用があると考えなくてはいけないため、主流とはなっていない。

　大事なことは確率解釈でも多世界解釈でも、計算の結果出てくる答は変化しないことである。たてるべきシュレーディンガー方程式も同じであるし、結果を見て「なるほど、50％の確率でこの粒子は崩壊しているな」と判断するところも同じである。

　したがって、実用の面からすれば、どの解釈を取るべきかということに悩む必要は、（一応）ない。そこでこの本では今後はどの解釈を取るべきかという話はいっさいしないつもり（基本的にはもっともスタンダードな確率解釈の線にそって説明する）なので、興味のある人はいろんな本を読んでみること。

　波動関数がどのように収縮するのか、そのメカニズムは何なのかということも古くから論争の種であって、いまだ決着がついているとは言えない状況である。とりあえずその難しい部分に踏み込むのはやめて、波動関数を確率と解釈する枠組みで考えて、シュレーディンガー方程式がどのような物理を記述することになるのか、それを考えていこう。

✝✝✝✝✝✝✝✝✝✝✝✝✝✝✝✝✝✝✝✝✝✝✝✝✝✝✝✝✝✝✝✝✝　【補足終わり】

4.3　波動関数が複素数となる意味

　さて、波動関数 ψ は複素数であり、$|\psi|^2$ が確率密度を表現する、ということになったわけであるが、この複素数の波というのはどういうものであり、なぜ複素数を使って波動関数を表現する必要があったのか、ここで一度考えておこう。

　実数で表される1次元波動 $y(x,t) = A\cos(kx - \omega t + \alpha)$ と、複素数で表現された1次元振動 $Y(x,t) = Ae^{i(kx-\omega t + \alpha)}$ を比較してみよう。オイラーの公式 $e^{i\theta} = \cos\theta + i\sin\theta$ により、

4.3 波動関数が複素数となる意味

$$\begin{aligned}
Y(x,t) &= A\mathrm{e}^{\mathrm{i}(kx-\omega t+\alpha)} \\
&= A\cos(kx-\omega t+\alpha) + \mathrm{i}A\sin(kx-\omega t+\alpha) \\
&= A\cos(kx-\omega t+\alpha) + \mathrm{i}A\cos(kx-\omega t+\alpha - \frac{\pi}{2})
\end{aligned} \quad (4.24)$$

であるから、複素数の振動は、位相が $\frac{\pi}{2}$ ずれた二つの波の重なりである。複素数は、実数部を横軸、虚数部を縦軸とした「複素平面」で表現することが多い。$Y(x,t)$ は実数部が $A\cos(kx-\omega t+\alpha)$、虚数部が $A\sin(kx-\omega t+\alpha)$ であるから、ある時刻 t である場所 x の $Y(x,t)$ は複素平面内のベクトルで表現される。

時間 t を固定して x による $Y(x,t)$ の変化を図で表現したのが次の図である。x 一定の切り口で切ったものが複素平面となり、$Y(x,t)$ は複素平面上の長さ A のベクトルである。そして、そのベクトルの実軸との角度（位相）が x や t の変化に伴い変化していく。

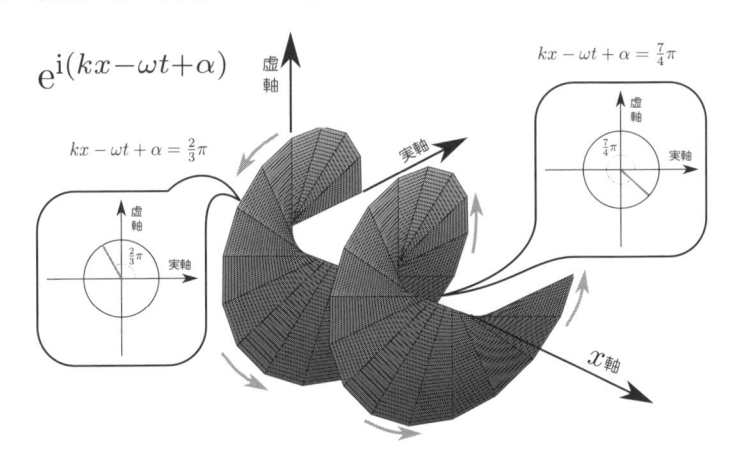

図に示したように x が増加すると位相は増えていく[†12]が、各点各点で位相は時間の経過とともに減る（$-\omega t$ という形の式で時間が入っているから）。そう考えると波が x 軸正方向へ移動していくことがわかる。

よって $A\mathrm{e}^{\mathrm{i}(kx-\omega t+\alpha)}$ という波は（一般に「波」と言われた時思い浮かべる「山」や「谷」があるのとは少し違って）、大きさ（絶対値）が一定で角度（位相）だけが変化していく「波」である。

[†12] 図で見ると反時計回りに回っていくが、反時計回りの方向を「位相が増える方向」となるように位相という角度を定義する。

実は観測と結びつく「確率密度」は$|\psi|^2$に比例するものであって「位相」は確率密度には関係ない。よって、$e^{i(kx-\omega t+\alpha)}$という波動関数を「確率密度が周期的に変化している波」と捉えるのは正しくないことに注意しよう。

ところで、ニュートン力学の肝であるところの

$$\text{運動方程式} \quad m\frac{d^2\vec{x}(t)}{dt^2} = \vec{f} \tag{4.25}$$

は時間に関して二階の微分方程式であったこと、それに対して

$$\text{シュレーディンガー方程式} \quad i\hbar\frac{\partial}{\partial t}\psi(x,t) = H\psi(x,t) \tag{4.26}$$

が時間に関して一階の微分方程式であることを思い出そう。

二階微分方程式であるニュートンの運動方程式は、ある時刻の$x(t)$がわかっただけでは解は特定できず、初速度$\frac{dx(t)}{dt}$も与える必要があった。一方シュレーディンガー方程式は一階微分方程式なので、ある時刻での$\psi(x,t)$がわかれば、それより後の時刻での$\psi(x,t)$もわかることになる[†13]。

古典力学でも、正準方程式は
→ p326

$$\frac{dp_i(t)}{dt} = -\frac{\partial H}{\partial x_i}, \qquad \frac{dx_i(t)}{dt} = \frac{\partial H}{\partial p_i} \tag{4.27}$$

という一階微分方程式である。しかしこの場合は力学変数が座標と運動量の二つに増えていて、初期値はやはり、$\vec{x}(t), \vec{p}(t)$の二つについて与える必要がある。

以上からわかるように、量子力学では初期状態$\psi(x, t=t_0)$を与えたら「その波（粒子）はどのような速さでどっち向きに動いているのか」という情報も与えられていることになる。$\frac{\partial \psi}{\partial t}$を与える必要はない（というより、シュレーディンガー方程式で決まるので、勝手に与えてはいけない！）。

考えてみれば、量子力学における運動量は、$p = \frac{h}{\lambda}$あるいは$-i\hbar\frac{\partial}{\partial x}$というふうに、ある瞬間で定義されているものである。これは古典力学との大きな違いである。多くの場合、古典力学の運動量

$$\vec{p}(t) = m\vec{v}(t) = \lim_{\delta t \to 0} \frac{m(\vec{x}(t+\delta t) - \vec{x}(t))}{\delta t} \tag{4.28}$$

[†13] 実は「波動関数の収縮」はシュレーディンガー方程式に従わない変化なので、ここの「わかる」とは「収縮が起きない限り」ということ。

4.3 波動関数が複素数となる意味

と表される。$\vec{p}(t)$ は δt という（短い）時間間隔の間での引き算で定義されている。

表にしてみよう。

	力学変数	基本方程式	初期条件
古典力学 （ニュートン）	$x_i(t)$	$m\dfrac{\mathrm{d}^2 x_i}{\mathrm{d}t^2} = f_i$	$x_i(t=0), \dfrac{\mathrm{d}x_i}{\mathrm{d}t}(t=0)$
古典力学 （ハミルトン）	$x_i(t), p_i(t)$	$\begin{cases}\dfrac{\mathrm{d}p_i(t)}{\mathrm{d}t} = -\dfrac{\partial H}{\partial x_i}\\ \dfrac{\mathrm{d}x_i(t)}{\mathrm{d}t} = \dfrac{\partial H}{\partial p_i}\end{cases}$	$x_i(t=0), p_i(t=0)$
量子力学	$\psi(\vec{x}, t)$	$\mathrm{i}\hbar\dfrac{\partial \psi(\vec{x},t)}{\partial t} = H\psi$	$\psi(\vec{x}, t=0)$

この表を見ても、ニュートン力学よりハミルトン形式の力学の方が量子力学と相性がいいことがわかる。

シュレーディンガー方程式は一階微分方程式なので、$\psi(\vec{x},t)$ の中には、$\vec{x}, \vec{p}$ に対応する量が**両方**入っていなくてはいけない。これを理解した上で、もう一度 $Y(x,t) = A\mathrm{e}^{\mathrm{i}(kx-\omega t+\alpha)}, y(x,t) = A\cos(kx-\omega t+\alpha)$ という二つの波の表現を見てみると、複素成分の波 $Y = A\mathrm{e}^{\mathrm{i}(kx-\omega t+\alpha)}$ で、$t=0$ とおいた初期状態 $Y(x,0) = A\mathrm{e}^{\mathrm{i}(kx+\alpha)}$ の中に「波がどちら向きに進行しているか」という情報がちゃんと入っていることがわかるだろう。実数の波、たとえば $y(x,t) = A\cos(kx-\omega t+\alpha)$ では初期状態 $y(x,0) = A\cos(kx+\alpha)$ を見ただけでは、どちら向きに進む波なのか、判定できないのである。

波動関数が複素数で表現されているおかげで、「波の向き」という情報がちゃんと波動関数に入ってくる。なお、正確には、波の方向を表すものが波

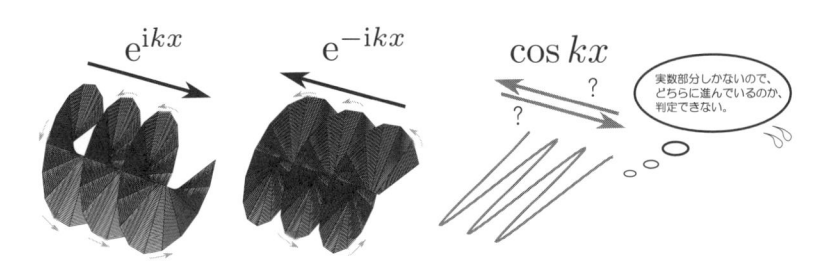

$\mathrm{e}^{\mathrm{i}kx}$　　　$\mathrm{e}^{-\mathrm{i}kx}$　　　$\cos kx$

実数部分しかないので、どちらに進んでいるのか、判定できない。

２次元の波　　　　　　　１次元の波

動関数の中に入ってくるようになってさえいれば、波動関数が複素数である必要はない。しかし、実数1成分の場では波の方向を表すものは作れない。たとえば電磁波は実数の波であるが、常に電場と磁場という二つの場がセットになって出てきており、波の進む方向はポインティングベクトル $\vec{E} \times \vec{H}$ の方向として求めることができる。電磁波のうちある一瞬の電場部分だけ（あるいはある一瞬の磁場部分だけ）を見たのでは波の進む方向はわからない。電場と磁場の両方を見ると、「電場→磁場」と右ネジを回した時にネジの進む向きが電磁波の方向であるとわかる。

つまり波の進行を表すためには、複素数というよりは実数2成分の自由度が必要である。波動関数も、複素数で書くのがどうしても嫌なら、実数2成分の関数を使って表すこともできる。ただしその場合、運動量は行列で表されることになって計算がややこしくなる。

---------- 練習問題 ----------

【問い 4-1】 1次元の波動関数を、$\psi(x,t) = \psi_R(x,t) + i\psi_I(x,t)$ とおく。ψ_R, ψ_I は各々実数関数である。このように分けて書いた時、シュレーディンガー方程式の実数部分と虚数部分はそれぞれどのような方程式になるか。

ヒント → p338 へ　解答 → p348 へ

電気回路の問題で交流を考える時にも $I_0 \cos \omega t \to I_0 e^{i\omega t}$ と拡張して電流を複素数化して計算することがあったが、あれはあくまで計算の便法であり、付け加えられた虚数部 $I_0 \sin \omega t$ には物理的意味はない。しかし量子力学での波動関数の虚数部は、立派な物理的意味がある。

4.4　章末演習問題

★【演習問題 4-1】
以下のような関数で表される波動関数を考える (考える範囲は $[-\pi, \pi]$ としよう)。それぞれを規格化し、確率密度のグラフの概形を描け。
→ p92

(1)
$$\psi(x) = \sin x$$

(2)
$$\psi(x) = e^{inx} \quad (n \text{ は整数})$$

(3)
$$\psi(x) = x \quad \text{(for } x \geq 0)$$
$$\psi(x) = -x \quad \text{(for } x < 0)$$

ヒント → p3w へ　解答 → p16w へ

★【演習問題 4-2】
　ある面 ($x=0$) を境界として上 ($x>0$) ではポテンシャルが V（定数）、下 ($x<0$) ではポテンシャルが 0 になっているとする。上では
$$\left[-\frac{\hbar^2}{2m}\frac{\partial^2}{\partial x^2}+V\right]\psi(x,t) = \mathrm{i}\hbar\frac{\partial}{\partial t}\psi(x,t)$$
が、下では
$$-\frac{\hbar^2}{2m}\frac{\partial^2}{\partial x^2}\psi(x,t) = \mathrm{i}\hbar\frac{\partial}{\partial t}\psi(x,t)$$
が成立する。解の形を $\psi=A\mathrm{e}^{\mathrm{i}(kx-\omega t)}$ と仮定した場合のそれぞれの領域での k と ω が満たす条件を導け。両方で振動数が等しい（エネルギーが保存する）場合を考えると、上から下へ入射した時、波長、位相速度、群速度はどのように変化するか。

ヒント → p3w へ　解答 → p17w へ

★【演習問題 4-3】
　平面波解 $\psi(x,t)=A\mathrm{e}^{\mathrm{i}(kx-\omega t)}$ においては、$\psi^*(x,t)\psi(x,t)$ が場所によらないことを示せ。なぜこのようになるのかを、不確定性関係から説明せよ。

ヒント → p3w へ　解答 → p18w へ

★【演習問題 4-4】
　1 次元の自由粒子のシュレーディンガー方程式
$$-\frac{\hbar^2}{2m}\frac{\partial^2}{\partial x^2}\psi(x,t) = \mathrm{i}\hbar\frac{\partial}{\partial t}\psi(x,t)$$
にガリレイ変換 ($x'=x-vt, t'=t$) を施し、$\psi(x',t')$ の満たすべき (x',t' を変数とした) 方程式を作れ。この式は、元々の座標系から見て速度 v で運動しているような座標系での方程式である。
　こうすると式の形が変わってしまうが、ここで波動関数を
$$\psi(x',t') = \mathrm{e}^{\mathrm{i}(kx'+\epsilon t')}\Psi(x',t')$$
とおき、k,ϵ を適当に選べば、Ψ の満たす方程式は元のシュレーディンガー方程式と全く同じ形になる。k,ϵ を求めよ。

ヒント → p4w へ　解答 → p18w へ

第 5 章

物理量と期待値

古典的な意味での観測値は、量子力学では期待値となる。

5.1 座標の期待値

波動関数は不確定性関係によって避けられないある程度の広がりを持ちながら時間発展していく。我々がその波動関数の時間発展を「運動」と捉えることができるのは、その波が一部に局在していて、しかもその局在位置が動いていく時である。水素原子の周りの電子の場合、局在している位置は動かない（「運動」とみなすのは無理がある）。

波動関数が「運動」を表現している場合、古典的な「粒子の運動」と波動関数の動きを比較するために、「波動関数がある形をしている時、粒子はどのあたりにいると考えればよいのか」を示す量が必要である。

そのような指標として、「**期待値**」（記号では $\langle x \rangle$）を使うことが多い。波動関数が一つの山の塊（波束）を持つような時、$\langle x \rangle$ はまさにその山の中心を指し示すことになる（複数個の塊があるならばその平均のところにくる）。

具体的には、期待値は以下のように計算される。まず一般的な「期待値」の定義を述べよう。

ある物理量 A がある値 A_i を取る確率が f_i（i は起こる可能性それぞれを区別する添字であるとする）である時、

$$\langle A \rangle = \sum_i f_i A_i \tag{5.1}$$

が「Aの期待値」である。たとえば100分の1の確率で1000円当たり、10分の1の確率で100円当たるクジであれば、もらえる賞金の期待値は

$$f_{1000\text{円当り}} \times 1000 + f_{100\text{円当り}} \times 100 + f_{\text{外れ}} \times 0$$
$$= \frac{1}{100} \times 1000 + \frac{1}{10} \times 100 + \frac{89}{100} \times 0 = 20 \tag{5.2}$$

となる。もしくじを100回引けば、1000円が1回、100円が10回ぐらい当たるだろう。すると100回で2000円ぐらい賞金がもらえることになる。1回あたり20円である。つまり期待値は、そのくじを何回も何回も引いた時にもらえるお金の平均値に等しい。

量子力学では確率しか計算できないので、物理量そのものではなく、物理量の期待値が計算できることになる。実験と比較するとしたら、何回も実験をしてその平均値と比較することになる。

量子力学でも、ある量Aの期待値を$\langle A \rangle$のように括弧でくくって表す。

ここではiという不連続な添字で物理量のいろんな値を表したが、連続な変化をする場合ももちろんある。たとえば、位置座標x（この章でも話は1次元でやるので、y,zは出番なし）は連続的に変化する物理量である。粒子が位置座標xから$x+\mathrm{d}x$の間に存在している確率は$|\psi(x)|^2\mathrm{d}x$であるから、期待値$\langle x \rangle$は、

$$\langle x \rangle = \int x|\psi(x,t)|^2 \mathrm{d}x = \int \psi^*(x,t) x \psi(x,t) \mathrm{d}x \tag{5.3}$$

のようにして計算できる（ただしψは規格化されていなくてはならない）。
$\underset{\rightarrow \text{p92}}{}$
ここで三つめの式では、順番を並べ替えてxをψ^*とψの間に置いている。これは後で出てくる「運動量の期待値」や「エネルギーの期待値」など、
$\underset{\rightarrow \text{p109}}{}$ $\underset{\rightarrow \text{p127}}{}$
一般的な場合と順番を同じにするためで、この段階では深い意味はない。
$\underset{\rightarrow \text{p126}}{}$

単純な矩形波

$$\psi(x) = \begin{cases} \dfrac{1}{\sqrt{\delta}} & a < x < a+\delta \\ 0 & \text{それ以外} \end{cases} \tag{5.4}$$

のような場合（ここでは時間依存性を無視している。実際には、このような波は時間がたつと形を変えていくはずである）、

$$\int dx \psi^* x \psi = \int_a^{a+\delta} dx \frac{1}{\delta} x = \frac{1}{\delta}\left[\frac{x^2}{2}\right]_a^{a+\delta} \qquad (5.5)$$
$$= \frac{1}{2\delta}\left((a+\delta)^2 - a^2\right) = \frac{1}{2\delta}\left(2a\delta + \delta^2\right) = a + \frac{\delta}{2}$$

となって、確かに波の中心である。古典力学で「粒子の位置」と我々が観測するものはこのような $\langle x \rangle$ である。ただし、たいていの場合波の広がりは測定機器の誤差の中に埋もれてしまう。

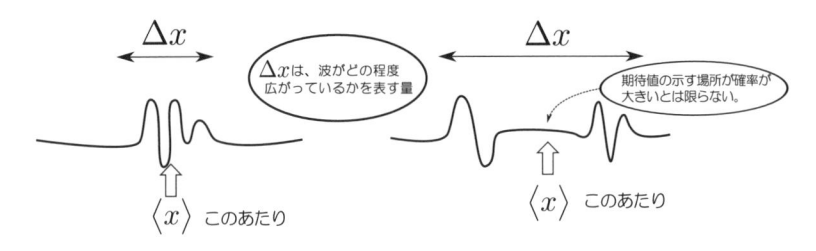

期待値は全体の平均として計算するので、実際には波がほとんどいないような場所に期待値が来てしまう場合もある。そのため、波がどの程度広がっているかを示す数値（図の Δx のようなもの）も必要になるが、それについては後で計算しよう。
→ p163

5.2 座標期待値の運動

前節で定義された $\langle x \rangle$ が時間的にどう変化するかを見ておこう。そのために $\frac{d}{dt}\langle x \rangle = \frac{d}{dt}\int \psi^*(x,t) x \psi(x,t) dx$ という計算を行う。この場合、x は時間に依存せず、依存するのは $\psi(x,t)$ の方であることに気をつける。量子力学では[†1]、時間によって変化していく力学変数は座標 x や運動量 p ではなく、波動関数 $\psi(x,t)$ である。量子力学では x はもはや力学変数ではない（だからこの x は時間の関数 $x(t)$ ではない！）。

力学変数が $x(t), p(t)$ から $\psi(x,t)$ と変わったことをたとえ話で説明しておく。広い運動場に一人の人間が走り回っているのを見ているとしよう。この「状態」を知るには、その人がどこにいるか（$x(t)$）と、どれぐらいの運動量

[†1] 正確に言うと「シュレーディンガー表示の量子力学では」なのだが、この本ではシュレーディンガー表示以外（たとえば「ハイゼンベルク表示」）は扱わない。

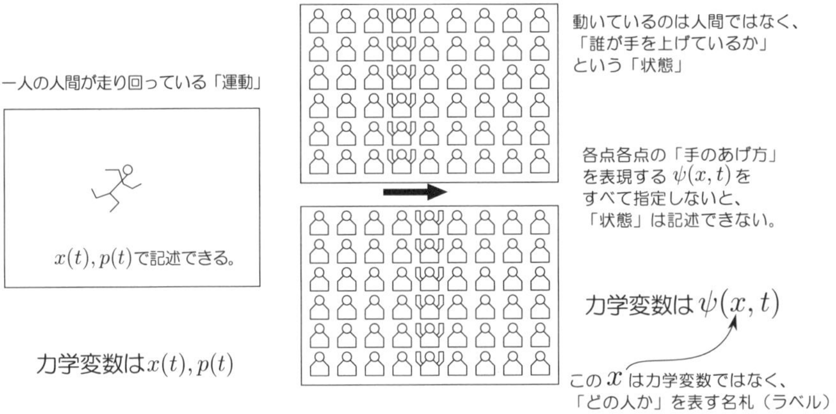

5.2 座標期待値の運動

一人の人間が走り回っている「運動」

$x(t), p(t)$ で記述できる。

力学変数は $x(t), p(t)$

動いているのは人間ではなく、「誰が手を上げているか」という「状態」

各点各点の「手のあげ方」を表現する $\psi(x,t)$ をすべて指定しないと、「状態」は記述できない。

力学変数は $\psi(x,t)$

この x は力学変数ではなく、「どの人か」を表す名札（ラベル）

で動いているか（$p(t)$）を知ればよい。これが古典力学的運動に対応する。

これに対し、量子力学的な運動に対応するのは、運動場一杯にぎっしりと人が立っていて、サッカーの応援などでやる「ウェーブ」をやっているところである。ウェーブが動いていく姿が波束の動いていく姿、すなわち粒子の動いていく姿に対応する。波動関数の山になっているところが移動していくことが古典的な意味の粒子の移動である。このように「波動関数が時間的に変化して、それによって粒子のいそうな場所（期待値）も変化していく」という考え方をするならば、波動関数 $\psi(x,t)$ は空間の各点各点に1個ずつ存在する「力学変数」であり、すべての $\psi(x,t)$ を決めてその時間発展を考えなくてはいけない。そして、この立場では x は時間的に変化するものではなく、「たくさんある ψ のうち、どれを考えているのかを指定する名札（ラベル）」でしかない（ウェーブが移動しても着席している人は移動しない）[†2]。

したがって、$\langle x \rangle$ を時間 t で微分する時、微分されるのは $\psi^*(x,t)$ と $\psi(x,t)$ の二つである。ゆえに、微分の結果は

$$\frac{\mathrm{d}}{\mathrm{d}t}\int \mathrm{d}x\,\psi^*(x,t)x\psi(x,t) = \int \mathrm{d}x\left(\psi^*(x,t)x\frac{\partial}{\partial t}\psi(x,t) + \left(\frac{\partial}{\partial t}\psi^*(x,t)\right)x\psi(x,t)\right) \tag{5.6}$$

となる。

[†2] この二つの x の違いは、流体力学での Lagrange の方法と Euler の方法の違いと本質的に同じである。

第5章　物理量と期待値

【FAQ】常微分 $\dfrac{d}{dt}$ が偏微分 $\dfrac{\partial}{\partial t}$ になるのはなぜ？

(5.6)の左辺から右辺にいく時、微分が $\dfrac{d}{dt}$ から $\dfrac{\partial}{\partial t}$ になっている点にひっかかる人がいるので、説明しておく。

左辺において微分されている $\int \psi^*(x,t)\psi(x,t)dx$ においては、x はすでに積分が終わっている（x はいろんな値が代入されて足し算が終わっている）ので、実は x の関数ではなく、t のみの関数なのである。だから、左辺の微分はあきらかに偏微分ではない。

「右辺の $\psi(x,t)$ の中には x がある。この x を t で微分したら $\dfrac{dx}{dt}$ が出てきそうな気がする」と不安に思う人もいるかもしれない。しかし、ウェーブの例えで説明したように $\psi(x,t)$ の中の x は時間によって変化する量ではないのであって、古典力学での $x(t)$ とは違うものであることに注意しなくてはいけない。波動関数の引数の x は「場所 x、時刻 t での波動関数 $\psi(x,t)$」のように $\psi(x,t)$ の場所を指定する、いわば「ラベル」または「番地」である。これに対し、古典力学の $x(t)$ は粒子の存在している位置であり、意味が違う。

ここでシュレーディンガー方程式 $i\hbar\dfrac{\partial}{\partial t}\psi = \left[-\dfrac{\hbar^2}{2m}\dfrac{\partial^2}{\partial x^2}+V(x)\right]\psi$ が成立しているものとして、

$$\dfrac{\partial}{\partial t}\psi = \dfrac{-i}{\hbar}\left[-\dfrac{\hbar^2}{2m}\dfrac{\partial^2}{\partial x^2}+V(x)\right]\psi \quad \text{および} \quad \dfrac{\partial}{\partial t}\psi^* = \dfrac{i}{\hbar}\left[-\dfrac{\hbar^2}{2m}\dfrac{\partial^2}{\partial x^2}+V(x)\right]\psi^* \tag{5.7}$$

を代入する。すると、

$$\begin{aligned}&\dfrac{d}{dt}\int dx\, \psi^*(x,t)x\psi(x,t)\\ &= \int dx\left(\psi^*(x,t)x\dfrac{-i}{\hbar}\left[-\dfrac{\hbar^2}{2m}\dfrac{\partial^2}{\partial x^2}+V(x)\right]\psi(x,t)\right.\\ &\quad \left.+\dfrac{i}{\hbar}\left[-\dfrac{\hbar^2}{2m}\dfrac{\partial^2}{\partial x^2}+V(x)\right]\psi^*(x,t)x\psi(x,t)\right)\end{aligned} \tag{5.8}$$

となる。ここで $V(x)$ に比例する部分は同じものが逆符号になっているので消える。整理すると、

$$\dfrac{d}{dt}\langle x\rangle = \dfrac{i\hbar}{2m}\int dx\left(\psi^*(x,t)x\dfrac{\partial^2}{\partial x^2}\psi(x,t) - \left(\dfrac{\partial^2}{\partial x^2}\psi^*(x,t)\right)x\psi(x,t)\right) \tag{5.9}$$

となる。第2項の $\psi^*(x,t)$ の方に掛かっている微分を部分積分を使って外していく。この時、積分範囲の端っこ（たいていの場合は $x = \pm\infty$ だろう）では ψ やその微分は0になっているとして、表面項[†3]は無視しよう。部分積分の結果は

$$\int \mathrm{d}x \left(\frac{\partial^2}{\partial x^2}\psi^*(x,t)\right) x\psi(x,t) = -\int \mathrm{d}x \left(\frac{\partial}{\partial x}\psi^*(x,t)\right) \frac{\partial}{\partial x}(x\psi(x,t))$$
$$= \int \mathrm{d}x \psi^*(x,t) \frac{\partial^2}{\partial x^2}(x\psi(x,t))$$
$$= \int \mathrm{d}x \psi^*(x,t) \left(x\frac{\partial^2}{\partial x^2}\psi(x,t) + 2\frac{\partial}{\partial x}\psi(x,t)\right) \quad (5.10)$$

となる。この第1項は最初からあった $\frac{\partial^2}{\partial x^2}\psi(x,t)$ の項と消し合う。残るのは第2項からきた、

$$\frac{\mathrm{d}}{\mathrm{d}t}\int \mathrm{d}x \psi^*(x,t) x \psi(x,t) = \frac{-\mathrm{i}\hbar}{m}\int \mathrm{d}x \psi^*(x,t)\frac{\partial}{\partial x}\psi(x,t) \quad (5.11)$$

である。この式をよく見ると、$\frac{1}{m}\int \mathrm{d}x \psi^*(x,t)\left(-\mathrm{i}\hbar\frac{\partial}{\partial x}\right)\psi(x,t)$ のように、ψ^* と ψ の間に運動量演算子 $-\mathrm{i}\hbar\frac{\partial}{\partial x}$ がはさまった形になっている。これは「運動量の期待値」と考えてよい量になっている。その妥当性は後で示すとして、とりあえず $\int \mathrm{d}x \psi^*(x,t)\left(-\mathrm{i}\hbar\frac{\partial}{\partial x}\right)\psi(x,t)$ を「p の期待値だよ」ということで $\langle p \rangle$ と書いておくと、

$$\frac{\mathrm{d}}{\mathrm{d}t}\langle x \rangle = \frac{1}{m}\langle p \rangle \quad (5.12)$$

が示されたことになる。これはつまり、$p = mv$ である。古典力学的にはあたりまえの式であるが、量子力学の中ではこのように期待値の形で実現することになる。運動方程式 $\frac{\mathrm{d}p}{\mathrm{d}t} = -\frac{\mathrm{d}V}{\mathrm{d}x}$ も、同様に期待値として実現することになるが、その計算も後に回そう。

[†3] 「**表面項**」とは、$\int_a^b \frac{\mathrm{d}f(x)}{\mathrm{d}x}\mathrm{d}x = [f(x)]_a^b = f(b) - f(a)$ という形に書ける式のこと。$x = a$ と $x = b$ が積分の端っこ（=表面）なのでこう呼ぶ。2次元や3次元の場合は点ではなく境界線や境界面での積分となる。物理では無視される（そういう状況を考えて問題を解く）ことが多い。

5.3 定常状態のシュレーディンガー方程式

ここまでのシュレーディンガーは波動関数 $\psi(x,t)$ が場所 x と時間 t の両方によっていたが、以後の計算の中でしばしば、時間依存性がない（ようにみえる）波動関数を扱う。この方程式は「定常状態のシュレーディンガー方程式」と呼ばれるが、その成り立ちについて説明しておく。

波動関数 $\psi(x,t)$ が $\psi(x,t) = \phi(x)\mathrm{e}^{-\frac{\mathrm{i}}{\hbar}Et}$ という形に変数分離できたと仮定すると、

$$\mathrm{i}\hbar\frac{\partial}{\partial t}\left(\phi(x)\mathrm{e}^{-\frac{\mathrm{i}}{\hbar}Et}\right) = H\left(\phi(x)\mathrm{e}^{-\frac{\mathrm{i}}{\hbar}Et}\right)$$
$$E\phi(x)\mathrm{e}^{-\frac{\mathrm{i}}{\hbar}Et} = H\phi(x)\mathrm{e}^{-\frac{\mathrm{i}}{\hbar}Et} \tag{5.13}$$
$$E\phi(x) = H\phi(x)$$

となり、方程式の中の時間依存性は消える。これはある種「特殊な解」を求めたことになるが、実は全ての解がこの解の重ね合わせで書けるので問題ない。

ところで、ここで仮定したシュレーディンガー方程式の解は $\phi(x)\mathrm{e}^{-\frac{\mathrm{i}}{\hbar}Et}$ という形をしていて、決して時間によらないわけではない。それにもかかわらずこの式で表現される状態を「定常状態」と呼んでいいのは、

$$\psi^*(x,t)\psi(x,t) = \phi^*(x)\mathrm{e}^{\frac{\mathrm{i}}{\hbar}Et}\phi(x)\mathrm{e}^{-\frac{\mathrm{i}}{\hbar}Et} = \phi^*(x)\phi(x) \tag{5.14}$$

となり、観測に関係する量である $\psi^*(x,t)\psi(x,t)$ や、（次の節で出てくる）$\psi^*(x,t)\left(-\mathrm{i}\hbar\dfrac{\partial}{\partial x}\right)\psi(x,t)$ も、時間によらなくなる。つまり「定常状態」$\phi^*(x)\mathrm{e}^{\frac{\mathrm{i}}{\hbar}Et}$ に対しては、時間 t をあらわ[†4]に含まない物理量（の期待値）が時間変化しない。

我々は波動関数そのものは観測できない。実験と比較できるのは $|\psi(x,t)|^2$ のような確率密度や $\int \psi^* x \psi\, \mathrm{d}x$ のようにして計算される期待値だけである。よって、たとえ波動関数が $\psi(x,t) = \phi(x)\mathrm{e}^{-\mathrm{i}\omega t}$ のように時間的に変化していても、ψ^* と ψ を組み合わせた時にこの時間が消えてしまうのであれば、それは時間変化していないのと同じことである。それゆえ、波動関数が $\phi(x)\mathrm{e}^{-\mathrm{i}\omega t}$ という形で書ける時は「定常状態」である。方程式 (5.13) を見ると、

[†4]「あらわに含まない」というのは $\dfrac{\partial(\text{なんとか})}{\partial t} = 0$ ということの短い言い方。その式の中に t は入ってません、ということ。

$$\underbrace{H}_{\text{演算子}}\underbrace{\phi(x)}_{\text{関数}} = \underbrace{E}_{\text{固有値}}\underbrace{\phi(x)}_{\text{左辺と同じ関数}} \tag{5.15}$$

という、固有値方程式の形になっている。つまりこの式は「H という演算子の固有値が E という数である」を意味している。

波動関数が何かの演算子 A の固有関数になっている時、「A の固有状態である」と表現する。量子力学においては「定常状態」は「エネルギーの固有状態」と同じ意味になる。

---------------------------- 練習問題 ----------------------------

【問い 5-1】波動関数 $\psi(x,t)$ が $\psi(x,t) = \phi(x)e^{-\frac{i}{\hbar}Et}$ と書ける時、エネルギーの原点をずらしても $\psi^*(x,t)\psi(x,t)$ には影響がないことを確かめよ。

ヒント → p338 へ　解答 → p348 へ

5.4　運動量の期待値

運動量の期待値が $\int \psi^*(x,t)\left(-i\hbar\dfrac{\partial}{\partial x}\right)\psi(x,t)dx$ で計算できることを確認しよう。ここでの話は時間 t は関係ないので、時間依存性は省略する（あるいは、時刻 $t=0$ の瞬間のみを考えていると思ってもよい）。$\psi(x,t)$ ではなく $\psi(x)$ として考える。

さらに、この節では規格化の問題を簡単にするために、x の範囲を $-\pi < x < \pi$ とし、周期境界条件（$x=\pm\pi$ で $\psi(x,t)$ とその微分がつながる）をおく[†5]。

$[-\pi, \pi]$ で周期的である関数は

$$f(x) = \frac{1}{\sqrt{2\pi}}\sum_{n=-\infty}^{\infty} F_n e^{inx} \tag{5.16}$$

のようにフーリエ級数で展開できる。前に出てきたフーリエ変換では e^{ikx} として k は連続的変数であったし、$(-\infty, \infty)$ で積分されていたが、今は有限区間を考えているので離散的（波数は整数値 n のみをとる）である。

[†5] x の範囲を $(-\infty, \infty)$ にしても、e^{ikx} の重ね合わせで波動関数を表すことは可能である。ただその場合、$\int \psi^*\psi dx = 1$ にすることが難しくなる。これについてはまた後で述べる。
→ p160

このように波数 n を持った波 $\mathrm{e}^{\mathrm{i}nx}$ を適当な重み F_n を掛けて足し算（重ね合わせ）していくことで、いろんな形の関数を作ることができる。この n は整数に限るが、それは周期境界条件 $f(\pi) = f(-\pi)$ を満足するようにである。

この関数 $f(x)$ を波動関数 $\psi(x)$ だと考えると、波数 n ということは運動量 $\hbar n$ を持っているということだから、F_n は、「波動関数の中に運動量 $\hbar n$ を持った成分がどの程度含まれているか」を示す数だと言うことができる。射影仮説を、『状態が重ね合わせ $\sum_k \psi_k$ から一つの ψ_n に射影される確率は $\int \psi_n^* \psi_n \mathrm{d}x$ に比例する』と拡張して考えれば、運動量が $\hbar n$ になる確率は $F_n^* F_n$ に比例する（F_n は一般に複素数であることに注意。うまく規格化されていれば、「比例する」ではなく $F^* F$ は確率そのものとなる）。

単純な例を考えよう。ある波動関数が
$$\psi(x) = \frac{1}{\sqrt{2\pi}} \left(F_1 \mathrm{e}^{\mathrm{i}x} + F_2 \mathrm{e}^{2\mathrm{i}x} + F_3 \mathrm{e}^{3\mathrm{i}x} \right) \tag{5.17}$$
のように、三つの波動関数の和として与えられたとする。各成分であるところの $\mathrm{e}^{\mathrm{i}x}, \mathrm{e}^{2\mathrm{i}x}, \mathrm{e}^{3\mathrm{i}x}$ はそれぞれ、$\hbar, 2\hbar, 3\hbar$ の運動量を持っている粒子を表す波動関数と解釈でき、F_1, F_2, F_3 はそれぞれの波がどの程度混じっているかを表す数字である。まず規格化条件を考える。$\psi^* \psi$ を積分すると
$$\frac{1}{2\pi} \int_{-\pi}^{\pi} \underbrace{\left(F_1^* \mathrm{e}^{-\mathrm{i}x} + F_2^* \mathrm{e}^{-2\mathrm{i}x} + F_3^* \mathrm{e}^{-3\mathrm{i}x} \right)}_{\sqrt{2\pi}\psi^*(x)} \underbrace{\left(F_1 \mathrm{e}^{\mathrm{i}x} + F_2 \mathrm{e}^{2\mathrm{i}x} + F_3 \mathrm{e}^{3\mathrm{i}x} \right)}_{\sqrt{2\pi}\psi(x)} \mathrm{d}x \tag{5.18}$$
となる。

ここで $\mathrm{e}^{\mathrm{i}nx}(n \neq 0)$ のような振動関数を範囲 $-\pi < x < \pi$（n 周期分に対応する）で積分すると、答えはゼロになることを思い出そう。波の山と谷を足していくことになるからである。これを使うと、掛け算の結果 $\mathrm{e}^{\mathrm{i}x}$ が残るような項（たとえば $F_1^* \mathrm{e}^{-\mathrm{i}x}$ と $F_2 \mathrm{e}^{2\mathrm{i}x}$ の積）の積分の結果はどうせゼロだから計算する必要はない。このように違う運動量を持った波動関数の積を積分すると0になる（同じ運動量を持つものどうしの積だけが残る）のはすぐ後で学ぶ一般的な定理「エルミートな演算子に対して異なる固有値を持つ固有関数は直交する[†6]」（「エルミート」という言葉の意味はすぐに出てくる）の一例である。

[†6]「直交する」とは二つの波動関数の一方の複素共役をとって掛け合わせて積分する（$\int \psi^* \phi \mathrm{d}x$）と結果が0になること。ベクトルが直交すると内積が0になることのアナロジーとしてこの言葉を使う。

5.4 運動量の期待値

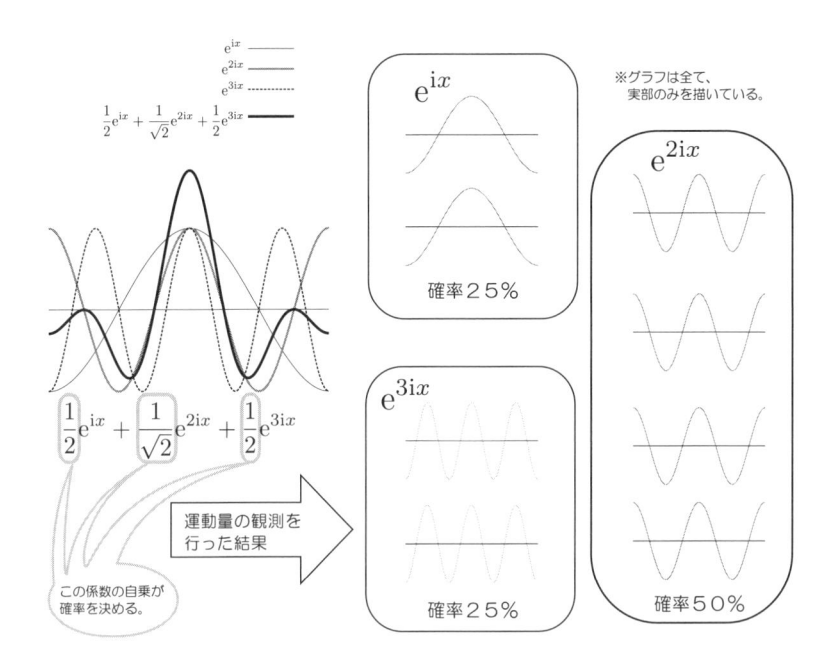

さて以上のような考察から、

$$\int_{-\pi}^{\pi} \psi^*\psi \mathrm{d}x = \frac{1}{2\pi}\int_{-\pi}^{\pi}\left(F_1^*F_1 + F_2^*F_2 + F_3^*F_3\right)\mathrm{d}x = F_1^*F_1 + F_2^*F_2 + F_3^*F_3 \tag{5.19}$$

なので、規格化条件から、$F_1^*F_1 + F_2^*F_2 + F_3^*F_3 = 1$ でなくてはならない。この時、$F_1^*F_1, F_2^*F_2, F_3^*F_3$ という三つの数は、運動量がそれぞれ、$\hbar, 2\hbar, 3\hbar$ になる確率を表す。よって、この場合の運動量の期待値は (値) × (確率) の和として計算して、

$$\langle p \rangle = \hbar F_1^*F_1 + 2\hbar F_2^*F_2 + 3\hbar F_3^*F_3 \tag{5.20}$$

ということになる。

では、運動量の期待値を計算するには、まず波動関数を(5.16)のようにフーリエ級数で展開して、係数 F_n を求めておかなくてはいけないのだろうか？[†7]

[†7] 今の場合、最初から展開されている式(5.17) から始めたからわからないかもしれないが、一般の関数が出てきた時にそれを(5.17) の形に直すのは、楽にできるとは限らない。

実はその心配はない。「運動量を演算子 $-i\hbar\dfrac{\partial}{\partial x}$ で置き換えることができる」ことのありがたさがここでも出てくる。波動関数にこの演算子を掛けると、

$$\begin{aligned}-i\hbar\frac{\partial}{\partial x}\psi(x) &= \frac{1}{\sqrt{2\pi}}\left(-i\hbar\frac{\partial}{\partial x}\right)\left(F_1 e^{ix}+F_2 e^{2ix}+F_3 e^{3ix}\right)\\ &= \frac{1}{\sqrt{2\pi}}\left(\hbar F_1 e^{ix}+2\hbar F_2 e^{2ix}+3\hbar F_3 e^{3ix}\right)\end{aligned} \quad (5.21)$$

となる。波動関数の各成分の前に、それぞれの成分の持つ運動量が掛け算された形で出てくる。これに ψ^* を掛けて積分すると、さっきと同じ理由で e^{ix} が残らない部分だけがノンゼロで残るから、

$$\begin{aligned}&\int_{-\pi}^{\pi}\psi^*\left(-i\hbar\frac{\partial}{\partial x}\right)\psi dx\\ &=\frac{1}{2\pi}\int_{-\pi}^{\pi}\left(F_1^* e^{-ix}+F_2^* e^{-2ix}+F_3^* e^{-3ix}\right)\left(\hbar F_1 e^{ix}+2\hbar F_2 e^{2ix}+3\hbar F_3 e^{3ix}\right)\\ &=\hbar F_1^* F_1+2\hbar F_2^* F_2+3\hbar F_3^* F_3\end{aligned}$$
$$(5.22)$$

である。もっと一般的な波動関数であっても同じことが言える。F_n を計算しなくても、

$$\langle p\rangle = \int \psi^*\left(-i\hbar\frac{\partial}{\partial x}\right)\psi dx \quad (5.23)$$

と計算すればよいのである。前に $\langle x\rangle$ の計算でわざわざ x を ψ^* と ψ の間に置いたのは、この式と同じ形になるようにである。$-i\hbar\dfrac{\partial}{\partial x}$ の方は微分演算子であるから、どこに置いてもよいというわけにはいかない。

---------------------------- 練習問題 ----------------------------

【問い 5-2】 $-\pi < x < \pi$ で定義された波動関数が $\psi = \dfrac{1}{\sqrt{\pi}}\sin x$ だったとする。この場合の $\langle p\rangle$ を求めよ。　　ヒント→p338へ　　解答→p348へ

【問い 5-3】 前問の答え $\langle p\rangle$ は、計算せずとも、$\sin x = \dfrac{1}{2i}(e^{ix}-e^{-ix})$ という形を見れば簡単にわかる。どのようにわかるのか?　ヒント→p338へ　　解答→p348へ

ここで、e^{inx} という関数は

$$-i\hbar\frac{\partial}{\partial x}e^{inx}=\hbar n e^{inx} \quad (5.24)$$

を満たす（演算子を掛けると元の関数の定数倍になる）。つまりこの関数 e^{inx} は p の固有関数であり、固有値は $\hbar n$ である。

　上では3種類の運動量を持つ状態の足し合わされた状態になっている波動関数を考えた。このような波動関数は固有関数ではない（1個1個の成分は固有関数）。波動関数が運動量の固有関数になっている（e^{inx} 一項のみからなる）ということは、その波動関数で表されている量子力学的状態は運動量が一つの値（$\hbar n$）に決まっていて、ゆらぎがないということである。

　この時、$\psi^*\psi$ を計算すると、x によらない定数となる。なぜならば、$e^{-inx}e^{inx} = 1$ という計算から x が消えてしまうからである。このような波動関数によって表現されている状態は確率密度が定数、すなわち、「どこにいるんだかさっぱりわからない」ということである。運動量が確定すると位置が不確定になるという不確定性関係が、ここでも実現している。

　実際に存在する波動関数では、いろんな運動量を持った波動関数の重ね合わせになっており、運動量が一つの値に確定していない（それゆえ逆に x に関してはある程度は決まっている）。任意の関数がフーリエ変換によって e^{ikx} の和の形に書けることはすなわち、任意の波動関数がいろんな運動量を持った波動関数の重ね合わせでかならず書けるということである。

5.5 章末演習問題

★【演習問題 5-1】
$\psi(x) = e^{3ix} + e^{ix}$ という波動関数（x の範囲は $-\pi < x < \pi$）を規格化した後、運動量の期待値を求めよ。

ヒント → p4w へ　解答 → p19w へ

★【演習問題 5-2】
以下のように表される波動関数 ψ（実数部しかない）を規格化した後、$\langle x \rangle$ を求めよ。

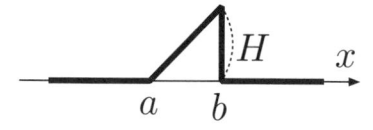

ヒント → p4w へ　解答 → p19w へ

★【演習問題 5-3】
【演習問題 4-1】で計算した波動関数
→ p100

(1)
$$\psi(x) = \sin x$$

(2)
$$\psi(x) = e^{inx} \quad (n \text{ は整数})$$

(3)
$$\psi(x) = x \quad (\text{for } x \geq 0)$$
$$\psi(x) = -x \quad (\text{for } x < 0)$$

（全て、x は $-\pi < x < \pi$ の範囲とする）
それぞれの場合について $\langle x \rangle$ を計算してみよ。

ヒント → p4w へ　解答 → p20w へ

第 6 章

演算子と物理量

量子力学では、古典力学での物理量に対応するものはなんらかの形で演算子となり、古典力学的な量はその演算子の期待値に対応する。「物理量が演算子になる」ことの意味を説明しよう。

6.1 量子力学で使う演算子とその性質

　量子力学では、時間発展する力学変数は波動関数[†1]であって、観測によって得られる量（古典力学では力学変数だった量）は波動関数から得られる期待値や固有値に対応する。波動関数は空間の各点各点に値があるので、事実上無限の自由度を持っている。その無限の自由度の中から、ある特定の情報（場所 $\langle x \rangle$ だとか運動量 $\langle p \rangle$ だとか）を引き出すのが前章で行った、「期待値を取る」という操作である。

　よって量子力学ではいろんな演算子の性質や関係が大事になる。これまで、「x を掛ける」「$\frac{\partial}{\partial x}$ を掛ける（微分する）」などの演算を行った時に波動関数がどう変化するかを見てきた。たとえば「e^{ikx} が $\frac{\partial}{\partial x}$ を掛けられて（微分されて）ike^{ikx} になる」などである。前章では特に運動量演算子 $-i\hbar\frac{\partial}{\partial x}$ をうまく使うことで運動量の期待値を計算できることを示した。そこで使ったいくつかの方法は手を変え品を変えいろんなところで使える。ここでもっと一般的に、量子力学における一般的な演算子の性質などを考えていこう。数学的な準備として量子力学で使う演算子の一般的な性質などをまとめておく。

[†1] これが成立するのはシュレーディンガー描像の場合であって、ハイゼンベルク描像（この本では扱わない）の場合では演算子の方が時間発展する。なお、正確には「波動関数」ではなく、「量子力学的状態」と言うべき。

6.1.1 線型演算子の定義とエルミート性

ここで考えている「演算子」とは、波動関数 $\psi(x,t)$ に掛かって、別の波動関数を作る操作 $\left(\psi(x,t) \to \hat{A}\psi(x,t)\right)$ である[†2]。特に以下の性質（線型性）を持っている演算子を扱う。

―― 線型演算子の定義 ――

ある演算子 $\hat{A}$ が「線型演算子である」とは、その演算子が任意の定数 α, β と任意の関数 $\phi(x,t), \psi(x,t)$ に対し、

$$\hat{A}(\alpha\phi(x,t) + \beta\psi(x,t)) = \alpha(\hat{A}\phi(x,t)) + \beta(\hat{A}\psi(x,t)) \tag{6.1}$$

を満たすことである。

平たくいえば「演算子 $\hat{A}$ を掛ける」操作と「二つの波動関数の線型結合を作る」操作をどちらを先にやっても結果が同じになる、ということになる。以下で使う演算子は線型性を持っている。

線型演算子の中でも特に、エルミート性[†3]のある演算子が重要である。エルミート性を定義するために、まず「エルミート共役」を定義しよう。

―― エルミート共役の定義 ――

二つの演算子 $\hat{A}, \hat{B}$ が**任意の** $\psi(x,t), \phi(x,t)$ に対して

$$\int \psi^*(x,t) \hat{A}\phi(x,t) \mathrm{d}x = \int (\hat{B}\psi(x,t))^* \phi(x,t) \mathrm{d}x \tag{6.2}$$

を満たす時、$\hat{B}$ は $\hat{A}$ の**エルミート共役**であるという（右辺の $*$ は $(\hat{B}\psi(x,t))$ 全体に掛かることに注意）。

エルミート共役を $\hat{B} = \hat{A}^\dagger$ と記号 $\dagger$（「ダガー」と読む）を使って表す。たとえば、

$$\int \psi^*(x,t) x \phi(x,t) \mathrm{d}x = \int (x\psi(x,t))^* \phi(x,t) \mathrm{d}x \tag{6.3}$$

であるから、$x^\dagger = x$ である。

[†2] 演算子とそれに対応する古典的な物理量を区別して書きたいときは、演算子に記号 ^ をつけるという習慣がある。ただし、つけなくても混乱が生じない時には省略されることが多い。

[†3] 「エルミート」はもともとは人名。フランス人数学者でつづりは『Hermite』（フランス語なので頭のHが発音されない）。エルミート演算子は「hermitian operator」となるが「hermitian」を英米人は『ハーミシャン』と読んだりするので注意。

6.1 量子力学で使う演算子とその性質

微分演算子 $\frac{\partial}{\partial x}$ に対しては、

$$\int \psi^*(x,t) \frac{\partial}{\partial x} \phi(x,t) \mathrm{d}x = \int \left(-\frac{\partial}{\partial x}\psi(x,t)\right)^* \phi(x,t) \mathrm{d}x \tag{6.4}$$

が成立する（部分積分を実行しているのでマイナス符号がつく。こうなるのは表面項が無視できる場合に限る）。つまり、$\frac{\partial}{\partial x}$ のエルミート共役は $-\frac{\partial}{\partial x}$ である。これを記号では $\left(\frac{\partial}{\partial x}\right)^\dagger = -\frac{\partial}{\partial x}$ と表す。

「エルミート共役を取る」という操作を図示すると、

$$\int \psi^*(x,t) \hat{A} \phi(x,t) \mathrm{d}x = \int (\hat{A}^\dagger \psi(x,t))^* \phi(x,t) \mathrm{d}x \tag{6.5}$$

（後ろの ϕ に掛かっていた $\hat{A}$ を、前の ψ に掛けなおす。ψ にかかり、† がつく。）

である。演算子の掛かる相手が変わっていることに注意しよう[4]。

エルミート共役が自分自身と等しい（$\hat{A} = \hat{A}^\dagger$）とき、「$\hat{A}$ は**エルミート演算子**だ」と言ったり、あるいは単に「$\hat{A}$ はエルミートだ」と言う。上の例の x はエルミートだが、微分演算子 $\frac{\partial}{\partial x}$ はエルミートではない。

エルミート演算子に i を掛けるとエルミートではなくなる。ix は

$$\int \psi^*(x,t) \mathrm{i}x \phi(x,t) \mathrm{d}x = \int (-\mathrm{i}x \psi(x,t))^* \phi(x,t) \mathrm{d}x \tag{6.6}$$

となるから $(\mathrm{i}x)^\dagger = -\mathrm{i}x$ となりエルミートではない。エルミート共役を取った結果が元と逆符号になる場合（$\hat{A}^\dagger = -\hat{A}$）は「**反エルミート**」と呼ぶ。i$x$ も $\frac{\partial}{\partial x}$ も、反エルミートである。

逆に反エルミートな演算子に i を掛けるとエルミートな演算子になる。たとえば、表面項が無視できるならば $\mathrm{i}\frac{\partial}{\partial x}$ はエルミートである（部分積分のマイナスと、$\mathrm{i}^* = -\mathrm{i}$ のマイナスが相殺して両辺が等しくなる）[5]。

---

[4] (6.5) の左辺では $\hat{A}$ は後ろの ϕ にのみ掛かり、右辺では $\hat{A}^\dagger$ は前の ψ にのみ掛かっている。だから、「単に演算子の位置を変えた」のとも違う。

[5] ここまで出てきたエルミートな演算子の例である x と $\mathrm{i}\frac{\partial}{\partial x}$ を見てわかるように、「エルミート」と「実数」は似ているようで違う。

エルミートでも反エルミートでもない演算子 $\hat{A}$ があったとすると、$\hat{A}_H = \dfrac{\hat{A}+\hat{A}^\dagger}{2}$, $\hat{A}_A = \dfrac{\hat{A}-\hat{A}^\dagger}{2}$ とすることでエルミートな部分と反エルミートな部分に分けることができる（$\hat{A} = \hat{A}_H + \hat{A}_A$, $\hat{A}^\dagger = \hat{A}_H - \hat{A}_A$）。

二つの演算子 $\hat{A}, \hat{B}$ の積を考えると、

$$\int \psi^* \hat{A}\hat{B}\phi \mathrm{d}x = \int (\hat{A}^\dagger \psi)^* \hat{B}\phi \mathrm{d}x = \int (\hat{B}^\dagger \hat{A}^\dagger \psi)^* \phi \mathrm{d}x \tag{6.7}$$

となるので、$(\hat{A}\hat{B})^\dagger = \hat{B}^\dagger \hat{A}^\dagger$ となる（順番が入れ替わったことに注意）。$\hat{A}$ と $\hat{B}$ がエルミートな場合、$(\hat{A}\hat{B})^\dagger = \hat{B}\hat{A}$ であるが、$\hat{A}\hat{B} = \hat{B}\hat{A}$ とは限らないので、エルミートな演算子の積はエルミートとは限らない。

6.1.2 交換関係

前節最後の件に限らず、二つの演算子の間に $\hat{A}\hat{B} = \hat{B}\hat{A}$ が成立するかどうかということが、今後とても重要になってくる。その重要な性質を表現するものとして、「**交換関係**」を定義する。

── 交換関係の定義 ──

二つの演算子 $\hat{A}, \hat{B}$ の順番を変えて引き算したものを

$$[\hat{A}, \hat{B}] = \hat{A}\hat{B} - \hat{B}\hat{A} \tag{6.8}$$

のように記号で書いて「$\hat{A}$ と $\hat{B}$ の**交換関係**」または「$\hat{A}$ と $\hat{B}$ の**交換子**」（英語では、commutation relation または commutator）と呼ぶ。

$[\hat{A}, \hat{B}] = 0$ の時、すなわち $\hat{A}\hat{B} = \hat{B}\hat{A}$ の時、「$\hat{A}$ と $\hat{B}$ は交換する」と言う。

二つのエルミートな演算子 $\hat{A}, \hat{B}$ が交換するなら、その積 $\hat{A}\hat{B}$ もエルミートである。エルミートな演算子どうしの交換関係 $[\hat{A}, \hat{B}]$ は

$$(\hat{A}\hat{B} - \hat{B}\hat{A})^\dagger = \hat{B}^\dagger \hat{A}^\dagger - \hat{A}^\dagger \hat{B}^\dagger = \hat{B}\hat{A} - \hat{A}\hat{B}$$

となるので、反エルミートであることに注意しよう[†6]。

──────── 練習問題 ────────

【問い6-1】 演算子 $\hat{A}, \hat{B}, \hat{C}$ に対し、交換関係に関する、以下の公式を証明せよ。

[†6] もっともよく知られている「エルミート演算子の交換関係が反エルミートである」例が、後で出てくる正準交換関係、$[x, p] = i\hbar$ である。
→ p120

(1) $[\hat{A}, \hat{B}+\hat{C}] = [\hat{A},\hat{B}] + [\hat{A},\hat{C}]$
(2) $[\hat{A}, \hat{B}\hat{C}] = \hat{B}[\hat{A},\hat{C}] + [\hat{A},\hat{B}]\hat{C}$
(3) $[\hat{A}, \hat{B}^n] = n\hat{B}^{n-1}[\hat{A},\hat{B}]$ 　（ただし、$[\hat{A},\hat{B}]$ が $\hat{B}$ と交換する場合）
(4) $[\hat{A}, f(\hat{B})] = f'(\hat{B})[\hat{A},\hat{B}]$ 　（ただし、$[\hat{A},\hat{B}]$ が $\hat{B}$ と交換する場合）

ここで $f(\hat{B})$ は多項式で表現できる関数 $f(x)$ の x のところに $\hat{B}$ を代入して作られた式である。$f'(\hat{B})$ も「まず x の関数である $f(x)$ を微分して $f'(x)$ にした後、x に $\hat{B}$ を代入したもの」という記号だと考えること（「演算子で微分しろ」などという恐ろしい意味ではない）。

ヒント → p338 へ　解答 → p348 へ

ここで証明した公式から、「$\hat{A}$ との交換関係を取る」という計算（記号的な表現としては、$[\hat{A}, *]$）が微分と似たような性質を持っていることがわかる。

---- 微分と交換関係 ----

(1) $[\hat{A},\hat{B}+\hat{C}] = [\hat{A},\hat{B}] + [\hat{A},\hat{C}]$ 　↔ 　$\dfrac{\partial}{\partial x}(B+C) = \dfrac{\partial B}{\partial x} + \dfrac{\partial C}{\partial x}$

(2) $[\hat{A},\hat{B}\hat{C}] = \hat{B}[\hat{A},\hat{C}] + [\hat{A},\hat{B}]\hat{C}$ 　↔ 　$\dfrac{\partial}{\partial x}(BC) = B\dfrac{\partial C}{\partial x} + \dfrac{\partial B}{\partial x}C$

(3) $[\hat{A},\hat{B}^n] = n\hat{B}^{n-1}[\hat{A},\hat{B}]$ 　↔ 　$\dfrac{\partial B^n}{\partial x} = n\dfrac{\partial B}{\partial x}B^{n-1}$

(4) $[\hat{A}, f(\hat{B})] = f'(\hat{B})[\hat{A},\hat{B}]$ 　↔ 　$\dfrac{\partial f(B)}{\partial x} = f'(B)\dfrac{\partial B}{\partial x}$

以上のような公式を使うと、交換関係を少しずつ簡単にしながら計算できる。

上の問題の (2) の式 $[\hat{A}, \hat{B}\hat{C}] = \hat{B}[\hat{A},\hat{C}] + [\hat{A},\hat{B}]\hat{C}$ については、「積 $\hat{B}\hat{C}$ と何か（今の場合 $\hat{A}$）との交換関係を取るときは、

$$\underbrace{\hat{B}}_{\text{前にあるものは前に}}[\hat{A}, \underbrace{\hat{B}\hat{C}]\hat{C}}_{\text{後ろにあるものは後ろに}} = \hat{B}[\hat{A},\hat{C}] + [\hat{A},\hat{B}]\hat{C}$$

のように、前にあるもの（今の場合 $\hat{B}$）を前に出して後ろにあるもの（今の場合 $\hat{C}$）を交換関係の中に残したものと、後ろにあるもの（今の場合 $\hat{C}$）を後ろに出して前にあるもの（今の場合 $\hat{B}$）を前に出したものになる」と覚える。「前にあるものは前に、後ろにあるものは後ろに出す」ことが大事。こうしないと演算子の順番が狂う。

6.1.3 正準交換関係

よく出てくる交換関係の練習として、x と $\dfrac{\partial}{\partial x}$ の交換関係を計算しよう。任意の関数を f として、

$$\left[x, \frac{\partial}{\partial x}\right] f = x\frac{\partial}{\partial x}f - \frac{\partial}{\partial x}(xf) = x\frac{\partial f}{\partial x} - \left(f + x\frac{\partial f}{\partial x}\right) = -f \tag{6.9}$$

となるので、演算子の部分だけを取り出すと、

$$x\frac{\partial}{\partial x} - \frac{\partial}{\partial x}x = -1 \tag{6.10}$$

と書くことができる。

【FAQ】(6.10) の第2項が -1 になるのはわかるが、第1項はどうすればいいのだろう？

・・・・・・・・・・・・・・・・・・・・・・・・・・・・・

と悩んでいる人がよくいるので注意しておくが、この式は演算子に対する式なので、後ろに「演算されるもの」が（なんでもいいから）存在していないと意味をなさない。したがって第2項の頭にある微分 $\frac{\partial}{\partial x}$ は、後ろの x だけではなく、「さらにその後ろにある何か」も微分する。その部分が第1項とキャンセルするのである。(6.10) は、(6.9) から本来存在していた f を省略したものであることを忘れてはならない。つまりこの場合、「**第2項が -1 になる**」と思っている時点で、間違っている。

交換関係の記号を使って書くと

$$\left[x, \frac{\partial}{\partial x}\right] = -1 \tag{6.11}$$

である。これの $-i\hbar$ 倍が、

───── 正準交換関係 ─────

$$[x, p] = \left[x, -i\hbar\frac{\partial}{\partial x}\right] = i\hbar \tag{6.12}$$

である。この x と p の交換関係は、「**正準交換関係**」(canonical commutation relation) [†7]と呼ばれ、量子力学において非常に重要な式である[†8]。

───────────────────

[†7] こんな、いかめしい名前がついているのは、解析力学の正準形式における「ポアッソン括弧」の量子力学バージョンであるから。 → p331

[†8] 物理の各分野で「もっとも重要な式を選べ」と言われたとする。力学ならニュートンの運動方程式 $\vec{f} = m\vec{a}$、電磁気ならマックスウェル方程式、熱力学なら $dU = TdS - PdV$、統計力学なら

6.1.4 エルミートな演算子の固有値と内積の関係

これまで何度も、確率に比例する量だとして、$\int \psi^*(x,t)\psi(x,t)\mathrm{d}x$ を計算してきた。これは ψ とその複素共役 ψ^* を掛け算して積分したものだが、もっと一般的に、二つの波動関数 $\psi(x,t)$ と $\phi(x,t)$ を用意して、

$$\int \psi^*(x,t)\phi(x,t)\mathrm{d}x \tag{6.13}$$

のように一方(上の場合 ψ の方)のみ複素共役を取ってから掛け算したものを「ψ と ϕ の内積」と呼ぶことにする[†9]。ベクトルの「内積」$\vec{a}\cdot\vec{b}$ と同じ言葉を使うが、実際同じ意味だから同じ言葉を使っているのだということは次の章の7.1節 で説明しよう。また、「内積が0になる」ことを「直交する」とこれ
→ p135
またベクトルと同じ言葉を使って表現する。ベクトルの内積は実数だが、この量 $\int \psi^*(x,t)\phi(x,t)\mathrm{d}x$ は複素数であり、

$$\int \psi^*(x,t)\phi(x,t)\mathrm{d}x = \left(\int \phi^*(x,t)\psi(x,t)\mathrm{d}x\right)^* \tag{6.14}$$

のように、前後をひっくり返すと * がつく(複素共役になる)。

これまで計算してきた $\int \psi^*(x,t)\psi(x,t)\mathrm{d}x$ は「ψ の自分自身との内積」ということになる。これは「ノルムの自乗」と表現することもできる。自分自
→ p92
身との内積は(上の式で $\phi(x,t) = \psi(x,t)$ の場合なので)常に実数で、しかも0以上である。自分自身との内積(ノルムの自乗)が0になるのは、その波動関数 $\psi(x,t)$ 自体が全ての場所で0である場合だけである。すなわち、$\psi(x,t) = 0$ の時のみ、$\int \psi^*(x,t)\psi(x,t)\mathrm{d}x = 0$ となる。

演算子 A がエルミートであり、固有値方程式(今の場合では、$A\psi = a\psi$)
→ p82
を解いて固有値が求められたとする。このエルミート演算子の固有値に関して、以下のようなとても大事な性質がある。

$S = k \log W$ であろうが、量子力学ならば $[x,p] = i\hbar$ がもっとも重要な式といえる。この式の重要性は、量子力学をある程度勉強していくうちに実感していくだろう。

[†9] なぜ内積を定義しておく必要があるかというと、この後で二つの波動関数 ψ_1, ψ_2 の重ね合わせ $\Psi = \psi_1 + \psi_2$ を考えたりするが、$\Psi^*\Psi = (\psi_1^* + \psi_2^*)(\psi_1 + \psi_2)$ を計算すると、必然的に $\psi_1^*\psi_2$ や $\psi_2^*\psi_1$ も出てくるからである。また、$\int \psi^*(x,t)\hat{A}\psi(x,t)\mathrm{d}x$ のような量も「$\psi(x,t)$ と $\hat{A}\psi(x,t)$ の内積」と考えることもできる。

- エルミートな演算子の固有値は必ず実数である。
- あるエルミートな演算子に対し、固有値が違う固有関数は常に直交する（内積が0になる）。

エルミート演算子の固有値が必ず実数であることを証明するためには、演算子Aがエルミートであるという条件式
$\int (A\psi(x,t))^* \phi(x,t) \mathrm{d}x = \int \psi^*(x,t) A\phi(x,t) \mathrm{d}x$ に $\psi = \phi$ を代入して

$$\int (A\psi(x,t))^* \psi(x,t) \mathrm{d}x = \int \psi^*(x,t) A\psi(x,t) \mathrm{d}x \tag{6.15}$$

という式を作った後で、固有値方程式を代入する。すると、

$$\int \underbrace{(a\psi(x,t))^*}_{=A\psi(x,t)} \psi(x,t) \mathrm{d}x = \int \psi^*(x,t) \underbrace{a\psi(x,t)}_{=A\psi(x,t)} \mathrm{d}x$$
$$a^* \int \psi^*(x,t) \psi(x,t) \mathrm{d}x = a \int \psi^*(x,t) \psi(x,t) \mathrm{d}x \tag{6.16}$$

となる。$\int \psi^*(x,t)\psi(x,t) \mathrm{d}x$ は 0 ではないから、$a = a^*$ が結論できる。同様に、演算子が反エルミートならば、その固有値は必ず純虚数である。

二つめの性質「固有値が違う固有関数は常に直交する」は5.4節で運動量の期待値の計算において $\int_0^{2\pi} e^{-imx} e^{inx} \mathrm{d}x$ が $m = n$ でない限り0になるとして (→ p109)
(5.19)を計算した時に、少しだけ予告しておいた。証明は(6.16)とほぼ同様 (→ p111)
にできるので、練習問題にしておく。

------- 練習問題 -------

【問い6-2】演算子Aがエルミートであるとする。
　$\psi(x,t), \phi(x,t)$ が $A\psi(x,t) = a\psi(x,t), A\phi(x,t) = b\phi(x,t)\,(a \neq b)$ のように、異なる固有値（どちらも実数であることに注意）を持つ固有関数であった時、

$$\int \psi^*(x,t) \phi(x,t) \mathrm{d}x = 0$$

となることを証明せよ。

ヒント → p338 へ　　解答 → p349 へ

6.1 量子力学で使う演算子とその性質

以下の定理もよく使う。

------------------------------ 練習問題 ------------------------------

【問い 6-3】 上の結果は、内積を取る時に A と交換する演算子 C が間にはさまっていたとしても変わらないこと、すなわち、前問同様の $\psi(x,t), \phi(x,t)$ で $a \neq b$ のとき、

$$\int \psi^*(x,t) C \phi(x,t) \mathrm{d}x = 0$$

となることを証明せよ。つまり、A の固有値が異なることによる直交性は A と交換する演算子を掛けても損なわれない。

ヒント → p339 へ　解答 → p350 へ

次の節から物理的な演算子を考えてここまでで説明したテクニックを使っていくので、その前にこれから使う演算子がエルミートであることを、以下の問題でチェックしよう。

------------------------------ 練習問題 ------------------------------

【問い 6-4】

(1) 運動量 $p = -\mathrm{i}\hbar \dfrac{\partial}{\partial x}$

(2) ハミルトニアン $H = -\dfrac{\hbar^2}{2m}\dfrac{\partial^2}{\partial x^2} + V(x)$

がエルミートであることを証明せよ。ただし、x の積分範囲は (a,b) として、$x = a$ と $x = b$ では ψ, ϕ やその微分は 0 になっているという境界条件で考えよ。

ヒント → p339 へ　解答 → p350 へ

ハミルトニアンのエルミート性は特に、$\int \psi^*(x,t)\psi(x,t)\mathrm{d}x$ を時間微分すると 0 になること[†10]と関係しているので重要である。というのは、

$$\begin{aligned}
&\frac{\mathrm{d}}{\mathrm{d}t}\int \psi^*(x,t)\psi(x,t)\mathrm{d}x \\
&= \int \left(\underbrace{\frac{\partial \psi^*(x,t)}{\partial t}}_{(\frac{1}{\mathrm{i}\hbar}H\psi(x,t))^*} \psi(x,t) + \psi^*(x,t) \underbrace{\frac{\partial \psi(x,t)}{\partial t}}_{\frac{1}{\mathrm{i}\hbar}H\psi(x,t)} \right)\mathrm{d}x \\
&= \frac{1}{\mathrm{i}\hbar}\int \left((-H\psi(x,t))^*\psi(x,t) + \psi^*(x,t)H\psi(x,t) \right)\mathrm{d}x
\end{aligned} \quad (6.17)$$

[†10] もしこうならなかったら、$\int \psi^*(x,t)\psi(x,t)\mathrm{d}x = 1$、つまり全確率が 1 であるという条件が、時間が経つと成立しなくなってしまう。

となるが、ここで、

$$\int (H\psi(x,t))^* \psi(x,t) \mathrm{d}x = \int \psi^*(x,t) H\psi(x,t) \mathrm{d}x \tag{6.18}$$

を使えばこの式は0となり、$\dfrac{\mathrm{d}}{\mathrm{d}t}\int \psi^*(x,t)\psi(x,t)\mathrm{d}x = 0$ が示せる。H がエルミートであることが証明に効いていることに注意しよう。

---------- 練習問題 ----------

【問い6-5】 $\int_a^b \psi^*(x,t)\psi(x,t)\mathrm{d}x$ のように、積分範囲を一部分 $(a < x < b)$ にすると、この量は一般に保存しない。なぜなら、$x = a$ と $x = b$ という端っこから、粒子が逃げ出して行く（あるいは外から粒子が入って来る）からである。この式を微分すると

$$\frac{\mathrm{d}}{\mathrm{d}t}\int_a^b \psi^*(x,t)\psi(x,t)\mathrm{d}x = -[J(x,t)]_a^b = -J(b,t) + J(a,t) \tag{6.19}$$

のかたちに直すことができるが、この $J(x,t)$ はすなわち、粒子の存在確率が正方向へどれくらい流れて行くかを表す量である。$\psi(x,t)$ が

$$\mathrm{i}\hbar \frac{\partial}{\partial t}\psi(x,t) = \left[-\frac{\hbar^2}{2m}\frac{\partial^2}{\partial x^2} + V(x) \right]\psi(x,t)$$

を満たしている場合について、$J(x,t)$ を求めよ。　　ヒント→ p339 へ　　解答→ p350 へ

上の問いで求めた

$$J(x,t) = \frac{\mathrm{i}\hbar}{2m}\left(\frac{\partial \psi^*(x,t)}{\partial x}\psi(x,t) - \psi^*(x,t)\frac{\partial \psi(x,t)}{\partial x} \right) \tag{6.20}$$

は「**流れ密度**」と呼ばれる。この流れ密度は（適切に積分を行うと）「運動量の期待値」を m で割ったものとなる。

6.2 固有状態と測定

さて、ここでもう一度、5.4節 で考えた $\psi(x) = F_1 \mathrm{e}^{\mathrm{i}k_1 x} + F_2 \mathrm{e}^{\mathrm{i}k_2 x} + F_3 \mathrm{e}^{\mathrm{i}k_3 x}$ という規格化された波動関数の意味を整理しておこう。確率解釈で考えるならば、この状態で運動量を精密に観測すれば、

(1) 運動量 $\hbar k_1$ が測定され、結果として波動関数は $\psi = \mathrm{e}^{\mathrm{i}k_1 x}$ へと変化
(2) 運動量 $\hbar k_2$ が測定され、結果として波動関数は $\psi = \mathrm{e}^{\mathrm{i}k_2 x}$ へと変化
(3) 運動量 $\hbar k_3$ が測定され、結果として波動関数は $\psi = \mathrm{e}^{\mathrm{i}k_3 x}$ へと変化

のどれかが起こることになる（これが「波動関数の収縮」）。そして、これらが起こる確率の比は $|F_1|^2 : |F_2|^2 : |F_3|^2$ である。

同じようなことが、他の物理量に対しても起こる。エネルギーを測定すれば波動関数はエネルギーの固有関数へと収縮するし、角運動量を測定すれば角運動量の固有関数に収縮する[†11]。

一般的な、ある物理量 A があり、それに対応するエルミート演算子 $\hat{A}$ があったとする。$\hat{A}$ の固有関数になっているような規格化された波動関数の列 $\psi_1, \psi_2, \psi_3, \cdots$ があるとしよう。すなわち、

$$\hat{A}\psi_1 = a_1\psi_1,\ \hat{A}\psi_2 = a_2\psi_2,\ \hat{A}\psi_3 = a_3\psi_3, \cdots \quad (6.21)$$

である。この時、

$$\psi = F_1\psi_1 + F_2\psi_2 + F_3\psi_3 + \cdots \quad (6.22)$$

という状態があったとして、この状態で物理量 A の観測を行えば、$|F_1|^2 : |F_2|^2 : |F_3|^2 : \cdots$ という比で、測定値 $a_1, a_2, a_3, \cdots$ が得られるのである。そして、測定後の結果はどの測定値が得られたかに対応して、$\psi_1, \psi_2, \psi_3, \cdots$ のどれかになる[†12]。したがって、いったん観測値 a を得た後で何度も観測を繰り返すと、以後ずっと同じ観測値 a を得る（もちろん、測定と次の測定の間に波動関数が時間変化しなければの話）。つまりある演算子 $\hat{A}$ の固有状態というのは「物理量 A を何度観測しても a という結果が観測される状態」だと考えられる。

上の説明では最初から $\hat{A}$ の固有状態があるところから始めたが、この演算子 $\hat{A}$ はエルミートなので、$\hat{A}$ が与えられればその固有値方程式を解き、求められた固有値（もちろん実数）を使って「固有値 a_1 の状態、固有値 a_2 の状態…」と状態を切り分けていくことができる。

[†11] というのはもちろん、理想的な観測が行われた場合であって、実際には観測の後もなおいくつかの固有状態の重なりが残っている可能性も大いにある。以下で「観測した結果波動関数が収縮して」という表現を何度も使うが、それはすべて理想的な（実際にはなかなか用意できない）状況だということを心にとどめておこう。

[†12] 前に書いたようになぜ波動関数が収縮してしまうのかについては、統一した答が出ていない。しかし、それは「使えない」ということではない。量子力学はいろんな物理現象を正しく記述できている。
→ p88

そして、(6.22) のように固有状態の重ね合わせがあったとすれば、

$$
\begin{aligned}
&\int \psi^* \hat{A} \psi \mathrm{d}x \\
&= \int \left(F_1^* \psi_1^* + F_2^* \psi_2^* + F_3^* \psi_3^* + \cdots\right) \hat{A} \left(F_1 \psi_1 + F_2 \psi_2 + F_3 \psi_3 + \cdots\right) \mathrm{d}x \\
&= \int \left(F_1^* \psi_1^* + F_2^* \psi_2^* + F_3^* \psi_3^* + \cdots\right) \left(a_1 F_1 \psi_1 + a_2 F_2 \psi_2 + a_3 F_3 \psi_3 + \cdots\right) \mathrm{d}x \\
&= a_1 |F_1|^2 + a_2 |F_2|^2 + a_3 |F_3|^2 + \cdots
\end{aligned}
\tag{6.23}
$$

のように $\int \psi^* \hat{A} \psi \mathrm{d}x$ という量（間に $\hat{A}$ をはさんで内積を取る）を計算することで期待値が計算できる。(6.23) は、「A を測定すると確率 $|F_1|^2$ で値 a_1 が得られ、確率 $|F_2|^2$ で値 a_2 が得られ、確率 $|F_3|^2$ で値 a_3 が得られ、… る場合」の A の期待値そのものである。$\hat{A}$ が運動量である時にも指摘したように、この $\int \psi^*(x,t) \hat{A} \psi(x,t) \mathrm{d}x$ という計算自体は、ψ を固有状態で展開しなくてもできる。
→ p112

　ここで一つ重要な指摘をしておく。量子力学で観測と比較される「期待値」は常にこのように、$\int \psi^*(x,t) \hat{A} \psi(x,t) \mathrm{d}x$ という形で計算されるが、

波動関数の位相を変えても期待値は不変

θ を任意の実定数として、

$$\psi(x,t) \to \mathrm{e}^{\mathrm{i}\theta} \psi(x,t) \text{ と置き換えても、} \int \psi^*(x,t) \hat{A} \psi(x,t) \mathrm{d}x \text{ は不変。} \tag{6.24}$$

が言える。つまり、波動関数の位相は観測にかからない。ただし、波動関数が $\psi = \phi_1 + \phi_2$ のように二つ以上の波動関数の和で書けている時、ϕ_1 と ϕ_2 の「位相の差」(relative phase) は重要であり、観測にもかかる。

　加えて言えば、ある状態を表す波動関数としては、実は $\psi(x,t)$ と（任意の複素定数）$\times \psi(x,t)$ は、物理的に全く同等である。なぜなら、実際に確率や期待値を計算する前にこの $\psi(x,t)$ を規格化する手順を踏むが、この時に（任意の複素定数）が掛けられたことによる影響は消え去ってしまうからである。物理的内容はこの（任意の複素定数）にはよらない[13]。

---

[13] これも relative phase の場合と同様、ある状態が $\psi(x,t) + C\phi(x,t)$ のように二つの波動関数の重ね合わせで表現されている時は、「物理的内容は C によらない」とは言えない。むしろ大きく依存

6.3 エネルギーの期待値と固有関数

6.3.1 エネルギーの期待値

以上の一般論を使って、エネルギーの期待値を計算する方法を考えよう。たとえば今ある波動関数を

$$\psi(x,t) = \phi_1(x)e^{-i\omega_1 t} + \phi_2(x)e^{-i\omega_2 t} + \phi_3(x)e^{-i\omega_3 t} + \cdots \quad (6.25)$$

のように、各々が ω_i の角振動数を持った波 $e^{-i\omega_i t}$ の重ね合わせで表現したとする。これらの各項はシュレーディンガー方程式の解になっていて、

$$\begin{aligned} H\phi_i(x)e^{-i\omega_i t} &= i\hbar\frac{\partial}{\partial t}\left(\phi_i(x)e^{-i\omega_i t}\right) \\ H\phi_i(x)e^{-i\omega_i t} &= \hbar\omega_i \phi_i(x)e^{-i\omega_i t} \end{aligned} \quad (6.26)$$

という式を満たしている。最後の式は両辺を $e^{-i\omega_i t}$ で割ると

$$H\phi_i = \hbar\omega_i \phi_i \quad (6.27)$$

という形になる（エネルギーが $E_i = \hbar\omega_i$）。この形の式は「定常状態のシュレーディンガー方程式」と呼ばれることは、5.3節で述べた。
→ p108

【補足】＋＋＋＋＋＋＋＋＋＋＋＋＋＋＋＋＋＋＋＋＋＋＋＋＋＋＋＋＋＋＋＋＋＋
「実際の物理現象は時間に依存する（場合がほとんどである）のに、定常状態を考えることにはどんな意味があるのか？」と不審に思う人もいるかもしれない。しかし、シュレーディンガー方程式の持つ線型性のおかげで、「この系にはどんな定常状態があるのか」という考察から「時間に依存する状態」を考えられるようになる。

定常状態の波動関数 $\phi_1(x), \phi_2(x), \cdots$ を見つければ、定常状態でない波動関数が $\psi(x,t) = \phi_1(x)e^{-i\omega_1 t} + \phi_2(x)e^{-i\omega_2 t} + \phi_3(x)e^{-i\omega_3 t} + \cdots$ と書ける。あきらかにこの状態の確率密度 $\psi^*(x,t)\psi(x,t)$ は時間によって変動する。

我々が普段見る古典力学的な物理現象（つまりほとんどの物理現象）は「定常状態」ではない。しかしそれは上のような「定常状態の重ね合わせ」で表現できるのである。
＋＋＋＋＋＋＋＋＋＋＋＋＋＋＋＋＋＋＋＋＋＋＋＋＋＋＋＋＋＋＋＋【補足終わり】

(6.25)のようにして展開した波動関数の各成分は各々が $\hbar\omega_i$ のエネルギーを持っている（そしてそれは演算子であるハミルトニアン H の固有値でもあ

するであろう。

る)。このようなエネルギー固有値の違う波動関数の重ね合わせに対して、前節の最後に示したように、波動関数の間にハミルトニアンをはさんで積分することで期待値が計算できる。すなわち

$$
\begin{aligned}
&\int \psi^*(x,t) H \psi(x,t) \mathrm{d}x \\
&= \int \left(\phi_1^*(x) \mathrm{e}^{\mathrm{i}\omega_1 t} + \phi_2^*(x) \mathrm{e}^{\mathrm{i}\omega_2 t} + \cdots \right) H \left(\phi_1(x) \mathrm{e}^{-\mathrm{i}\omega_1 t} + \phi_2(x) \mathrm{e}^{-\mathrm{i}\omega_2 t} + \cdots \right) \mathrm{d}x \\
&= \int \left(\phi_1^*(x) \mathrm{e}^{\mathrm{i}\omega_1 t} + \phi_2^*(x) \mathrm{e}^{\mathrm{i}\omega_2 t} + \cdots \right) \hbar \left(\omega_1 \phi_1(x) \mathrm{e}^{-\mathrm{i}\omega_1 t} + \omega_2 \phi_2(x) \mathrm{e}^{-\mathrm{i}\omega_2 t} + \cdots \right) \mathrm{d}x \\
&= \hbar \omega_1 \underbrace{\int \phi_1^*(x) \phi_1(x) \mathrm{d}x}_{E=\hbar\omega_1 となる確率} + \hbar \omega_2 \underbrace{\int \phi_2^*(x) \phi_2(x) \mathrm{d}x}_{E=\hbar\omega_2 となる確率} + \hbar \omega_3 \underbrace{\int \phi_3^*(x) \phi_3(x) \mathrm{d}x}_{E=\hbar\omega_3 となる確率} + \cdots
\end{aligned}
$$
(6.28)

となって、(6.23)でやった一般的な場合と同様、期待値の定義通りのものとなる。最後の行では、H の固有値が違うものどうしの内積が0になるという事実を使って計算を楽にしている。
　ハミルトニアン H はいま考えている系がどんなものかによって、いろんな形 $\left(調和振動子なら \dfrac{p^2}{2m} + \dfrac{1}{2}kx^2、クーロン力なら \dfrac{p^2}{2m} - \dfrac{ke^2}{r} \right)$ を取る。そのようなそれぞれの場合について、固有状態（エネルギーが確定した状態）がどのようなものかを求めていけば、実際に存在する状態はその固有状態の重ね合わせで得られる。よって、エネルギー固有値を求めることが今後行うべき計算の第一歩になる。実は量子力学で行う計算のほとんどはこれである。「量子力学の計算ってエネルギー固有値を求めるだけなのか。なんだつまらない」などと思ってはいけない。エネルギー固有値や固有状態が求められれば、それを重ね合わせることでどんな状態の時間発展も計算できてしまうのだから、エネルギー固有値と固有関数を求める作業が完成すれば、完全な時間発展を求めたことと同じである。
　古典力学でも量子力学でも、目標の一つは「**最初こういう状態にあった。時間が経ったらどんな状態に変化するか**」という問題を解くことである。古典力学では粒子の位置 x や運動量 p を与えることでその後の運動を計算できた。量子力学では、ある時刻の波動関数全体を与えて、それ以降の波動関数を計算していくことになる。量子力学の方が計算すべきものが多いことになるが、その計算すべき量を少しでも減らすために役に立つのが重ね合わせとその逆

（分解）である。最初にあった状態をエネルギーの固有関数に分解する。各々の固有関数は決まった振動数で時間発展する。時間発展した後の固有関数たちをまた重ね合わせれば、もとの波動関数がどう時間発展するかがわかるのである（こういうことができるのは6.1.4節でやったエルミート演算子の性質のおかげである）。
→ p121

この後、いろんな波動関数をいろんな表現で表していくことになる。たとえばエネルギーの固有値を使って分解したり、角運動量の固有値を使って分解したりする。そして分解した各成分を調べれば、現実にそこにある波動関数（一般には各成分が重ね合わされたもの）の時間発展を知ることができる。

6.3.2 エネルギーと時間の不確定性関係 ++++++++++++【補足】

時間依存性が$e^{-i\omega t}$だけになっているような状態はエネルギーが確定している状態であるが、この場合、確率密度$\psi^*(x,t)\psi(x,t) = \phi^*(x)\phi(x)$は時間変化しなくなってしまう。この事情は運動量の固有状態について考えた時に、e^{ikx}一つで表される状態（$\Delta p = 0$）が、空間に均等に広がってしまうのと同様である。

実は$\Delta x \Delta p \gtrsim h$と同様に、$\Delta E$と$\Delta t$の間にも

$$\Delta E \Delta t \gtrsim h \tag{6.29}$$

という制限（不確定性関係）があるが、$\Delta x \Delta p \gtrsim h$と$\Delta E \Delta t \gtrsim h$は大きく意味が違うので注意が必要である。

ここで前に話した「**不確定性関係自体は'観測しようとすると'という前提があって成立するものではない**」という注意を思い出そう。位置の不確定度Δxは「ψが
→ p74
これぐらいの範囲に広がっている」という意味での数値であって、観測誤差を示しているのではない。もちろん、そのように広がった状態を観測すればxの観測値はΔxぐらいの幅をもって広がってしまうのは当然であるから、「観測誤差は最良の実験装置でもΔxぐらいになる」ということは間違ってはいない。間違ってはいないがしかし、ほんとうに大事なのは観測前からある「状態の広がり具合」であることを忘れてはいけない。

$\Delta E \Delta t \gtrsim h$の$\Delta t$は波動関数の「ある特定の状態」の時間的広がり、すなわち「この範囲では$\psi^*(x,t)\psi(x,t)$にほとんど変化が見られない」時間的長さなのだと解釈すべきである。極端な場合、$\Delta E = 0$になっているとき、波動関数は上にあげた$\psi(x,t) = \phi(x)e^{-\frac{i}{\hbar}Et}$のような関数になっていて、$\psi^*(x,t)\psi(x,t) = \phi^*(x)\phi(x)$となっている。この場合、状態の確率密度には全く時間的変化が見られない（$\Delta t = \infty$）。また、$\int \psi^* x \psi dx$のように間にxをはさんで積分すればxの期待値が計算できるが、これもエネルギー固有状態ならば時間によらない。

一方、
$$\psi(x,t) = A_1\phi_1(x)e^{-i\omega_1 t} + A_2\phi_2(x)e^{-i\omega_2 t} \tag{6.30}$$
のような、二つの状態の重なりの状態を考えて、その状態に対して x の期待値を計算すると

$$\begin{aligned}\langle x \rangle &= \int \psi^*(x,t) x \psi(x,t) dx \\ &= \int \left(A_1^*\phi_1^*(x)e^{i\omega_1 t} + A_2^*\phi_2^*(x)e^{i\omega_2 t}\right) x \left(A_1\phi_1(x)e^{-i\omega_1 t} + A_2\phi_2(x)e^{-i\omega_2 t}\right) dx \\ &= \underbrace{|A_1|^2 \int \phi_1^*(x) x \phi_1(x) dx + |A_2|^2 \int \phi_2^*(x) x \phi_2(x) dx}_{\text{振動しない項}} \\ &\quad \underbrace{+ A_1 A_2^* e^{-i(\omega_1-\omega_2)t} \int \phi_2^*(x) x \phi_1(x) dx + A_1^* A_2 e^{i(\omega_1-\omega_2)t} \int \phi_1^*(x) x \phi_2(x) dx}_{\text{振動項}}\end{aligned} \tag{6.31}$$

となる。今度は t は消えることなく、後ろ2項(「振動項」と書いた、いわゆるクロスターム)が時間的に変化する部分となる。これは定常状態ではない[†14]。

そして、その変化は
$$\omega_1 - \omega_2 = \frac{E_1 - E_2}{\hbar} \tag{6.32}$$
で表される角振動数で起こる。一つの E しかない状態(つまり $\Delta E = 0$ のエネルギー固有状態)は時間的変化がまるでないつまらない世界だが、いろんな E を持つ波を重ね合わせることで、なんらかの時間変化を作ることができるのである。たとえば、エネルギーの幅が $\Delta E = E_1 - E_2$ を持っている二つの状態が重なっている場合を考えよう。この状態は、時間 $\dfrac{h}{\Delta E}$ たつと期待値もしくは確率密度が一周期分変化する。逆に言えば、これより小さい時間では期待値や確率密度など(波動関数の絶対値の自乗で表現される量)はたいして変化しない。そういう意味でなんらかの状態変化が起こるには、$\dfrac{h}{\Delta E}$ 程度は待たなくてはいけない[†15]。$\Delta t = \dfrac{h}{\Delta E}$ よりも極端に短い時間しか経過していないと、状態変化がほとんどない(その時間内ならどの時間も同等)のだから、何か実験を行った時、「何かが起こる時刻」はそれぐらいの幅の間のどこで起こるのか予測不可能になる(ゆらぎを持つ)だろう。だが、Δt(時間的広がり)は観測前からそこにあったのである。そしてその最初からあった不確定性が、$\Delta E \Delta t > h$ という式を満たすのである。
╋╋╋╋╋╋╋╋╋╋╋╋╋╋╋╋╋╋╋╋╋╋╋╋╋╋╋╋╋╋╋╋╋╋╋【補足終わり】

[†14] ここで x の期待値が時間変化したのは、x とハミルトニアン H が交換しなかったからである。問い6-3を思い出せ。x が H と交換するなら、(6.31) の「振動項」は0である。
→ p123

[†15] 今の例だと、厳密に $\dfrac{h}{\Delta E}$ だけ待ってしまうと、ちょうど元の状態に戻っていて変化を感じられないことになってしまう。だから、「$\dfrac{h}{\Delta E}$ 程度待たなくてはいけない」というのは「$\dfrac{h}{\Delta E}$ の $\dfrac{1}{100}$ ではまだ変化が見えない」ぐらいのおおざっぱな感覚でとらえて欲しい。

6.4 期待値の意味で成立する古典力学と交換関係

すでに説明したように、量子力学においては力学変数が $\psi(x,t)$ である。つまり量子力学においては物理法則（この場合シュレーディンガー方程式）にしたがって時間発展していくものは x や p ではなく $\psi(x,t)$ である。そして、物体の位置だの運動量だのは、$\psi(x,t)$ の状態から導かれる二次的な量である。

「座標」「運動量」「エネルギー」など、古典力学ではおなじみの（比較的目で確認しやすい）物理量は、波動関数の中に埋め込まれているわけである。古典力学では目で見えていた「座標」が量子力学では「期待値」に置き換えられてしまう。古典力学での '運動' は、「x や p の値が変わる」ことであったが、量子力学での '運動' は、「ψ の形が変わることによって x や p の期待値が変わることの結果」として表れる。

では、期待値 $\langle x \rangle$ はどんな '運動' をするのだろうか。それを調べるために、時間微分 $\dfrac{\mathrm{d}}{\mathrm{d}t}\langle x \rangle$ を計算してみよう。5.2節でもハミルトニアンが $\dfrac{p^2}{2m}+V(x)$ である場合について計算して、$m\dfrac{\mathrm{d}}{\mathrm{d}t}\langle x \rangle = \langle p \rangle$ という結果を得た。今度はより一般的なハミルトニアンの場合で計算してみる。このとき微分されるものは x ではなく、ψ である（時間の関数になっているのは ψ である）。シュレーディンガー方程式 $\mathrm{i}\hbar\dfrac{\partial}{\partial t}\psi = H\psi$ と、シュレーディンガー方程式の複素共役である $-\mathrm{i}\hbar\dfrac{\partial}{\partial t}\psi^* = (H\psi)^*$ を使いつつ計算を行うと、

$$\frac{\mathrm{d}}{\mathrm{d}t}\int \psi^*(x,t)x\psi(x,t)\mathrm{d}x = \int\left(\frac{\partial \psi^*(x,t)}{\partial t}x\psi(x,t) + \psi^*(x,t)x\frac{\partial \psi(x,t)}{\partial t}\right)\mathrm{d}x$$

$$= \frac{1}{-\mathrm{i}\hbar}\int\left((H\psi(x,t))^* x\psi(x,t) - \psi^*(x,t)x(H\psi(x,t))\right)\mathrm{d}x \tag{6.33}$$

ここで、ハミルトニアンがエルミートであると仮定する。すなわち、

$$\int (H\psi(x,t))^* \phi(x,t)\mathrm{d}x = \int \psi^*(x,t)H\phi(x,t)\mathrm{d}x \tag{6.34}$$

という性質を持っているとする。式 (6.34) の ψ,ϕ は任意の関数であるが、ここで使うときには $\phi(x,t) = x\psi(x,t)$ と代入するとよい。

この仮定[†16]を使うと（第2項では x の後ろにいる H が、第1項では前にく

[†16] H は x 微分を含む演算子であるから、これは自明ではない。しかし実際物理的な状況で出てくる H はエルミートになっているから安心して使ってよい仮定である。

ることに注意)、

$$\frac{\mathrm{d}}{\mathrm{d}t}\int \mathrm{d}x\psi^*(x,t)x\psi(x,t) = \frac{1}{\mathrm{i}\hbar}\int \mathrm{d}x\psi^*(x,t)\left(xH - Hx\right)\psi(x,t) \quad (6.35)$$

という形に式をまとめることができる。ここで気をつけるべきなのは、$xH - Hx$ は一般に 0 ではない(x と H は交換しない)ことである。なぜなら、たいていの場合、H は $\frac{p^2}{2m}$ を含んでいるが、p は $-\mathrm{i}\hbar\frac{\partial}{\partial x}$ のような微分演算子であるからである。

$xH - Hx = [x, H]$ を問い 6-1 の (4)で示した式を使って計算していくと、
→ p118

$$[x, H(x,p)] = [x,p]\frac{\partial H}{\partial p} = \mathrm{i}\hbar\frac{\partial H}{\partial p} \quad (6.36)$$

となる[†17]。これを(6.35)に代入すれば、
→ p132

$$\frac{\mathrm{d}}{\mathrm{d}t}\int \mathrm{d}x\psi^*(x,t)x\psi(x,t) = \frac{1}{\mathrm{i}\hbar}\int \mathrm{d}x\psi^*(x,t)\underbrace{\left(\mathrm{i}\hbar\frac{\partial H}{\partial p}\right)}_{xH-Hx}\psi(x,t)$$
$$\frac{\mathrm{d}}{\mathrm{d}t}\langle x\rangle = \left\langle\frac{\partial H}{\partial p}\right\rangle \quad (6.37)$$

が成立する。これは正準方程式のうち一方が、期待値の意味で成立していることを示している。同様の計算は前にもやったが、ここではより一般的に
→ p326
→ p107
行った。

------------------------------- 練習問題 -------------------------------

【問い 6-6】同様に $\frac{\mathrm{d}}{\mathrm{d}t}\langle p\rangle$ を計算し、もう一方の正準方程式 $\frac{\mathrm{d}}{\mathrm{d}t}\langle p\rangle = \left\langle-\frac{\partial H}{\partial x}\right\rangle$ も期待値の意味で成立していることを示せ。　　　ヒント → p339 へ　解答 → p351 へ

このように期待値の意味で正準方程式が成立することを**エーレンフェストの定理**と言う。$H = \frac{p^2}{2m} + V(x)$ であれば(多くの場合そうである)、

$$\frac{\mathrm{d}}{\mathrm{d}t}\langle x\rangle = \left\langle\frac{p}{m}\right\rangle, \quad \frac{\mathrm{d}}{\mathrm{d}t}\langle p\rangle = -\left\langle\frac{\partial V}{\partial x}\right\rangle \quad (6.38)$$

[†17] (4) は常微分であったが、ここでは p による偏微分。

6.4 期待値の意味で成立する古典力学と交換関係

となり、期待値の意味での運動方程式

$$m\frac{d^2}{dt^2}\langle x \rangle = -\left\langle \frac{\partial V}{\partial x} \right\rangle \tag{6.39}$$

が成立する。$F(x) = -\dfrac{\partial V(x)}{\partial x}$ と書けば $m\dfrac{d^2}{dt^2}\langle x \rangle = \langle F(x) \rangle$ である。

【補足】 ✛✛✛✛✛✛✛✛✛✛✛✛✛✛✛✛✛✛✛✛✛✛✛✛✛✛✛✛✛✛✛✛✛✛
この式の右辺は $\langle F(x) \rangle$ であって、$F(\langle x \rangle)$ ではないことに注意しよう。すなわち $\langle x \rangle$ が古典力学の運動方程式を満たすのではない(もしそうなら、$m\dfrac{d^2}{dt^2}\langle x \rangle = F(\langle x \rangle)$ ではなくてはいけない)。

エーレンフェストの定理は「古典力学の x の替わりが $\langle x \rangle$ だ」と主張しているのではないのである。確率密度 $\psi^*(x)\psi(x)$ が狭い範囲の x に局在しているのならば、$F(\langle x \rangle)$ と $\langle F(x) \rangle$ に差はないが、たとえば、 のような波動関数であれば、

$$\langle F(x) \rangle \simeq \frac{F(x_1) + F(x_2)}{2} \quad \leftrightarrow \quad F(\langle x \rangle) \simeq F\left(\frac{x_1 + x_2}{2}\right) \tag{6.40}$$

である[†18]。
✛✛✛✛✛✛✛✛✛✛✛✛✛✛✛✛✛✛✛✛✛✛✛✛✛✛✛✛✛✛✛✛✛✛✛✛ **【補足終わり】**

一般の物理量演算子は、$A(p, x, t)$(時間にもあらわに依存している)のように x, p, t の関数として書けるので、この演算子の期待値 $\langle A \rangle$ を考えることができる。その時間微分 $\dfrac{d}{dt}\langle A(p, x, t) \rangle$ は

$$\frac{d}{dt}\langle A(p, x, t) \rangle = \left\langle \frac{\partial}{\partial t}A(p, x, t) + \frac{1}{i\hbar}[A(p, x, t), H] \right\rangle \tag{6.41}$$

となる。つまり、「**時間にあらわによらない演算子の期待値は、その演算子がハミルトニアンと交換するならば保存する**」。

[†18] この違いは重要で、たとえば後で出てくる水素原子の基底状態の波動関数では座標演算子の期待値は原点に来るが、原点ではクーロン力の式 $\dfrac{ke^2}{r^2}$ は発散する!(そもそも原点ではクーロン力はどっちを向くかすらわからない。) →p304

【補足】＋＋＋＋＋＋＋＋＋＋＋＋＋＋＋＋＋＋＋＋＋＋＋＋＋＋＋＋＋＋＋＋＋＋＋

ところで、この式の符号を忘れた時に、思い出そうと「ええと、H は $i\hbar\dfrac{\partial}{\partial t}$ に置き換わるんだから、$[\underbrace{H}_{i\hbar\frac{\partial}{\partial t}?}, A]$ が $i\hbar\dfrac{dA}{dt}$ になるはず…」と考えると見事に符号が逆になるので注意。

H が $i\hbar\dfrac{\partial}{\partial t}$ に置き換わるのは $\psi(x,t)$ に対してであり、微分も $\psi(x,t)$ に掛かる形であることを忘れてはいけない。$H \to i\hbar\dfrac{\partial}{\partial t}$ という置き換えは許されないし、許されたとしても、微分は A に掛かったりはしないのである。

＋＋＋＋＋＋＋＋＋＋＋＋＋＋＋＋＋＋＋＋＋＋＋＋＋＋＋＋＋＋＋＋【補足終わり】

このようにして、古典力学の内容は（期待値の関係として）シュレーディンガー方程式の中に含まれている。よって波束の広がりが小さい近似を考えれば量子力学と古典力学は一致する。水素原子の問題などでは量子力学は古典力学では出せない結果を出す。量子力学は古典力学を全て含みつつ、より広い範囲に適用できるのである。

6.5 章末演習問題

★【演習問題 6-1】
交換関係に関する、以下の公式を証明せよ。

$$[A,[B,C]] + [B,[C,A]] + [C,[A,B]] = 0 \quad （この式を Jacobi の恒等式と呼ぶ）$$

ヒント → p4w へ　　解答 → p20w へ

★【演習問題 6-2】
(6.41) を証明せよ。
→ p133
ヒント → p4w へ　　解答 → p20w へ

★【演習問題 6-3】
$AB + BA$ を $\{A, B\}$ と書いて「反交換関係」と呼ぶ。反交換関係についての以下の公式を証明せよ。

(1) $\{A, B + C\} = \{A, B\} + \{A, C\}$
(2) $\{A, BC\} = -B[A, C] + \{A, B\}C$
(3) $[A, BC] = -B\{A, C\} + \{A, B\}C$

ヒント → p4w へ　　解答 → p21w へ

★【演習問題 6-4】
A という演算子に、逆演算子 A^{-1} が定義されているとする（$AA^{-1} = A^{-1}A = 1$）。$[A^{-1}, B]$ を、$[A, B]$ と A^{-1} を使って書け。

ヒント → p4w へ　　解答 → p21w へ

第 7 章
「状態ベクトル」としての波動関数

この章では、波動関数を「無限次元空間のベクトル」とみる考え方を学ぶ。このような考え方に慣れていくことで、量子力学の考え方が少しずつ見えやすくなるはずである。

> この章では、波動関数や量子力学的状態に対する一つの見方を示す。話が少し抽象的になってしまうかもしれないので、「物理現象に即した話が聞きたい」という人はいったんこの章を飛ばして先を読み、必要に応じて戻ってきてくれた方がいいかもしれない。

ここまでで何度か、波動関数 $\psi(x)$ を $\psi(x) = \frac{1}{\sqrt{2\pi}} \sum_k f_k \mathrm{e}^{ikx}$ と「**分解**」したり、$\int \psi^* \phi \mathrm{d}x$ のことを「**内積**」と呼んだり、まるで波動関数 ψ を 1 個のベクトルであるかのごとく扱ってきた。波動関数をベクトルとみなす効用についてはここまでの過程の中から、おぼろげながらにでも理解できると思う。
→ p109　→ p121

この章から、もっと進んで「関数」を「無限個の成分を持つベクトル」であると考える。波動関数に関する計算をそのような「ベクトルの演算」として考えていくことで、より量子力学の概念がわかりやすくなるはずである。

7.1　関数がベクトルであるとは？

もともと数学的には、足し算ができて定数倍できるものはなんでもベクトルである。「向きと大きさがある量」というのは高校生向けのベクトルの定

義。より広い定義では、単なる実数すら、ベクトルのうちである[†1]。その定義では波動関数も足し算や定数倍ができるわけだから、立派なベクトルである。

とはいえ、「波動関数がベクトルと考えられる」と言われてもピンとこない人が多いだろうから、まずは関数 $\psi(x,t)$ を

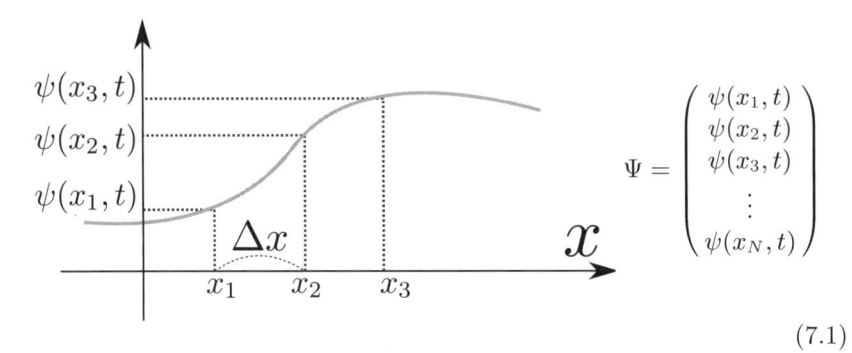

$$\Psi = \begin{pmatrix} \psi(x_1,t) \\ \psi(x_2,t) \\ \psi(x_3,t) \\ \vdots \\ \psi(x_N,t) \end{pmatrix} \tag{7.1}$$

のような複素数 N 成分を縦に並べたもの（列ベクトル）と考えるところから始めよう。

ただしこの $x_1, x_2, \cdots, x_N$ はいま考えている空間内の全ての場所各点各点に1から順に番号を振っていったものと考える。実際にはもちろん、$N \to \infty$ と考えなくてはいけない[†2]。つまり、ψ は無限個の複素数成分を持つベクトルであると考えてよい。

波動関数の和 $\psi(x) + \phi(x)$ は、x の各点各点での二つの波動関数 ψ, ϕ の和である。これはベクトルの各成分を足している（$\vec{a} = \vec{b} + \vec{c}$）のと同じである。また、波動関数の定数倍 $\alpha\psi(x)$ は、各点各点での波動関数の値を全部 α 倍することで、つまりはベクトルの定数倍と同じである。

この列ベクトルに対してエルミート共役であるような行ベクトルは

$$\Psi^\dagger = (\psi^*(x_1,t), \psi^*(x_2,t), \psi^*(x_3,t), \cdots, \psi^*(x_N,t)) \tag{7.2}$$

である。3次元空間のベクトル $\vec{a} = (a_x, a_y, a_z)$ と $\vec{b} = (b_x, b_y, b_z)$ の内積は

[†1] 物理学者は「座標変換によって座標方向ベクトルと同じ変換をすること」をもってベクトルの定義とすることが多い。同じ言葉でも分野によって違うこともあるから気をつけなくてはいけない。この章では数学よりの立場で「ベクトル」という言葉を使う。

[†2] 念のために補足しておくと、実際には空間内の点の数は連続無限個、すなわち数え上げることが不可能な無限大であるので、このように1から順番に数を割り振ることすら、ほんとうはできない。よって有限成分のベクトルの話がそのまま適用できないことも、時々出てくる。

$$\vec{a} \cdot \vec{b} = \begin{pmatrix} a_x & a_y & a_z \end{pmatrix} \begin{pmatrix} b_x \\ b_y \\ b_z \end{pmatrix} = a_x b_x + a_y b_y + a_z b_z \tag{7.3}$$

と書けたことを思い出そう。これを「無限次元の複素成分のベクトル」である波動関数の場合に拡張する。ここで「x, y, z」という「ベクトルの成分を区別するラベル」が、波動関数の場合では「$x_1, x_2, x_3, \cdots$」という空間の各点各点になる。波動関数は「x という空間座標が成分を区別するラベルになっているベクトル」である。

この拡張により、x, y, z の各成分の足し算は、空間の各点各点の波動関数の和に変わる。

この二つの無限次元ベクトルの内積を取って、結果に空間の各点各点の間の距離 Δx を掛けてから $N \to \infty$ の極限を取れば、

$$\Psi^\dagger \Psi \Delta x = \sum_{n=1}^{N} \psi^*(x_n, t)\psi(x_n, t)\Delta x \to \int \psi^*(x, t)\psi(x, t) \mathrm{d}x \tag{7.4}$$

という形になる。いつも計算している $\int \psi^*(x, t)\psi(x, t)\mathrm{d}x$ は、ベクトルの内積と本質的には同じものである[†3]。

なお、なぜ複素共役を取るのか不思議な人もいるかもしれないが、$\psi = a + \mathrm{i}b$ の時、$\psi^* = a - \mathrm{i}b$ であり、$\psi^*\psi = a^2 + b^2$ となることを考えると、複素数 1 個 (ψ) を、実数 2 個のベクトル $\begin{pmatrix} a \\ b \end{pmatrix}$ と考えれば、「*を取る」操作をしたおかげで、$\psi^*\psi = \begin{pmatrix} a & b \end{pmatrix} \begin{pmatrix} a \\ b \end{pmatrix}$ になったのである。$\psi^*\psi$ だけで実数 2 成分ぶんの行列計算をしている。

7.2　ベクトルと行列 ↔ 波動関数と演算子

次に、ベクトルに掛け算される行列について勉強しよう。量子力学ではベクトルが波動関数に'出世'するので、行列が演算子へと出世する。ここではしばし、出世前の段階である「ベクトルと行列」を考える。

[†3] Δx を掛けておく必要があるのは、そうしないと「無限成分の和」が発散するから。Δx は $N \to \infty$ で 0 に向かうので、掛け算は収束し、それは積分と同じものになる。

線型代数を勉強した人は、「エルミート共役」とか「エルミート性」などの言葉が、行列に関する言葉として出てきたことを覚えていると思う。ここで行列の場合のエルミート性の定義と、それからどのような結果が得られるかをまとめておく（そんなにややこしい話ではないから、線型代数を勉強してない人も心配しなくてよい）。量子力学でも行列的考え方は役に立つからである。

行列におけるエルミート共役とは、行と列を入れ換えた後で各成分の複素共役を取ることを意味する。

―― 2×2 行列のエルミート共役 ――
$$\begin{pmatrix} a & b \\ c & d \end{pmatrix}^{\dagger} = \begin{pmatrix} a^* & c^* \\ b^* & d^* \end{pmatrix} \tag{7.5}$$

である。エルミート共役を取ると自分自身にもどる行列を「エルミート行列」と呼ぶ。具体的には、

$$\begin{pmatrix} a & b \\ b^* & c \end{pmatrix} \quad \text{ただし、} a, c \text{は実数である。} \tag{7.6}$$

という形をしている（対角成分は実数で、非対角成分は行と列を入れ替えると互いの複素共役になる）ものがエルミート行列である。

列ベクトルのエルミート共役は

$$\begin{pmatrix} x \\ y \end{pmatrix}^{\dagger} = (x^* \ y^*) \tag{7.7}$$

となって、行ベクトルとなる[†4]。二つの列ベクトル $X = \begin{pmatrix} x \\ y \end{pmatrix}$ と $U = \begin{pmatrix} u \\ v \end{pmatrix}$ の内積 (U, X) は

$$(U, X) = U^{\dagger} X = \begin{pmatrix} u \\ v \end{pmatrix}^{\dagger} \begin{pmatrix} x \\ y \end{pmatrix} = (u^* \ v^*) \begin{pmatrix} x \\ y \end{pmatrix} = u^* x + v^* y \tag{7.8}$$

のように、一方のエルミート共役を取ってから掛け算したものと定義されている[†5]。（もしベクトルの成分が実数ならば、これは普通の2次元ベクトルの

[†4] どちらが「行」ベクトルでどちらが「列」ベクトルかすぐ忘れてしまう人は、「行」と「列」という漢字の中に横2本線と縦2本線があるのを見て思い出そう。

[†5] $(U, X) = U^{\dagger} X$ のように、内積の記号の中に「U のエルミート共役を取る」という操作も含まれ

内積である）。演算子に固有値や固有関数があったように、行列にも固有値や固有ベクトルがある。

$$\begin{pmatrix} a & b \\ c & d \end{pmatrix} \begin{pmatrix} x \\ y \end{pmatrix} = \alpha \begin{pmatrix} x \\ y \end{pmatrix} \tag{7.9}$$

となるならば、α が固有値、$\begin{pmatrix} x \\ y \end{pmatrix}$ が固有ベクトルである。行列 $\begin{pmatrix} a & b \\ c & d \end{pmatrix}$ を A と書くと、

$$(AX)^\dagger = X^\dagger A^\dagger \quad \text{すなわち} \quad \left[\begin{pmatrix} a & b \\ c & d \end{pmatrix} \begin{pmatrix} x \\ y \end{pmatrix}\right]^\dagger = \begin{pmatrix} x^* & y^* \end{pmatrix} \begin{pmatrix} a^* & c^* \\ b^* & d^* \end{pmatrix} \tag{7.10}$$

となることに注意しよう。左辺はベクトル X に行列 A を掛ける計算が終了したのちに、結果のエルミート共役を取るという計算を意味している。具体的に計算してみる。

左辺は $\begin{pmatrix} ax+by \\ cx+dy \end{pmatrix}^\dagger$ となり、右辺は $\begin{pmatrix} a^*x^* + b^*y^* & c^*x^* + d^*y^* \end{pmatrix}$ となり、等式が成立することが確認できる。

行列がエルミート行列であれば、$(AU, X) = (U, AX)$、すなわち

$$\left[\begin{pmatrix} a & b \\ c & d \end{pmatrix} \begin{pmatrix} u \\ v \end{pmatrix}\right]^\dagger \begin{pmatrix} x \\ y \end{pmatrix} = \begin{pmatrix} u^* & v^* \end{pmatrix} \begin{pmatrix} a^* & c^* \\ b^* & d^* \end{pmatrix} \begin{pmatrix} x \\ y \end{pmatrix} = \left[\begin{pmatrix} u \\ v \end{pmatrix}\right]^\dagger \begin{pmatrix} a & b \\ c & d \end{pmatrix} \begin{pmatrix} x \\ y \end{pmatrix} \tag{7.11}$$

が成立する。演算子の場合のエルミート性

$$\int (A\psi)^* \psi \mathrm{d}x = \int \psi^* A\psi \mathrm{d}x \tag{7.12}$$

と、行列のエルミート性は同様の性質を持つ条件であることがわかる。

---------------------------- 練習問題 ----------------------------

【問い 7-1】このように定義されている時、これまで波動関数や演算子について成立していた性質が行列に対しても成り立っていることを確かめることができる。以下のことを証明してみよう。

(1) 列ベクトルの、自分自身との内積は常に 0 以上である。
(2) 任意のベクトル U, X に対して、$(U, X) = (X, U)^*$ である。
(3) エルミート行列の固有値は常に実数である。
(4) エルミート行列に対して固有値が異なる二つのベクトルが直交する。

ヒント → p339 へ　　解答 → p351 へ

ていることに注意。$(U^\dagger, X)$ と書くと別の意味になってしまう。

このように行列的に考えると、座標 x の演算子は

$$X = \begin{pmatrix} x_1 & 0 & 0 & \cdots & 0 & 0 \\ 0 & x_2 & 0 & \cdots & 0 & 0 \\ \vdots & \vdots & \vdots & \ddots & \vdots & \vdots \\ 0 & 0 & 0 & \cdots & x_{N-1} & 0 \\ 0 & 0 & 0 & \cdots & 0 & x_N \end{pmatrix} \tag{7.13}$$

という行列である。こうすれば、

$$X\Psi = \begin{pmatrix} x_1 & 0 & 0 & \cdots & 0 & 0 \\ 0 & x_2 & 0 & \cdots & 0 & 0 \\ \vdots & \vdots & \vdots & \ddots & \vdots & \vdots \\ 0 & 0 & 0 & \cdots & x_{N-1} & 0 \\ 0 & 0 & 0 & \cdots & 0 & x_N \end{pmatrix} \begin{pmatrix} \psi(x_1,t) \\ \psi(x_2,t) \\ \vdots \\ \psi(x_{N-1},t) \\ \psi(x_N,t) \end{pmatrix} = \begin{pmatrix} x_1\, \psi(x_1,t) \\ x_2\, \psi(x_2,t) \\ \vdots \\ x_{N-1}\, \psi(x_{N-1},t) \\ x_N\, \psi(x_N,t) \end{pmatrix} \tag{7.14}$$

となる。これまでの量子力学の表示において「ψ に x を掛けたら $x\psi$」のように計算していたのは、実はこのような行列計算を暗黙のうちに行っていたのであった。

行列表示では、p すなわち $-\mathrm{i}\hbar\dfrac{\partial}{\partial x}$ は

$$P = \lim_{\Delta x \to 0} \frac{-\mathrm{i}\hbar}{\Delta x} \begin{pmatrix} -1 & 1 & 0 & 0 & \cdots \\ 0 & -1 & 1 & 0 & \cdots \\ 0 & 0 & -1 & 1 & \cdots \\ 0 & 0 & 0 & -1 & \cdots \\ \vdots & \vdots & \vdots & \vdots & \ddots \end{pmatrix} \tag{7.15}$$

となる。ただし、$\Delta x(= x_2 - x_1 = x_3 - x_2 = \cdots = x_N - x_{N-1})$ は空間を N 等分した1個の長さである[†6]。

このような行列を(7.1)に掛けると、
→ p136

$$P\Psi = \lim_{\Delta x \to 0} \frac{-\mathrm{i}\hbar}{\Delta x} \begin{pmatrix} \psi(x_2) - \psi(x_1) \\ \psi(x_3) - \psi(x_2) \\ \psi(x_4) - \psi(x_3) \\ \vdots \end{pmatrix} \tag{7.16}$$

[†6] この行列 P はエルミートでない。連続極限 ($\Delta x \to 0$) を取った結果である $-\mathrm{i}\hbar\dfrac{\partial}{\partial x}$ ではエルミートになるのだが。このあたりは有限成分の「ベクトル」と無限成分の「波動関数」の違いが出てきてしまうところ。

となって、これは確かに $-\mathrm{i}\hbar\dfrac{\partial}{\partial x}$ である（$\Delta x \to 0$ の極限において）。この行列で表した x と p の間にも、交換関係 $[x,p] = \mathrm{i}\hbar$ が成立している（実際に計算すると少しだけ $\mathrm{i}\hbar \times$ 単位行列とはずれた形で出てくるが、その理由は本来連続的なものである微分を不連続に置き換えたせいである）。

---------------------------- 練習問題 ----------------------------

【問い 7-2】 行列 A,B の積 AB のエルミート共役 $(AB)^\dagger$ は $B^\dagger A^\dagger$ である（演算子 $\hat{A}, \hat{B}$ について同様の式が成り立つことは、(6.7) で示した）。このことを行列としての具体的計算で示せ。
→ p118
ヒント → p339 へ　　解答 → p352 へ

5.4節で、運動量の期待値の計算を行ったが、そこで行った手順の概略を、
→ p109
「固有状態に分解する」（ということはすなわちフーリエ変換する）という考え方を使って説明すると以下のようなものとなる。

運動量演算子の固有関数を求める。　運動量演算子は $p = -\mathrm{i}\hbar\dfrac{\partial}{\partial x}$ だから、固有関数は $\mathrm{e}^{\frac{\mathrm{i}}{\hbar}px}$ であった。

任意の波動関数を運動量の固有状態の和で書く。

$$\psi(x) = \frac{1}{\sqrt{L}}\left(F_1 \mathrm{e}^{\frac{\mathrm{i}}{\hbar}p_1 x} + F_2 \mathrm{e}^{\frac{\mathrm{i}}{\hbar}p_2 x} + F_3 \mathrm{e}^{\frac{\mathrm{i}}{\hbar}p_3 x} + \cdots\right) \tag{7.17}$$

と展開できる。

係数 F_n を求める。　こうやって分解された波動関数に前から $\mathrm{e}^{-\frac{\mathrm{i}}{\hbar}p_n x}$ を掛けて積分すれば係数 F_n を求めることができた。この積分によって運動量 p_n を持っている成分以外は消えてしまうからである（連続的な場合も同様である）。

運動量の期待値を計算する。　運動量の固有状態 $\mathrm{e}^{\frac{\mathrm{i}}{\hbar}px}$ の和で書き表された状態に運動量演算子を掛けると、

$$-\mathrm{i}\hbar\frac{\partial}{\partial x}\psi(x) = \frac{1}{\sqrt{L}}\left(p_1 F_1 \mathrm{e}^{\frac{\mathrm{i}}{\hbar}p_1 x} + p_2 F_2 \mathrm{e}^{\frac{\mathrm{i}}{\hbar}p_2 x} + p_3 F_3 \mathrm{e}^{\frac{\mathrm{i}}{\hbar}p_3 x} + \cdots\right) \tag{7.18}$$

のように、各固有状態の波動関数に対応する固有値を掛けたものになる。これにさらに前から ψ^* を掛けて積分すると、波動関数の直交性から、答えは

$$p_1 F_1^* F_1 + p_2 F_2^* F_2 + p_3 F_3^* F_3 + \cdots \tag{7.19}$$

に比例した形となる。$F_n^* F_n$ のように同じ成分どうしの積になっているところ以外は、最終的な答えの中に入ってこない。

このような計算は、行列で見るとどのような計算をしていることになるのかを見ておこう。

行列の固有ベクトルを求める。 エルミートな行列 $A = \begin{pmatrix} a & b \\ c & d \end{pmatrix}$ に対して

$$\begin{pmatrix} a & b \\ c & d \end{pmatrix}\begin{pmatrix} x_1 \\ y_1 \end{pmatrix} = \lambda_1 \begin{pmatrix} x_1 \\ y_1 \end{pmatrix}, \quad \begin{pmatrix} a & b \\ c & d \end{pmatrix}\begin{pmatrix} x_2 \\ y_2 \end{pmatrix} = \lambda_2 \begin{pmatrix} x_2 \\ y_2 \end{pmatrix} \quad (7.20)$$

のように、二つの固有ベクトルが見つかったとする[†7]。ここでは $\lambda_1 \neq \lambda_2$ としよう[†8]。さらにこの固有ベクトルはともに規格化済みとする。

任意のベクトルを固有ベクトルの和で書く。 任意のベクトルは

$$X = \begin{pmatrix} X \\ Y \end{pmatrix} = k_1 \begin{pmatrix} x_1 \\ y_1 \end{pmatrix} + k_2 \begin{pmatrix} x_2 \\ y_2 \end{pmatrix} \quad (7.21)$$

のように固有ベクトルに適当な複素数の係数 k_1, k_2 を掛けて足し算することで作ることができる[†9]。

係数 k_1 を求める。 ベクトルの分解の係数 k_1 は、$\begin{pmatrix} X \\ Y \end{pmatrix}$ の前から $(x_1^* \quad y_1^*)$ を掛けることで求めることができる。この行ベクトルは異なる固有値を持つ $\begin{pmatrix} x_2 \\ y_2 \end{pmatrix}$ と直交し、$\begin{pmatrix} x_1 \\ y_1 \end{pmatrix}$ との内積が 1 だからである。

行列を対角化する。 この二つのベクトルを並べて作った行列 $U = \begin{pmatrix} x_1 & x_2 \\ y_1 & y_2 \end{pmatrix}$ を作る。

U のエルミート共役 $U^\dagger$ は $\begin{pmatrix} x_1^* & y_1^* \\ x_2^* & y_2^* \end{pmatrix}$ であるが、$U^\dagger U = I$（単位行列）となることは二つのベクトルの直交性と規格化から明らかである。

[†7] 2 × 2 行列ならば、固有ベクトルは二つしかない。
[†8] $\lambda_1 = \lambda_2$ の時も、この二つのベクトルが直交するようにできることが知られている。
[†9] もともと X は 2 次元の量だから、線型独立なベクトルを二つ見つけたので、これらの線型結合で全てのベクトルを表現できることが大事。

7.2 ベクトルと行列 ↔ 波動関数と演算子

$$\begin{pmatrix} x_1^* & y_1^* \\ x_2^* & y_2^* \end{pmatrix} \begin{pmatrix} x_1 & x_2 \\ y_1 & y_2 \end{pmatrix} \quad \begin{pmatrix} 1 & 0 \\ 0 & 1 \end{pmatrix}$$

（この二つの積は 1、この二つの積は 0）

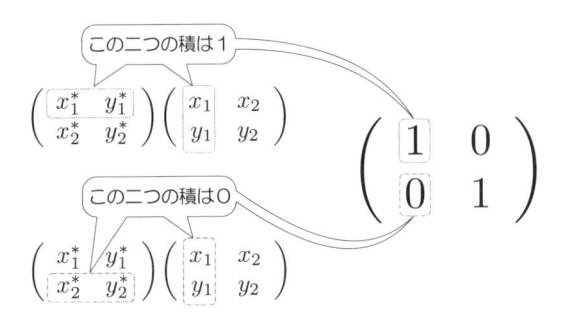

一般に $U^\dagger U = I$（単位行列）となる行列を**ユニタリ行列**と呼ぶ。ユニタリ行列 U を使って、A から $U^\dagger A U$ という新しい行列を作る変換を**ユニタリ変換**と呼ぶ。今の場合、

$$U^\dagger A U = \begin{pmatrix} x_1^* & y_1^* \\ x_2^* & y_2^* \end{pmatrix} \begin{pmatrix} a & b \\ c & d \end{pmatrix} \begin{pmatrix} x_1 & x_2 \\ y_1 & y_2 \end{pmatrix} = \begin{pmatrix} \lambda_1 & 0 \\ 0 & \lambda_2 \end{pmatrix} \quad (7.22)$$

となって、この行列は対角行列（対角要素以外は 0 になっている行列）になる。こうなる理由は、U を $\left(\begin{pmatrix} x_1 \\ y_1 \end{pmatrix} \begin{pmatrix} x_2 \\ y_2 \end{pmatrix} \right)$ のように考えると、行列 A を掛けると、$\left(\lambda_1 \begin{pmatrix} x_1 \\ y_1 \end{pmatrix} \lambda_2 \begin{pmatrix} x_2 \\ y_2 \end{pmatrix} \right)$ となることから納得できる。ここでも、$-i\hbar \dfrac{\partial}{\partial x} \left(F_1 e^{\frac{i}{\hbar} p_1 x} + F_2 e^{\frac{i}{\hbar} p_2 x} + F_3 e^{\frac{i}{\hbar} p_3 x} + \cdots \right)$ が $p_1 F_1 e^{\frac{i}{\hbar} p_1 x} + p_2 F_2 e^{\frac{i}{\hbar} p_2 x} + p_3 F_3 e^{\frac{i}{\hbar} p_3 x} + \cdots$ のようになることと同様の計算を行列でやっていることになる。エルミートな行列は、常にユニタリ変換で対角化できることが知られている[†10]。

結局、フーリエ変換（あるいは x-表示から p-表示への変換）は「**無限行無限列行列を使ったユニタリ変換**」ととらえることができる。

ここではフーリエ変換の場合で話をしたが、量子力学では「何かの演算子（ハミルトニアンでもいいし角運動量でもいい）の固有関数」の形で任意の関数を分解して計算するという方法をよく使う。このような計算方法を「**演算子を対角化する**」という言いかたをする。演算子を行列と考えた時、$\begin{pmatrix} \lambda_1 & 0 \\ 0 & \lambda_2 \end{pmatrix}$

[†10] と書くと「対角化できない行列ってどんなの？」という疑問が湧くかもしれないので一例を書いておくと、$\begin{pmatrix} 1 & 1 \\ 0 & 1 \end{pmatrix}$。もちろんこれはエルミート行列ではない。

のような形に行列をユニタリ変換していることに対応しているからである。

　ベクトルに対して使える公式などが適用できるためには、その量が足し算および定数倍ができること、内積が定義できることが重要である。このようなベクトル的な計算ができるのは、量子力学的な状態を表す波動関数が「重ね合わせ」という形で「足し算」ができるおかげである[†11]。

　このため、波動関数で表される一つの量子力学的な状態を「**状態ベクトル**」という言葉で呼ぶ。状態ベクトルは無限次元のベクトルで、その一つのベクトルが、一つの波動関数 $\psi(x)$ を表現する。波動関数の重ね合わせ $\psi_1(x)+\psi_2(x)$ は、状態ベクトルの和と考えられる[†12]。こうして「無限次元のヒルベルト空間の要素であるベクトルを使って量子力学的な一つの状態を表現できる」のは、量子力学の一つの原理である（第0章で、古典力学の状態と量子力学の状態は違うと述べたが、ここでその本質を述べることができた）。

7.3　直交関数系

　5.4節 で波動関数を運動量の固有値で分解した時、結果的にフーリエ級数のテクニックを使った。フーリエ級数は「直交関数系」の基本的な例である。直交関数系は今後も量子力学でよく使うので、その意味するところを説明しておく。

　フーリエ級数の各成分にあたる $\frac{1}{\sqrt{2\pi}}\mathrm{e}^{\mathrm{i}nx}$ は n が違うものどうしの内積をとる（具体的には、一方の複素共役を取ってから掛けて積分する）と0になる性質を持っていた。

$$\int_{-\pi}^{\pi}\left(\frac{1}{\sqrt{2\pi}}\mathrm{e}^{\mathrm{i}nx}\right)^{*}\frac{1}{\sqrt{2\pi}}\mathrm{e}^{\mathrm{i}n'x}\mathrm{d}x = 0 \quad (n \neq n'\text{の時}) \tag{7.23}$$

[†11] ただし、ここの説明では例として2成分のベクトルしか考えなかった。有限成分ならば同様のことが言えるのだが、無限成分になるといろいろ状況が変わる場合もある。特に（量子力学を使うとなると出てくる）連続的な変数で「成分」がラベルされているベクトル（つまりは関数 $\psi(x)$ のこと）は行列のアナロジーが効かなくなることが時々あるので注意が必要。

[†12] なお、この空間のことを「**無限次元のヒルベルト空間**」と呼ぶ。ヒルベルト空間の数学的に厳密な定義はここでは述べないが、「安心して足したり引いたり定数倍したり、内積を取ったり極限を計算したりできるように定義されたベクトルの集合」と思っておけばよい。どういう性質を持つ空間ならそういうことができるかが数学者によって研究されていたということである（数学的内容が気になる人は数学の本をあたってほしい）。

7.3 直交関数系

こういう状況を「$\frac{1}{\sqrt{2\pi}}e^{inx}$ と $\frac{1}{\sqrt{2\pi}}e^{in'x}$ は直交する」と表現する（一方の*を取って掛けて積分する、というのがここで考えている内積の定義なので、(7.23) の $\frac{1}{\sqrt{2\pi}}e^{inx}$ にも*がついていることに注意）。

これは、直交座標系の基底ベクトル $\vec{e}_x, \vec{e}_y, \vec{e}_z$ が[13]自分自身以外との内積が0であること

$$\vec{e}_x \cdot \vec{e}_y = \vec{e}_y \cdot \vec{e}_z = \vec{e}_z \cdot \vec{e}_x = 0 \tag{7.24}$$

に似ている。そういう意味で、このような関数列を「**直交関数系**」と呼ぶ。$\vec{e}_x$ は単位ベクトルであり、$\vec{e}_x \cdot \vec{e}_x = 1$ であった。直交関数系でも同様に考えて、「自分自身との内積が1である」という条件も満たしている直交関数系を作る。これを「**規格直交関数系**」と呼ぶ[14]。

ベクトルの場合、規格直交系を使って、任意のベクトル $\vec{a}$ を

$$\vec{a} = a_x \vec{e}_x + a_y \vec{e}_y + a_z \vec{e}_z \tag{7.25}$$

のように基底ベクトルの線型結合で書くことができる。いま考えている

$$\cdots, \frac{1}{\sqrt{2\pi}}e^{-2ix}, \frac{1}{\sqrt{2\pi}}e^{-ix}, \frac{1}{\sqrt{2\pi}}, \frac{1}{\sqrt{2\pi}}e^{ix}, \frac{1}{\sqrt{2\pi}}e^{2ix}, \frac{1}{\sqrt{2\pi}}e^{3ix}, \cdots \tag{7.26}$$

は規格化もされていて、規格直交関数系になっている。つまり関数の「基底ベクトル」にあたるものになっているので、線型結合

$$f(x) = \frac{1}{\sqrt{2\pi}} \sum_{n=-\infty}^{\infty} a_n e^{inx} \tag{7.27}$$

を作り、係数 a_n を適切に決定することで任意[15]の関数 $f(x)$ が表現できる[16]ことがわかっている。このようなとき、「(7.26) は**完全系**をなしている」と言う。

完全系の一般的定義は以下のようなものである。

---

[13] 本書では基底を太文字の e で表すので、基底ベクトルは $\vec{e}_x$ のように太文字で矢印つきで書く。
[14] 「正規直交関数系」とも呼ぶ。
[15] 実は、少し条件がある。その条件は付録Bに記した。物理で出てくる関数についてはこの条件は常に満たされていると考えてよい。
[16] 実はこの「表現できる」とはどういうことか、については数学的にいろいろ細かい話があるのだが、物理ではそういう細かいことは気にしないのが普通である。

第7章 「状態ベクトル」としての波動関数

― 関数列の完全性 ―

ある関数の列 $\phi_1(x), \phi_2(x), \phi_3(x), \cdots$ があって、任意の関数 $\psi(x)$ が適切な係数を選ぶことで

$$\psi(x) = \sum_{n=1}^{\infty} C_n \phi_n(x) \tag{7.28}$$

と表現できる時、「この関数列は完全である」あるいは、「この関数列は完全系をなしている」と言う。

【補足】✚✚✚✚✚✚✚✚✚✚✚✚✚✚✚✚✚✚✚✚✚✚✚✚✚✚✚✚✚✚✚✚✚✚

関数の場合は無限個の成分のあるベクトルであるので、関数列が完全系をなすかどうかは単純に判断することは難しい[†17]。

よく使われる規格直交関数系の作り方は、エルミート演算子の固有関数を持ってくることである。6.1.4節で考えたように、エルミートな演算子の固有関数は固有値が違えば直交するから、後は規格化を行えば規格直交関数系になる。こうして作った関数系が完全系をなすかどうかの判定方法についてはこの本では述べないが、物理で出てくるケースでは、エルミートな演算子の固有関数であらゆる固有値を持つものをもれなく集めてきた関数列が完全系になると思っておいてよい。

この節で例としてあげた(7.26)は、エルミート演算子である $p = -i\hbar\dfrac{\partial}{\partial x}$ の固有関数を並べて作った完全系である。

✚✚✚✚✚✚✚✚✚✚✚✚✚✚✚✚✚✚✚✚✚✚✚✚✚✚✚✚✚✚【補足終わり】

さて、具体例である (7.26) の場合で、「適切な係数」をどのように決めるかを説明しておこう。3次元の問題で、ベクトル $\vec{A} = A_x \vec{e}_x + A_y \vec{e}_y + A_z \vec{e}_z$ があった時、A_x は

$$\vec{e}_x \cdot \vec{A} = \vec{e}_x \cdot (A_x \vec{e}_x + A_y \vec{e}_y + A_z \vec{e}_z) = A_x \tag{7.29}$$

のように $\vec{e}_x$ を掛けることで求めることができる。(7.29) が成り立つのは $\vec{e}_x$ を掛けると $\vec{e}_y, \vec{e}_z$ の部分(y成分とz成分)が消えてしまうおかげ(直交性のおかげ)だが、直交性は関数列 (7.26) も持っている。そこで、a_n を求めるには、これと同様に、

[†17] 表現される関数にある程度条件をつけないと「全て表現できる」とは言えない(フーリエ変換の場合は、付録Bを参照)のだが、物理的状況においてはその条件は満たされるのであまり気にせず「完全」とする。

7.3 直交関数系

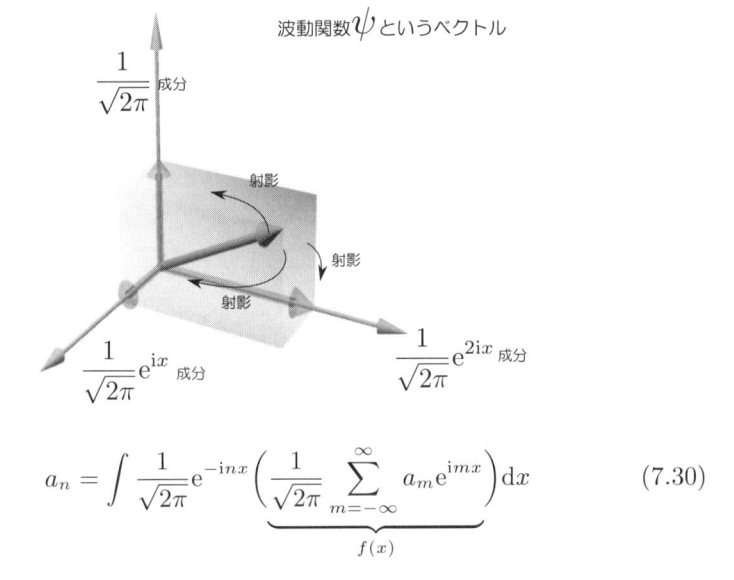

波動関数 ψ というベクトル

$\dfrac{1}{\sqrt{2\pi}}$ 成分

射影

$\dfrac{1}{\sqrt{2\pi}}\mathrm{e}^{\mathrm{i}x}$ 成分

$\dfrac{1}{\sqrt{2\pi}}\mathrm{e}^{2\mathrm{i}x}$ 成分

$$a_n = \int \frac{1}{\sqrt{2\pi}} \mathrm{e}^{-\mathrm{i}nx} \underbrace{\left(\frac{1}{\sqrt{2\pi}} \sum_{m=-\infty}^{\infty} a_m \mathrm{e}^{\mathrm{i}mx}\right)}_{f(x)} \mathrm{d}x \qquad (7.30)$$

のように内積を取る計算をする。$f(x)$ の中の a_n の項だけが積分の後も生き残る。

x が連続的に変化する量だとするとベクトルと対応をつけにくいので、δ という刻み幅を持って不連続に変化する量だとしよう。すると、関数 $A(x)$ というのは、全部で $\dfrac{2\pi}{\delta}+1$ 個ある x の1個1個に対して対応する $A(x)$ の値を与えるもの、ということになる。これを数式で表現すれば、

$$(A(-\pi), A(-\pi+\delta), \cdots, A(-\delta), A(0), A(\delta), \cdots, A(\pi-\delta), A(\pi)) \qquad (7.31)$$

のような数列である。後で $\delta \to 0$ とするから、「全部で $\dfrac{2\pi}{\delta}+1$ 個」は事実上無限個だと考えられる。この1個1個の $A(x)$ をベクトルの x 成分、y 成分 $\cdots$ のように考えれば、「関数 $A(x)$ は無限個の成分を持つベクトルである」とみなしていい。つまり、「$A(-\pi)$ はベクトル A の $-\pi$ 成分（第1成分）」、「$A(-\pi+\delta)$ はベクトル A の $-\pi+\delta$ 成分（第2成分）」のように考えるのである。

二つの関数を掛けて積分する、ということは無限成分ベクトルの内積を取っていることに相当する。実際、関数 $A(x)$ と関数 $B(x)$ を上と同様にベクトルで表現して内積を取ってみると、$\vec{A}\cdot\vec{B} = A_x B_x + A_y B_y + A_z B_z$ となる

のと同様に、

$$\underbrace{A^*(-\pi)B(-\pi)}_{\text{第1成分}} + \underbrace{A^*(-\pi+\delta)B(-\pi+\delta)}_{\text{第2成分}} + \cdots + \underbrace{A^*(\pi)B(\pi)}_{\text{第}\left(\frac{2\pi}{\delta}+1\right)\text{成分}} \quad (7.32)$$

となる（複素ベクトルなので A の方は*が必要）が、これに δ を掛けてから $\delta \to 0$ という極限を取れば、

$$\lim_{\delta \to 0} \delta \left(A^*(-\pi)B(-\pi) + A^*(-\pi+\delta)B(-\pi+\delta) + \cdots + A^*(\pi)B(\pi) \right)$$
$$= \int_{-\pi}^{\pi} \mathrm{d}x A^*(x) B(x) \quad (7.33)$$

となってこれは積分の定義そのものである。「二つの関数を掛けて積分すると0」ということは、関数＝無限成分ベクトルと見る立場では「二つの無限成分ベクトルの内積が0になる。すなわち、直交する」と見ることができる。

ここでは周期関数の列を「基底ベクトル」として用いたが、問題によっては他の関数列を使った方が計算が簡単になる場合もある。量子力学ではこのように関数を直交関数系を使って分解する、ということをよく行うが、フーリエ級数はその基本的な例である。

7.4　ブラ・ケットによる記法

量子力学的状態の表現であるところの波動関数は、無限次元の複素成分を持ったベクトルであると考えられるわけだが、それをブラとケットと呼ばれる便利な記号を使って表現することもできる。

無限次元ベクトルを $|\psi\rangle$（縦の列ベクトル）と $\langle\psi|$（横の行ベクトル）のように象徴的に表すことにする。$\langle\psi|$ は $|\psi\rangle$ のエルミート共役にあたるベクトルである。この二つはそれぞれ、「ケット・ベクトル」と「ブラ・ベクトル」と呼ばれる。この二つの内積を

$$\underbrace{(\psi_1^* \ \psi_2^* \ \psi_3^* \cdots)}_{\langle\psi|} \underbrace{\begin{pmatrix} \phi_1 \\ \phi_2 \\ \phi_3 \\ \vdots \end{pmatrix}}_{|\phi\rangle} = \langle\psi|\phi\rangle \quad (7.34)$$

のように書き、これで「ブラケット」が完成している、ということになる[†18]。

ケットの記号 $|\psi\rangle$ に対し、そのエルミート共役であるブラの記号は $\langle\psi|$ であり、∗も†もつけないが、計算の上ではエルミート共役を取っていることに注意しよう（ブラの記号の意味の中にエルミート共役が含まれている）。そのため、$\langle\psi|\phi\rangle = (\langle\phi|\psi\rangle)^*$ が成立する。

自分自身との内積 $\langle\psi|\psi\rangle$ は $|\psi\rangle$ のノルムの自乗となり、特に $\langle\psi|\psi\rangle = \||\psi\rangle\|^2$ と書くこともある。

ここまででは単に表記を変えたにすぎないが、実は抽象的に $|\psi\rangle$ と書いた場合、波動関数を $\psi(x)$ と書くのに比べ、その表現するものがより一般的になっている。ケットは量子力学的な状態を表すが、その状態をどのように表示するかを規定していない。

3次元空間のベクトル $\vec{A}$ の場合を思い出そう。$\vec{A}$ を直交座標で表したり ($\vec{A} = (A_x, A_y, A_z)$)、極座標で表したり ($\vec{A} = (A_r, A_\theta, A_\phi)$)、その時その時便利な表現で表すことができる（なんなら、図で描いたっていい）。同様に、量子力学的状態もいろんな基底ベクトルを用いて表すことができる。3次元のベクトルの場合でも、特別な座標を選んで書くより、抽象的に $\vec{A}$ などと書いておいた方が便利なことが多い。ブラやケットはそのような抽象的書き方に対応する。

それに対し、座標を決めた表示が便利な場合もある。一般の3次元のベクトル $\vec{A}$ は、$\vec{A} = A_x\vec{e}_x + A_y\vec{e}_y + A_z\vec{e}_z$ のように分解して、(A_x, A_y, A_z) のように三つの数で表すことができる。これは基底ベクトルを $\vec{e}_x, \vec{e}_y, \vec{e}_z$ と選んだということである。この基底は $(\vec{e}_i \cdot \vec{e}_j) = \delta_{ij}$ $(i, j = x, y, z)$（この記号の意味は p63 の[†15]を見よ）となって好都合である。このような基底を規格直交基底と呼ぶ。「直交」とはその名の通り、i, j が違うものどうしが直交する（内積が0になる）ことを表す。「正規」とは、同じものどうしの内積（長さの自乗）が1になることを表す。規格直交基底としては、ほかにも極座標の基底 $(\vec{e}_r, \vec{e}_\theta, \vec{e}_\phi)$ などがある（極座標の基底も直交する。ただ、場所によって同じ方向を向いていないことが大きな違いである）。

あるベクトル $\vec{A}$ は、$A_x\vec{e}_x + A_y\vec{e}_y + A_z\vec{e}_z$ のようにも、$A_r\vec{e}_r + A_\theta\vec{e}_\theta + A_\phi\vec{e}_\phi$ のようにも表すことができる。この A_x を求めたいと思ったならば、$\vec{A}$ と $\vec{e}_x$

[†18]「ダジャレを言うな」と怒られそうだが、本当にこれが名前の由来なのだから仕方がない。

の内積を取ればよい $(A_x = \vec{e}_x \cdot \vec{A})$。つまり、

$$\vec{A} = \vec{e}_x(\vec{e}_x \cdot \vec{A}) + \vec{e}_y(\vec{e}_y \cdot \vec{A}) + \vec{e}_z(\vec{e}_z \cdot \vec{A}) \tag{7.35}$$

である。$\vec{A}$ の表し方が二つあったことを考えると、

$$A_x = A_r(\vec{e}_x \cdot \vec{e}_r) + A_\theta(\vec{e}_x \cdot \vec{e}_\theta) + A_\phi(\vec{e}_x \cdot \vec{e}_\phi) \tag{7.36}$$

のような、二つの表示の間の関係式を作ることができる。

　以上のような3次元ベクトルにおける計算を、ブラとケットを使った計算で書いておくと、この表記の便利さがわかるであろう。いま考えたベクトルと基底ベクトルを、$|A\rangle, |\mathbf{e}_x\rangle, |\mathbf{e}_y\rangle, |\mathbf{e}_z\rangle, |\mathbf{e}_r\rangle, |\mathbf{e}_\theta\rangle, |\mathbf{e}_\phi\rangle$ と書いたとする。$A_x = \vec{e}_x \cdot \vec{A}$ は、$\langle \mathbf{e}_x|A\rangle$ と書くことができる。この表記を使うならば、(7.35)は
$\to$ p150

$$|A\rangle = |\mathbf{e}_x\rangle\langle \mathbf{e}_x|A\rangle + |\mathbf{e}_y\rangle\langle \mathbf{e}_y|A\rangle + |\mathbf{e}_z\rangle\langle \mathbf{e}_z|A\rangle \tag{7.37}$$

と書ける。これを見ると、

$$|\mathbf{e}_x\rangle\langle \mathbf{e}_x| + |\mathbf{e}_y\rangle\langle \mathbf{e}_y| + |\mathbf{e}_z\rangle\langle \mathbf{e}_z| = 1 \tag{7.38}$$

$$|\mathbf{e}_r\rangle\langle \mathbf{e}_r| + |\mathbf{e}_\theta\rangle\langle \mathbf{e}_\theta| + |\mathbf{e}_\phi\rangle\langle \mathbf{e}_\phi| = 1 \tag{7.39}$$

と考えればよいことがわかる[19]。このように書けるのは、「任意のベクトルがかならずこの三つの基底ベクトルの和で書ける」からである。このような性質を基底ベクトルの「**完全性**」と呼ぶので、上の式は「完全性の式」と言われる。ブラとケットを使った表記だと、このように基底ベクトルの変換がわかりやすくなる。また(7.36)は
$\to$ p150

$$\begin{aligned}\langle \mathbf{e}_x|A\rangle &= \langle \mathbf{e}_x|\underbrace{\left(|\mathbf{e}_r\rangle\langle \mathbf{e}_r| + |\mathbf{e}_\theta\rangle\langle \mathbf{e}_\theta| + |\mathbf{e}_\phi\rangle\langle \mathbf{e}_\phi|\right)}_{=1}|A\rangle \\ &= \langle \mathbf{e}_x|\mathbf{e}_r\rangle\langle \mathbf{e}_r|A\rangle + \langle \mathbf{e}_x|\mathbf{e}_\theta\rangle\langle \mathbf{e}_\theta|A\rangle + \langle \mathbf{e}_x|\mathbf{e}_\phi\rangle\langle \mathbf{e}_\phi|A\rangle\end{aligned} \tag{7.40}$$

のように「恒等演算子（1）を挿入する」という計算として書ける[20]。

　量子力学的状態を表す基底も3次元のベクトルと同様に規格直交的に選ぶことが多い。

---

[19] 慣例に従い、単に「1」と書くが、これは「恒等演算子」を意味している。

[20] $\sum |a\rangle\langle b|$ という形式がすでに登場しているが、これは演算子の表現になっている。この式を掛けることで、$|c\rangle \to |a\rangle\langle b|c\rangle$ と、ケット・ベクトルが別のケット・ベクトルへと変化するわけである。

7.4 ブラ・ケットによる記法

そこで、このような（実際には無限個の成分を持つ）ベクトルの'基底'となるようなベクトルを考える。すなわち、

$$\langle \phi_m | \phi_n \rangle = \delta_{mn} \tag{7.41}$$

を満たすようなベクトルの集合 $\{|\phi_1\rangle, |\phi_2\rangle, \cdots, |\phi_N\rangle\}$ を持ってくる。

3次元の基底ベクトルにいろいろな取り方があるように、波動関数の基底ベクトルにもいろいろな取り方がある。その一つは以下のようなものである。

$$|x_1\rangle \propto \begin{pmatrix} 1 \\ 0 \\ \vdots \\ 0 \\ 0 \\ 0 \\ \vdots \\ 0 \end{pmatrix}, |x_2\rangle \propto \begin{pmatrix} 0 \\ 1 \\ \vdots \\ 0 \\ 0 \\ 0 \\ \vdots \\ 0 \end{pmatrix}, \cdots, |x_i\rangle \propto \begin{pmatrix} 0 \\ 0 \\ \vdots \\ 0 \\ 1 \\ 0 \\ \vdots \\ 0 \end{pmatrix}, \cdots, |x_N\rangle \propto \begin{pmatrix} 0 \\ 0 \\ \vdots \\ 0 \\ 0 \\ 0 \\ \vdots \\ 1 \end{pmatrix}$$

この基底ベクトルはある場所 x での波動関数の値だけが0でないようなベクトルと言える。これは量子力学的には粒子が点 x に局在している状況を示す。この基底に対して $\hat{x}$（座標演算子[21]）を掛けてやると、波動関数が0でない場所の座標の値が

$$\hat{x}|x\rangle = x|x\rangle \tag{7.42}$$

のように固有値として出るであろう（粒子がそこにしかいないのだから）。つまりこの基底は $\hat{x}$ を対角化する表示になっていて、x-表示の基底、または座標表示の基底と呼ばれる[22]。

【FAQ】$p = -i\hbar \dfrac{\partial}{\partial x}$ や $E = i\hbar \dfrac{\partial}{\partial t}$ を演算子扱いするのはわかるが、x は単に数だとして扱ってもいいのではないのか。なぜ演算子だと思わなくてはいけないのか？

••••••••••••••••••••••••••••••

こう思うのは我々が波動関数を $\psi(x, t)$ のように x の関数として表しているため、x に関しては順序をどう入れ換えても問題ないからである。しかし、た

---

[21] このあたりでは、演算子と固有値を区別つけるために ^ 記号を使用する。
[22] もちろん「対角化」する座標は x だけには限らない。y, z はもちろんだし、極座標や円筒座標の θ, ϕ を対角化する表示も有用である。

とえば、ψ をフーリエ変換

$$\psi(x,t) = \frac{1}{\sqrt{2\pi\hbar}} \int \psi(p,t) e^{\frac{i}{\hbar}px} dp \tag{7.43}$$

して、p の関数 $\psi(p,t)$ を「波動関数」と考える立場もとれる（ここで前についている係数に $\hbar$ がついているのは、$e^{\frac{i}{\hbar}px}$ の方にも $\hbar$ がついているため）。

$\psi(x,t)$ が決まれば $\psi(p,t)$ は決まるし、この逆も真だから、この二つは同等である。

このような書き直しをすると、たとえばある演算子 $A(x)$ の期待値 $\langle A \rangle$ は

$$\begin{aligned}\langle A(x) \rangle &= \int \psi^*(x,t) A(x) \psi(x,t) dx \\ &= \frac{1}{2\pi\hbar} \int \left(\int \psi^*(p',t) e^{-\frac{i}{\hbar}p'x} dp' \right) A(x) \left(\int \psi(p,t) e^{\frac{i}{\hbar}px} dp \right) dx\end{aligned} \tag{7.44}$$

のようにして $\psi(p,t)$ を使った式に書き換えていくことができる。さらに後ろに $e^{\frac{i}{\hbar}px}$ がある時には

$$-i\hbar \frac{\partial}{\partial p} e^{\frac{i}{\hbar}px} = x e^{\frac{i}{\hbar}px} \tag{7.45}$$

となることを使って、$A(x) \to A\left(-i\hbar \frac{\partial}{\partial p}\right)$ と置き換える。ただし、ここの微分は $e^{\frac{i}{\hbar}px}$ に掛かっている。つまり、

$$\int \psi(p,t) \left[A\left(-i\hbar \frac{\partial}{\partial p}\right) e^{\frac{i}{\hbar}px} \right] dp \tag{7.46}$$

という形になっている。ここで部分積分をして、微分が $\psi(p,t)$ の方に掛かるようにする。こうすると部分積分のおかげでマイナス符号が 1 個出て、さらに $-i\hbar \frac{\partial}{\partial p} \to i\hbar \frac{\partial}{\partial p}$ と置き換わる。これで $e^{\frac{i}{\hbar}px}$ には微分がかからなくなったから前にもっていくことができて、以下のように x 積分を実行して、p を変数とする表示に書き直すことができる。

$$\begin{aligned}\langle A(x) \rangle &= \frac{1}{2\pi\hbar} \int \left(\int \psi^*(p',t) e^{-\frac{i}{\hbar}p'x} dp' \right) \left(\int \left[A\left(i\hbar \frac{\partial}{\partial p}\right) \psi(p,t) \right] e^{\frac{i}{\hbar}px} dp \right) dx \\ &= \frac{1}{2\pi\hbar} \iint \underbrace{\left(\int e^{\frac{i}{\hbar}(p-p')x} dx \right)}_{=2\pi\hbar\delta(p-p')} \psi^*(p',t) A\left(i\hbar \frac{\partial}{\partial p}\right) \psi(p,t) dp dp' \\ &= \int \psi^*(p,t) A\left(i\hbar \frac{\partial}{\partial p}\right) \psi(p,t) dp\end{aligned} \tag{7.47}$$

こうなってしまうと今度は x の方が p を微分する演算子となり、むしろ p の方が「数」に見えてくる。$\psi(x,t)$ を使うのは x-表示、$\psi(p,t)$ を使うのは p-表示などと言うが、これ以外にも他の表示もあり、その時その時で便利な表現を使って問題を解くのがよい。一般的には（x-表示以外では）x も立派な演算子なのである。p-表示については、7.6節 で話す。
→ p158

$|x\rangle$ は、$\hat{x}$ が固有値 x を持つ状態であるが、$\hat{x}$ の異なる固有値を持つ状態は常に直交するので、$\langle x|x'\rangle$ は $x = x'$ でない限り 0 となる（これは上の行列表示からも明らかだ）。適当に規格化して
→ p122

$$\langle x|x'\rangle = \delta(x - x') \tag{7.48}$$

と選ぶ。

【FAQ】右辺を 1 にしてはいけないのか？
・・・・・・・・・・・・・・・・・・・・・・・・・・・・・・

(7.48) は、$\langle x|x'\rangle = \begin{cases} 1 & (x = x') \\ 0 & \text{それ以外} \end{cases}$ とした方が自然なのでは？—と考えるかもしれないが、この定義は実はむしろ使いにくくなる。すぐにわかることは、この定義では「すべての x に関して足し上げる」計算をすると、

$$\int dx \langle x|x'\rangle = 0 \tag{7.49}$$

となってしまうことである（この定義では、関数 $\langle x|x'\rangle$ がある一点 (x') のみ（有限量の）nonzero で、ほとんどいたるところで 0 だから）。後で完全性の式を作るが、むしろ $\int dx \langle x|x'\rangle = 1$ になって欲しい。
→ p154

なお、物理的な対象として、$|x_1\rangle$ などという状態は有り得ないことにも注意しておこう。一点に粒子が集中するということは不確定性関係からして $\Delta p = \infty$ であり、∞ のエネルギーを投入しなければ実現できない。実際に用意できる状態としては、せいぜい「粒子が $x = x_1$ の'付近' にいる状態（Δx が有限である状態）」で

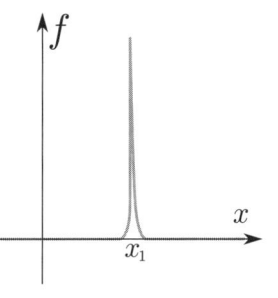

ある。しかし「より現実的な」こういう状態は、計算には不便であり、「実現できない理想的状態」である $|x\rangle$ の方が計算には便利である[†23]。

3次元のベクトルが基底ベクトル $\vec{e}_x, \vec{e}_y, \vec{e}_z$ を使って

$$\vec{A} = A_x \vec{e}_x + A_y \vec{e}_y + A_z \vec{e}_z \tag{7.50}$$

と分解できるように、一般のケット・ベクトル $|\psi\rangle$ は、基底ベクトル $|x\rangle$ を使って

$$|\psi\rangle = \int |x\rangle \psi(x) \mathrm{d}x \tag{7.51}$$

のように分解できるとしよう。x を x' に置き換えて[†24]

$$|\psi\rangle = \int |x'\rangle \psi(x') \mathrm{d}x' \tag{7.52}$$

という式を作ってから、この式の両辺に $\langle x|$ を掛けることにより、

$$\langle x|\psi\rangle = \int \langle x|x'\rangle \psi(x') \mathrm{d}x' = \int \delta(x - x') \psi(x') \mathrm{d}x' = \psi(x) \tag{7.53}$$

を得る[†25]。これらの式から

$$|\psi\rangle = \int |x\rangle \langle x|\psi\rangle \mathrm{d}x \tag{7.54}$$

ということが言える。上で仮定した「一般のケット・ベクトルは $|x\rangle$ で分解できる」ということが正しいならば、

$$\int \mathrm{d}x |x\rangle\langle x| = 1 \tag{7.55}$$

となる。これが $|x\rangle$ の完全性の式である[†26]。これが成立する時、「$|x\rangle$ は完全系を張っている」と言う（「完全系」という言葉の使い方は、関数系の場合と同じなのはもちろんのことである）。

→ p145

[†23] 電磁気学で「半径0の点電荷」やら「太さ0の電流」やらを導入するとエネルギーが無限大になってしまった（けどそこに目をつぶれば計算は楽になった）のと状況は同じである。連続的な変数である x の各点各点ごとに1個ずつベクトルを用意するのは非加算無限個のベクトルが必要になって具合が悪いという問題もある。数学的には、可算無限に比べて非可算無限は扱いにくい。

[†24] (7.51) における x は積分変数であり、考えている領域における座標の値が次々と代入されていく（積分というのはそういう足し算である）。だから、その変数を x と書こうが x' と書こうが、内容は変わらない。

[†25] ここで (7.51) の x を x' に変えてから $\langle x|$ を掛けているのは、そうしないと x という一つの文字を二つの意味で使ってしまうことになるからである。

[†26] このあたりの計算は3次元ベクトルの例と全くパラレルである。
→ p150

つまり我々のなじみの波動関数 $\psi(x)$ は、もっと一般的な状態 $|\psi\rangle$ を座標表示という特殊な表示で表した場合の成分（$\langle x|\psi\rangle$）にあたるものである。3次元のベクトルを (A_x, A_y, A_z) と書くのは便利ではあるが本質的でない（むしろ極座標表示した方が便利なこともある）のと同様、量子力学的状態を波動関数 $\psi(x)$ で表すのも便利ではあるが本質的ではない。

最初の0.2.1節で「量子力学的状態は（位相空間における）単純な丸で表現できるものではない」と述べたが、実際のところは量子力学的状態は無限次元のベクトルで表現されると考えるべきである。その表現の一つが「波動関数 $\psi(\vec{x}, t)$」である。この無限次元のベクトルを $|x\rangle$ を基底として表現することも、$|p\rangle$ を基底として表現することもできる。しかし、x と p の両方を指定した基底 $|x, p\rangle$ を持ってきて、それを使って表現しようとしても、そんな状態は存在しないのだから、無駄である（$|x, p\rangle$ の存在は交換関係 $[x, p] = i\hbar$ と矛盾する）。

シュレーディンガー方程式は、この無限次元のベクトルがどのように時間発展していくかを記述したものであるから、以下のように書ける。

―― ケットで書いたシュレーディンガー方程式 ――

$$i\hbar \frac{\partial}{\partial t}|\psi(t)\rangle = H|\psi(t)\rangle \tag{7.56}$$

―― $|x\rangle$ の意味について、補足 ――

ここで（もうわかっている人には「くどい！」と思われるだろうが）、古典力学的な考えから抜け出してもらうために注意しておく。状態ベクトル $|x\rangle$ が「x が確定した状態」と解釈されることから、$|x\rangle$ が「古典力学的な、粒子が一つある状態にあたるもの」と判断して、「（粒子が広がった状態を表す）$|\psi\rangle$ はいろんな $|x\rangle$ の足し算でできるのだから、古典力学的状態を重ね合わせたもの」というイメージを持ってしまう人が時々いるが、これはまったくの間違いである。

$|x\rangle$ は一点に粒子がいるが、そのかわり運動量は無限の広がりを持ってしまっている状態である。その意味で、「古典力学的な状態にあたるもの」とは全く違うのである。古典力学的状態は、x も p も（そこそこに？）不確定な状態であり、ただその不確定さが（観測の精度の問題で）目に見えてない状態である（後で出てくるminimum packetが古典的状態に近い）。

量子力学的状態を表す一つの状態ベクトル $|\psi\rangle$ は（x や p の観測値は広がってしまうけども）それが一つの状態であって、たくさんの状態の集団というわけではない。この点、古典力学にとらわれてしまわないように気をつけよう。

7.5 ブラとケットで公式・定理を表現する

ここまでに出てきたいくつかの（波動関数に関する）公式や定理を、ブラとケットを使った表現で確認しておこう。

7.5.1 エルミート演算子の固有値は実数

「エルミートな演算子の固有値は実数である」を示すには、
→ p122

$$\langle\psi|\hat{A}|\psi\rangle = \underbrace{\langle\psi|\hat{A}}_{a^*\langle\psi|}|\psi\rangle = \langle\psi|\underbrace{\hat{A}|\psi\rangle}_{=a|\psi\rangle} \tag{7.57}$$

と考えれば、

$$a^*\langle\psi|\psi\rangle = a\langle\psi|\psi\rangle \tag{7.58}$$

となり、$a = a^*$ でなくてはならないことがわかる[†27]。

7.5.2 エルミート演算子の固有値と直交性

「エルミートな演算子に対して異なる固有値を持つ状態は直交する」を示す
→ p122
には、

$$\langle\psi'|\hat{A}|\psi\rangle = \underbrace{\langle\psi'|\hat{A}}_{a'\langle\psi'|}|\psi\rangle = \langle\psi'|\underbrace{\hat{A}|\psi\rangle}_{=a|\psi\rangle} \tag{7.59}$$

とすることで、

$$(a' - a)\langle\psi'|\psi\rangle = 0 \tag{7.60}$$

となるから、$a = a'$ でない限り、$\langle\psi'|\psi\rangle = 0$ である。

また、この直交条件は、単なる内積ではなく間に $\hat{A}$ と交換する演算子 $\hat{B}$ をはさんでいる場合でも成立する。

$$\langle\psi'|\hat{A}\hat{B}|\psi\rangle = \underbrace{\langle\psi'|\hat{A}}_{a'\langle\psi'|}\hat{B}|\psi\rangle = \langle\psi'|\hat{B}\underbrace{\hat{A}|\psi\rangle}_{=a|\psi\rangle} \tag{7.61}$$

とすることで（ここで $\hat{A}\hat{B} = \hat{B}\hat{A}$ を使ったことに注意）、

$$(a' - a)\langle\psi'|\hat{B}|\psi\rangle = 0 \tag{7.62}$$

[†27] ここで、$\langle\psi|\psi\rangle \neq 0$ を仮定してこの結論が出たことに注意。本書の範囲内では扱わないが、$|\psi\rangle \neq 0$ だが $\langle\psi|\psi\rangle = 0$ になるような状態ベクトルを導入する必要がある場合もある。

となるから、$a' = a$ でない限り、$\langle \psi'|\hat{B}|\psi\rangle = 0$ である。

7.5.3 Schmidtの直交化

直交しないが独立であるような N 個の状態ベクトル $|\psi_1\rangle, |\psi_2\rangle, \cdots, |\psi_N\rangle$ があったとする。これを組み直して、直交する状態ベクトルの組 $|\psi'_1\rangle, |\psi'_2\rangle, \cdots, |\psi'_N\rangle$ にする方法を考える[28]。

簡単のため二つの状態 $|a\rangle, |b\rangle$ がある場合から始めよう。$\langle a|b\rangle \neq 0$ だったとする。この時、

$$|b'\rangle = |b\rangle + \alpha|a\rangle \tag{7.63}$$

として $\langle a|b'\rangle = 0$ になるように α を決める。

$$0 = \langle a|b'\rangle = \langle a|b\rangle + \alpha\langle a|a\rangle \tag{7.64}$$

より、

$$\alpha = -\frac{\langle a|b\rangle}{\langle a|a\rangle} \tag{7.65}$$

である。

$$|b'\rangle = |b\rangle - |a\rangle\frac{\langle a|b\rangle}{\langle a|a\rangle} = \underbrace{\left(1 - \frac{1}{\langle a|a\rangle}|a\rangle\langle a|\right)}_{\text{直交化射影演算子}}|b\rangle \tag{7.66}$$

と書き換えることができる。$1 - \frac{1}{\langle a|a\rangle}|a\rangle\langle a|$ という演算子を掛けることで、そのベクトルを $|a\rangle$ と直交するようにできる。

三つのベクトル $|a\rangle, |b\rangle, |c\rangle$ があるのであれば、まず上と同じ手順で $|a\rangle$ と $|b'\rangle$ を直交するようにした後、

$$|c'\rangle = \left(1 - \frac{1}{\langle b'|b'\rangle}|b'\rangle\langle b'|\right)\left(1 - \frac{1}{\langle a|a\rangle}|a\rangle\langle a|\right)|c\rangle \tag{7.67}$$

とすることで、$|c'\rangle$ が $|a\rangle$ とも $|b'\rangle$ とも直交する。$\langle b'|a\rangle = 0$ にしているので、この式は

$$|c'\rangle = \left(1 - \frac{1}{\langle b'|b'\rangle}|b'\rangle\langle b'| - \frac{1}{\langle a|a\rangle}|a\rangle\langle a|\right)|c\rangle \tag{7.68}$$

と書いても同じである。以下、数が増えても同じことをやっていけばよい。

---

[28] このschumidtの直交化法はここで初めて出てきたが、ブラとケットを使わないと表現できないわけではない。しかし、ブラ・ケットを使って書くのが一番わかりやすいので、ここで登場させた。

7.6　ブラとケットによる x-表示と p-表示

$\hat{p}$ の固有ベクトル $|p\rangle$、すなわち

$$\hat{p}|p\rangle = p|p\rangle \tag{7.69}$$

を満たすベクトルを基底ベクトルに選ぶことができる。この場合、状態 $|p\rangle$ は、粒子が特定の運動量 p を持っている状態と考えられる。特定の運動量を持っているので、座標は完全に不確定となる。

$$[\hat{x}, \hat{p}] = i\hbar \tag{7.70}$$

であることを使って、$\langle x|\hat{p}|x'\rangle$ がどのようなものになるかを考えてみよう。

$$\begin{aligned}\langle x| \quad [\hat{x}, \hat{p}] \quad |x'\rangle &= i\hbar\langle x|x'\rangle \\ \langle x| \, (\underbrace{\hat{x}}_{\leftarrow x \text{に}} \hat{p} - \hat{p} \underbrace{\hat{x}}_{x'\text{に}\rightarrow}) \, |x'\rangle &= i\hbar\delta(x - x') \\ \langle x| \quad (x - x')\hat{p} \quad |x'\rangle &= i\hbar\delta(x - x')\end{aligned} \tag{7.71}$$

さらに数である $x - x'$ をブラケットの外に出して、$(x - x')\langle x|\hat{p}|x'\rangle = i\hbar\delta(x - x')$ とする。ここでデルタ関数に関する公式

$$x\frac{d\delta(x)}{dx} = -\delta(x) \tag{7.72}$$

を思い出す[†29]。これより、

$$\langle x|\hat{p}|x'\rangle = -i\hbar\frac{\partial}{\partial x}\delta(x - x') \tag{7.73}$$

あるいは

$$\langle x|\hat{p} = -i\hbar\frac{\partial}{\partial x}\langle x| \tag{7.74}$$

であることがわかる。

$e^{\frac{i}{\hbar}\hat{p}a}$ という、「$\hat{p}$ に $\frac{i}{\hbar}a$ を掛けて exp の肩に乗せた演算子」を考えると、これは、$\langle x|$ に掛かると $\langle x| \to \langle x+a|$ という並進を起こす演算子になっている。

「演算子の exp」にぎょっとするかもしれないが、これは、

$$e^{\hat{A}} = \sum_{n=0}^{\infty}\frac{1}{n!}(\hat{A})^n \tag{7.75}$$

[†29] この公式は、両辺に任意の関数 $f(x)$ を掛けて積分すれば証明できる。

のような展開式で定義されている。この式を使うと、

$$\langle x|e^{\frac{i}{\hbar}\hat{p}a} = \sum_{n=0}^{\infty} \frac{\left(\frac{i}{\hbar}a\right)^n}{n!}\langle x|(\hat{p})^n = \sum_{n=0}^{\infty} \frac{a^n}{n!}\frac{\partial^n}{\partial x^n}\langle x| \tag{7.76}$$

のように書ける。これは $\langle x+a|$ をテイラー展開した式である。

【補足】 ╬╬╬╬╬╬╬╬╬╬╬╬╬╬╬╬╬╬╬╬╬╬╬╬╬╬╬╬╬╬╬╬
混乱しがちなのだが、$\hat{p}|x\rangle = i\hbar\frac{\partial}{\partial x}|x\rangle$ であって、$\hat{p}|x\rangle = -i\hbar\frac{\partial}{\partial x}|x\rangle$ ではな̇い̇。

混乱が起こる理由は

$$\langle\psi|\hat{p}|\psi\rangle = \int \psi^*\left(-i\hbar\frac{\partial}{\partial x}\right)\psi \, dx \tag{7.77}$$

を、素朴に「$\hat{p}$ が $|\psi\rangle$ に掛かって、$-i\hbar\frac{\partial}{\partial x}$ に変わった」と感じてしまうからだろう。ここは丁寧に書くと、

$$\langle\psi|\hat{p}|\psi\rangle = \int \langle\psi|x\rangle\langle x|\hat{p}|\psi\rangle \, dx \tag{7.78}$$

のように $1 = \int |x\rangle\langle x| dx$ を挟んだ後、$\langle x|\hat{p} = -i\hbar\frac{\partial}{\partial x}\langle x|$ と置き直して、

$$\int \underbrace{\psi^*(x)}_{\langle\psi|x\rangle}\left(-i\hbar\frac{\partial}{\partial x}\right)\underbrace{\psi(x)}_{\langle x|\psi\rangle} dx \tag{7.79}$$

という計算を行った。$\hat{p}$ は（自分より左にある）$\langle x|$ に掛かることで、$-i\hbar\frac{\partial}{\partial x}$ に変わったのである。

$\hat{p}|x\rangle = i\hbar\frac{\partial}{\partial x}|x\rangle$ でよいことを確認するために $\langle x|e^{\frac{i}{\hbar}\hat{p}a}|x'\rangle$ を二通りの計算法で計算してみる。

つまり、

$$\langle x|e^{\frac{i}{\hbar}\hat{p}a}|x'\rangle = e^{a\frac{\partial}{\partial x}}\langle x|x'\rangle = \langle x+a|x'\rangle = \delta(x+a-x') \tag{7.80}$$

となる。同じことを $|x\rangle$ に対して実行すれば、

$$\langle x|e^{\frac{i}{\hbar}\hat{p}a}|x'\rangle = e^{-a\frac{\partial}{\partial x'}}\langle x|x'\rangle = \langle x|x'-a\rangle = \delta(x+a-x') \tag{7.81}$$

となって、どちらの計算でも結果は同じである。$\hat{p}$ はブラ $\langle x|$ に掛かる時は $-i\hbar\frac{\partial}{\partial x}$ と、ケット $|x\rangle$ に掛かる時は $i\hbar\frac{\partial}{\partial x}$ と定義せねばならず、一見、作用が逆であること（しかしそれで正しいこと）に注意しよう。
╬╬╬╬╬╬╬╬╬╬╬╬╬╬╬╬╬╬╬╬╬╬╬╬╬╬╬╬╬╬ 【補足終わり】

これから
$$\langle x|\hat{p}|p\rangle = p\langle x|p\rangle = -i\hbar \frac{\partial}{\partial x}\langle x|p\rangle \tag{7.82}$$
となる。この微分方程式を解くと、
$$\langle x|p\rangle = \frac{1}{\sqrt{2\pi\hbar}} e^{\frac{i}{\hbar}px} \tag{7.83}$$
となることがわかる。ここで、係数を $\frac{1}{\sqrt{2\pi\hbar}}$ としたが、こうしておくことで $\langle p|p'\rangle = \delta(p-p')$ と、$\int dx |x\rangle\langle x| = 1$ が両立する。
$$\int dx \langle p|x\rangle\langle x|p'\rangle = \frac{1}{2\pi\hbar}\int_{-\infty}^{\infty} dx e^{\frac{i}{\hbar}x(p'-p)} \tag{7.84}$$
であるが、公式 $\int_{-\infty}^{\infty} dx\, e^{ipx} = 2\pi\delta(p)$ (→ p65) からすると、この結果は
$$\frac{1}{2\pi\hbar}\int_{-\infty}^{\infty} dx e^{\frac{i}{\hbar}x(p'-p)} = \frac{1}{2\pi\hbar} 2\pi\delta\left(\frac{1}{\hbar}(p-p')\right) = \delta(p-p') \tag{7.85}$$
となる（デルタ関数に関しては $\delta(cx) = \frac{1}{|c|}\delta(x)$ という公式があることに注意）。$\langle x|p\rangle$ の式で $\sqrt{\hbar}$ が分母にあることでちょうど計算が合う。

これを使って、p-表示と x-表示を互いに変換できる。すなわち、
$$\langle p|\psi\rangle = \int_{-\infty}^{\infty} dx \langle p|x\rangle\langle x|\psi\rangle = \int_{-\infty}^{\infty} dx \frac{1}{\sqrt{2\pi\hbar}} e^{-\frac{i}{\hbar}px}\langle x|\psi\rangle \tag{7.86}$$
$$\langle x|\psi\rangle = \int_{-\infty}^{\infty} dp \langle x|p\rangle\langle p|\psi\rangle = \int_{-\infty}^{\infty} dp \frac{1}{\sqrt{2\pi\hbar}} e^{\frac{i}{\hbar}px}\langle p|\psi\rangle \tag{7.87}$$
となる。これらはフーリエ変換そのものである（前に出てきたフーリエ変換 (→ p58) と、$\hbar$ がついているところだけずれているが、それは変数 k と変数 $p=\hbar k$ の違いによる）。ここで、$\langle p|p'\rangle = \delta(p-p')$ となっていて、$\langle p|p'\rangle = \begin{cases} 1 & p=p' \\ 0 & それ以外 \end{cases}$ とはできないのは、少し前のFAQで書いた $\langle x|x'\rangle$ の場合と同じ (→ p153)。連続的な変数で固有状態を分類した時は、デルタ関数による規格化が必要になる。

------ 練習問題 ------

【問い7-3】 $\langle x|\Psi\rangle = \delta(x)$ とする時、$\langle p|\Psi\rangle$ を求めよ。

ヒント → p339 へ　　解答 → p353 へ

7.6　ブラとケットによるx-表示とp-表示

一つの量子力学的状態をx-表示でもp-表示でも表せる状況を図で表現すると、

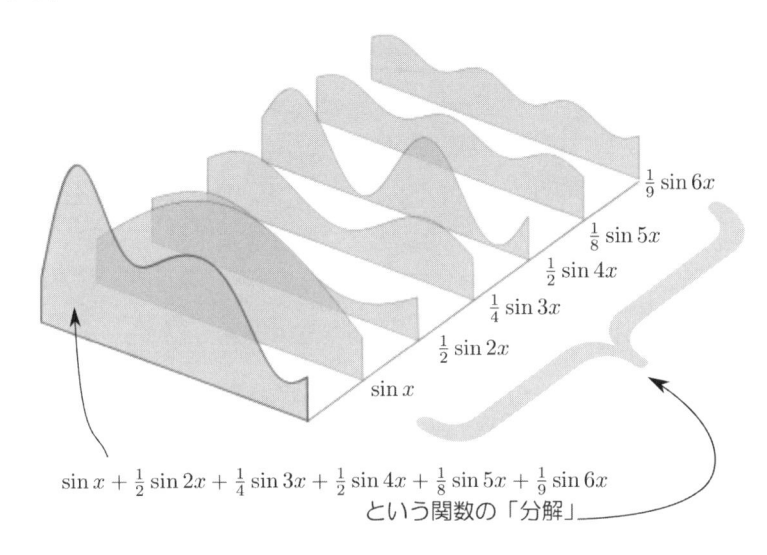

$\frac{1}{9}\sin 6x$
$\frac{1}{8}\sin 5x$
$\frac{1}{2}\sin 4x$
$\frac{1}{4}\sin 3x$
$\frac{1}{2}\sin 2x$
$\sin x$

$\sin x + \frac{1}{2}\sin 2x + \frac{1}{4}\sin 3x + \frac{1}{2}\sin 4x + \frac{1}{8}\sin 5x + \frac{1}{9}\sin 6x$
という関数の「分解」

のようにある関数を波で分解する（k-空間で分解する）ことも、

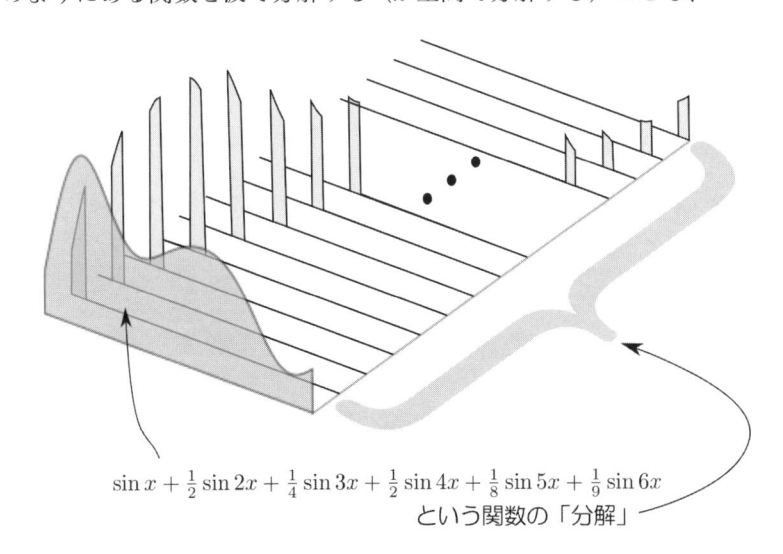

$\sin x + \frac{1}{2}\sin 2x + \frac{1}{4}\sin 3x + \frac{1}{2}\sin 4x + \frac{1}{8}\sin 5x + \frac{1}{9}\sin 6x$
という関数の「分解」

のようにxの各点各点の値で分解する（x-空間で分解する）ことも、同様にできる、ということである。波動関数は「関数」であると同時に「無限の次

元を持つ空間のベクトル」でもあり、ベクトルの表現は一通りではない。

ここからはしばらく、「波動関数 $\psi(x)$」を使った表記と「ケット $|\psi\rangle$」を使った表記を併記していく。

7.7　章末演習問題

★【演習問題 7-1】
$-1 \leqq x \leqq 1$ で定義された関数列

$$1, x, x^2, x^3, \cdots \tag{7.88}$$

を考えよう。これを（1 を 0 番目として）ケット $|n\rangle$ で表現する。つまり、

$$\langle x|0\rangle = 1, \langle x|1\rangle = x, \langle x|2\rangle = x^2, \cdots \tag{7.89}$$

である。Schmidt の直交化法を使ってこれを直交な関数列にしてみよ。
→ p157
$\int_{-1}^{1} \mathrm{d}x |x\rangle\langle x| = 1$ であることに注意。最初から 4 番目までを計算せよ。

（実は、こうやって作られる多項式の列は、後で出てくる Legendre 多項式である）。
→ p274

ヒント→ p4w へ　　解答→ p21w へ

★【演習問題 7-2】
1 次元的に、重力場中の粒子の運動を考えると、そのシュレーディンガー方程式は

$$\left(-\frac{\hbar^2}{2m}\frac{\partial^2}{\partial x^2} + mgx\right)\psi(x) = E\psi(x) \tag{7.90}$$

である。この方程式を解くのはかなりたいへんだが、p-表示でなら比較的簡単に解ける。解いてみよ。

ヒント→ p5w へ　　解答→ p22w へ

★【演習問題 7-3】
微分演算子 $\dfrac{\partial}{\partial x}$ は、

$$\int_{-\infty}^{\infty} \mathrm{d}x \lim_{\Delta x \to 0} \frac{1}{\Delta x} |x\rangle \left(\langle x + \Delta x| - \langle x|\right) \tag{7.91}$$

または、

$$\int_{-\infty}^{\infty} \mathrm{d}x \lim_{\Delta x \to 0} \frac{1}{\Delta x} \left(|x - \Delta x\rangle - |x\rangle\right) \langle x| \tag{7.92}$$

と表現できることを示せ。

ヒント→ p5w へ　　解答→ p23w へ

第 8 章
分散と不確定性関係

波を局在させるには波数の違うたくさんの波を重ね合わせなければいけない。それが不確定性関係と関連する。この章ではより具体的に、波の局在と不確定性との関係を述べよう。

8.1 分散と標準偏差

不確定性関係について考えるために、前に考えた時にはあいまいに定義していた $\Delta x, \Delta p$ を明確に定義するところから始める。
→ p62

波動関数あるいは存在確率は、座標の期待値 $\langle x \rangle$ の周りに広がって存在することを述べてきた。

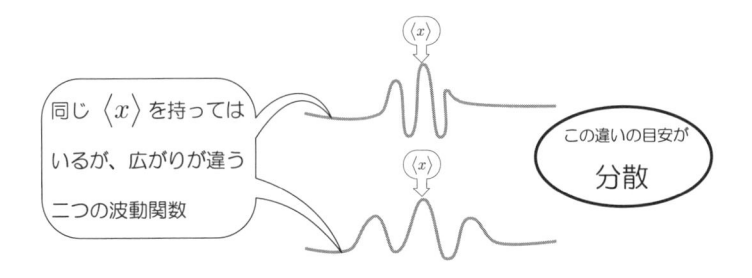

このような目安が必要になるのは量子力学に限ったことではない。たとえば、

$$97, 95, 101, 103, 99, 105, 103, 98, 101, 98$$

という数列も、

$$82, 98, 125, 76, 131, 110, 87, 82, 103, 106$$

という数列も、平均値を取るとどっちも 100 になるが、後者の方が「ばらつきが大きいなぁ」と感じるであろう。そのようなばらつきの違いを数字で表しておきたい。そこでまず、平均値を $\langle x \rangle$ と書く[†1]ことにして、ある値 x と平均値 $\langle x \rangle$ とのずれ ($x - \langle x \rangle$) を考える。しかし、単純に $x - \langle x \rangle$ の平均を取ると 0 になってしまう。

平均値からのずれはプラスとマイナスが均等に表れるので足し算するとゼロになるのは当然であるし、

$$\langle x - \langle x \rangle \rangle = \langle x \rangle - \langle x \rangle = 0 \tag{8.1}$$

という計算をしてみても、これがゼロになるのは自明である。そこでずれを自乗して(プラスになるようにして)から平均をとる。

つまり、(ずれ) そのものではなく、(ずれ)^2 の平均の大きさでばらつきの度合いを表すことにする。これが「**分散 (variance)**」[†2]で、式で書くならば、$\left\langle (x - \langle x \rangle)^2 \right\rangle$ となる。「x と、その期待値 $\langle x \rangle$ の差を自乗して、それの期待値をとったもの」である。

例にあげた数列の場合の結果を表にすると、

										平均値
値	97	95	101	103	99	105	103	98	101	98	100
ずれ	-3	-5	1	3	-1	5	3	-2	1	-2	0
(ずれ)^2	9	25	1	9	1	25	9	4	1	4	8.8

										平均値
値	82	98	125	76	131	110	87	82	103	106	100
ずれ	-18	-2	25	-24	31	10	-13	-18	3	6	0
(ずれ)^2	324	4	625	576	961	100	169	324	9	36	312.8

のようになる。分散は 8.8 および 312.8 ということになる (第 2 の数列の方が大きいのは当然である)。

「ばらつき具合の目安にする」という条件だけならば絶対値 $|x - \langle x \rangle|$ の平均でもよいし、自乗でなく 4 乗にしてもよさそうである。しかし計算する時は自乗平均が一番楽であるし、昔から使われているので、この計算をする。分散を計算するには、(統計的な問題であっても量子力学の問題であっても)

[†1] 量子力学の「期待値」と同じ記号を使っておくが、ここでの $\langle x \rangle$ は単に「n 個の合計を n で割る」という普通の「平均」である。
[†2] 位相速度と群速度の話で出てきた分散関係の分散とは別。あっちの分散は dispersion。

8.1 分散と標準偏差

分散の計算式

$$\left\langle (x - \langle x \rangle)^2 \right\rangle = \left\langle x^2 - 2x \langle x \rangle + \langle x \rangle^2 \right\rangle = \left\langle x^2 \right\rangle - 2 \langle x \rangle \langle x \rangle + \langle x \rangle^2$$
$$= \left\langle x^2 \right\rangle - \langle x \rangle^2 \tag{8.2}$$

という計算をした方が簡単にできることが多い[†3]。

なお、分散の平方根を標準偏差(standard deviation)と言う(さっきの例の場合、$\sqrt{8.8} \simeq 2.97$ および $\sqrt{312.8} \simeq 17.7$)。標準偏差は x と同じ次元になり、x の広がり具合と直接結びついた量となる[†4]。量子力学の世界では分散を $(\Delta x)^2$ と書いて、標準偏差にあたる Δx を x の不確定性(uncertainty)を表す数字として使う[†5]。実験などの結果を整理するときに値の広がり具合を示すときにも標準偏差がよく使われる。

期待値 $\langle x \rangle$ や分散 $\left(\left\langle (x - \langle x \rangle)^2 \right\rangle \text{ または } \left\langle x^2 \right\rangle - \langle x \rangle^2 \right)$ あるいはその平方根である Δx は、波動関数が含んでいる情報のうち、ほんの一部にすぎない。古典力学においては、位置 x と運動量 p がわかり、運動方程式を知っていればその系について全てを予言することができた。しかし量子力学では $\langle x \rangle$ や $\langle p \rangle$ がわかっただけでは、全体がわかったとは言えない。しかも観測できるのは固有値およびその平均としての期待値だけ[†6]であって、波動関数 ψ そのものは我々には見えない。我々が「見ている」世界はその裏に隠れている波動関数の、ほんの一部にすぎないのである。「物理量に対応する演算子をもってきて、その期待値を取る」計算は、波動関数という非常にたくさんの情報を含むものの中の一部分の情報を引き出す計算であることを心にとどめておくべきである。

[†3] ここで $\langle x \langle x \rangle \rangle = \langle x \rangle \langle x \rangle$ という計算をしている。a が定数であれば、$\langle a \rangle = a$ となることと、$\langle ax \rangle = a \langle x \rangle$ となることを使っている。

[†4] 受験で悪名高い偏差値とは、平均(期待値)を偏差値50と定め、平均点から標準偏差分だけ外れたら偏差値が10違う、というふうに決めた数字。平均点が72点で標準偏差が15という分布があったとすると、87点取った人が偏差値60、57点取った人は偏差値40となる。平均点が同じだったとしても、標準偏差が小さい分布の時の方が「平均より10点だけ高得点を取る」ことの価値は大きい。それを示すのが偏差値の役割。

[†5] 不確定性関係の話をする時、特に厳密な定義を与えずに $\Delta x, \Delta p$ を用いたが、厳密には標準偏差で → p61
定義するべきであった。

[†6] 実際に「観測」を行う時を考えると、我々はある粒子の位置だの座標だのを、また別の粒子に対する反応で測っている(たとえば、粒子の運動量を知るには別の粒子にぶつかった時にどれだけその粒子を跳ね飛ばすかで測る)。厳密な意味では、固有値や期待値そのものさえ、観測しているとは言えない。

さて、ここで、

$$\psi(x) = \begin{cases} \dfrac{1}{\sqrt{\delta}} & a < x < a + \delta \\ 0 & \text{それ以外} \end{cases} \quad (8.3)$$

のような単純な矩形波の場合で分散や標準偏差を計算しておく。$\langle x^2 \rangle$ は

$$\begin{aligned}
\int dx \psi^* x^2 \psi &= \frac{1}{\delta}\left[\frac{x^3}{3}\right]_a^{a+\delta} = \frac{1}{3\delta}\left((a+\delta)^3 - a^3\right) \\
&= \frac{1}{3\delta}\left(3a^2\delta + 3a\delta^2 + \delta^3\right) = a^2 + a\delta + \frac{\delta^2}{3}
\end{aligned} \quad (8.4)$$

となる。分散はこれから $(\langle x \rangle)^2 = \left(a + \dfrac{\delta}{2}\right)^2$ を引くので、

$$\Delta x^2 = a^2 + a\delta + \frac{\delta^2}{3} - \left(a + \frac{\delta}{2}\right)^2 = \frac{\delta^2}{3} - \frac{\delta^2}{4} = \frac{\delta^2}{12} \quad (8.5)$$

となる。$\Delta x = \dfrac{\delta}{2\sqrt{3}}$ ということで、波の幅に比例した答えが出てくる（あくまで目安なので、ぴったり δ にならないからと目くじらをたてることはない）。

------------------------------ 練習問題 ------------------------------

【問い 8-1】以下のようなグラフで表される波動関数がある（ψ は実数とする）。それぞれについて、H の値を規格化条件に合うように決めたのち、期待値と分散を計算せよ。

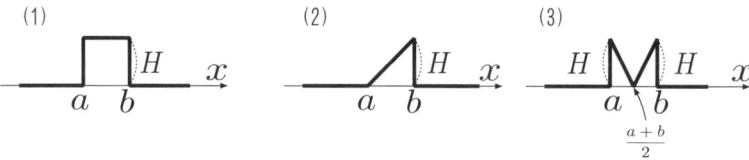

(1)　　　　　　　(2)　　　　　　　(3)

計算の前に各々の分散の大小関係を予測し、結果と比較すること。

ヒント → p339 へ　解答 → p353 へ

8.2　不確定性関係と交換関係

位置の不確定度 Δx と運動量の不確定度 Δp の間には、$\Delta x \Delta p \geq \dfrac{\hbar}{2}$ という関係[7]がある。つまりどんな波動関数をもってきても、二つの不確定度の積をこれ以上小さくできない。これを期待値および分散という考え方から導こう。まず、不確定度を標準偏差（分散の平方根）であるとして、

$$(\Delta p)^2 = \left\langle (p - \langle p \rangle)^2 \right\rangle = \int \psi^* \left(p - \langle p \rangle \right)^2 \psi \, \mathrm{d}x \tag{8.6}$$

$$(\Delta x)^2 = \left\langle (x - \langle x \rangle)^2 \right\rangle = \int \psi^* \left(x - \langle x \rangle \right)^2 \psi \, \mathrm{d}x \tag{8.7}$$

としよう。この二つの量は、

$$\begin{aligned}\psi_1 &= (p - \langle p \rangle)\psi \quad \text{または} \quad |\psi_1\rangle = (p - \langle p \rangle)|\psi\rangle, \\ \psi_2 &= (x - \langle x \rangle)\psi \quad \text{または} \quad |\psi_2\rangle = (x - \langle x \rangle)|\psi\rangle\end{aligned} \tag{8.8}$$

のような形の波動関数（状態）を考えると、

$$(\Delta p)^2 = \int \psi_1^* \psi_1 \, \mathrm{d}x = \langle \psi_1 | \psi_1 \rangle, \quad (\Delta x)^2 = \int \psi_2^* \psi_2 \, \mathrm{d}x = \langle \psi_2 | \psi_2 \rangle \tag{8.9}$$

と書ける。この節では積分による表記 $\int \psi_1^* \psi_1 \, \mathrm{d}x$ とブラ・ケットによる表記 $\langle \psi_1 | \psi_1 \rangle$ を併記していくことにする[8]。

(8.9) の計算においては、

$$\begin{aligned}&\int \underbrace{((p-\langle p\rangle)\psi)^*}_{\psi_1^*} \psi_1 \, \mathrm{d}x \\ &= \int \underbrace{\psi^*(p-\langle p\rangle)}_{\psi_1^*} \psi_1 \, \mathrm{d}x\end{aligned} \quad \Bigg| \quad \begin{aligned}&\underbrace{((p-\langle p\rangle)|\psi\rangle)^\dagger}_{\langle \psi_1|} |\psi_1\rangle \\ &= \underbrace{\langle \psi|(p-\langle p\rangle)}_{\langle \psi_1|} |\psi_1\rangle\end{aligned} \tag{8.10}$$

のように、ψ_1^*（または $\langle \psi_1|$）の方に掛かっていた演算子 $p - \langle p \rangle$ を、エルミート共役を使って ψ_1（または $|\psi_1\rangle$）の方に掛ける[9]という、「演算子の掛け直し」を行って、$(p - \langle p \rangle)^2$ の形にしている（$(x - \langle x \rangle)^2$ の方も同様）。

---

[7] おおざっぱな計算では $\Delta x \Delta p \gtrsim h$ と書いてあるが、正確にはこう。
　→ p62
[8] ブラ・ケットに慣れてもらうためにもこうしておく。第 7 章を飛ばした人は、ブラ・ケットじゃない方の式だけを見て読み進めること。
　→ p135
[9] 具体的な計算としては部分積分が必要になる。

当然、任意の ψ に対し、$\int \psi^*\psi \mathrm{d}x = \langle\psi|\psi\rangle \geqq 0$ である。等号が成立するのは $\psi = 0$ もしくは $|\psi\rangle = 0$ という式[†10]が成立する時、すなわち $\psi(x)$ がいたるところで 0 である場合のみである。

物理においてよく使われる空間ベクトルに関する公式として

$$(\vec{a}\cdot\vec{a})(\vec{b}\cdot\vec{b}) \geqq (\vec{a}\cdot\vec{b})^2 \tag{8.11}$$

というものがある（「**シュワルツの不等式**」と呼ぶ）。この式は内積の性質 $\vec{a}\cdot\vec{b} = |\vec{a}||\vec{b}|\cos\theta$ からも導けるし、二つのベクトルを任意に実数 α を掛けて引いたベクトル $\vec{a} - \alpha\vec{b}$ の長さが、α の値にかかわらず常に 0 以上であること（式で書けば $(\vec{a} - \alpha\vec{b})^2 \geqq 0$）からも証明できる[†11]。このシュワルツの不等式の証明の真似をしていくことにする。

シュワルツの不等式の左辺が二つのベクトルの長さの自乗の形になっていることに注意せよ。今求めたい $\Delta p \Delta x$ も自乗すれば、$(\Delta p)^2 (\Delta x)^2 = \int \psi_1^* \psi_1 \mathrm{d}x \int \psi_2^* \psi_2 \mathrm{d}x = \langle\psi_1|\psi_1\rangle\langle\psi_2|\psi_2\rangle$ となって、(8.11) の左辺に似た形となる。そこでまず、シュワルツの不等式の波動関数バージョンとなる式を証明しよう。まずは ψ_1, ψ_2 を一般の波動関数として、$\psi_1 - \alpha\psi_2$ という波動関数を作る。α は複素数としよう。自分自身との内積（ノルムの自乗）は 0 以上になることから、

$$\begin{array}{l|l}
\text{積分表示で } \int |\psi_1 - \alpha\psi_2|^2 \mathrm{d}x \geqq 0 & \text{ブラ・ケット表示で } \big||\psi_1\rangle - \alpha|\psi_2\rangle\big|^2 \geqq 0 \\
\int (\psi_1 - \alpha\psi_2)^* (\psi_1 - \alpha\psi_2) \mathrm{d}x \geqq 0 & (|\psi_1\rangle - \alpha|\psi_2\rangle)^\dagger (|\psi_1\rangle - \alpha|\psi_2\rangle) \geqq 0 \\
\int (\psi_1^* - \alpha^*\psi_2^*)(\psi_1 - \alpha\psi_2) \mathrm{d}x \geqq 0 & (\langle\psi_1| - \alpha^*\langle\psi_2|)(|\psi_1\rangle - \alpha|\psi_2\rangle) \geqq 0
\end{array}$$
$$\tag{8.12}$$

という式が出る。ここで（どちらの表示でも）定数 α が内積の中から外に出る時に「後ろから出るならそのままだが、前から出るなら複素共役になって出てくる」ことに注意しておこう。さらにこの式を展開して、

[†10] 本来この式は $|\psi\rangle = \vec{0}$ のように、右辺も「ベクトルとして 0」であることを明記すべきであるが、たいていの本では 0 ベクトルも単に「0」と書くことにしている。

[†11] $(\vec{a} - \alpha\vec{b})^2 = 0$ を α に関する 2 次方程式として見ると、これが異なる重解を持たなければ、常に正である。

8.2 不確定性関係と交換関係

積分表示で $\int \psi_1^* \psi_1 \mathrm{d}x - \alpha \int \psi_1^* \psi_2 \mathrm{d}x - \alpha^* \int \psi_2^* \psi_1 \mathrm{d}x + \alpha\alpha^* \int \psi_2^* \psi_2 \mathrm{d}x \geqq 0$

ブラ・ケット表示で $\langle\psi_1|\psi_1\rangle - \alpha\langle\psi_1|\psi_2\rangle - \alpha^*\langle\psi_2|\psi_1\rangle + \alpha\alpha^*\langle\psi_2|\psi_2\rangle \geqq 0$
(8.13)

となる。ここで、$\alpha = \mathrm{i}k$ のように α が純虚数だとすれば、

積分表示で $\int \psi_1^* \psi_1 \mathrm{d}x - \mathrm{i}k \int (\psi_1^* \psi_2 - \psi_2^* \psi_1) \, \mathrm{d}x + k^2 \int \psi_2^* \psi_2 \mathrm{d}x \geqq 0$

ブラ・ケット表示で $\langle\psi_1|\psi_1\rangle - \mathrm{i}k\left(\langle\psi_1|\psi_2\rangle - \langle\psi_2|\psi_1\rangle\right) + k^2\langle\psi_2|\psi_2\rangle \geqq 0$
(8.14)

という式が出る。結果は k に関する 2 次不等式 $ak^2 + bk + c \geqq 0$ の形に書けた。$ak^2 + bk + c$ と上の式を比較すれば、(8.9) (→ p167) を使って $a = (\Delta x)^2, c = (\Delta p)^2$ となる。b は $-\mathrm{i} \int (\psi_1^* \psi_2 - \psi_2^* \psi_1) \, \mathrm{d}x$ または $-\mathrm{i}\left(\langle\psi_1|\psi_2\rangle - \langle\psi_2|\psi_1\rangle\right)$ である[†12]。

$ak^2 + bk + c \geqq 0$ は k の値によらず成立しなくてはいけないが、もし $ak^2 + bk + c = 0$ という方程式が二つの実数解を持つと、のようなグラフが描けることになってしまって負になる領域ができてしまう。それゆえ $ak^2 + bk + c = 0$ は実数解をせいぜい一つしか持たない。その条件は判別式が 0 以下であること、すなわち $b^2 - 4ac \leqq 0$ である。少し書き直して $ac \geqq \dfrac{b^2}{4}$ にしてからいま考えている a, b, c の式を代入すると

$$\underbrace{(\Delta p)^2}_{c} \underbrace{(\Delta x)^2}_{a} \geqq \frac{b^2}{4} \tag{8.15}$$

となることがわかる。こうして $\Delta x \Delta p$ に下限があることがわかった。後は b を具体的に計算する。積分による表示では、

$$\begin{aligned} b &= -\mathrm{i} \int (\psi_1^* \psi_2 - \psi_2^* \psi_1) \, \mathrm{d}x \\ &= -\mathrm{i} \int (((p - \langle p\rangle)\psi)^* (x - \langle x\rangle)\psi - ((x - \langle x\rangle)\psi)^* (p - \langle p\rangle)\psi) \, \mathrm{d}x \\ &= -\mathrm{i} \int (\psi^* (p - \langle p\rangle)(x - \langle x\rangle)\psi - \psi^* (x - \langle x\rangle)(p - \langle p\rangle)\psi) \, \mathrm{d}x \\ &= -\mathrm{i} \int \psi^* \left[p - \langle p\rangle, x - \langle x\rangle\right] \psi \mathrm{d}x \end{aligned}$$
(8.16)

[†12] 複素共役を取ってみるとわかるが、(a, c はもちろんのこと) b は実数である。でないと不等式 $ax^2 + bx + c \geqq 0$ に意味がなくなる。

ブラ・ケットによる表示では、

$$
\begin{aligned}
b &= -\mathrm{i}\left(\langle\psi_1|\psi_2\rangle - \langle\psi_2|\psi_1\rangle\right) \\
&= -\mathrm{i}\left(\left(\left(p-\langle p\rangle\right)|\psi\rangle\right)^\dagger (x-\langle x\rangle)\psi - \left((x-\langle x\rangle)|\psi\rangle\right)^\dagger (p-\langle p\rangle)|\psi\rangle\right) \\
&= -\mathrm{i}\left(\langle\psi|(p-\langle p\rangle)(x-\langle x\rangle)\psi - \langle\psi|(x-\langle x\rangle)(p-\langle p\rangle)\psi\right) \\
&= -\mathrm{i}\langle\psi|\left[p-\langle p\rangle, x-\langle x\rangle\right]|\psi\rangle
\end{aligned}
\tag{8.17}
$$

となる。どっちの場合も、後は $[p-\langle p\rangle, x-\langle x\rangle]$ を計算すればよい。$\langle x\rangle, \langle p\rangle$ はもはや数であって演算子ではないので、x や p と交換する。よって、交換関係の分配法則 $[\hat{A}, \hat{B}+\hat{C}] = [\hat{A}, \hat{B}] + [\hat{A}, \hat{C}]$ を使って $\langle x\rangle, \langle p\rangle$ に関係する部分を落とし、
→ p118

$$
[p-\langle p\rangle, x-\langle x\rangle] = [p, x] = -\mathrm{i}\hbar \tag{8.18}
$$

となる。つまり $b = -\mathrm{i} \times (-\mathrm{i}\hbar) = -\hbar$ となった。こうして、以下の式が導かれた。

厳密に証明された不確定性関係

$$
(\Delta x)^2(\Delta p)^2 \geq \frac{\hbar^2}{4} \quad \text{すなわち} \quad \Delta x \Delta p \geq \frac{\hbar}{2} \tag{8.19}
$$

――――――――――――――― 練習問題 ―――――――――――――――

【問い 8-2】 導出方法からわかるように、$\Delta x \Delta p$ が最小値である $\frac{\hbar}{2}$ になる時は、$\psi_1 = (p-\langle p\rangle)\psi, \psi_2 = (x-\langle x\rangle)\psi$ の間に $\psi_1 - \mathrm{i}k\psi_2 = 0$ が成立する時である(この時にのみ $\int (\psi_1 - \mathrm{i}k\psi_2)^*(\psi_1 - \mathrm{i}k\psi_2)\mathrm{d}x = 0$ になる)。簡単のために $\langle x\rangle = \langle p\rangle = 0$ の場合についてこの式を解いて、$\Delta x \Delta p$ が最小になる時の波動関数がどんな形になるか、求めよ。この波動関数は、「不確定性が最小になっている」ということで、最小波束(minimum packet)と呼ばれる。

ヒント → p340 へ　　解答 → p354 へ

別に x, p でなくても、一般の演算子に対しても同様の手順で以下の定理が導出できる。

8.2 不確定性関係と交換関係

---— 一般の演算子に関する不確定性関係 ——

ある演算子 $\hat{A}, \hat{B}$ の交換関係が $[\hat{A}, \hat{B}] = k$（k は定数）であったならば、

$$\Delta A \Delta B \geqq \frac{|k|}{2} \tag{8.20}$$

よって、量子力学において交換しないような二つの物理量の不確定度の両方をゼロにすることはできない。

たとえば二つの演算子を $\hat{A}, \hat{B}$ として、

$$\begin{aligned} \hat{A}\psi(x,t) &= a\psi(x,t), & \hat{A}|\psi\rangle &= a|\psi\rangle, \\ \hat{B}\psi(x,t) &= b\psi(x,t) & \hat{B}|\psi\rangle &= b|\psi\rangle \end{aligned} \tag{8.21}$$

(a, b は固有値であって、数である) が成り立つような状態を「演算子 $\hat{A}$ と演算子 $\hat{B}$ の**同時固有状態**」と言う。

--- 同時固有状態に関する定理 ---

交換しない二つの演算子は同時固有状態を持てない。

(ただし、下の問い 8-3 に示す例外を除く)

というのはたいへん大事な定理である。以下のように証明できる。

$[\hat{A}, \hat{B}] = c$（c は 0 でない）とする。もし、同時固有状態があったとすると、

$$\begin{aligned} \hat{A}\hat{B}\psi(x,t) &= \hat{A}(b\psi(x,t)) = ab\psi(x,t) & \hat{A}\hat{B}|\psi\rangle &= \hat{A}(b|\psi\rangle) = ab|\psi\rangle \\ \hat{B}\hat{A}\psi(x,t) &= \hat{B}(a\psi(x,t)) = ba\psi(x,t) & \hat{B}\hat{A}|\psi\rangle &= \hat{B}(a|\psi\rangle) = ba|\psi\rangle \end{aligned} \tag{8.22}$$

となる。数であるところの a, b は当然交換するので、この式から $\hat{A}\hat{B}\psi(x,t) = \hat{B}\hat{A}\psi(x,t)$（もしくは $\hat{A}\hat{B}|\psi\rangle = \hat{B}\hat{A}|\psi\rangle$）となってしまうが、これは $[A, B] = c$ に反する（ただし、この証明には抜け道がある。下の問題参照）。

--------練習問題--------

【問い 8-3】 $[\hat{A}, \hat{B}] = \hat{C}$（$\hat{C}$ は演算子）である場合は、$\hat{A}, \hat{B}$ の両方の固有状態があってもよい。ただし、その状態は $\hat{C}$ のゼロ固有値状態（$\hat{C}\psi(x,t) = 0$ または $\hat{C}|\psi\rangle = 0$）でなくてはならないことを証明せよ。 ヒント→ p340 へ　解答→ p354 へ

この抜け道の部分を除くと、交換しない演算子に対応する物理量は、同時

に確定できないことがわかる。したがってこのような物理量の両方を同時に正確に測定するような実験は不可能になる。一方を測定して確定させると状態はその物理量に対応する演算子の固有状態となってしまい、その状態はもう一つの物理量に対応する演算子の固有状態ではないので、大きな不確定性を持つことになるのである。演算子の交換関係が0となるか否かは、大きな物理的意味を持っている。

【補足】 ┼┼┼┼┼┼┼┼┼┼┼┼┼┼┼┼┼┼┼┼┼┼┼┼┼┼┼┼┼┼┼┼┼┼┼┼

長さ L の周期的境界条件が課されている場合、波動関数が $\psi = \frac{1}{\sqrt{L}}e^{i\frac{2n\pi}{L}x}$ (運動量 $\frac{nh}{L}$ の固有状態)であれば、運動量 $-i\hbar\frac{\partial}{\partial x}$ の分散は0である。しかし Δx はどう考えても(粒子は0から L の間にいるのだから)L より大きくなるはずはない。

これはおかしい、不確定性関係が満たされていないではないか！！

実は、この周期境界条件の中の運動量の固有状態は、上で行った証明が適用できない例になっているので、$\Delta p = 0$ なのに Δx が有限になっている。

どこで上の証明が適用できなくなるかを示しておこう。

(8.16)で、$\psi_1 = (x - \langle x \rangle)\psi, \psi_2 = (p - \langle p \rangle)\psi$ として、

$$\int \psi_2^* \psi_1 \mathrm{d}x = \int \psi^*(p - \langle p \rangle)(x - \langle x \rangle)\psi \mathrm{d}x \tag{8.23}$$

と計算したところがある((8.17)にも同様の部分がある)。$|\psi_2\rangle = (p - \langle p \rangle)|\psi\rangle$ のエルミート共役である $\langle\psi_2|$ は $\langle\psi|(p - \langle p \rangle)$ となるが、実はこの段階では演算子 p は左($\langle\psi|$)に掛かっている。これを右にある $|\psi_1\rangle$ の方に掛け直す必要がある((8.10)でも同様の計算をした)。p がエルミートな演算子であることが保証されていればそれで問題はないのだが、p のエルミート性の証明(たとえば問い6-4)では、「表面項が消えること」を仮定している。p が掛かる関数が周期関数であるなら、問題なく表面項は消える。なるほど $e^{i\frac{2n\pi}{L}x}$ なら周期関数だが、今問題の、$(x - \langle x \rangle)e^{i\frac{2n\pi}{L}x}$ は周期関数ではない！——よってここでは証明が破綻するのである。

$(x - \langle x \rangle)e^{i\frac{2n\pi}{L}x}$ ((8.16)のあたりの具体的計算では $\langle x \rangle = 0$ にしたので、以下でもそうする)に部分積分を使って、微分 $\frac{\partial}{\partial x}$ を掛けるところの計算は[†13]

[†13] こういう計算だと積分による表示を使うしかない。ブラ・ケットによる表示は、演算子のエルミート性がちゃんと満たされている時には簡便で強力だが、うっかりするとこういう点を見落としてしまうので注意が必要である。

$$\int_0^L \mathrm{d}x \underbrace{\frac{1}{\sqrt{L}}\mathrm{i}\hbar\frac{\partial}{\partial x}\mathrm{e}^{-\mathrm{i}\frac{2n\pi}{L}x}}_{\psi_2^*}\underbrace{\frac{1}{\sqrt{L}}x\mathrm{e}^{\mathrm{i}\frac{2n\pi}{L}x}}_{\psi_1}$$
$$=\left[\frac{\mathrm{i}\hbar}{L}\mathrm{e}^{-\mathrm{i}\frac{2n\pi}{L}x}x\mathrm{e}^{\mathrm{i}\frac{2n\pi}{L}x}\right]_0^L-\frac{\mathrm{i}\hbar}{L}\int_0^L\mathrm{d}x\mathrm{e}^{-\mathrm{i}\frac{2n\pi}{L}x}\frac{\partial}{\partial x}\left(x\mathrm{e}^{\mathrm{i}\frac{2n\pi}{L}x}\right) \quad (8.24)$$
$$=\mathrm{i}\hbar-\frac{\mathrm{i}\hbar}{L}\int_0^L\mathrm{d}x\mathrm{e}^{-\mathrm{i}\frac{2n\pi}{L}x}\frac{\partial}{\partial x}\left(x\mathrm{e}^{\mathrm{i}\frac{2n\pi}{L}x}\right)$$

となって、$\mathrm{i}\hbar$ のおまけが出る。(8.16)ではこの部分がなかったので結果が $-\mathrm{i}\hbar$ に
→ p169
なっていたが、このおまけのおかげで結果は0となってしまう。

つまりこの場合、$p=-\mathrm{i}\hbar\dfrac{\partial}{\partial x}$ という演算子がエルミートでなくなってしまっているため、そのエルミート性を仮定した証明が成立しないのである。

積分区間が無限であるような場合は、表面項は ψ が減衰することによって0になるので、この点を心配する必要はない。

✚✚✚✚✚✚✚✚✚✚✚✚✚✚✚✚✚✚✚✚✚✚✚✚✚✚✚✚✚✚【補足終わり】

8.3 章末演習問題

★【演習問題8-1】
波動関数が
$$\psi=\left(\frac{\alpha}{\pi}\right)^{\frac{1}{4}}\mathrm{e}^{-\frac{1}{2}\alpha x^2}$$
である時、x の期待値と分散を計算せよ。x の範囲は $-\infty<x<\infty$ である。

(hint:公式 $\int_{-\infty}^{\infty}\mathrm{d}x\mathrm{e}^{-ax^2}=\sqrt{\dfrac{\pi}{a}}$)

(hint その2:上の公式を a で微分することで、$\int_{-\infty}^{\infty}\mathrm{d}xx^2\mathrm{e}^{-ax^2}$ がどうなるかを計算することが可能。)

ヒント → p5w へ　　解答 → p23w へ

★【演習問題8-2】
問い8-2の波動関数に対し、x,p の分散を計算せよ。Δx と Δp の間にはどんな関係が
→ p170
あるか？？

ヒント → p5w へ　　解答 → p23w へ

第 9 章

1次元の簡単なポテンシャル内の粒子

この章では、1次元の簡単なポテンシャルの中での波動関数を考える。1次元に限っても量子力学にはいろいろと面白い現象がある。

前章までで、量子力学の基本的な事項の説明をした。以下では、より具体的な問題に量子力学を適用していく。

9.1 箱に閉じ込められた自由粒子

以下では1次元の箱（長さ L）に閉じ込められた質量 m の自由粒子の運動を量子力学的に考える。まずこの粒子の持つエネルギーをシュレーディンガー方程式を解くことなしにおおざっぱに評価しよう。計算結果に現れる量は $\hbar, L, m$ のみのはずである。L は文字通り [L] の次元を、m も [M] の次元を持つ。$\hbar$ は時間で割る（振動数を掛ける）とエネルギー [ML^{2}T^{-2}] になるのだから、[ML^{2}T^{-1}] という次元を持っている。この三つの量からエネルギーの次元を持った量を作ろうとすると、[T] を含むのは $\hbar$ のみだから、$\hbar^2$[M^{2}L^{4}T^{-2}] に比例させなくてはいけない。後 L と m を適当に掛けることで次元合わせをすると、$\dfrac{\hbar^2}{mL^2}$ でエネルギーの次元となる。実際に計算した結果はこれの数倍程度の量になるだろう。

この結果は不確定性関係を用いた考察からも出てくる。長さ L の箱に閉じ込められているということは、位置の不確定性は最大でも $\Delta x = L$ である。一方 $\Delta x \Delta p > h$ であるから、運動量は $\Delta p = \dfrac{h}{L}$ 程度の不確定性を持たなくて

はいけない。この場合、エネルギーも $\frac{p^2}{2m} = \frac{h^2}{2mL^2}$ 程度を持っているはずである。

もう一つの方法は、下の図のように位相空間のグラフを描いてボーア・ゾンマーフェルトの量子条件を使う。

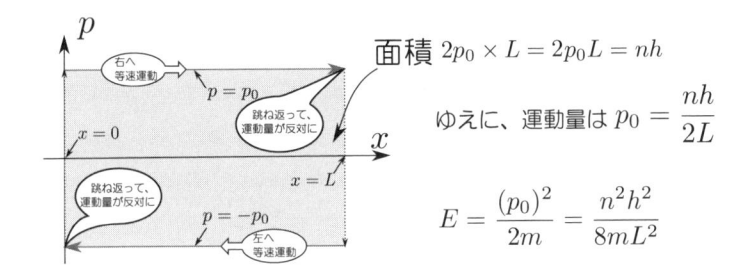

面積 $2p_0 \times L = 2p_0 L = nh$

ゆえに、運動量は $p_0 = \dfrac{nh}{2L}$

$$E = \frac{(p_0)^2}{2m} = \frac{n^2 h^2}{8mL^2}$$

三つの方法は少しずつ違う結果を出すが、どれもおおざっぱな計算であるから仕方ない。

------------------------------ 練習問題 ------------------------------

【問い 9-1】 ばね定数 k のばねにつながれた質量 m の粒子（エネルギーは $\dfrac{p^2}{2m} + \dfrac{1}{2}kx^2$ と書ける）について、次元解析および不確定性関係、さらにはボーア・ゾンマーフェルトの量子条件から、最小のエネルギーの値を予想せよ。

ヒント → p340 へ　解答 → p354 へ

以上の考察をした後、具体的にシュレーディンガー方程式を解いていってみよう。1次元の空間 $(0 \leq x \leq L)$ 内に閉じ込められた、自由な粒子 $(V(x) = 0)$ を考える。粒子の質量を m とする。解くべき方程式は

$$-\frac{\hbar^2}{2m}\frac{\partial^2}{\partial x^2}\psi(x,t) = i\hbar\frac{\partial}{\partial t}\psi(x,t) \tag{9.1}$$

である。ここで、エネルギーが確定した値を取る（エネルギーの固有状態である）状態を考えることにすれば、

$$\psi(x,t) = \phi(x)e^{-\frac{i}{\hbar}Et} \tag{9.2}$$

のような形に解を制限することになる。これを代入して、

$$-\frac{\hbar^2}{2m}\frac{\partial^2}{\partial x^2}\left(\phi(x)\mathrm{e}^{-\frac{\mathrm{i}}{\hbar}Et}\right) = \mathrm{i}\hbar\frac{\partial}{\partial t}\left(\phi(x)\mathrm{e}^{-\frac{\mathrm{i}}{\hbar}Et}\right)$$

$$-\frac{\hbar^2}{2m}\frac{\mathrm{d}^2}{\mathrm{d}x^2}\phi(x)\mathrm{e}^{-\frac{\mathrm{i}}{\hbar}Et} = E\phi(x)\mathrm{e}^{-\frac{\mathrm{i}}{\hbar}Et} \quad \left(\mathrm{e}^{-\frac{\mathrm{i}}{\hbar}Et}\text{で割る。}\right) \quad (9.3)$$

$$-\frac{\hbar^2}{2m}\frac{\mathrm{d}^2}{\mathrm{d}x^2}\phi(x) = E\phi(x)$$

となるので、解くべき式は $\phi(x)$ に関する常微分方程式になる[†1]。

このような定数係数の線型同次微分方程式の場合、解は $\mathrm{e}^{\alpha x}$ と置くことができる。α の値を求めるためにこの解を代入すると、

$$-\frac{\hbar^2}{2m}\alpha^2 \mathrm{e}^{\alpha x} = E\mathrm{e}^{\alpha x} \quad (\mathrm{e}^{\alpha x}\text{で割る。})$$

$$-\frac{\hbar^2}{2m}\alpha^2 = E \quad (9.4)$$

を解いて、$\alpha = \pm\mathrm{i}\dfrac{\sqrt{2mE}}{\hbar}$ となる。

これから、境界条件を考慮しなければ、$k = \dfrac{\sqrt{2mE}}{\hbar}$ と置いて、

$$\phi(x) = A\mathrm{e}^{\mathrm{i}kx} + B\mathrm{e}^{-\mathrm{i}kx} \quad (9.5)$$

という解が出る。ここで波動関数に境界条件を与えよう。粒子は $0 \leq x \leq L$ に閉じ込められているとしたのだから、この範囲の外側では $\phi = 0$ である。その外側の波動関数とつながるためには $\phi(0) = \phi(L) = 0$ でなくてはならない。これから、

$$A + B = 0, \quad A\mathrm{e}^{\mathrm{i}kL} + B\mathrm{e}^{-\mathrm{i}kL} = 0 \quad (9.6)$$

という式が出てくる。第一式より $B = -A$ であるから、波動関数は

$$\phi(x) = A\left(\mathrm{e}^{\mathrm{i}kx} - \mathrm{e}^{-\mathrm{i}kx}\right) = 2\mathrm{i}A\sin kx \quad (9.7)$$

である。この波動関数 $\phi(x)$ は $x = L$ でも 0 にならなくてはいけないから、

$$2\mathrm{i}A\sin kL = 0 \quad (9.8)$$

という条件が出てくる。A が 0 では波動関数が全部 0 になってしまうので、$\sin kL = 0$ である。ということは

$$kL = n\pi \quad (n \text{ は整数}) \quad (9.9)$$

[†1] これは5.3節で書いた「定常状態のシュレーディンガー方程式」の例である。
→ p108

9.1 箱に閉じ込められた自由粒子

となりそうだが、$n=0$ では考えている波動関数 (9.7) が 0 になってしまうのでよろしくない。さらに n が負である解は、$\sin(-nx) = -\sin nx$ により、独立な解ではないので省く。よって、

$$kL = n\pi \quad (n \text{ は自然数}) \tag{9.10}$$

である。

$$\begin{aligned}\frac{\sqrt{2mE}}{\hbar}L &= n\pi \\ \frac{2mEL^2}{\hbar^2} &= n^2\pi^2 \\ E &= \frac{n^2\pi^2\hbar^2}{2mL^2}\end{aligned} \quad \begin{matrix}\text{(自乗して)} \\ \left(\frac{2mL^2}{\hbar^2}\text{で割って}\right)\end{matrix} \tag{9.11}$$

のようにエネルギーが決まった（最初の予想と比較してみよう。多少数はずれているがだいたいの値は出ている）。結局波動関数は

$$\phi_n(x) = 2\mathrm{i}A\sin\left(\frac{n\pi}{L}x\right) \tag{9.12}$$

となり、n の値に応じて $E_n = \dfrac{n^2\pi^2\hbar^2}{2mL^2}$ というエネルギーを持つことになる。エネルギーが任意の値を取れず、何か整数 n を使って表せるようなとびとびの値を取る（量子化される）ことは量子力学でよく現れる現象であるが、これは束縛状態（粒子が空間の一部に集中して存在している状態）の特徴である[†2]。

規格化条件 $\int \phi^*(x)\phi(x)\mathrm{d}x = 1$ を満たすように A を決めよう。

$$\begin{aligned}\int_0^L \phi^*(x)\phi(x)\mathrm{d}x &= \int_0^L \left(-2\mathrm{i}A^*\sin\left(\frac{n\pi}{L}x\right)\right)\left(2\mathrm{i}A\sin\left(\frac{n\pi}{L}x\right)\right)\mathrm{d}x \\ &= 4A^*A\int_0^L \sin^2\left(\frac{n\pi}{L}x\right)\mathrm{d}x = 1\end{aligned} \tag{9.13}$$

この式の積分 $\int_0^L \sin^2\left(\dfrac{n\pi}{L}x\right)\mathrm{d}x$ は次のグラフ（$n=2$ の場合）

[†2] **量子力学**だからといって、何がなんでも不連続になるわけではない。エネルギーが不連続でとびとびの量になるのは、束縛されている場合だけである。

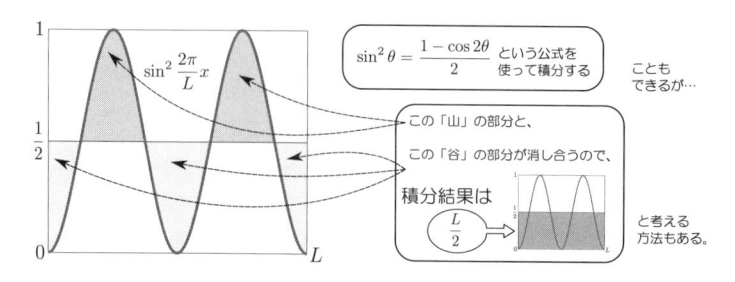

を思い浮かべて考えると $\frac{L}{2}$ という結果を出すので、(9.13) は、$2A^*AL = 1$ となり、よって $A = \frac{1}{\sqrt{2L}}e^{i\alpha}$ となる。$A^* = \frac{1}{\sqrt{2L}}e^{-i\alpha}$ なので、A^*A という組み合わせの中には位相 α は入っていない。α が違っても物理的に何の違いもないので、規格化条件をつけても決まらないのは当然である。物理的には違いがないのだから α はいくつにしてもよいのだが、ここでは

$$\phi_n(x) = 2i \underbrace{\frac{-i}{\sqrt{2L}}}_{A} \sin\left(\frac{n\pi x}{L}\right) = \sqrt{\frac{2}{L}} \sin\left(\frac{n\pi x}{L}\right) \tag{9.14}$$

のように、つまり最初ついていた i が消えるように A を選んでおこう[†3]。

こうして $n = 1$ に始まる無限個の波動関数が得られた。各々は違う大きさのエネルギー固有値 $E_n = \frac{n^2\pi^2\hbar}{2mL^2}$ を持つ固有関数になっている。したがって、状態をエネルギーの固有値で分類した、と考えることができる[†4]。

なお、量子力学的状態の中でもっともエネルギーが低い状態を「**基底状態**」(ground-state) と呼ぶ。一方、それよりエネルギーが高い状態を「**励起状態**」(excited-state) と呼ぶ。今の場合 $n = 1$ が基底状態、$n > 1$ が励起状態である。$n = 2$ は第 1 励起状態、$n = 3$ は第 2 励起状態（以下同文）と称する。

今求めたエネルギー固有状態では、粒子の存在確率 ($\phi_n^*\phi_n$) は時間によらない。誤解を恐れずに書いてしまうと、「**エネルギー固有状態では粒子は動いていない**」[†5]。エネルギーの固有状態であることは $\psi(x,t) = \phi(x)e^{-i\omega t}$ という形で時間依存性 $e^{-i\omega t}$ が空間依存性 $\phi(x)$ と分離してしまっている。だから、

[†3] こうしなくてもまったく問題ない。単純に書く文字の量を減らしたいだけのことである。
[†4] なお、エネルギーを指定したことで状態も一つに決まってしまうとき、この系には「縮退がない」と言う。「縮退」とは「同じエネルギーに二つ以上の状態がある」という状況を表す言葉である。1 次元で離散的なエネルギーを持っている場合（今の場合も該当する）は縮退が現れない。これについては、10.1.1 節を参照。
[†5] この表現は「動く」という言葉をどう捉えるかを間違えると誤解を生じる。「動く＝位置（期待値と

9.1 箱に閉じ込められた自由粒子

$\psi^*(x,t)\psi(x,t) = \phi^*(x)\phi(x)$ となって、時間がたったときに確率分布が変化しなくなっている。

それでは、古典力学における '**運動**' はどこへ行ってしまったのか。これが気になる人のために、エネルギー固有状態でない状態ではどうなるのかを考えよう。一番簡単な例として、以上で求めた波動関数のうち、エネルギーの低いものから二つ $\left(\phi_1(x) = \sqrt{\dfrac{2}{L}}\sin\left(\dfrac{\pi x}{L}\right)$ と、$\phi_2(x) = \sqrt{\dfrac{2}{L}}\sin\left(\dfrac{2\pi x}{L}\right)\right)$ を考えよう。

$$\phi_{\text{重}}(x,t) = C_1 \underbrace{\phi_1(x)\mathrm{e}^{-\frac{\mathrm{i}}{\hbar}E_1 t}}_{\psi_1(x,t)} + C_2 \underbrace{\phi_2(x)\mathrm{e}^{-\frac{\mathrm{i}}{\hbar}E_2 t}}_{\psi_2(x,t)} \tag{9.15}$$

のように二つの状態が重ね合わされた状態として作ることができる。

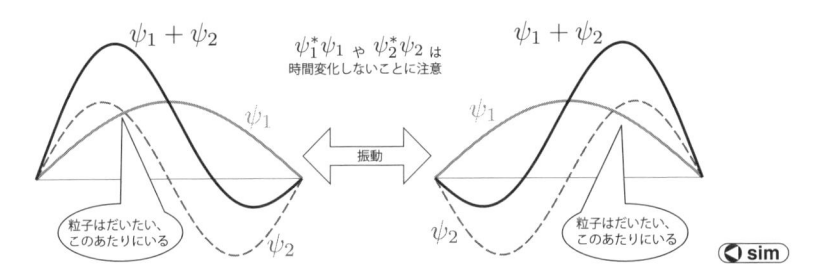

このように二つの波が重なり合い、しかも ψ_1 と ψ_2 は違うエネルギーを持っていて違う振動数で振動している場合、重ね合わされた結果の波動関数は状況によって左側が強め合ったり、右側が強め合ったりして、「いったりきたり」という現象が表れる（上の図参照）。古典力学的な意味で動いている（期待値が振動している）状態は、エネルギー固有状態でない状態（複数のエネルギー固有状態の重ね合わせ）として実現しているわけである。

しての）が移動する」と捉えるとこれは正しい（エネルギー固有状態では期待値は変化しない）。「動く」＝「運動量を持つ」と捉えると、間違っている（運動量は一般に 0 ではない）。

以上をまとめて

> ── 古典力学的「運動」に対応する量子力学的現象とは ──
> エネルギー固有状態を何個か重ね合わせることで「波束」を作り
> その波束の中心が移動することである。

ということを記憶しておこう。

なお、これを聞いて「では我々が古典力学において考えているエネルギーっていったい何なんだ？」と不思議に思う人もいるかもしれないが、我々が日常出会う状態は、複数のエネルギーを持った状態の足し算になっている（それで正しいのだ！）。ただし、そのいろんなエネルギーの広がりぐあいは、我々の観測限界よりずっと小さい[†6]。

──────── 練習問題 ────────

【問い 9-2】 $\phi_重$ が規格化されているための C_1, C_2 の条件を求めよ。

ヒント → p340 へ　解答 → p355 へ

【問い 9-3】 時間発展を考慮して、

$$\phi_重(x,t) = C_1 \sqrt{\frac{2}{L}} \sin\left(\frac{\pi x}{L}\right) e^{-\frac{i}{\hbar}E_1 t} + C_2 \sqrt{\frac{2}{L}} \sin\left(\frac{2\pi x}{L}\right) e^{-\frac{i}{\hbar}E_2 t}$$

とする。x の期待値 $\langle x \rangle$ を計算し、振動することを確認せよ。

ヒント → p340 へ　解答 → p355 へ

【問い 9-4】 エネルギーの期待値を計算してみよ。　ヒント → p341 へ　解答 → p356 へ

9.2　有限の高さのポテンシャル障壁にぶつかる波

前節で考えたのは、粒子が箱の中に閉じ込められている場合であった。そこでは「境界より外では波動関数が0になる」と考えたが、これはそこに「越えられない壁」があって、波動関数がそちらに侵入できないのだと考えられる。別の言い方をすれば、「壁」の部分では粒子に無限の大きさの力が一瞬働

[†6] 量子力学の勉強というと、その時間のほとんどが「エネルギー固有状態を求める」ことに費やされる。そのため「エネルギー固有状態が大事」とついつい思ってしまうのだが、我々の知る状態のほとんどはエネルギー固有状態ではない。それでもエネルギー固有状態が重要なのは、エネルギー固有状態を重ね合わせることで任意の状態が作れるからである。だからまずエネルギー固有状態をしっかり勉強してからでないと現実の問題は解けない。

9.2 有限の高さのポテンシャル障壁にぶつかる波　　181

いて、方向を変えてしまったと考えよう。

> 【FAQ】壁にぶつかったから跳ね返っただけのことじゃないんですか、なんでポテンシャルなんて出てくるんですか？
>
> と疑問に思う人が時々いるが、そもそも「壁にぶつかったから跳ね返る」現象が起こるのは壁から力を受けるからであり、力が働く時には（その力が保存力であれば）必ずそれに対応するポテンシャルが存在する。

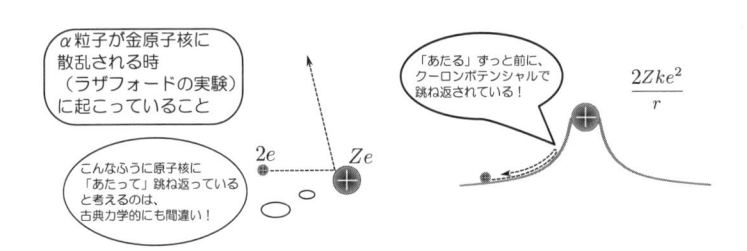

実際に起こる現象としては、位置エネルギーの差が無限とは考えがたい。そこで以下では、有限の高さのポテンシャルの障壁に波が当たった時に何が起こるかを考えよう。

ただし、ポテンシャルの変化はある地点で急激に起こるとして計算を簡単にする。その状況を

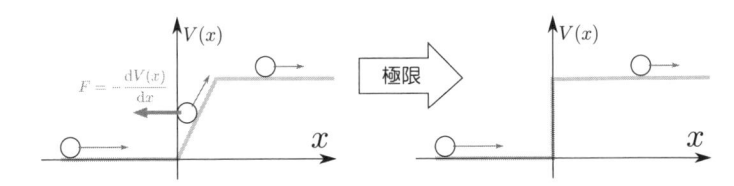

の右側の図のような

$$V(x) = \begin{cases} V_0 & x > 0 \\ 0 & x < 0 \end{cases} \tag{9.16}$$

という式で表される $x=0$ を境に階段状に増加するポテンシャルで表現する。この状況で、x 軸負の方向から粒子を入射させてみよう（図では $V_0 > 0$ として書いているが、場合によっては負であってもよい）。

第9章 1次元の簡単なポテンシャル内の粒子

入射波 e^{ikx}

反射波 Re^{-ikx}

$Pe^{ik'x}$ 透過波

この領域では
$$-\frac{\hbar^2}{2m}\frac{\partial^2}{\partial x^2}\psi = i\hbar\frac{\partial}{\partial t}\psi$$
が成立。

この領域では
$$\left(-\frac{\hbar^2}{2m}\frac{\partial^2}{\partial x^2} + V_0\right)\psi = i\hbar\frac{\partial}{\partial t}\psi$$
が成立。

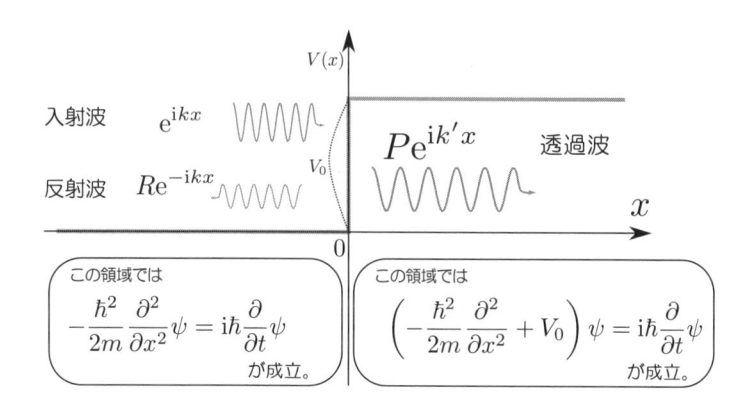

とりあえず定常状態解（つまりエネルギー固有関数）を求めることにしてシュレーディンガー方程式の右辺を$E\psi$と置き換える。すると結局、

$$-\frac{\hbar^2}{2m}\frac{\partial^2}{\partial x^2}\psi = \begin{cases} E\psi & x < 0 \\ (E-V_0)\psi & x > 0 \end{cases} \tag{9.17}$$

を解けばよいことになる。$E - V_0$の符号に注意せねばならないが、まずは$E - V_0 > 0$だとするならば、解は

$$\psi = \begin{cases} e^{ikx} + Re^{-ikx} & x < 0 \\ Pe^{ik'x} & x > 0 \end{cases} \quad \text{ただし、} k = \frac{\sqrt{2mE}}{\hbar}, k' = \frac{\sqrt{2m(E-V_0)}}{\hbar} \tag{9.18}$$

となる。ここで、$x > 0$の領域にいるのは、左からやってきた波e^{ikx}の一部が壁を乗り越えてやってきているのだろうから、どれくらい透過したかを示す係数Pをつけて表した。一方$x < 0$では、壁のところで一部反射して左行きの波ができる可能性があるので、その波がRという係数をもっているとして足し合わせた。P, Rは一般に複素数でよいが、その値は$x = 0$における接続で決まる。$|P|$は透過波の、$|R|$は反射波の振幅に対応する。

係数を簡単にするために入射波の振幅を1にしたので、この波動関数は規格化されていないことに注意せよ。実際このように無限に広がった波動関数を考える時、運動量の固有状態であるe^{ikx}を1に規格化することはできない。有限の体積であれば、

$$\int_V \psi^*\psi \, dx = \int_V e^{-ikx}e^{ikx} \, dx = \int_V dx = V \tag{9.19}$$

9.2 有限の高さのポテンシャル障壁にぶつかる波

であるから、$\frac{1}{\sqrt{V}}e^{ikx}$ と規格化しておくことができる。しかし $V=\infty$ ではこれは不可能である。

しかし我々が今計算したいのは、「入射してきた波のうちどの程度が反射し、どの程度が透過していくのか」という割合であって、割合を計算する分には規格化は必要ない。そこで以下では規格化は行わず、入射波の振幅を1として他の波の相対的な大きさだけを考えることにする[†7]。この場合は $\psi^*\psi$ は確率密度を表さないが、確率密度に比例した量にはなっている。

【補足】 ✛✛✛✛✛✛✛✛✛✛✛✛✛✛✛✛✛✛✛✛✛✛✛✛✛✛✛✛✛✛✛✛✛✛✛✛
規格化してないことを不安に思う人もいるかもしれないので、もし規格化したいならどのようにすればよいかを説明しておく。たとえば入射してくる粒子の波動関数を e^{ikx} ではなく、

$$\mathcal{N}e^{-\alpha x^2}e^{ikx} \tag{9.20}$$

のように書き換える（規格化定数 $\mathcal{N}$ は、全体の確率が1になるように決める）。ただし α は非常に小さい数字であるとする。このような「減衰因子（dumping factor）」を入れておくことでノルムを有限にして考える。

この式は、

$$\mathcal{N}e^{-\alpha x^2}e^{ikx} = \frac{\mathcal{N}}{2\sqrt{\alpha\pi}}\int_{-\infty}^{\infty}dp\,e^{-\frac{(p-k)^2}{4\alpha}}e^{ipx} \tag{9.21}$$

と書くことができて、$p=k$ をピークとしていくつかの単色波を重ねたものだと考えられる。

考えてみれば現実問題としては波数 k が $x=-\infty$ から $x=0$ に達するまでずっと同じ状態を作ることの方が難しい。この節での計算はそういう「理想的な状況」を考えた方がやりやすいだけのことである。
✛✛✛✛✛✛✛✛✛✛✛✛✛✛✛✛✛✛✛✛✛✛✛✛✛✛✛✛✛✛✛✛✛✛✛✛ **【補足終わり】**

(9.18)で $x>0$ と $x<0$ に分けてシュレーディンガー方程式の解を求めた。
→ p182
$x=0$ では、この二つの解の、ψ と $\frac{d\psi}{dx}$ が連続的になっているという条件を置こう。ψ や一階微分 $\frac{d\psi}{dx}$ がつながってなかったとしたら、二階微分が発散し

[†7] 体積無限大でなんらかの規格化をしたい時は、デルタ関数を使って、$\int \psi_k^* \psi_{k'} dx = \delta(k-k')$ となるように規格化（デルタ関数的規格化と呼ぶ）することが多い。

て困る[†8]。一方、シュレーディンガー方程式を見るとわかるが$V(x)$が不連続なのだから、二階微分$\frac{d^2\psi}{dx^2}$は必然的に不連続となる[†9]。

$$\psi(x=0) \text{ の接続条件から、} \qquad 1+R = P \qquad (9.22)$$

$$微分 \frac{d\psi}{dx}\Big|_{x=0} \text{ の接続条件から、} \quad ik(1-R) = ik'P \qquad (9.23)$$

が成立する。この二つを解く。$ik' \times (9.22) - (9.23)$により、

$$ik'(1+R) - ik(1-R) = 0 \quad \rightarrow \quad R = \frac{k-k'}{k+k'} \qquad (9.24)$$

が出るし、$ik \times (9.22) + (9.23)$によって、

$$2ik = i(k+k')P \quad \rightarrow \quad P = \frac{2k}{k+k'} \qquad (9.25)$$

が出る。

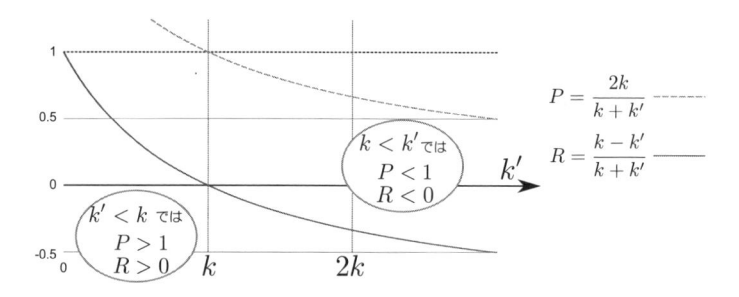

$\frac{\hbar^2 k^2}{2m} = E, \frac{\hbar^2 (k')^2}{2m} = E - V_0$ なので、$V_0 > 0$ ならば $k > k'$ である。この場合はポテンシャル的には「壁を登る」ことになる。逆に$V_0 < 0$の時$k < k'$となるが、この場合は壁を登るというよりは「壇を下りる」感じになる。この二つで反射の様子は大きく異なる。たとえば電子が金属内から空気中に飛び出す時などが$V_0 > 0$の状況に値する。ポテンシャルは空気中の方が高い（金属は電子を引っ張りこもうとする）ので、飛び出した後、電子の運動エネルギーが減少する。もし十分な運動エネルギーを持たなければ空気中には出て行けない（光電効果の話を思い出せ）。
→ p25

[†8] シュレーディンガー方程式自体に$\delta(x)$のような発散項が入っている場合は救われる可能性がある。
[†9] ということは三階以上の微分は定義できない。

9.2 有限の高さのポテンシャル障壁にぶつかる波

まず、$k > k'$ の場合のグラフを見よう。この場合、粒子はポテンシャルの高い方向に向けて入射・透過するので、透過後は運動エネルギーを減らして波長がのびる。そして、反射波の位相はずれていない。このことを理解するには、「グラフの入射波が壁に当たらずにそのまま続いたとしたらどんな波ができたのか」と考えるとよい。このグラフの場合、もし壁がなければ、境界のすぐ右には山ができていたはずである。実際には境界があって反射が起こったわけであるが、本来境界のすぐ右にできるはずだった山は向きをかえて、境界のすぐ左に存在している。「山が山として跳ね返った」ということである。

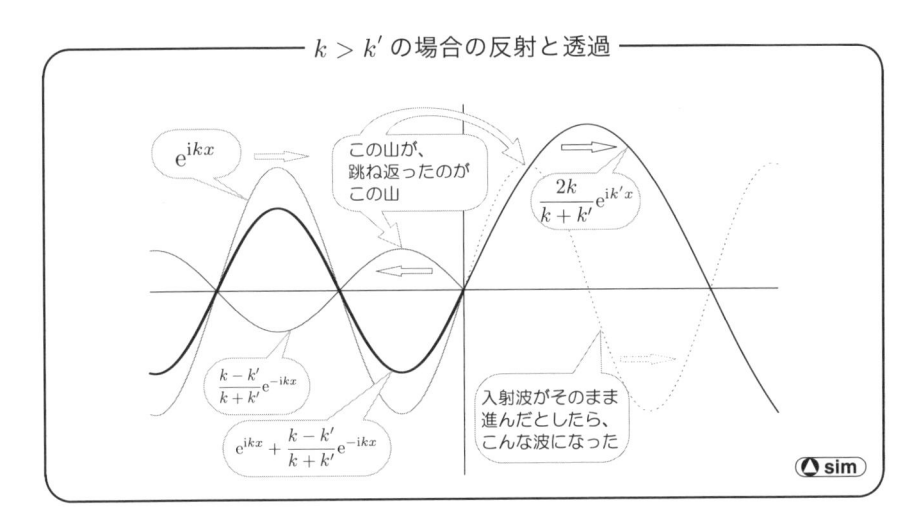

―― $k > k'$ の場合の反射と透過 ――

e^{ikx}

この山が、跳ね返ったのがこの山

$\dfrac{2k}{k+k'} e^{ik'x}$

$\dfrac{k-k'}{k+k'} e^{-ikx}$

$e^{ikx} + \dfrac{k-k'}{k+k'} e^{-ikx}$

入射波がそのまま進んだとしたら、こんな波になった

sim

ここで、$k > k'$ のグラフをよく見ると、透過波の振幅は入射波の振幅より大きくなっている。これは透過波の振幅の絶対値 $\dfrac{2k}{k+k'}$ という式からもわかる。しかし入射波が透過波と反射波に分かれると考えると、振幅が増えるのはおかしいような気もする。なぜ振幅が大きくなるのだろう？

この理由は、古典的な場合と対応させてみるとわかる。古典的に考えると、$k > k'$ ならば透過後の方が粒子の運動量が小さくなっている。つまり図の左側の方が粒子の進む速さが速い。速さが速いことは、ある範囲に存在している時間が短いことであり、それだけ「単位長さあたり、単位時間あたりの存在確率」は小さくなる。逆に遅くなれば、それだけ粒子がある範囲にいる時

間が長くなるから、存在確率密度は上がる。

　前ページのグラフで描かれている状況は、古典的に見ると「ボールが左から床を転がってきて、坂を登ってスピードが遅くなりつつ、また走っていく」ことであるから、右の方が遅くなる分だけ、確率密度が大きくなっているのである。

　なお、「遅くなる」のは古典的運動あるいは群速度の場合であって、波長が長くなっているので位相速度の方は速くなっている。

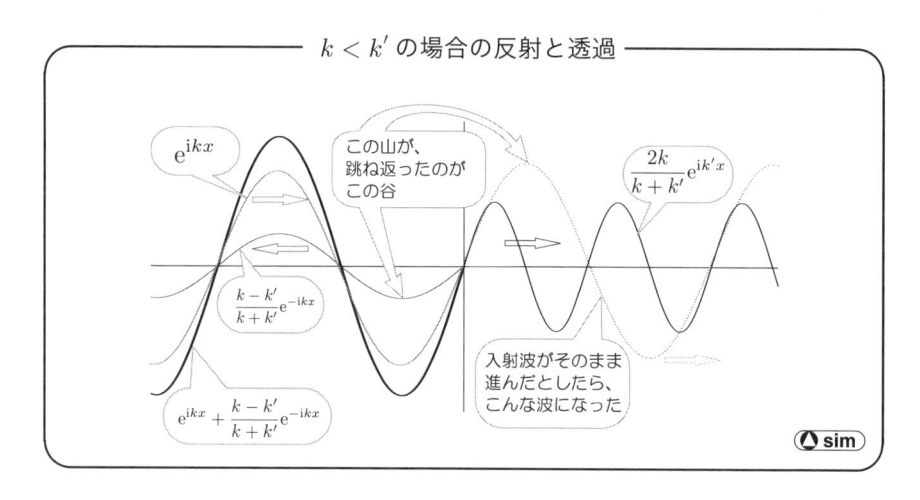

―――― $k < k'$ の場合の反射と透過 ――――

- e^{ikx}
- この山が、跳ね返ったのがこの谷
- $\dfrac{2k}{k+k'} e^{ik'x}$
- $\dfrac{k-k'}{k+k'} e^{-ikx}$
- 入射波がそのまま進んだとしたら、こんな波になった
- $e^{ikx} + \dfrac{k-k'}{k+k'} e^{-ikx}$

sim

　$k < k'$ の時 R は負の実数である。e^{ikx} と Re^{-ikx} は、$x=0$ において符号反転している。$e^{i(\theta+\pi)} = -e^{i\theta}$ であるので、このことを「位相が π ずれる」という言い方をする[†10]。グラフ上で符号が反転していることは次のように確認できる。この $k < k'$ の場合も、グラフでは境界のすぐ左には入射波が谷になっている。もし壁がなかったとするならば、境界のすぐ右には山ができていたはずである。ところが壁があるので波が反射された。反射波は壁のすぐ左で谷となっている。つまり「山が谷になって跳ね返って来た」のである。

　$k < k'$ で符号反転し、$k > k'$ ではしない理由をおおざっぱに言うと以下のような説明ができる。

[†10] この場合は「反転する」というもっとわかりやすい言葉があるんだから、かっこつけて「位相が π ずれる」なんて言わなくていいのになぁ、と思うかもしれない。こんな言葉を使うのは、後で π ではない「位相のずれ (phase shift)」が出てくるからである。
→ p189

透過波の微係数の絶対値 $k'P = \dfrac{2kk'}{k+k'}$ は、入射波の傾きの絶対値kに比べ、$k<k'$では大きくなり$k>k'$では小さくなる。これは、$k<k'$では波長が短かくなり、波が圧縮された形になる（当然、傾きは増える）ことの反映である。入射波より透過波の方が傾きが急になっているが、合成波（入射波+反射波）の傾きは透過波と同じでなくてはならない。そのため、反射波は入射波の傾きを強める波でなくてはならない。$k>k'$では逆に傾きを弱めなくてはならない。

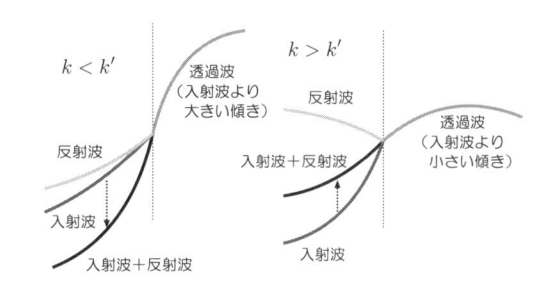

もう一つの説明は、$k>k'$では透過波は入射波より大きい振幅を持つことを使う。透過波と合成波はつながっているのだから、合成波が境界で強め合っていないと困る。つまり反射波は符号反転せずに足し算されねばならない（なぜ振幅が大きくなるのかについては上で説明した通り）。

まとめると、ここで起こった現象は以下の表のようになる[11]。

波数の関係	$V(x)$	波長	位相速度	群速度	反射波の位相	境界で
$k>k'$	高い方へ	長くなる	速くなる	遅くなる	ずれない	強め合う
$k<k'$	低い方へ	短くなる	遅くなる	速くなる	πずれる	弱め合う

------------------------------- 練習問題 -------------------------------

【問い9-5】 $x<0$、$x>0$のそれぞれの領域での$\psi^*\psi$を計算せよ。これは確率密度に比例する。$x<0$の領域において、$\psi^*\psi$が極大となるのはどんな点か。

ヒント → p341 へ　　解答 → p356 へ

9.3　波動関数の浸み出し

前節で問題を解く時、$E-V_0>0$を仮定した。そうでないと$\dfrac{\hbar^2(k')^2}{2m}=E-V_0$から決まる$k'$が虚数になってしまうからである。しかし、物理的状況としては$E-V_0<0$という状況だって有り得る。その場合どうなるのだろう

---

[11] $k>k'$の場合を自由端反射、$k<k'$の場合を固定端反射と分類する場合もあるが、この場合は$k<k'$でも、端に当たる壁の部分の波は固定されているわけではない。

か。もう一度シュレーディンガー方程式を解き直そう。

$$-\frac{\hbar^2}{2m}\frac{\partial^2}{\partial x^2}\psi = (E - V_0)\psi \tag{9.26}$$

であるが $E - V_0 < 0$ なので、この解は

$$\psi = De^{-\kappa x} + Fe^{\kappa x} \tag{9.27}$$

となる。ただし、κ は

$$\frac{\hbar^2 \kappa^2}{2m} = V_0 - E \tag{9.28}$$

を満たす正の実数である。二つの解ではあるが、$Fe^{\kappa x}$ の方は無限遠で発散してしまうので、物理的にこんな答えは有り得ないということで捨ててしまおう。すると、今度は接続条件として、

$$(\psi\text{の接続から}) \qquad 1 + R = D \tag{9.29}$$

$$\left(\frac{d\psi}{dx}\text{の接続から}\right) \quad ik(1 - R) = -\kappa D \tag{9.30}$$

という式が出ることになる。この式を解けば、

$$D = \frac{2k}{k + i\kappa}, \quad R = \frac{k - i\kappa}{k + i\kappa} \tag{9.31}$$

となる。この場合、D, R が複素数となることに注意しよう。なお、結果だけを見ていると、$E - V_0 > 0$ であった時の P, R の k' の部分を単純に $k' \to i\kappa$ と置き換えた形になっている。

まず、R の位相を計算しておこう。一般の複素数 $a + ib$ は

$$\begin{aligned}a + ib &= \sqrt{a^2 + b^2}\left(\underbrace{\frac{a}{\sqrt{a^2 + b^2}}}_{\cos\alpha} + i\underbrace{\frac{b}{\sqrt{a^2 + b^2}}}_{\sin\alpha}\right) \\ &= \sqrt{a^2 + b^2}\underbrace{e^{i\alpha}}_{\cos\alpha + i\sin\alpha}\end{aligned} \tag{9.32}$$

のようにして絶対値 $\sqrt{a^2 + b^2}$ と、位相部分 $e^{i\alpha}$ に分離できる。

$R = \dfrac{k - i\kappa}{k + i\kappa}$ の位相を求めるために、まず分母を

$$k + i\kappa = \sqrt{k^2 + \kappa^2}\, e^{i\phi} \quad \text{つまり}, \cos\phi = \frac{k}{\sqrt{k^2 + \kappa^2}}, \sin\phi = \frac{\kappa}{\sqrt{k^2 + \kappa^2}} \tag{9.33}$$

9.3 波動関数の浸み出し

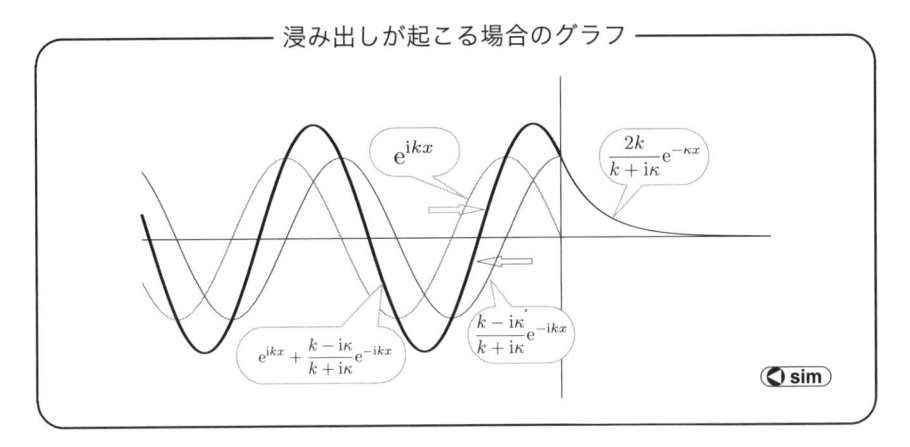

―― 浸み出しが起こる場合のグラフ ――

（グラフ中のラベル）
- e^{ikx}
- $\dfrac{2k}{k+i\kappa}e^{-\kappa x}$
- $e^{ikx} + \dfrac{k-i\kappa}{k+i\kappa}e^{-ikx}$
- $\dfrac{k-i\kappa}{k+i\kappa}e^{-ikx}$

とおく。すると、

$$k + i\kappa = \sqrt{k^2+\kappa^2}\,e^{i\phi}$$
$$k - i\kappa = \sqrt{k^2+\kappa^2}\,e^{-i\phi} \tag{9.34}$$

となる。よって、R は、

$$R = \frac{\sqrt{k^2+\kappa^2}\,e^{-i\phi}}{\sqrt{k^2+\kappa^2}\,e^{i\phi}} = e^{-2i\phi} \tag{9.35}$$

つまりこの場合、反射波の位相は -2ϕ だけずれることになる。定義からして、ϕ は $0 < \phi < \dfrac{\pi}{2}$ を満たす角度（第一象限内）である。この計算でわかったように、$E < V_0$ の場合、反射波の振幅を表す R の絶対値が 1 になる。結局は全部が跳ね返っていることになる。

同様に計算すると D は

$$D = \frac{2k}{\sqrt{k^2+\kappa^2}\,e^{i\phi}} = 2\cos\phi\, e^{-i\phi} \tag{9.36}$$

（図中のラベル：入射波(1)、反射波(R)、$e^{-2i\phi}$、(D) 透過部分、$2\cos\phi\,e^{-i\phi}$、ϕ）

となる。D の位相のずれは $-\phi$ となり、R の位相のずれのちょうど半分である。複素平面上に図を描いてみると、$1 + R = D$ という式が図のように描ける。$|R| = 1$ を考えると、D の位相が R の位相のちょうど半分であること、長さが $2\cos\phi$ であることの両方が、図の上でも理解できる。$D = 0$ でないか

ら、壁の内側でも粒子の存在確率はゼロにならない。ただし、その確率は壁の中に入るにしたがってどんどん小さくなる。

> 【FAQ】大きくなる方の解を捨てたから、小さくなる解だけが残ったのではないか。大きくなる解が残ったらどうなるのか？
>
> $\psi^*\psi$ が確率密度を表すことを思い出して欲しい。壁の内側でどんどん確率密度が大きくなってしまうとすると、$\int \psi^*\psi \mathrm{d}x$ が無限大になってしまう。相対的に考えると、入射波（振幅が1）の存在確率は0である。そんな粒子は入射してこれない。

---------- 練習問題 ----------

【問い 9-6】$\psi^*\psi$ の値を計算し、極大になる点と極小になる点がどこか求めよ（ϕ を使って答えてよい）。

ヒント → p341 へ　　解答 → p356 へ

このようにシュレーディンガー方程式を解くと、古典力学的には有り得ない、「運動エネルギーが負であると解釈できる領域」が解の中に出てきて、古典力学的には到達し得ないところにまで波動関数が浸み出してくることになる[†12]。

ただし、ここで言う「運動エネルギーが負と解釈できる」という言葉の意味はけっして「運動エネルギーの固有値が負である」という意味ではないことに注意しよう。というのは今の状況では

$$\begin{cases} -\dfrac{\hbar^2}{2m}\dfrac{\mathrm{d}^2}{\mathrm{d}x^2}\psi(x) = -\dfrac{\hbar^2\kappa^2}{2m}\psi(x) & x > 0 \\ -\dfrac{\hbar^2}{2m}\dfrac{\mathrm{d}^2}{\mathrm{d}x^2}\psi(x) = \dfrac{\hbar^2 k^2}{2m}\psi(x) & x < 0 \end{cases} \tag{9.37}$$

のように、領域によって右辺の係数が変わっている。固有値の定義は演算子を掛けて「元の関数」の定数倍に戻ることだが、関数の定義域全体で一定の定数倍の元の関数に戻らなくてはダメである。つまり、今求めた波動関数は運動エネルギーの固有状態ではない（全エネルギーの固有状態ではある）。

[†12] 9.1節 で考えた、波動関数が壁でぴったりと0になるような場合というのは、ポテンシャルの高さ V が無限大の極限になっている。この場合は $\kappa = \infty$ であって壁に入るなり波動関数は0になる。

と、注意を与えた上で、「運動エネルギーがプラスと解釈できる時」と「マイナスと解釈できる時」の波動関数の違いをグラフで示しておこう。グラフ上の違いの話なので、波動関数の実部の部分だけを考える。運動エネルギーが固有値 $E_{運}$ を持っているとすると、以下の式が成立する。

$$-\frac{\hbar^2}{2m}\frac{\partial^2}{\partial x^2}\psi = E_{運}\psi \quad つまり、\frac{\frac{\partial^2}{\partial x^2}\psi}{\psi} = -\frac{2mE_{運}}{\hbar^2} \tag{9.38}$$

$E_{運} > 0$ ならば、ψ と $\frac{\partial^2}{\partial x^2}\psi$ の符号が反対になる。二階微分はグラフで書いた時、線の曲がり具合を表す（もし二階微分が正ならば傾きが大きくなっていくし、負ならば小さくなっていく）。つまり $E_{運} > 0$ の時、ψ は正の領域では傾きが小さくなる方向に曲がり、負の領域では傾きが大きくなる方向に曲がる。これは結局、ψ がプラス側にある時はマイナス側に曲がり、マイナス側にある時はプラス側に曲がるということであるから、振動が起こる。

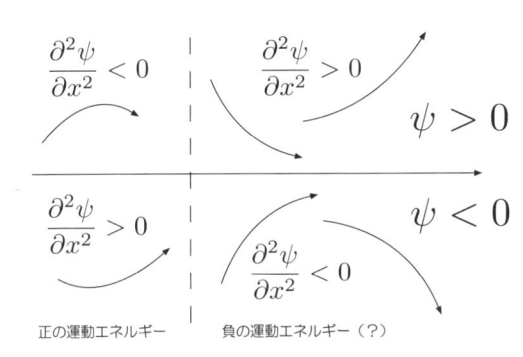

$E_{運} < 0$ ならば、この傾向がまったく逆になり、むしろ0から離れる方向に曲がる。結果として、もし最初に0から離れる方向へ変化していたとすると、ψ はどんどん0から遠い方へ離れて行き、最終的には発散する。もし最初に0に近付く方向へ変化していたなら、その変化がどんどん減るが、曲がり具合（二階微分）も0に近付いて行くため、$\psi = 0$ という直線に漸近的に近付いていくことになる。いずれにせよ、x の関数としての ψ は振動しない。そういう意味では波動関数が「波動」であるのは $E_{運} > 0$ の場合だけである[13]。

もともとシュレーディンガー方程式を作った時は、アインシュタインとド・ブロイの関係式 $(E = h\nu, p = \frac{h}{\lambda})$ を満たすような波動方程式として作ったのだから、解として「波ではない関数」が出てきた時に、「こんな状況でもシュレーディンガー方程式を信用してもいいのか？」が気になるかもしれな

---

[13] ここで、図を見ると「もし、ずっと $E_{運} < 0$ の形のグラフが続けば、波動関数の絶対値は $x = \pm\infty$ のどちらかで発散する（∞ になる）」と判断できる。そういう意味でも全領域で「運動エネルギーが負」という状況は有り得ない。

い[†14]。実際のところこういう状況でもシュレーディンガー方程式が成立してくれるのかどうかは実験で確かめるべきことである。なお、シュレーディンガーが最初にシュレーディンガー方程式を使って解いた具体的問題は後で説明する水素原子の電子であるが、その解は、古典力学的には運動できないところまで波動関数が広がっていることを示している。この解が水素原子のエネルギースペクトルについて正しい答えを出すのであるから、シュレーディンガー方程式を「運動エネルギーがマイナスになる領域」に使用することは間違いではなさそうである。

【FAQ】運動エネルギーがマイナスになるのって、危なくないですか？

もし「運動エネルギーの期待値」がマイナスになってしまって、かつそれが「底なし（下限がないこと）」だと物理的には危ない（というより有り得ない）状況になる。しかし、ここで述べている $E_{運}$ というのは、$\dfrac{-\dfrac{\hbar^2}{2m}\dfrac{\partial^2 \psi(x)}{\partial x^2}}{\psi(x)}$ の値であって、期待値すなわち

$$\int_{全領域} \psi^*(x,t) \left(-\frac{\hbar^2}{2m}\frac{\partial^2}{\partial x^2}\right) \psi(x,t) \mathrm{d}x \tag{9.39}$$

（「全領域」に注目）ではないし、また、固有値でもない。

$-\dfrac{\hbar^2}{2m}\dfrac{\partial^2 \psi(x)}{\partial x^2} = E_{運}\psi(x)$ という式が成立しているので「固有値」のように見えるが、((9.37)で示したように) x の全領域で成立している式ではない点を見逃してはならない。

全領域でちゃんと積分して出した期待値は正しく0以上になることが証明できる。(9.39)を部分積分すると（表面項が無視できる場合）、

$$\frac{\hbar^2}{2m}\int_{全領域} \frac{\partial \psi^*(x,t)}{\partial x}\frac{\partial \psi(x,t)}{\partial x}\mathrm{d}x = \frac{\hbar^2}{2m}\int_{全領域} \underbrace{\left|\frac{\partial \psi(x,t)}{\partial x}\right|^2}_{\geqq 0}\mathrm{d}x \tag{9.40}$$

となるが、これはあきらかに0以上の量である。つまり全領域で考えた正しいエネルギーが負になることはないので、安心してよい。

[†14] というより、物理をやる人はこういうことを気にして欲しい。たとえ方程式が解けても、答えとして出てきたものが妥当ではない場合だっていくらでもあるのだから。

9.3.1 波動関数の減衰 ++++++++++++++++++++++ 【補足】

前節では階段状のポテンシャルを考えた。もっと複雑なポテンシャルの場合、シュレーディンガー方程式を解くのは難しくなるが、波動関数がどう減衰して行くかを近似計算できる。

まず考えている空間 $x_0 < x < x_N$ を N 等分して、$\delta x = \dfrac{x_N - x_0}{N}$ ごとに刻む。その一区画 $x_n < x < x_n + \delta x$ の中ではポテンシャル $V(x)$ が定数であると近似する（ポテンシャルを細かい階段状ポテンシャルで置き換える）。そうすれば波動関数の振幅は、その区画内で $\mathrm{e}^{-\kappa_n \delta x}$ 倍に減衰することになる。ただし $\kappa_n = \dfrac{\sqrt{2m(V(x_n) - E)}}{\hbar}$ である。

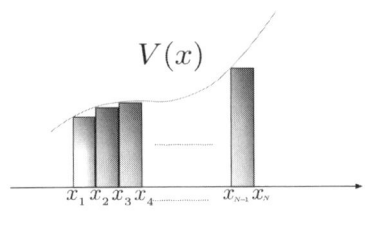

$x = x_0$ から $x = x_N$ までの波動関数の減衰を考えると、

$$\mathrm{e}^{-\kappa_1 \delta x} \mathrm{e}^{-\kappa_2 \delta x} \cdots \mathrm{e}^{-\kappa_N \delta x} = \mathrm{e}^{-(\kappa_1 + \kappa_2 + \cdots + \kappa_N)\delta x} \tag{9.41}$$

となるが、$\delta x \to 0$ とすれば

$$\lim_{\delta x \to 0} (\kappa_1 + \kappa_2 + \cdots + \kappa_N)\delta x \to \int_{x_0}^{x_N} \frac{\sqrt{2m(V(x) - E)}}{\hbar} \mathrm{d}x \tag{9.42}$$

と置き換えられる。すなわち、x_N での波動関数は x_0 での波動関数の

$$\exp\left[-\frac{1}{\hbar}\int_{x_0}^{x_N} \sqrt{2m(V(x) - E)}\mathrm{d}x\right] \tag{9.43}$$

倍に減衰していることになる。exp の肩の $\dfrac{1}{\hbar}$ という（日常の生活レベルにおいては）大きな数字が来ているおかげで、この減衰は非常に速い。

たとえば、E, m, V や x の積分域がオーダー 1 の量（1 キログラムとか 1 ジュールとか 1 メートル）だったとすると、exp の肩には $\hbar$ の逆数である 10^{33} ぐらいの負の数が載っていることになる。だいたい、$\mathrm{e}^{-10^{33}}$ ぐらいである。この確率はものすごく小さい。0.0000000⋯ と 0 を並べて書いていくと、10^{32} 個以上の 0 が並んだ後でやっと 0 でない数字が出てくるほどになる[†15]。

なお、今行った計算は近似計算であり、厳密解ではない。一般に $\mathrm{e}^{F(x)}$ のような関数を二階微分すると、

[†15] 私が学生の頃、「掌に指を何度も何度も突き刺せば、波動関数は少しだけ向う側に浸み出すので、いつか向う側に指の先端が通り抜ける状態が観測される」という話を聞いて、何度も何度も試してみたことがある。しかし、この確率では宇宙の始まりから最後まで突き続けても無理そうである。

$$\frac{d^2}{dx^2}e^{F(x)} = \frac{d}{dx}\left(\frac{dF}{dx}(x)e^{F(x)}\right)$$
$$= \left(\frac{d^2F}{dx^2}(x) + \left(\frac{dF(x)}{dx}\right)^2\right)e^{F(x)} \tag{9.44}$$

という形になる。今の場合

$$F(x) = -\frac{1}{\hbar}\int_{x_0}^{x}\sqrt{2m(V(x') - E)}dx' \tag{9.45}$$

$$\frac{dF}{dx}(x) = -\frac{1}{\hbar}\sqrt{2m(V(x) - E)} \tag{9.46}$$

$$\frac{d^2F}{dx^2}(x) = -\frac{1}{\hbar}\frac{m\frac{dV}{dx}}{\sqrt{2m(V(x) - E)}} \tag{9.47}$$

となる。この $\frac{d^2F}{dx^2}$ の項はシュレーディンガー方程式を成立させるにはじゃまな項になる。シュレーディンガー方程式の左辺の ψ に $e^{-\frac{1}{\hbar}\int_{x_0}^{x}\sqrt{2m(V(x')-E)}dx'}$ を代入すると、

$$\left(-\frac{\hbar^2}{2m}\frac{d^2}{dx^2} + V(x)\right)\psi = \left(E + \frac{\hbar}{2}\frac{\frac{dV}{dx}}{\sqrt{2m(V(x) - E)}}\right)\psi \tag{9.48}$$

となり、答えは $E\psi$ とならず、$\frac{dV}{dx}$ に比例する項が残る。この項を無視する近似をすれば、これが解となるのである。以上のような計算は $V(x)$ の変化が十分ゆっくりな時のみ使える近似である。

---------------------------- 練習問題 ----------------------------

【問い9-7】 垂直投げ上げ運動を量子的に扱うと、そのシュレーディンガー方程式は

$$\left(-\frac{\hbar^2}{2m}\frac{\partial^2}{\partial x^2} + mgx\right)\psi = E\psi \tag{9.49}$$

である。$mgH = E$ とする。古典力学的に考えると $x = H$ が最高点である。その最高点より δH 上での波動関数は $x = H$ の場所の何倍になっているか？ 上で説明した近似計算で求め、$\hbar = 1.05 \times 10^{-34}$ J・s、$m = 1$kg、$g = 9.8$m/s^2、$\delta H = 0.001$m$(= 1$mm$)$ として、数値を出してみよ。

ヒント → p341 へ　解答 → p357 へ

✝✝✝✝✝✝✝✝✝✝✝✝✝✝✝✝✝✝✝✝✝✝✝✝✝✝✝✝✝✝✝✝✝✝✝✝ **【補足終わり】**

9.4 章末演習問題

★【演習問題 9-1】
　重力場中で質量 m の粒子が運動している。エネルギーは $\dfrac{p^2}{2m}+mgx$ と書ける。$x=0$ に床があり、ここで粒子が弾性衝突して跳ね返り、同じ運動を繰り返しているとする。この場合について、次元解析および不確定性関係、さらにはボーア・ゾンマーフェルトの量子条件から、最小のエネルギーの値を予想せよ。

ヒント → p5w へ　　解答 → p24w へ

★【演習問題 9-2】
　確率密度 $\rho(x,t)=\psi^*(x,t)\psi(x,t)$ に対し、確率の流れ密度 $J(x,t)$ は

$$J(x,t) = \frac{i\hbar}{2m}\left(\frac{\partial}{\partial x}\psi^*(x,t)\psi(x,t) - \psi^*(x,t)\frac{\partial}{\partial x}\psi(x,t)\right) \quad (9.50)$$

で定義された。

$$i\hbar\frac{\partial}{\partial t}\psi(x,t) = \left(-\frac{\hbar^2}{2m}\frac{\partial^2}{\partial x^2}+V(x)\right)\psi(x,t) \quad (9.51)$$

という形のシュレーディンガー方程式が成立する時、連続の式

$$\frac{\partial}{\partial t}\rho(x,t) + \frac{\partial}{\partial x}J(x,t) = 0 \quad (9.52)$$

が成立することを示せ。

ヒント → p5w へ　　解答 → p25w へ

★【演習問題 9-3】
　(9.17) の波動関数（P は (9.25)、R は (9.24) を見よ）について、確率の流れ密度 J を計算し、入射波の流れが反射波の流れと透過波の流れに分かれていることを確認せよ。

ヒント → p5w へ　　解答 → p25w へ

★【演習問題 9-4】
　太陽の中心部では、1.5×10^7 K 程度の温度になっていて、陽子と陽子の核融合が起こっている。単純に考えると陽子は 1 個あたり $\dfrac{3}{2}k_{\rm B}T$（$k_{\rm B}$ はボルツマン定数 1.38×10^{-23} [J/K]、T は絶対温度）ぐらいのエネルギーを持っているはずである。このエネルギーではたとえ二つの陽子がうまく正面衝突したとしても、（古典力学的に考えるかぎり）陽子どうしが接触できないことを示せ。電荷 e を持つ荷電粒子が距離 r にある時、ポテンシャルエネルギーは $\dfrac{ke^2}{r}$ である。陽子の電荷 e は 1.6×10^{-19} C、クーロンの法則の比例定数 k が 9.0×10^9、陽子の半径は $R=1.0\times 10^{-15}$ m とする。

ヒント → p6w へ　　解答 → p26w へ

★【演習問題9-5】
前問の状況では、陽子が接触する確率は（9.3節 で使った近似を使って）
$$\to \text{p187}$$

$$\exp\left(-2\int_r^{\delta r}\frac{\sqrt{2m(V(x)-E)}}{\hbar}\mathrm{d}x\right)$$

となる。ただし、E は陽子の持っているエネルギー、$V(x)$ がポテンシャルエネルギーであり、r は陽子の半径、δr は古典的な場合に陽子がもっとも近づく距離である。

この積分を計算するのはたいへんなので、$V(x) = V(r)$、すなわち $V(r)$ は一定で、陽子の半径でのクーロンポテンシャルの値に等しいと近似する。さらに、$V(r)$ に比べて E は小さいので、これも無視する。こうすると、積分は

$$-2\frac{\sqrt{2mV(r)}}{\hbar}(\delta r - r)$$

となる。以上の近似をして、だいたいの確率を計算してみよ。陽子の質量を 1.7×10^{-27} kg とする。

実際には3次元的な運動であるから、ここで考えている1次元的な計算は（その上に近似もたくさんしているので）おおざっぱなものにすぎないということに注意しておこう。

ヒント → p6w へ　解答 → p26w へ

★【演習問題9-6】
次のグラフで表したポテンシャルの中で、波動関数 $\psi(x)$ がさらにその下のグラフで表せるような定常状態ができあがっている。$\psi(x)$ は実数であり、虚数部はないとする。

(1) 波動関数の二階微分 $\dfrac{\mathrm{d}^2\psi}{\mathrm{d}x^2}$ を ψ で割ったもの $\left(\dfrac{\frac{\mathrm{d}^2\psi}{\mathrm{d}x^2}}{\psi}\right)$ の符号は、図の点 A より左では負、右では正になっている。点 A は古典力学的に考えるとどのような点か。

(2) 点 O の右、点 A の左では、右へ行くほど波動関数の波長がだんだん長くなっているが、これはなぜだろうか。物理的解釈をのべよ。

(3) 点 O の右、点 A の左では、右へ行くほど波動関数の振幅がだんだん大きくなっているが、これはなぜだろうか。物理的解釈をのべよ。

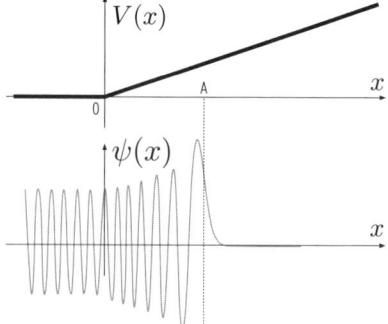

ヒント → p6w へ　解答 → p27w へ

第 10 章
1次元の束縛状態と散乱

この章では前節に続いて1次元問題の簡単なシュレーディンガー方程式を解く。問題の種類は大きく分けて二つ。束縛問題と非束縛問題である。

10.1 1次元ポテンシャル問題での便利な定理

この章でも1次元のポテンシャル内での問題について考えることを続ける（特にこの章では束縛状態について考える）が、その前にそこで使える便利な定理を二つ紹介しておく。

10.1.1 1次元束縛状態には縮退がない

束縛状態とは、名前のとおり、粒子がポテンシャルに束縛されて「遠く」に行けない状態である。波動関数 $\psi(x)$ が $x \to \pm\infty$ で0になるような場合、と考えてもよい。

このような状態に対して成立する一つの定理を説明しておく。「**1次元の束縛状態には縮退がない**」。すなわち、ある一つのエネルギー固有値に対応する
→ p178
エネルギー固有状態は存在したとしても一つ[1]しかない[2]。これは以下のように証明できる。

---

[1] 一つというのは、「独立な解は」一つということ。(6.24) とその下に書いたように、波動関数は定
→ p126
数倍しても物理的内容は変わらない。
[2] 「線型同次な二階微分方程式には独立な解が二つある」ということから考えると奇妙に思えるかもしれないが、実はもう一つある独立な解は「束縛状態」という条件を満たさないのである。後で実例
→ p202
が出てきた時に注意しよう。

まず、$\psi_1(x)$ と $\psi_2(x)$（エネルギー固有状態なので時間依存性は省略して書く）がどちらもエネルギー固有値 E を持っていたと仮定する。すると、

$$\begin{aligned} E\psi_1(x) &= \left(-\frac{\hbar^2}{2m}\frac{\mathrm{d}^2}{\mathrm{d}x^2} + V(x)\right)\psi_1(x) \\ E\psi_2(x) &= \left(-\frac{\hbar^2}{2m}\frac{\mathrm{d}^2}{\mathrm{d}x^2} + V(x)\right)\psi_2(x) \end{aligned} \tag{10.1}$$

という二つの式が成立することになる。上の式に $\psi_2(x)$ を掛け、下の式に $\psi_1(x)$ を掛けたものを引く。すると、

$$\begin{aligned} E\psi_2(x)\psi_1(x) &= \psi_2(x)\left(-\frac{\hbar^2}{2m}\frac{\mathrm{d}^2}{\mathrm{d}x^2} + V(x)\right)\psi_1(x) \\ -)\quad E\psi_2(x)\psi_1(x) &= \left[\left(-\frac{\hbar^2}{2m}\frac{\mathrm{d}^2}{\mathrm{d}x^2} + V(x)\right)\psi_2(x)\right]\psi_1(x) \end{aligned}$$

$$0 = \psi_2(x)\left(-\frac{\hbar^2}{2m}\frac{\mathrm{d}^2}{\mathrm{d}x^2}\right)\psi_1(x) - \left[\left(-\frac{\hbar^2}{2m}\frac{\mathrm{d}^2}{\mathrm{d}x^2}\right)\psi_2(x)\right]\psi_1(x) \tag{10.2}$$

となる。さらに以下のように計算を続ける。

$$0 = \psi_2(x)\left(-\frac{\hbar^2}{2m}\frac{\mathrm{d}^2}{\mathrm{d}x^2}\right)\psi_1(x) - \left[\left(-\frac{\hbar^2}{2m}\frac{\mathrm{d}^2}{\mathrm{d}x^2}\right)\psi_2(x)\right]\psi_1(x) \quad \left(-\frac{\hbar^2}{2m}\text{で割る}\right)$$

$$0 = \psi_2(x)\frac{\mathrm{d}^2\psi_1(x)}{\mathrm{d}x^2} - \frac{\mathrm{d}^2\psi_2(x)}{\mathrm{d}x^2}\psi_1(x) \quad \left(\frac{\mathrm{d}\psi_2}{\mathrm{d}x}\frac{\mathrm{d}\psi_1}{\mathrm{d}x}\text{を足して引く}\right)$$

$$0 = \underbrace{\psi_2(x)\frac{\mathrm{d}^2\psi_1(x)}{\mathrm{d}x^2} + \frac{\mathrm{d}\psi_2(x)}{\mathrm{d}x}\frac{\mathrm{d}\psi_1(x)}{\mathrm{d}x}}_{=\frac{\mathrm{d}}{\mathrm{d}x}\left[\psi_2(x)\frac{\mathrm{d}\psi_1(x)}{\mathrm{d}x}\right]} \underbrace{-\frac{\mathrm{d}^2\psi_2(x)}{\mathrm{d}x^2}\psi_1(x) - \frac{\mathrm{d}\psi_2(x)}{\mathrm{d}x}\frac{\mathrm{d}\psi_1(x)}{\mathrm{d}x}}_{-\frac{\mathrm{d}}{\mathrm{d}x}\left[\frac{\mathrm{d}\psi_2(x)}{\mathrm{d}x}\psi_1(x)\right]}$$

$$0 = \frac{\mathrm{d}}{\mathrm{d}x}\left[\psi_2(x)\frac{\mathrm{d}\psi_1(x)}{\mathrm{d}x} - \frac{\mathrm{d}\psi_2(x)}{\mathrm{d}x}\psi_1(x)\right] \tag{10.3}$$

となり、$\psi_2(x)\dfrac{\mathrm{d}\psi_1(x)}{\mathrm{d}x} - \dfrac{\mathrm{d}\psi_2(x)}{\mathrm{d}x}\psi_1(x)$ が定数であることがわかる。束縛状態であるということは $x = \pm\infty$ で $\psi_1(x) = 0, \psi_2(x) = 0$ であるから、この定数はすなわち 0 である。

10.1 1次元ポテンシャル問題での便利な定理

よって、任意の x に対して、$\psi_2(x)\dfrac{\mathrm{d}\psi_1(x)}{\mathrm{d}x} - \dfrac{\mathrm{d}\psi_2(x)}{\mathrm{d}x}\psi_1(x) = 0$ である。この式は

$$\frac{\mathrm{d}}{\mathrm{d}x}\left(\frac{1}{\psi_2(x)}\psi_1(x)\right) = 0$$

$$-\frac{1}{(\psi_2(x))^2}\frac{\mathrm{d}\psi_2(x)}{\mathrm{d}x}\psi_1(x) + \frac{1}{\psi_2(x)}\frac{\mathrm{d}\psi_1(x)}{\mathrm{d}x} = 0 \tag{10.4}$$

という式からわかるように[†3]、$\dfrac{\psi_1(x)}{\psi_2(x)}$ が微分して0すなわち定数だということを意味する。つまり $\psi_1(x) \propto \psi_2(x)$ だから、独立な解ではないことが確認できた。

ところで、上で、$\psi_1(x) = \psi(x), \psi_2(x) = \psi^*(x)$ と考えると、$\psi(x)$ と $\psi^*(x)$ すら独立でない（$\psi^*(x) = \psi(x) \times$ (定数)）ことも証明できてしまう。以下の問いでわかるように、この場合の解は本質的に実数である（全体を複素定数で割ってやることで実数解にできる）。実数であることは「波動関数が進行しない」ということを意味する（4.3節で進行する波動関数が複素数である意味を説明した）。
→ p96

------- 練習問題 -------

【問い10-1】 $\psi^*(x) = C\psi(x)$（C は定数）である時、C が絶対値1の複素数であり、$\psi(x) = Df(x)$（D は複素定数、$f(x)$ は実数関数）と書けることを示せ。

ヒント → p341 へ　　解答 → p357 へ

なお、逆に、束縛状態でない場合は縮退が起こり得る。たとえば自由な粒子の波動関数は同じエネルギー $\hbar\omega = \dfrac{(\hbar k)^2}{2m}$ に対し、$\psi = \mathrm{e}^{\mathrm{i}kx}$（右行きの波）と $\psi = \mathrm{e}^{-\mathrm{i}kx}$（左行きの波）の二つの解がある（この場合は進行する波になっている）。なお、2次元以上ではこの定理は（束縛状態でも）成り立たない（演習問題12-1を参照）。
→ p288

[†3] どうやってこれを思いつくかというと、まず「$\psi_2(x)\dfrac{\mathrm{d}\psi_1(x)}{\mathrm{d}x} + \dfrac{\mathrm{d}\psi_2(x)}{\mathrm{d}x}\psi_1(x) = 0$ ならば $\dfrac{\mathrm{d}}{\mathrm{d}x}(\psi_1(x)\psi_2(x))$ とまとまるのになぁ」と気づく。そして「$\dfrac{\mathrm{d}}{\mathrm{d}x}(\psi_1(x)(\psi_2(x))^n)$ として n をうまく選んでやればいいのでは？」と考えればどう変形すればよいかがわかってくる。

10.1.2　対称ポテンシャル内の解に関する定理

> 境界条件やポテンシャルが左右対称になっている時 ($V(-x) = V(x)$ の時)、シュレーディンガー方程式の解は偶関数 ($\psi(-x) = \psi(x)$) であるか、奇関数 ($\psi(-x) = -\psi(x)$) であるか、どちらかである。あるいは、そのように解を構成し直すことができる。

が証明できる。

この定理を証明するにまず、「ポテンシャルが左右対称になっている時、シュレーディンガー方程式の解 $\psi(x)$ が見つかったとすると、$\psi(-x)$ も解である」を示す。そのために、以下のように方程式の中に出てくる x をすべて $-x$ に置き換えた式を作る。

$$\left(-\frac{\hbar^2}{2m}\frac{\partial^2}{\partial x^2} + V(x)\right)\psi(x) = E\psi(x)$$
$$\downarrow \quad (10.5)$$
$$\left(-\frac{\hbar^2}{2m}\frac{\partial^2}{\partial (-x)^2} + V(-x)\right)\psi(-x) = E\psi(-x)$$

仮定から位置エネルギーの部分は変化しない ($V(-x) = V(x)$)。また運動エネルギーの部分は $\frac{\partial^2}{\partial x^2}$ のように自乗の形になっているので、符号が変化しても変わらない。よって、$\psi(x)$ が解ならば $\psi(-x)$ も解である (このためには境界条件にも対称性がなくてはいけないのはもちろんである)。

$\psi(x)$ と $\psi(-x)$ が両方が解ならば、その和や差もやはりシュレーディンガー方程式の解であるから、

$$\psi_E(x) = \frac{1}{2}(\psi(x) + \psi(-x)), \quad \psi_O(x) = \frac{1}{2}(\psi(x) - \psi(-x)) \quad (10.6)$$

という重ね合わせも解である。つまり、解は偶関数 (ψ_E) と奇関数 (ψ_O) に再構成できる。なお、状況によっては最初から $\psi(x)$ が偶関数または奇関数であることもあるが、その時は上の式で求めた ψ_O か ψ_E のどちらか一方が 0 になる。1 次元で束縛状態を考えているならば、独立な二つの解が見つかることはないのだから、「解は偶関数か奇関数かどちらかである」と言い切ってよい (再構成しなくてもそうなっている)。

偶関数の場合、「波動関数は偶 (even) のパリティを持つ」あるいは「正のパリティを持つ」と言い、奇関数の場合は「奇 (odd) のパリティを持つ」あるい

は「負のパリティを持つ」と言う。$\psi(-x) = P\psi(x)$ とした時、P の値 (± 1) をパリティと呼ぶ場合もある。

10.2　井戸型ポテンシャル：束縛状態

2枚の有限なポテンシャルの壁にはさまれた領域での波動関数を考えてみる。この領域を「井戸の穴」と見て「井戸型ポテンシャル」と呼ばれることが多い[†4]。具体的には、下のようなポテンシャルの中にある質量 m の粒子に対しての量子力学を考える。

$$V(x) = \begin{cases} V_0 & x < -d \\ 0 & -d < x < d \\ V_0 & d < x \end{cases} \quad (10.7)$$

井戸内部の方が位置エネルギーが小さいので、粒子はこの井戸に引っ張り込まれるような力を受けることになる。井戸が十分深ければ粒子はこの井戸にとらえられ、井戸から遠い場所には存在できない。このような場合を「ポテンシャルに束縛されている」と呼ぶわけである。粒子の持つエネルギーが井戸の深さに比べて大きいと束縛は起こらないが、その場合については次の節に回し、まず束縛される場合を考えよう。その場合、$|x| \to \infty$ で $\psi \to 0$ という境界条件で問題を解くことになる。

解は $|x| > d$ の範囲では

$$e^{\pm \kappa x} \quad \text{ただし} \quad \kappa = \frac{\sqrt{2m(V_0 - E)}}{\hbar} \quad (10.8)$$

$|x| < d$ の範囲では

$$e^{\pm ikx} \quad \text{ただし} \quad k = \frac{\sqrt{2mE}}{\hbar} \quad (10.9)$$

となる。遠方で減衰する、という条件を満たすためには、$E < V_0$ である（κ の式のルートの中が正になる条件）ことがわかる。また $E > 0$ になっているとしよう。

先に証明した定理を使えば、最初から偶関数もしくは奇関数を仮定して計算をすればよいことになる。

[†4] 9.1節　で考えたようなポテンシャルは「無限に深い井戸型ポテンシャル」と呼ばれる。

ではまず偶関数の場合を考える。波動関数を

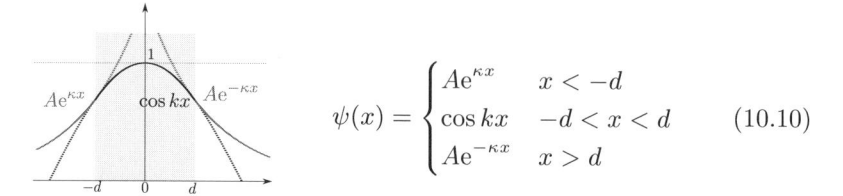

$$\psi(x) = \begin{cases} Ae^{\kappa x} & x < -d \\ \cos kx & -d < x < d \\ Ae^{-\kappa x} & x > d \end{cases} \quad (10.10)$$

と置く。ここでも規格化は気にしないことにしたので、中央の波動関数を $\cos kx$ と、係数1に選んだ。$x < -d$ では $e^{\kappa x}$、$x > d$ では $e^{-\kappa x}$ と選んだことにより、無限遠 ($x = \pm\infty$) で波動関数は0となる。また、この選び方により波動関数は確かに偶関数である[†5]。

接続条件として、$x = d$ の両側で波動関数 ψ が一致しなくてはいけない（微分 $\dfrac{d\psi}{dx}$ に関しても同様）から、

$$Ae^{-\kappa d} = \cos kd, \quad -\kappa Ae^{-\kappa d} = -k\sin kd \quad (10.11)$$

の二つの式が出る（$x = -d$ での接続は上と同じ式になるので改めて要求する必要はない）。辺々割り算すると、

$$\frac{-\kappa Ae^{-\kappa d}}{Ae^{-\kappa d}} = \frac{-k\sin kd}{\cos kd}$$
$$\kappa = k\tan kd \quad (10.12)$$

という式が成立しなくてはいけないことがわかる。k も κ もエネルギー E で決まる量なので、この式が成立するのかどうかはちゃんと計算する必要がある。エネルギーの関係式から、$\dfrac{\hbar^2 k^2}{2m} = E$, $\dfrac{\hbar^2 \kappa^2}{2m} = V_0 - E$ であるから、

$$\frac{\hbar^2 k^2}{2m} + \frac{\hbar^2 \kappa^2}{2m} = V_0 \quad \text{すなわち} \quad k^2 + \kappa^2 = \frac{2mV_0}{\hbar^2} \quad (10.13)$$

となる。

結局我々が求めるべきは $\kappa = k\tan kd$ と $k^2 + \kappa^2 = \dfrac{2mV_0}{\hbar^2}$ という連立方程式の解である。質量 m やポテンシャルの深さ V_0 が与えられれば、この式から k, κ が計算でき、つまりは許されるエネルギー E が決まることになる。

[†5] p197の脚注2で書いたように、ここで $x \to \infty$ で減衰するという条件（束縛条件）が、$e^{\pm\kappa x}$ という二つの解から一方（$x > d$ では $e^{-\kappa x}$、$x < -d$ では $e^{\kappa x}$）を選んでいる。

10.2 井戸型ポテンシャル：束縛状態

とはいえ、この連立方程式は解析的に解を求められない（式変形で答えは出せない）ので、グラフか数値計算に頼ることになる。次の図は $\kappa = k\tan kd$ と $k^2 + \kappa^2 = \dfrac{2mV_0}{\hbar^2}$ の両方をグラフに描き込んだもの（もちろん、$k^2 + \kappa^2 = \dfrac{2mV_0}{\hbar^2}$ が円の方）で、少しスケールを変えて横軸は kd、縦軸は κd になっている。タンジェントの性質により、$kd = m\pi$（m は整数）では $\kappa = 0$ となる。グラフでは $\kappa \leqq 0$ の部分も描いているが、実際にはもちろん $\kappa > 0$ でなくてはならない。

$\kappa d = kd \tan kd$ のグラフ

$(\kappa d)^2 + (kd)^2 =$ 一定　の円

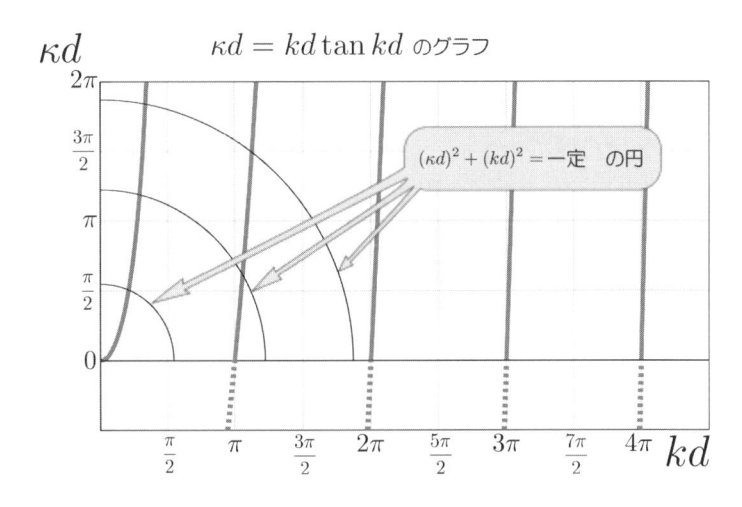

図に三つの円が描いてあるが、これは V_0 がいろんな値を取っている場合での $k^2 + \kappa^2 = \dfrac{2mV_0}{\hbar^2}$ を表している。小さい円では $\kappa = k\tan kd$ との交点は一つしかない。円の半径が大きくなれば（V_0 が大きくなれば）交点の数はどんどん増えていく。この交点の位置のエネルギーだけが許されるわけであるから、やはりエネルギーが量子化されていることになる。それゆえ、束縛されている状態の時「離散スペクトルを持つ」とか「離散的固有値を持つ」というふうに言う。グラフの形から、かならず一つは交点があることになるが、いくつあるかは d や V_0 など、問題設定によって変わる。

―――――――――――――――――――― 練習問題 ――――――――――――――――――――

次に奇関数の場合を考えてみよう。

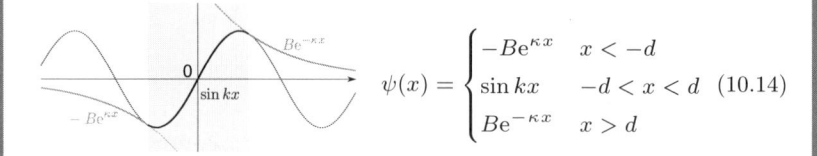

$$\psi(x) = \begin{cases} -Be^{\kappa x} & x < -d \\ \sin kx & -d < x < d \\ Be^{-\kappa x} & x > d \end{cases} \quad (10.14)$$

とおけばよい。

【問い10-2】 接続条件を式で書け。この場合も、$x = d$において$\psi(x)$と$\dfrac{d\psi}{dx}(x)$が接続されることを要求する。　　　　　　　　　ヒント → p341 へ　　解答 → p357 へ

【問い10-3】 kとκのグラフの概形を描いてみよ。ヒント → p341 へ　　解答 → p357 へ

【問い10-4】 偶関数解と違って、V_0の値によっては一つも解がない場合がある。一つも奇関数解がない条件を求めよ。　　　　　ヒント → p341 へ　　解答 → p358 へ

【問い10-5】 奇関数解の中に、偶関数解と同じエネルギーを持つものがない（縮退がない）ことを示せ。　　　　　　　　　　　ヒント → p341 へ　　解答 → p358 へ
→ p178

【問い10-6】 ポテンシャルの高さV_0が無限大の時、偶関数および奇関数の場合のエネルギー固有値が9.1節の(9.11)と同じになることを示せ。
→ p177
　　　　　　　　　　　　　　　　　　　　　　　　　ヒント → p341 へ　　解答 → p358 へ

次の図は、エネルギー固有値の低い方から三つ（偶関数二つ、奇関数一つ）の解をグラフで表したものである。

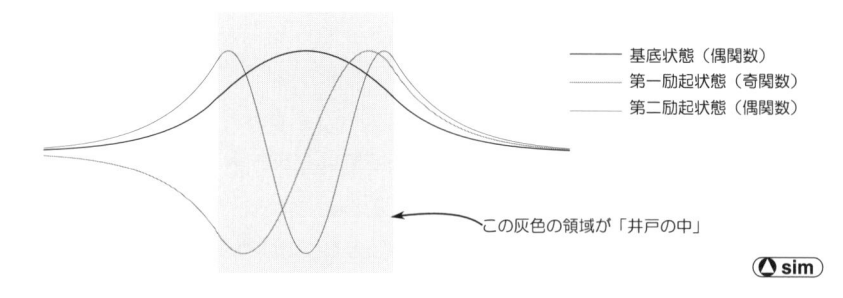

凡例：
― 基底状態（偶関数）
― 第一励起状態（奇関数）
― 第二励起状態（偶関数）

この灰色の領域が「井戸の中」

(● sim)

井戸の中では$E_{運} > 0$となっている（グラフの曲がり具合を確認しよう）。井戸の外では$E_{運} < 0$となり、波動関数は急速に減衰せねばならない。エネルギー固有値の大小はkの大小、つまりは運動量の大小で決まる。運動量の大きすぎる、つまり波長が短かすぎる波は、この井戸の内部に閉じ込めることはできない。

この時、偶関数の最低エネルギー状態と奇関数の最低エネルギー状態では、偶関数の方がエネルギーが低い。こうなる理由としては中に入る波の山＆谷の数が、偶関数の場合1個から、奇関数の場合2個から始まるということが効いている。必然的に奇関数の最低エネルギー状態の方が短い波長の波となるのである。自然はエネルギーの低い状態に落ち着こうとするという観点からすると、この場合では偶関数になりたがることになる。偶奇性は原子どうしの結合の時の電子の配置などに影響を与える。

不確定性関係を使って見積もると、井戸の幅が $2d$ なので、この中に入る波は最小でも $\Delta p = \dfrac{h}{2d}$ ぐらいの運動量の不確定性を持たなくてはいけない。そのために $\dfrac{(\Delta p)^2}{2m} = \dfrac{h^2}{8md^2}$ ぐらいのエネルギーは持ってしまう。そのエネルギーが井戸の深さよりも大きいと、波は外に広がってしまうわけである。

基底状態は、井戸の外まで広がるような波の形になっているおかげでこの制約をまぬがれていると言える。

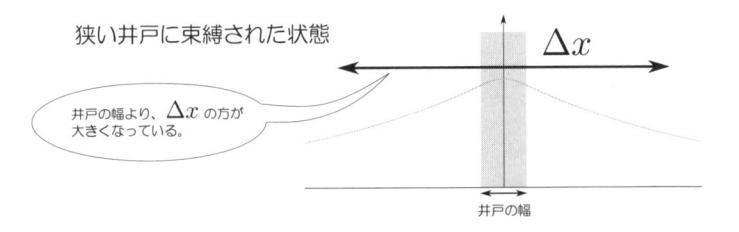

10.3　井戸型ポテンシャル：束縛されていない状態

前節では遠方で減衰する解を計算した。その条件は $V_0 > E$ であった。この条件が満たされない時は、遠方でも減衰せずに波が進行していくことになる。このような場合の解を求めよう。やはり偶関数解を仮定すると、

$$\psi(x) = \begin{cases} Ce^{-ik'(x+d)} + De^{ik'(x+d)} & x < -d \\ \cos kx & -d < x < d \\ Ce^{ik'(x-d)} + De^{-ik'(x-d)} & x > d \end{cases} \quad (10.15)$$

となる。井戸の中 $(-d < x < d)$ の波動関数は偶関数であることから cos でなくてはならない。井戸の外に関しては「偶関数だから cos」などと短絡的に考

えてはいけない。$x \to -x$ をすると、$x < -d$ の領域と $x > d$ の領域が入れ替わることに注意しよう。それぞれの領域での波動関数を $\psi_\text{左}$ と $\psi_\text{右}$ とすれば、この二つの関数について $\psi_\text{左}(x) = \psi_\text{右}(-x)$ が成立せねばならない[†6]。この条件は、二つの関数の間に関係があることを示しているのであって、けっして $\psi_\text{左}(x) = \psi_\text{左}(-x)$ のような条件をつけない。だから、$|x| > d$ の領域の関数は $\cos$ でも $\sin$ でもなく、一般的な波である（ただし、係数には関係がつく）。

また、ここでも規格化をせず（どうせこのように無限に広がった波を $\int \psi^* \psi \mathrm{d}x = 1$ にはできない）、原点での波の振幅を 1 にしておいた。後で $x = \pm d$ を代入して接続条件を計算するので、$Ce^{ik'(x-d)}$ のように、$x = \pm d$ を代入した時に答えが簡単になるような形に式を選んでいる（定数 C はまだその値を決められていないので、$Ce^{ik'x}$ と置くのと本質的には何の違いもない）。

さて接続条件を計算すると、

$$C + D = \cos kd, \quad \mathrm{i}k'(C - D) = -k \sin kd \tag{10.16}$$

という二つの式が出るので、これで C, D を求められる。

$$C = \frac{1}{2}\left(\cos kd + \mathrm{i}\frac{k}{k'} \sin kd\right) \tag{10.17}$$

$$D = \frac{1}{2}\left(\cos kd - \mathrm{i}\frac{k}{k'} \sin kd\right) \tag{10.18}$$

というのが答である。

奇関数解は同様の考察のもと、

$$\psi(x) = \begin{cases} -Ge^{-\mathrm{i}k'(x+d)} - He^{\mathrm{i}k'(x+d)} & x < -d \\ \sin kx & -d < x < d \\ Ge^{\mathrm{i}k'(x-d)} + He^{-\mathrm{i}k'(x-d)} & x > d \end{cases} \tag{10.19}$$

とおいて、接続条件

$$G + H = \sin kd, \quad \mathrm{i}k'(G - H) = k \cos kd \tag{10.20}$$

から、G, H が求められる。

[†6] 井戸内については $\psi_\text{内}(x) = \psi_\text{内}(-x)$ のように一つの関数に対して要求している。

$$G = \frac{1}{2}\left(\sin kd - i\frac{k}{k'}\cos kd\right) \quad (10.21)$$

$$H = \frac{1}{2}\left(\sin kd + i\frac{k}{k'}\cos kd\right) \quad (10.22)$$

となった。C, D および G, H は互いに複素共役である（$C^* = D, G^* = H$）ことに注意せよ。これは、左行きの波と右行きの波は位相がずれているだけで同じ振幅であることを意味する（そういう答えが出てくるのは当然である）。

ここで束縛されていた状態との大きな違いは、k, k' の値にはなんら制限がつかないということである。よってエネルギー固有値 $E = \dfrac{\hbar^2 k^2}{2m}$ も $E > V_0$ であるという以外には、なんの制限もつかない。束縛状態で起こった、エネルギーの量子化は、ここでは起きない。数式上そのようになる理由は、束縛されている場合には加えられていた「遠方で増大する解が落ちる」という条件が課されていないからである。よってエネルギーは連続的な値を取れる。これを「連続スペクトルを持つ」とか「連続的固有値を持つ」とか言う。

なお、ここで求めた解は偶関数または奇関数であるため、必然的に左行きの波と右行きの波が同じ重みで（同じ振幅で）入っている。よって、「左から粒子が入射して、真中のポテンシャルで反射する波と、ポテンシャルを通り抜ける波に分かれる」という状況は、上の答えの中には入っていない。そのような状況にするためには、偶関数解と奇関数解を適当に組み合わせる必要がある。このような状況での計算については次節でより詳しく行う。

10.4 ポテンシャルの壁を通過する波動関数

次に、図のように有限の長さと有限の高さを持つ壁を考えよう。

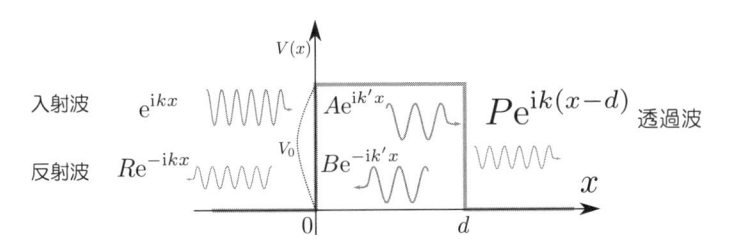

$0 < x < d$ の間だけ $V(x) = V_0$ となり、通り抜けた後は再び $V(x) = 0$ となるようなポテンシャルである。前節の最後の計算では一部がくぼんでいたが、この節で行う計算では一部が盛り上がっている。ポテンシャルの符号が逆になっていると思えばよい。ポテンシャルの高さと入射波の運動エネルギーの大小により、ポテンシャルの高いところ（壁の内部）では古典的には運動エネルギーが正になったり負になったりすることになる。以下では二つの場合に分けて計算しよう。

10.4.1 $E > V_0$ の場合

まず、壁の左側では入射波を e^{ikx}（これを振幅1として基準にする）、反射波を Re^{-ikx} とおく。壁の内部では $Ae^{ik'x} + Be^{-ik'x}$ のように、左行きと右行きの波が共存している。壁を抜けて透過して行く粒子の波動関数が $Pe^{ik(x-d)}$（これは右行きのみ）で表せるとしよう。例によって透過波は $Pe^{ik(x-d)}$ と書いて $x = d$ の時の値が簡単に表現できるようにした。Pe^{ikx} と書いてももちろん支障はない。

ここで k' は

$$k' = \frac{\sqrt{2m(E - V_0)}}{\hbar} \tag{10.23}$$

で、今の状況では実数である。

次に波動関数が $x = 0$ と $x = d$ でどのように接続されるかという条件を考える。この条件は四つ出て、

$$\begin{aligned}
&x = 0 \text{での} \psi \text{の条件から} & &1 + R = A + B \\
&x = 0 \text{での} \frac{d\psi}{dx} \text{の条件から} & &ik(1 - R) = ik'(A - B) \\
&x = d \text{での} \psi \text{の条件から} & &Ae^{ik'd} + Be^{-ik'd} = P \\
&x = d \text{での} \frac{d\psi}{dx} \text{の条件から} & &ik'\left(Ae^{ik'd} - Be^{-ik'd}\right) = ikP
\end{aligned} \tag{10.24}$$

となる。未知数四つで条件も四つなので、これで R, A, B, P はすべて求められる。計算は少々面倒であるが単純で、答は

$$P = \frac{4kk'}{D}, \qquad A = \frac{2k(k' + k)e^{-ik'd}}{D}$$
$$R = \frac{((k')^2 - k^2)\left(e^{ik'd} - e^{-ik'd}\right)}{D}, \qquad B = \frac{2k(k' - k)e^{ik'd}}{D} \tag{10.25}$$

10.4 ポテンシャルの壁を通過する波動関数

である。ただし、共通分母 D は

$$D = (k'+k)^2 \mathrm{e}^{-\mathrm{i}k'd} - (k-k')^2 \mathrm{e}^{\mathrm{i}k'd} \tag{10.26}$$

である。この場合の波動関数の実数部分のグラフの一例を下に挙げておく。

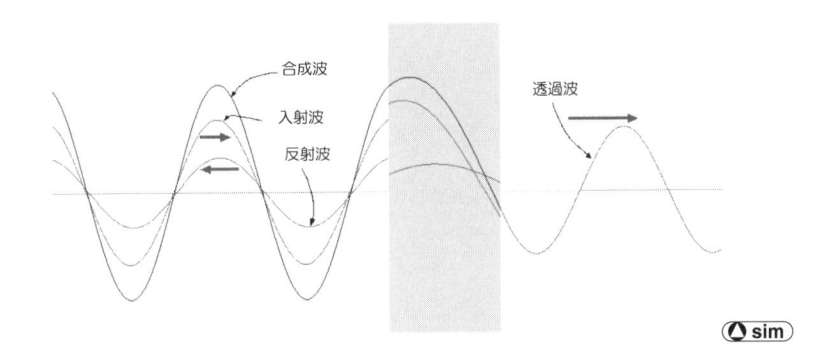

(10.25)の R の式を見るとわかるように、$k = k'$ になるか、$\mathrm{e}^{\mathrm{i}k'd} = \mathrm{e}^{-\mathrm{i}k'd}$ になると、反射波がなくなってしまう。$k = k'$ になる時は、つまりポテンシャルに段差がないという場合であり、そもそも反射が起こる理由がない。また、$\mathrm{e}^{\mathrm{i}k'd} = \mathrm{e}^{-\mathrm{i}k'd}$ になる場合というのは、$\mathrm{e}^{2\mathrm{i}k'd} = 1$ になるということであり、これは壁（幅 d）を反射して返ってきた波と壁に入る前に反射した波の、経路の差による位相差 $2k'd$ が、ちょうど 2π の整数倍になるということである。これにプラスして反射による位相差 π があるため、壁の左端で反射した波と壁の右端で反射した波（この二つは一方が固定端反射ならもう一方は自由端反射する）は互いに消し合う関係にある。この干渉によってちょうど反射波が消えてしまうのである。

(10.25)で、$\mathrm{e}^{\mathrm{i}k'd} = \mathrm{e}^{-\mathrm{i}k'd} = \pm 1$ として A, B を求めると、

$$A = \frac{2k(k'+k)}{4kk'}, \quad B = \frac{2k(k'-k)}{4kk'} \quad (\text{結果は複号によらない}) \tag{10.27}$$

となるが、これを見ると $A + B = 1$ になるので、(10.24)の ψ の接続の式 ($1+R = A+B$ と $A\underbrace{\mathrm{e}^{\mathrm{i}k'd}}_{\pm 1} + B\underbrace{\mathrm{e}^{-\mathrm{i}k'd}}_{\pm 1} = P$) より、この時 $R = 0$ になり（反射波がなくなり）、$P = \pm 1$ になる（透過波の振幅の絶対値が 1 になる）ことがわかる。

そこに壁があるにもかかわらず、まるで壁がないかのごとく粒子が通り抜けるという現象が起こり得る[†7]。これと類似の現象が起こっているのが、2.4節で電子が波動であることの証拠として述べたラムザウアー効果である。
→ p46
アルゴンなどの希ガス原子に電子をぶつけると、特有のエネルギーを持った電子が希ガス原子に散乱されずに素通りするという現象が実験により確認されている。

10.4.2　$E < V_0$ の場合

$E < V_0$ の場合、すなわち $k' = \dfrac{\sqrt{2m(E - V_0)}}{\hbar}$ が虚数になる場合は $k' = i\kappa$ (すなわち、$\kappa = \dfrac{\sqrt{2m(V_0 - E)}}{\hbar}$) により実数 κ を導入し

$$P = \frac{4ik\kappa}{D}, \qquad\qquad A = \frac{2k(i\kappa + k)e^{\kappa d}}{D}$$
$$R = \frac{(-\kappa^2 - k^2)\left(e^{-\kappa d} - e^{\kappa d}\right)}{D}, \quad B = \frac{2k(i\kappa - k)e^{-\kappa d}}{D} \tag{10.28}$$

となる。この場合の共通分母は

$$D = (k + i\kappa)^2 e^{\kappa d} - (k - i\kappa)^2 e^{-\kappa d} \tag{10.29}$$

となる。

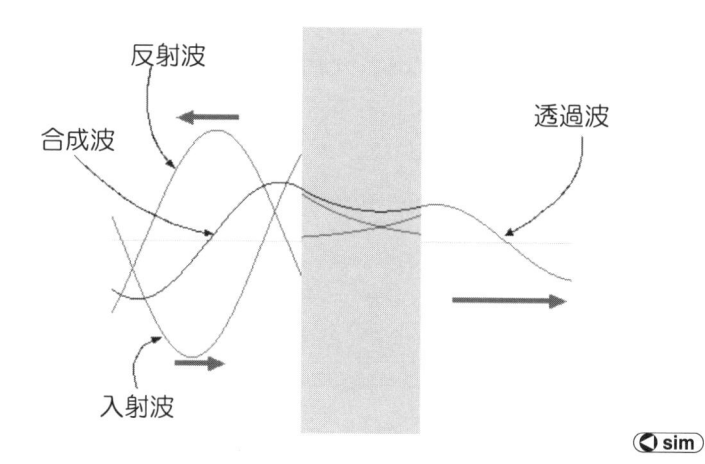

反射波
合成波
透過波
入射波

sim

[†7] 光の場合に応用した例として、ガラスなどに光の波長程度の薄膜をつけることで特定の波長の光だけが通過できるようにする技術がある。

たとえ $V_0 > E$ でも、P は 0 にはならない。古典的には通過できないはずの壁がそこにあっても、粒子が向こう側へ通り抜ける確率は存在しているのである。ただし、その確率振幅には $e^{-\kappa d}$ の因子が掛かっているから、d が大きい時や κ が大きい（つまり E より V_0 の方がずっと大きい）時にはその確率は非常に 0 に近くなる。なお、この場合、壁の中の波動関数は

$$Ae^{-\kappa x} + Be^{\kappa x} \tag{10.30}$$

となる。この場合、どんどん振幅が増大する波である $e^{\kappa x}$ も解の中に入ってくる。壁が有限の距離しかないので、このような場合でも発散しなくてすむからである。もっとも、式の形からわかるように係数 B はだいたい $e^{-2\kappa d}$ ぐらいの大きさを持つ[†8]ので、$Be^{\kappa x}$ の値が $Ae^{-\kappa x}$ よりも圧倒的に大きくなることはない。

このような状態の一例が前ページの図である。壁内部（濃く塗られた部分）では波は振幅が減衰する波と振幅が増大する波の和になっているが、増大する方の波は比較的小さい。

------------ 練習問題 ------------

【問い 10-7】 k' が実数の場合も虚数の場合も、反射波の振幅 $|R|$ と透過波の振幅 $|P|$ の間には、$|R|^2 + |P|^2 = 1$ が成立することを確かめよ。

ヒント → p341 へ　解答 → p359 へ

このように、古典的には通り抜けることができない障壁を粒子が（まるで誰かがトンネルを掘ってくれたがごとく）通り抜けることを「**トンネル効果**」と呼ぶ。半導体などの中を走る電子のトンネル効果は現代のエレクトロニクスの基礎となっている。

実際にトンネル効果が起こっていることがいろいろな現象で確認されている。たとえば原子核の α 崩壊（原子核内部から α 粒子すなわち ^4_2He の原子核が飛び出してくるという現象）は、古典的には起こり得ない。原子核の結合エネルギー（核力という力で陽子や中性子どうしが互いに引っぱり合う引力による）を計算すると、α 粒子は外に出ることはできない。しかし量子力学的な浸み出しによって外に出る。いったん外に出てしまうと α 粒子と原子核（どちらもプラスに帯電）はクーロン斥力によって離れていくので、α 粒子の

[†8] 分子に $e^{-\kappa d}$ があり、分母 D の主要項は $e^{\kappa d}$ である。

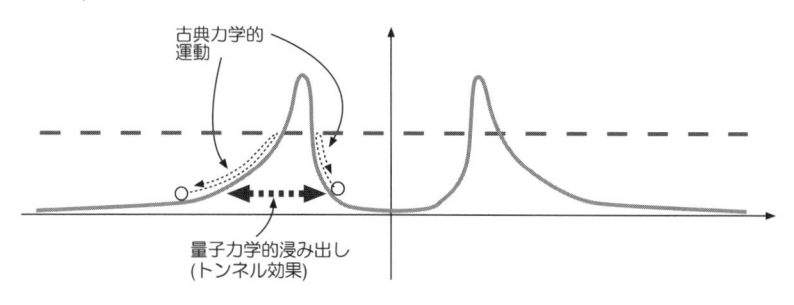

放出が起こる（上の図参照）。

さらには、実は太陽が輝いていられるのもトンネル効果のおかげである。太陽内部では陽子（水素原子核）が衝突して核融合しているが、実は古典力学的に計算すると陽子は衝突できない（演習問題9-4,9-5）。プラス電気を持っているために反発して、衝突前に離れてしまうのである。この場合のポテンシャルの壁はクーロンポテンシャル $\dfrac{ke^2}{r}$ である。ところが、この場合も波動関数の浸み出しによって小さい確率だが陽子と陽子が接触することができて、核融合が起こる。小さい確率なのに太陽があのように光輝いていられる理由は、その小さい確率を補うにあまりあるほど、太陽が多くの陽子を含んでいるからである。通常、ミクロな世界にだけ顔を出すと思われている量子力学だが、太陽の光という、目に見える恩恵をもたらしてくれるものでもある[†9]。

10.5 デルタ関数ポテンシャルを通過する波動関数

前節で考えたような長方形ポテンシャルの、長方形の面積を変えずに壁の幅を少しずつ狭くしていく（つまり壁の高さは高くしていく）。極限としてポテンシャルが $V(x) = V_0 \delta(x-a)$（$x=a$に壁が

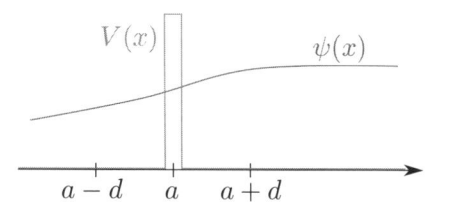

[†9] さらには宇宙の始まりすら「'無'からトンネル効果で産まれた」などと言う人もいる。「虚数の時間で考えれば、宇宙には始まりも終わりもない」と言うホーキングの言葉がCMで使われていたことがあったが、あの「虚数の時間」というのはトンネル効果を意味している。ここまでの式でも、$k = i\kappa$ と置き換えて波数（運動量）を虚数にするとトンネル効果が記述できている。これは虚数の時間を使っていることに対応する。もっとも、ほんとうに宇宙がトンネル効果で始まったのかどうかはまだわからない。

10.5 デルタ関数ポテンシャルを通過する波動関数

ある）となったとすると何が起こるかを考えておこう。

シュレーディンガー方程式を $a-d$ から $a+d$ までという、狭い範囲で積分する。

$$\int_{a-d}^{a+d} dx \left(-\frac{\hbar^2}{2m} \frac{d^2}{dx^2} + V(x) \right) \psi(x) = \int_{a-d}^{a+d} dx E \psi(x)$$

$$\left[-\frac{\hbar^2}{2m} \frac{d}{dx} \psi(x) \right]_{a-d}^{a+d} = \int_{a-d}^{a+d} dx (E - V(x)) \psi(x)$$

$$\frac{d}{dx}\psi(a+d) - \frac{d}{dx}\psi(a-d) = -\frac{2m}{\hbar^2} \int_{a-d}^{a+d} dx (E - V(x)) \psi(x)$$

(10.31)

この式の右辺はもし $V(x)$ に発散がないなら $d \to 0$ で 0 になり、左辺も 0 となり微分 $\frac{d}{dx}\psi$ は連続的につながる。しかしもし $V(x) = V_0 \delta(x-a)$ のような発散があれば、

$$\lim_{d \to 0} \left(\frac{d}{dx}\psi(a+d) - \frac{d}{dx}\psi(a-d) \right) = \frac{2mV_0}{\hbar^2} \psi(a)$$

(10.32)

となり、微分が $x = a$ の点で不連続となる。

$x = 0$ の点にだけこのデルタ関数的発散をするポテンシャル $V_0 \delta(x)$ がある場合、つまり定常状態のシュレーディンガー方程式が

$$\left(-\frac{\hbar^2}{2m} \frac{d^2}{dx^2} + V_0 \delta(x) \right) \psi(x) = E\psi(x)$$

(10.33)

で表される場合を考えよう。$x=0$ 以外では自由なシュレーディンガー方程式が成立しているのだから、解は $Ae^{ikx} + Be^{-ikx}$ の形になる（当然、$\frac{\hbar^2 k^2}{2m} = E$）。$x > 0$ と $x < 0$ で係数 A, B が変化するだろう。これまで同様、入射波+反射波を $e^{ikx} + Re^{-ikx}$、透過波を Pe^{ikx} と置けば、接続条件は

$$1 + R = P, \quad ikP - ik(1-R) = \frac{2mV_0}{\hbar^2} P$$

(10.34)

となる。二つめ（微係数の接続）にデルタ関数的ポテンシャルの影響が現れている。

この解は

$$P = \frac{ik}{ik - \frac{mV_0}{\hbar^2}}, \quad R = \frac{\frac{mV_0}{\hbar^2}}{ik - \frac{mV_0}{\hbar^2}} \quad (10.35)$$

となる。P, R はどちらも複素数になるので、反射、透過の際に位相がずれることがわかる。右上の図は、P の分子と分母の持つ位相を表現したものである（$V_0 > 0$ として書いた）。この位相は P の分子の持つ位相 $\frac{\pi}{2}$ より大きいので、割り算の結果である P はマイナスの位相を持つ[†10]。$V_0 > 0$ のポテンシャルはその場所で位相を減らす（波が進行方向に対してバックする）。逆に $V_0 < 0$ のポテンシャルはその場所の位相を増やす（波を少し進行方向にシフトする）。この関係は、次の節で波が存在できる条件に効いてくる。

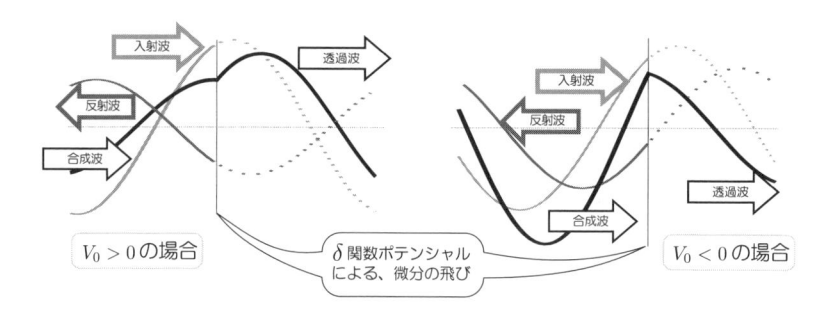

上の図がその一例のグラフである。$V_0 > 0$ の時、ポテンシャルのある位置の確率密度は下がり、$V_0 < 0$ の時は上がっている。これはそれぞれ斥力、引力が働いていると考えればよい。

[†10] $\dfrac{e^{i\alpha}}{e^{i\beta}} = e^{i(\alpha-\beta)}$ となることに注意。

10.6　1次元周期ポテンシャル内を通過していく波動関数

位置エネルギー $V(x)$ が

$$V(x+a) = V(x) \tag{10.36}$$

のような周期性を持つ場合のシュレーディンガー方程式を解こう。このような周期的ポテンシャル内での波動関数は、「固体中の電子が、規則正しく並んだ原子核の間を通り抜けて行く」ような現象をモデルにしたものと考えることができ、固体の電気的性質を量子力学を用いて考える手がかりとしては有用である。もちろん、まじめにやるにはここでやるように1次元でやっていたのではだめで、3次元でちゃんとシュレーディンガー方程式を解かなくてはいけない。しかし、1次元でも面白い現象はちゃんと起こる。

上の周期的条件はポテンシャルに対するもので、波動関数に対するものではない。前に周期境界条件を考えた時には波動関数自体に $\psi(x+a) = \psi(x)$ のような条件を置いたが、ここでは少しだけ条件をゆるめて、

$$\psi(x+a) = e^{iKa}\psi(x) \tag{10.37}$$

とおく（Blochの条件と呼ばれる）。K は定数であり、一周期ごとに Ka だけ位相が変化すると考えていることになる。波動関数に周期境界条件を置いた時はいわば空間自体をまるめて左端と右端がつながっているような状況を考えたのだが、今は空間自体は無限に広がっていて、その空間内に周期的なポテンシャルがおかれている状態を考えている。だから波動関数が一致する必要はない。問題設定が周期的なのだから、波動関数も観測の範囲内では同じ状態になっているだろう。しかし上のように位相がずれることは許される（位相がずれても波動関数としては同等だから）。そしてその周期性がずっと同様に続くことになる。このように考えるとBlochの条件が出てくることが納得できる[†11]。この K は $x = na$（n は整数）で表される点だけに着目した時に波数（すなわち、位相変化÷距離で計算される量）のように見える量である。$x = na$ 以外の点も見ると、複雑な波ができているのだが、そこを見ずに $x = na$ のポイントだけを見て判断すると、波動関数は e^{iKx} であるかのごとく見える。

[†11] 波動関数がこの形になることはBlochの定理と呼ばれ、厳密な証明があるが、ここではだいたいの雰囲気としてこう考えておくことにする。

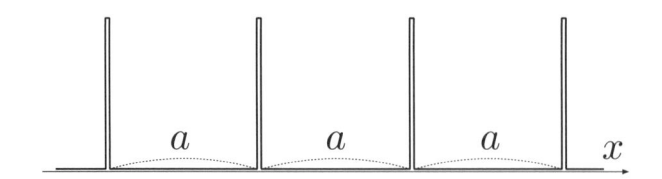

計算を簡単にするため、ポテンシャルとしては前節の最後に示したようなデルタ関数的ポテンシャルが周期的に並んでいるものを考えよう。$x = ma$（m は整数）に $V_0 \delta(x - ma)$ で表現される「幅は狭いが高さの高い壁」があるという状況である。この時の波動関数の解を

$$\psi(x) = A e^{ikx} + B e^{-ikx} \tag{10.38}$$

とおく。$\dfrac{\hbar^2 k^2}{2m} = E$ なのはこれまで通りである。ただしこの式が成立するのは $0 < x < a$ の範囲である（$x = 0$ や $x = a$ では波動関数がなめらかにつながらない）。$a < x$ の範囲や $x < 0$ の範囲にでは別の関数となる。たとえば $a < x < 2a$ の範囲にあったならば、その時の波動関数の値は

$$\begin{aligned}\psi(x) &= e^{iKa}\psi(x - a) \\ &= e^{iKa}\left(A e^{ik(x-a)} + B e^{-ik(x-a)}\right)\end{aligned} \tag{10.39}$$

となる。$0 < x - a < a$ であるため、$0 < x < a$ で定義された (10.38) を使うことができる（$\psi(x - a) = A e^{ik(x-a)} + B e^{-ik(x-a)}$）点に注意。同様に $ma < x < (m+1)a$（m は整数）であったならば、$\tilde{x} = x - ma$ として、$\tilde{x}$ が $0 < \tilde{x} < a$ の範囲に入るようにする。この領域での $\psi(x)$ は

$$\psi(x) = \psi(\tilde{x} + ma) = \left(e^{iKa}\right)^m \psi(\tilde{x}) = e^{imKa}\left(A e^{ik\tilde{x}} + B e^{-ik\tilde{x}}\right) \tag{10.40}$$

となる。

いま考えている波動関数は、$x = 0$ や $x = a$（一般には $x = ma$）の左右で関数形が変わるから、そこでうまくつながるように接続条件を設定しよう。(10.38) で $x \to a$ としたものと、(10.39) で $x \to a$ としたものを比較し、一階微分に関してはデルタ関数がある時の接続条件(10.32)を使うと、結果は
$\to$ p213

$$\begin{aligned}A e^{ika} + B e^{-ika} &= e^{iKa}(A + B) \\ ik\left(e^{iKa}(A - B) - A e^{ika} + B e^{-ika}\right) &= \frac{2mV_0}{\hbar^2}\left(A e^{ika} + B e^{-ika}\right)\end{aligned} \tag{10.41}$$

という式である。この式を解いて A, B を求めるわけであるが、この式を行列を使って書くと、

$$\begin{pmatrix} e^{ika} & e^{-ika} \\ e^{iKa} - e^{ika} & -e^{iKa} + e^{-ika} \end{pmatrix} \begin{pmatrix} A \\ B \end{pmatrix} = \begin{pmatrix} e^{iKa} & e^{iKa} \\ -2i\alpha e^{ika} & -2i\alpha e^{-ika} \end{pmatrix} \begin{pmatrix} A \\ B \end{pmatrix} \quad (10.42)$$

である ($\frac{mV_0}{k\hbar^2} = \alpha$ とおいた)。

整理すると、

$$\begin{pmatrix} e^{ika} - e^{iKa} & e^{-ika} - e^{iKa} \\ e^{iKa} - e^{ika} + 2i\alpha e^{ika} & -e^{iKa} + e^{-ika} + 2i\alpha e^{-ika} \end{pmatrix} \begin{pmatrix} A \\ B \end{pmatrix} = 0 \quad (10.43)$$

である。もしこの行列に逆行列が存在したら、それを両辺に掛けることでAもBも0という答えが出てしまう。これは粒子がどこにもいないということになって意味のない解である。そこで逆行列が存在しない、つまり行列式=0という条件を置く。

行列式の基本変形などを使って整理すると、

$$\cos Ka = \cos ka + \underbrace{\frac{mV_0}{\hbar^2 k}}_{\alpha} \sin ka \quad (10.44)$$

という式ができる[†12]。

------- 練習問題 -------

【問い 10-8】(10.44) を確認せよ。　　　　　　　ヒント → p342 へ　　解答 → p359 へ

この式の右辺は、$\cos ka$ という振幅1の振動と、振幅が $\frac{1}{k}$ に比例する $\sin ka$ による振動の和であり、k などの値によっては絶対値が1より大きくなることは有り得る。一方左辺は $-1 < \cos Ka < 1$ という範囲の量である。それゆえ、k の値によってはこの方程式に解がなくなり、そのような波数kを持った波はこの空間内に存在できない。

[†12] ここではkが実数として考えたが、もちろんkが虚数になる事も有り得て、その場合、$k = i\kappa$ とすると、$\cos Ka = \cosh \kappa a + \frac{mV_0}{\hbar^2 \kappa} \sinh \kappa a$ という式になる。κ がある値より小さいところでしか解は存在しない。

具体的に数値を入れて(10.44)の右辺のグラフを描いてみると

$a = \pi, C = 0.5$ の場合のグラフ

$\cos ka$ ....

$-C\dfrac{\sin ka}{k}$ - - - - -

$\cos ka - C\dfrac{\sin ka}{k}$ ━━━

禁止帯　禁止帯

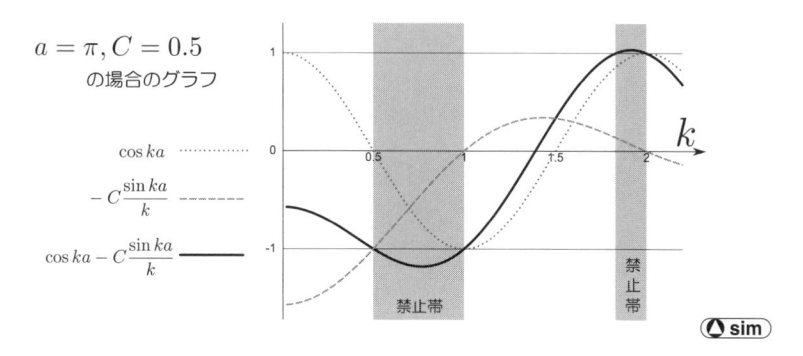

のようになり、$|\cos Ka|$ が 1 を越えないと条件が満たせない領域が現れる（灰色で表した）。この粒子が存在し得ない領域を「**禁止帯**」と呼ぶ。粒子のエネルギー・運動量のこのような制限を「**バンド構造**」と呼ぶ。束縛された状態については、エネルギーの値が離散的に制限されるという条件がついた。この場合には離散的ではないがやはりエネルギーの値に制限が加えられたことになる。

　なお、グラフでは、定数 $\dfrac{mV_0}{\hbar^2}$ を $-C$ と書いていて、$V_0 < 0$ の場合である[†13]。

　禁止帯に近いところで実際にどのような波ができているかのグラフを示そう。

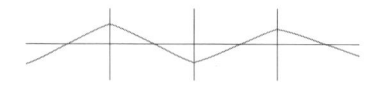

　右の図はもっとも k が小さい（エネルギーの低い）ところにある禁止帯より、少しだけエネルギーが低い状態の波動関数の実数部分のグラフである。デルタ関数ポテンシャルが存在しているところで、波動関数が折れ曲がっている（一階微分がつながっていない）ことが確認できる。この折れ曲がりがあるせいで、このポテンシャル内を通り抜ける波は波長 $\dfrac{2\pi}{k}$ よりも短い距離で 1 回振動することになる。この折れ曲がりが大きくなると、もはやちゃんとつながる波を作ることができなくなり、波が存在できなくなるわけである。

　なお、この時の波の状態はほとんど定常波に近い。この付近ではほとん

[†13] 電子と原子核の場合、引力が働くから $V_0 < 0$ と考えられる。

10.6 1次元周期ポテンシャル内を通過していく波動関数

$|A| = |B|$（つまり左行きの波と右行きの波の振幅が同一に近い）になっている。このことは以下の計算でわかる。

(10.43)の行列の行列式が0になるということは、(10.41)の二つの式は独立でない。そこで、簡単な上の方の式 $Ae^{ika} + Be^{-ika} = e^{iKa}(A+B)$ だけを考えて、

$$B = -\frac{e^{ika} - e^{iKa}}{e^{-ika} - e^{iKa}} A \tag{10.45}$$

となる。グラフからわかるように、最初の禁止帯に近い位置というのは $\cos Ka = -1$（すなわち、$e^{iKa} = -1$）になろうとするところで、この時 $\frac{e^{ika} - e^{iKa}}{e^{-ika} - e^{iKa}}$ は絶対値1に近づく。

(10.45)を見ると、e^{iKa} が実数（±1）になると分子と分母の絶対値が等しくなり、$|A| = |B|$ となることが確認できる。

すでに述べたようにこのようなポテンシャルは結晶のように規則的に並んだ原子の間に存在する電子の感じるポテンシャルをモデル化したものと考えられる。実際に物質中の電子の状態にはバンド構造が現れる。自由に空間内を飛び回っている電子はどんなエネルギーでも持つことができるが、物質中ではそうではない。この空白部分（あるいは、空白部分のエネルギー幅）を**「エネルギーギャップ」**などと呼ぶ。

物質内部の電子1個1個はここで求めたような波動関数で表せる状態にある。この物質に電流が流れていない時は、いろいろな方向へ進む電子それぞれの持つ運動量が互いに打ち消し合って、全体としては運動していない。電圧をかけるなどすると電流が流れるが、その時は電子のうち一部が最初持っていたよりも大きなエネルギーを持つ必要がある（下図左から中央への変化）。

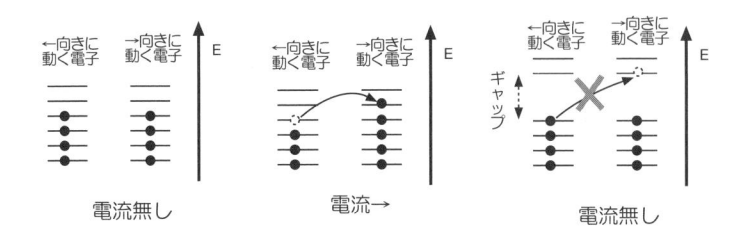

本書の範囲を超えるので詳しくは説明しないが、電子は二つ以上の電子が同じ状態に属せないという性質（パウリの排他律）を持っている。そして、電流が流れていない（外からエネルギーが与えられていない）時の電子群は、エネルギーの低い状態に詰まったような状態になっている。その状態から電流が流れる状態に変化するためには、電子のうちどれかの状態が、最初持っているよりも少しだけ大きいエネルギーの状態に変化しなくてはいけない。

しかし、ちょうどその「最初持っていたよりも少しだけ大きいエネルギー」の状態との間にエネルギーギャップがある（今より運動量の大きい状態に変化するためには、禁止帯を越えなくてはいけない）と、電子は簡単には動き出すことができない（一番右の図）。このような場合、電子は大きなエネルギーを与えない限りは自由に動けず、電流が流れない。「物質が絶縁体になるか導体になるか、あるいは半導体になるか」という問題は、「電子がどのような状態を持ち得るか」という問題に深く関与しているのである。

10.7　章末演習問題

★【演習問題10-1】

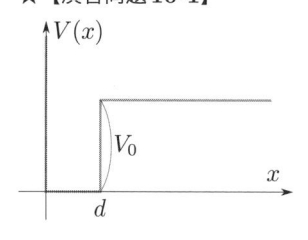

$$V(x) = \begin{cases} \infty & x < 0 \\ 0 & 0 < x < d \\ V_0 & d < x \end{cases} \quad (10.46)$$

と表現される、ポテンシャル（左のグラフで表される）の中に束縛された粒子のシュレーディンガー方程式を解け。
　束縛状態が存在する条件は何か？

ヒント → p6wへ　　解答 → p27wへ

★【演習問題10-2】
ポテンシャル $V(x) = -\lambda\delta(x)$ がある場合の定常状態のシュレーディンガー方程式

$$\left[-\frac{\hbar^2}{2m}\frac{\mathrm{d}^2}{\mathrm{d}x^2} - \lambda\delta(x)\right]\psi(x) = E\psi(x) \quad (10.47)$$

の束縛状態を表す解（$x = \pm\infty$ で $\psi(x) = 0$ とする）とそのときのエネルギー固有値を求めよ。

ヒント → p6wへ　　解答 → p27wへ

第 11 章

1次元調和振動子

この章では粒子が $U = \dfrac{1}{2}kx^2$ で表されているようなポテンシャル内に存在している場合について解く。

11.1　1次元調和振動子

11.1.1　1次元調和振動子のシュレーディンガー方程式

「調和振動子」とは、古典的に考えるならば、ばねにつながれた粒子の運動である。

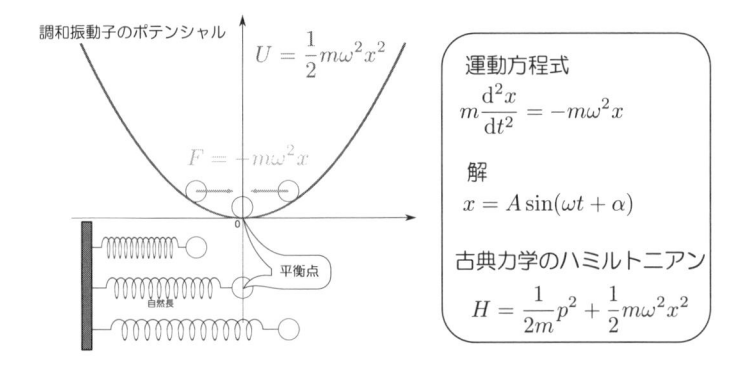

調和振動子のポテンシャル　$U = \dfrac{1}{2}m\omega^2 x^2$

$F = -m\omega^2 x$

平衡点

自然長

運動方程式
$m\dfrac{\mathrm{d}^2 x}{\mathrm{d}t^2} = -m\omega^2 x$

解
$x = A\sin(\omega t + \alpha)$

古典力学のハミルトニアン
$H = \dfrac{1}{2m}p^2 + \dfrac{1}{2}m\omega^2 x^2$

「ばねにつながれた量子力学的粒子なんてないから、こんな問題は単なる練習問題であって、現実的な物理と関係ないだろう」などと思ってはいけない。むしろ逆に、現実的な物理のいろんなところでこの調和振動子は顔を出すのである。というのは近似的に考えれば多くの力学系が平衡点を中心とし

て変位に比例するような力を受けている物体と考えることができるからである。たとえば固体の分子に発生する振動も調和振動子と考えてよい。

また、電磁場など、連続的に空間に広がっているような系も、フーリエ変換などの技法を用いてうまく分解してやることで調和振動子の集まりと考えられる場合が多い。そもそも量子力学の始まりはプランクが光（電磁場）のエネルギーの変化量が$nh\nu$のように$h\nu$の整数倍に「量子化」されることに気づいたからであった。以下で具体的計算を述べるが、$nh\nu$のようにエネルギーが量子化されることはまさに調和振動子の特徴である。つまり調和振動子は最初に見つけられた量子力学的系であるとも言える。理論的にも応用的にも、調和振動子の量子力学は非常に重要である。

1次元調和振動子の古典力学的ハミルトニアンは前ページの図に示した通りなので、これを量子力学で考えるには、シュレーディンガー方程式

$$\left(-\frac{\hbar^2}{2m}\frac{\mathrm{d}^2}{\mathrm{d}x^2} + \frac{1}{2}m\omega^2 x^2\right)\psi(x) = E\psi(x) \tag{11.1}$$

を、無限遠で0になるという境界条件で解いていけばよい。この境界条件は、無限遠では位置エネルギー$\frac{1}{2}m\omega^2 x^2$が無限大となることを考えれば当然である。

まず方程式の**無次元化**を行っておくと便利である。無次元化とは、方程式の変数（今の場合xで、長さの次元を持っている）を次元のない変数に変更することである。

$x = \alpha\xi$として、ξが無次元の量であり、αが長さの次元を持っているとする。変数を「次元のあるx」から「次元のないξ」へと変更するわけである。$\frac{\mathrm{d}}{\mathrm{d}x} = \frac{1}{\alpha}\frac{\mathrm{d}}{\mathrm{d}\xi}$と変化するから、

$$\left(-\frac{\hbar^2}{2m\alpha^2}\frac{\mathrm{d}^2}{\mathrm{d}\xi^2} + \frac{1}{2}m\omega^2\alpha^2\xi^2\right)\psi(x) = E\psi(x) \tag{11.2}$$

ここで両辺を$\hbar\omega$で割って右辺の係数を無次元化する（なぜ$\hbar\omega$を使うのかは、後の問い11-1を参照）。
→ p224

$$\left(-\frac{\hbar}{2m\omega\alpha^2}\frac{\mathrm{d}^2}{\mathrm{d}\xi^2} + \frac{m\omega\alpha^2}{2\hbar}\xi^2\right)\psi(x) = \frac{E}{\hbar\omega}\psi(x) \tag{11.3}$$

11.1 1次元調和振動子

この式には $\frac{\hbar}{m\omega\alpha^2}$ とその逆数 $\frac{m\omega\alpha^2}{\hbar}$ が現れているから、「これ $\left(\frac{\hbar}{m\omega\alpha^2}\right)$ が1になるようにすれば計算が楽だな」と思いつくだろう。そこで、

$$\alpha = \sqrt{\frac{\hbar}{m\omega}},\ E = \left(\lambda + \frac{1}{2}\right)\hbar\omega \tag{11.4}$$

としておく[†1]と係数が簡単になって以下の形になる。

$$\left(-\frac{1}{2}\frac{\mathrm{d}^2}{\mathrm{d}\xi^2} + \frac{1}{2}\xi^2\right)\psi(x) = \left(\lambda + \frac{1}{2}\right)\psi(x) \tag{11.5}$$

ここではちゃんと代入しながら無次元化を行ったが、実は無次元化するということは「$\hbar$ や m や ω など、次元を持った定数をすべて1だとする（そうなるような単位系を使う）」ということなので、

$$\left(-\frac{\hbar^2}{2m}\frac{\mathrm{d}^2}{\mathrm{d}x^2} + \frac{1}{2}m\omega^2 x^2\right)\psi(x) = E\psi(x)$$

> はい、今から $\hbar$ と m と ω が1になるような単位系で計算しますよ！

$$\left(-\frac{\hbar^2}{2m}\frac{\mathrm{d}^2}{\mathrm{d}x^2} + \frac{1}{2}m\omega^2 x^2\right)\psi(x) = E\psi(x)$$

$$\left(-\frac{1}{2}\frac{\mathrm{d}^2}{\mathrm{d}\xi^2} + \frac{1}{2}\xi^2\right)\psi(x) = \left(\lambda + \frac{1}{2}\right)\psi(x)$$

と書き下してもよい（計算としてはもちろんこっちの方が楽である）。

【FAQ】数字はいくらでも1にできるのですか？

もちろんそんなことはできない。今の例では、$\hbar, m, \omega$ と次元を持つパラメータが三つあり、調整できる次元も [M][L][T] と三つあったのでできた。$\hbar, m, \omega$ の次元が独立である（つまりこの三つを使って無次元の量を作ることはできない）ことも重要。次元が独立でないと、たとえばエネルギーの次元を持つ量を E と E' のように二つ作ることができる。しかし、違う量の両方を同時に1にすることはできない。

実際、この場合でもエネルギーを表すパラメータ E は1にはできず、$\lambda + \frac{1}{2}$ とした。$\hbar, \omega, E$ の三つで無次元量 $\frac{E}{\hbar\omega}$ が作れてしまうので、この三つは独立でない。よって E は $\hbar\omega$ の $\lambda + \frac{1}{2}$ 倍であることにする。

[†1] λ は無次元の定数。$+\frac{1}{2}$ をつけて定義したのは、後で出てくる式を簡単にするため。

第 11 章　1次元調和振動子

【FAQ】なんでもかんでも1にしてしまって、後で測定値と比較する時に困らないのですか？

　大丈夫。計算結果が出た後で、次元のある元の単位系にちゃんと戻ってこれるので心配する必要はない。今、「長さ」「時間」「質量」と三つの次元があり、1にしてしまった定数も $\hbar, m, \omega$ と三つある。しかも、この三つの定数の次元は独立であり、長さの次元を二通りの方法で作れたりはしない。このような場合、後で「次元が合うように定数の組み合わせを掛ける」という作業をやってやれば、通常の単位系での表現に戻る。たとえば無次元化した後エネルギーを計算して1.5という答えが出たのであれば、これに $\hbar\omega$ をかけて $1.5\hbar\omega$ としたものが次元のある単位系でのエネルギーである。$\hbar, m, \omega$ を使ってエネルギーの次元の量を作ろうとすると、$\hbar\omega$ 以外にないことはすぐにわかる。

　このようにして無次元化することには、「計算式が簡単になる」という自明の利点の他に、

> **一般的な問題になる**　物理においては、一見違うように見える現象が、同じ方程式で記述できることがよくある。無次元化しておくとこれを見つけやすい。無次元になるということは、その系に特有な情報（長さ何オングストロームだとか質量何グラムだとか）が消え失せて、数学的な表現だけが残るということである。実際、ここで求める方程式はいくつかの変形の後、エルミートの微分方程式（同一人物の仕事なのでこういう名前で呼ばれるわけであるが、エルミート共役やエルミート演算子とは別に関係なく、実は量子力学ができる前から知られていた）と呼ばれる有名な式になる。
>
> **変数の大きさに普遍的意味がある**　長さの次元のある変数の場合、「1より小さい」とか「大きい数である」にはあまり意味がない。メートルを単位とするかミリメートルを単位とするかで、値そのものは1000倍違ってしまう。問題によっては『0.001メートルだから短い』と考えることもあれば『1ミリだから無視できない』と考えることもある。無次元化することで「いま考えている問題にとって、この数字は大きいのか小さいのか」を判断できる。特に近似を使って「小さい項を無視する」という計算を行う時、この判断ができることは重要である。

というようなメリットがある。

------- 練習問題 -------

【問い 11-1】 $\hbar, m, \omega$ を使って作ることができるエネルギーの次元の量は $\hbar\omega$（の定数倍）しかないことを示せ。

ヒント → p342 へ　　解答 → p360 へ

11.1　1次元調和振動子　　　225

> 【問い 11-2】長さの次元のある量を作れ。上で使った α と同じであることを確認せよ。　　　ヒント → p342 へ　解答 → p360 へ
>
> 【問い 11-3】無次元化した後の計算の結果、周期が 2π と出たとする。次元を復活させるとどうなるか。　　　ヒント → p342 へ　解答 → p360 へ

11.1.2　基底状態の解

ここで、全エネルギーよりも大きいポテンシャルエネルギーの壁に当たった時、波動関数がどのようにふるまったかを思い出そう。全エネルギー E、位置エネルギー V で、$V > E$ の時、波動関数は $e^{-\kappa x}$ のような減衰関数になり、$\kappa = \dfrac{\sqrt{2m(V-E)}}{\hbar}$ であった。この時は V が定数であったが、今は $V = \dfrac{1}{2}m\omega^2 x^2$ と x の関数になっている。これも無次元化して、$V = \dfrac{1}{2}\xi^2$ としておこう。

定数 κ に対して exp の肩が $-\kappa x$ となったのだから、κ が x の関数 $\kappa(x)$ となれば、((9.43) でも求めたように) exp の肩は $-\int \kappa(x)\mathrm{d}x$、すなわち

$$-\int \frac{\sqrt{2m\left(\frac{1}{2}m\omega^2 x^2 - E\right)}}{\hbar}\mathrm{d}x \xRightarrow{\text{無次元化}} -\int \sqrt{2\left(\frac{1}{2}\xi^2 - \left(\lambda + \frac{1}{2}\right)\right)}\mathrm{d}\xi \quad (11.6)$$

のような積分になるだろうと予想される。ここで $\xi \to \infty$ での状況を考えるならば、$\lambda + \dfrac{1}{2}$ は無視できるので、

$$-\int \sqrt{\xi^2}\mathrm{d}\xi = -\frac{1}{2}\xi^2 + C \quad (11.7)$$

と考えられる。よって無限遠でのこの波動関数は $e^{-\frac{1}{2}\xi^2}$ に比例する、とあたりをつける。

「無限遠でのこの波動関数は $e^{-\frac{1}{2}\xi^2}$ に比例する」ことは方程式の形からもわかる。無限遠方すなわち $|\xi| \to \infty$ では、ξ に比べて他の定数部分は無視できるから、この方程式は近似的に

$$\frac{\mathrm{d}^2}{\mathrm{d}\xi^2}\psi = \xi^2 \psi \quad (11.8)$$

という形になる。それゆえ、「二階微分すると ξ^2 が前に出てくるような関数」になっているだろう。$e^{-\frac{1}{2}\xi^2}$ は一階微分すると $-\xi$ が前に出てくる関数であ

るから、これを満たしている（厳密に計算すると多少ずれるが、そのずれは $|\xi| \to \infty$ で無視できる量）。この条件だけならば $e^{\frac{1}{2}\xi^2}$ も OK だが、この解は遠方で発散するので有り得ない。

こうやって求めた漸近解 $e^{-\frac{1}{2}\xi^2}$ を元の方程式の左辺に代入すると、

$$\begin{aligned}\left(-\frac{1}{2}\frac{d^2}{d\xi^2}+\frac{1}{2}\xi^2\right)e^{-\frac{1}{2}\xi^2} &= -\frac{1}{2}\frac{d^2}{d\xi^2}e^{-\frac{1}{2}\xi^2}+\frac{1}{2}\xi^2 e^{-\frac{1}{2}\xi^2}\\ &= -\frac{1}{2}\frac{d}{d\xi}\left(-\xi e^{-\frac{1}{2}\xi^2}\right)+\frac{1}{2}\xi^2 e^{-\frac{1}{2}\xi^2}\\ &= \frac{1}{2}e^{-\frac{1}{2}\xi^2}-\frac{1}{2}\xi^2 e^{-\frac{1}{2}\xi^2}+\frac{1}{2}\xi^2 e^{-\frac{1}{2}\xi^2}\\ &= \frac{1}{2}e^{-\frac{1}{2}\xi^2}\end{aligned} \tag{11.9}$$

となり、この関数が $\lambda=0$ の時の解になっていることがわかる。これでとりあえず、一つの解

$$\psi = A e^{-\frac{1}{2}\xi^2} \quad (A \text{ は定数}) \tag{11.10}$$

が求まった。この場合、$E=\frac{1}{2}\hbar\omega$ である。実はこれが解の中では最低のエネルギー固有値を持つもので、基底状態の波動関数である。

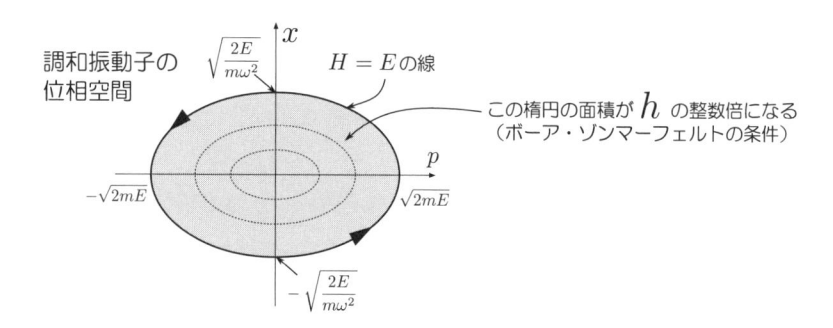

【補足】 ++
具体的に解く前に、前に問い 9-1 で、調和振動子の場合のエネルギーがどのようになるかをボーア・ゾンマーフェルトの量子条件を使って計算したことを思い出そう。

長径 a、短径 b の楕円の面積は πab であるから、これから出る条件は

$$\pi\sqrt{2mE} \times \sqrt{\frac{2E}{m\omega^2}} = nh \tag{11.11}$$

となって、これから $E = n\hbar\omega$ という解が得られることになる。

ところで今求めた解はエネルギーが $\frac{1}{2}\hbar\omega$ であった。ボーア・ゾンマーフェルトの条件から出した式と比較すると、エネルギーの原点が $\frac{1}{2}\hbar\omega$ だけずれていると解釈できる。今から方程式を解いていくわけだが、結果として求められるエネルギー固有値は

$$E = \left(n + \frac{1}{2}\right)\hbar\omega \tag{11.12}$$

という形になるだろうと予想できるだろう。

✚✚✚✚✚✚✚✚✚✚✚✚✚✚✚✚✚✚✚✚✚✚✚✚✚✚✚✚✚✚【補足終わり】

今求めた解、すなわち $E = \frac{1}{2}\hbar\omega$ の時以外でも、解は遠方では $\mathrm{e}^{-\frac{1}{2}\xi^2}$ の形になると考えられるので、

$$\psi = H(\xi)\mathrm{e}^{-\frac{1}{2}\xi^2} \tag{11.13}$$

と置いてみよう。ただし、$H(\xi)\mathrm{e}^{-\frac{1}{2}\xi^2}$ は $|\xi| \to \infty$ で 0 に収束するという条件を満たしている（$H(\xi)$ を掛けたことで「無限遠で 0」という性質を失わない）とする。元の微分方程式(11.5)にこれを代入して $H(\xi)$ に対する微分方程式を作ると、

───── エルミートの微分方程式 ─────

$$\frac{\mathrm{d}^2 H}{\mathrm{d}\xi^2}(\xi) - 2\xi\frac{\mathrm{d}H}{\mathrm{d}\xi}(\xi) + 2\lambda H(\xi) = 0 \tag{11.14}$$

となる。この式は量子力学の誕生以前から知られていた。

──────────── 練習問題 ────────────

【問い 11-4】 実際に (11.14) という結果が出ることを確かめよ。

ヒント → p342 へ　　解答 → p360 へ

11.2 調和振動子のエネルギーレベル

後はこの $H(\xi)$ を求めればよい。よく使われるのは、$H(\xi) = \sum_{n=0}^{\infty} C_n \xi^n$ のように級数展開を使って、C_n を1個1個決めていくという方法である。実はもう少し楽な方法があるのだが、それは後に回して、まず級数展開を使った

解法を記しておく（「楽な方法だけでいいや」という人は次の節を飛ばしてもよい）。

11.2.1 級数展開によるエルミートの微分方程式の解 ✦✦✦✦ 【補足】

まず、未知の関数 $H(\xi)$ が

$$H(\xi) = \sum_{j=0} a_j \xi^j \tag{11.15}$$

と展開されていると仮定する。$\xi = 0$ で $H(\xi)$ は有限でなくてはならないから、この展開は ξ の 0 次以上のべきだけを含む。

ポテンシャルが偶関数なので、10.1.2 節で示した定理により解は偶関数または奇関数に限られることになるが、ここでは一般的に書いた（後でどちらかになることがわかる）。

式(11.14)は、ξ に関する恒等式であるから、ξ の各次数ごとに成立しなくてはいけない。そこでこれに(11.15)を代入して、ξ の $m-2$ 次になる項を考えよう。$\dfrac{d^2 H}{d\xi^2}$ の項からは、$a_m \xi^m$ の項を二階微分して得られる $m(m-1) a_m \xi^{m-2}$ という項が出る。$2\xi \dfrac{dH}{d\xi}$ の項からは、$a_{m-2} \xi^{m-2}$ を一階微分してから 2ξ を掛けた、$2(m-2) a_{m-2} \xi^{m-2}$ が、$2\lambda H(\xi)$ の項からは $2\lambda a_{m-2} \xi^{m-2}$ が出るから、

$$m(m-1) a_m - (2(m-2) - 2\lambda) a_{m-2} = 0 \tag{11.16}$$

となる。これは $a_m = \dfrac{2(m-2) - 2\lambda}{m(m-1)} a_{m-2}$ ということである。ここで、この式の $m \to m-2$ とずらすと、$a_{m-2} = \dfrac{2(m-4) - 2\lambda}{(m-2)(m-3)} a_{m-4}$ という式を作ることができる。「a_m を、a_{m-2} を使って表す。その a_{m-2} を、a_{m-4} を使って表す」という計算をしていくと、a_m をどんどん「より m の小さい a_m」で書き表すことができる。結果として、

$$\begin{aligned}
a_m &= \frac{2(m-2) - 2\lambda}{m(m-1)} a_{m-2} = \frac{(2(m-2) - 2\lambda)(2(m-4) - 2\lambda)}{m(m-1)(m-2)(m-3)} a_{m-4} \\
&= \begin{cases} \dfrac{(2(m-2) - 2\lambda)(2(m-4) - 2\lambda) \cdots (2 \times 2 - 2\lambda)(-2\lambda)}{m(m-1)(m-2)(m-3)(m-4) \cdots 3 \times 2 \times 1} a_0 & m \text{ が偶数} \\[2mm] \dfrac{(2(m-2) - 2\lambda)(2(m-4) - 2\lambda) \cdots (2 \times 3 - 2\lambda)(2 \times 1 - 2\lambda)}{m(m-1)(m-2)(m-3)(m-4) \cdots 3 \times 2} a_1 & m \text{ が奇数} \end{cases}
\end{aligned}$$
(11.17)

という風に a_m が求められる。m が偶数ならば a_0 に比例し、m が奇数ならば a_1 に比例することになる。

11.2 調和振動子のエネルギーレベル

ここで、この級数が $m \to \infty$ まで続くと困るということを指摘しておこう。もし続いたとする。$\dfrac{a_m}{a_{m-2}} = \dfrac{2(m-2) - 2\lambda}{m(m-1)}$ の、$m \to \infty$ での極限は $\dfrac{2}{m}$ である。これは

$$e^{\xi^2} = \sum_{n=0}^{\infty} \frac{1}{n!} \xi^{2n} \tag{11.18}$$

の m 次の項である $\dfrac{1}{(m/2)!}\xi^m$ と $(m-2)$ 次の項である $\dfrac{1}{(m/2-1)!}\xi^{m-2}$ の係数の比に等しい。次数の高いところではこの級数は e^{ξ^2} に比例するような増大の仕方をすることになる。これは $H(\xi)$ の後ろに $e^{-\frac{1}{2}\xi^2}$ が掛かっていることを考えに入れてもなお、$\xi \to \infty$ で発散する量となっており、いま考えている問題の解として不適である。せっかく $H(\xi)e^{-\frac{1}{2}\xi^2}$ という無限遠で減衰するような形の解を仮定したのに、$H(\xi) \simeq e^{\xi^2}$ になってしまったら、結局解は $e^{\frac{1}{2}\xi^2}$ になってしまう[†2]。そうならないために、$H(\xi)$ は有限次の多項式にならなくてはいけない[†3]。

そこで、

$$H_n(\xi) = \sum_{i=0}^{n} a_i \xi^i \tag{11.19}$$

のように、ξ の展開は n 次で終わるものとする。そのための条件を求めよう。微分方程式に現れる項のうち次数の高い部分を並べてみると、

$$\begin{aligned}
\frac{d^2 H_n}{d\xi^2}(\xi) &= \phantom{-2na_n\xi^n\ -2(n-1)a_{n-1}\xi^{n-1}\ } n(n-1)a_n \xi^{n-2} + \cdots \\
-2\xi \frac{dH_n}{d\xi}(\xi) &= -2na_n\xi^n\ -2(n-1)a_{n-1}\xi^{n-1}\ -2(n-2)a_{n-2}\xi^{n-2} + \cdots \\
2\lambda H_n(\xi) &= 2\lambda a_n \xi^n +2\lambda a_{n-1}\xi^{n-1} +2\lambda a_{n-2}\xi^{n-2} + \cdots
\end{aligned} \tag{11.20}$$

となるが、この ξ^n の項が消えるためには、$\lambda = n$ でなくてはならない。この場合、ξ^{n-1} の項は $(-2(n-1) + 2n)\, a_{n-1}\xi^{n-1}$ となるから、$a_{n-1} = 0$ でなくてはならない。漸化式から必然的に a_{n-3} も a_{n-5} も 0 となる。n が偶数なら奇数次の係数はすべて 0、n が奇数なら偶数次の係数はすべて 0 である。偶関数か奇関数が解になるという最初の予想が確認された。

その次を考えると、

$$n(n-1)a_n - 2(n-2)a_{n-2} + 2na_{n-2} = 0 \quad \text{ゆえに} \quad a_{n-2} = -\frac{n(n-1)}{4}a_n \tag{11.21}$$

が成立することになり、これから a_{n-2} が求められる。

[†2] さっき「これは不適」として捨て去った $e^{\frac{1}{2}\xi^2}$ がゾンビのように復活している。
[†3] 波動関数が無限遠まで広がらない、という条件をつけたことで、エネルギー固有値が制限された。井戸型ポテンシャルでも同様にエネルギーが離散的になったのは無限に広がらない場合であったことを思い出そう。エネルギーが量子化されるのは、粒子が束縛されている場合に限るのである。

このようにして順番に a_n を求めていけば、$H(\xi)$ を求めることができる。具体的に求めると、n 次式である $H(\xi)$ を $H_n(\xi)$ と表すことにすれば、

$$H_0(\xi) = 1 \tag{11.22}$$

$$H_1(\xi) = 2\xi \tag{11.23}$$

$$H_2(\xi) = 4\xi^2 - 2 \tag{11.24}$$

$$H_3(\xi) = 8\xi^3 - 12\xi \tag{11.25}$$

$$H_4(\xi) = 16\xi^4 - 48\xi^2 + 12 \tag{11.26}$$

$$\vdots \quad \vdots$$

である。ここでは、H_n の最高次 ξ^n の係数が 2^n になるようにしている。

一般式は

$$H_n(\xi) = (-1)^n e^{\xi^2} \frac{d^n}{d\xi^n} \left(e^{-\xi^2} \right) \tag{11.27}$$

である。この一般式の導出はここでは省略する。次の節で示す演算子での計算法を使って求めた方がずっと楽だからである。この $H_n(\xi)$ を「**エルミート多項式**」と呼ぶ。

ここでは規格化がされておらず、エネルギー $\left(m + \dfrac{1}{2}\right) \hbar\omega$ を持つ波動関数とエネルギー $\left(n + \dfrac{1}{2}\right) \hbar\omega$ を持つ波動関数の内積は

$$\int_{-\infty}^{\infty} d\xi \left(H_m(\xi) e^{-\frac{1}{2}\xi^2} \right)^* H_n(\xi) e^{-\frac{1}{2}\xi^2} = \int_{-\infty}^{\infty} d\xi H_m(\xi) H_n(\xi) e^{-\xi^2} = 2^n n! \sqrt{\pi} \delta_{mn} \tag{11.28}$$

となることが示される。$m \neq n$ の時は二つの波動関数が直交することは「異なるエネルギー固有値を持つから」と考えれば自明な関係である（問い6-2参照）。
→ p122

$H_n(\xi)$ は $\lambda = n$（n は 0 以上の整数）とした時の(11.14)の解である。n が「0 以
→ p227
上の整数」でない場合、この方程式は無限遠で発散しないような解をもてない。λ はエネルギーと関係した固有値なので、エネルギーが量子化されたことになる。

╬╬╬╬╬╬╬╬╬╬╬╬╬╬╬╬╬╬╬╬╬╬╬╬╬╬╬╬╬╬╬╬╬╬╬╬╬【補足終わり】

11.2.2 演算子による解法

すでに述べたように、エネルギー固有値は $\dfrac{1}{2}\hbar\omega$ を最低値として、$\hbar\omega$ ずつ大きくなっていくだろうと推測できる[†4]。そこで以下では、「エネルギー固有

[†4] すぐ前の 11.2.1 節をちゃんと読んだ人は、すでに具体的に求めたことになるが、以下では別の、もっと楽な方法でやり直す。

11.2 調和振動子のエネルギーレベル

値を$\hbar\omega$だけ上昇させる演算子」を作っていくことにする。もしそんな演算子を作ることができれば、その演算子（$a^\dagger$と名付ける）をどんどん掛けていくことで、いろんなエネルギーを持った状態を求めることができる。

エネルギーは演算子Hの固有値であるから、エネルギーEを持つ状態（その波動関数をψ_Eと書こう）があったとして、この状態の波動関数に$a^\dagger$を掛けると、エネルギー$E+\epsilon$を持った状態（その波動関数を$a^\dagger\psi_E$と書こう）になるわけである。ϵは後で決まる定数である（実は$\hbar\omega$になるということはすでに述べたとおり）。つまり「ψ_EにHを掛けると固有値Eだが、$a^\dagger$を掛けて$a^\dagger\psi_E$にしてからHを掛けると固有値は$E+\epsilon$になる」ような演算子を作るわけである。さらに別の言い方をすると「Hを掛けてから$a^\dagger$を掛けたのと、$a^\dagger$を掛けてからHを掛けたのでは、ϵだけ固有値が違う」ということになる。これを式で表せば、

$$\begin{aligned}Ha^\dagger\psi_E &= a^\dagger(H+\epsilon)\psi_E\\ Ha^\dagger\psi_E - a^\dagger H\psi_E &= \epsilon a^\dagger\psi_E\end{aligned} \tag{11.29}$$

である。ゆえに、

H に対する上昇下降演算子

$$Ha^\dagger - a^\dagger H = \epsilon a^\dagger \quad \text{すなわち} \quad [H, a^\dagger] = \epsilon a^\dagger \tag{11.30}$$

となるような演算子が作れればよい。

この$a^\dagger$を「エネルギーを上げる演算子」ということで「上昇演算子」と呼ぶ。上昇演算子をわざわざ$a^\dagger$と†つきで書いているのは、昔から下降演算子（エネルギーを下げる方の演算子）の方をaと書くのが習慣だからである。上昇演算子と下降演算子は互いにエルミート共役である。

$[H, a^\dagger] = \epsilon a^\dagger$の式の両辺のエルミート共役を取ると、$[a, H] = \epsilon a$となる（交換関係のエルミート共役を取ると順番がひっくりかえることに注意）。これはつまり$[H, a] = -\epsilon a$だということである。aはエネルギーを$-\epsilon$上げる（ϵ下げる）演算子である。以上から、$a^\dagger$が上昇演算子ならばaが下降演算子であることがわかった。

$a^\dagger$を求めるのはそんなに難しくない。まず、

$$a^\dagger = C(x + ap) \tag{11.31}$$

のように x, p の一次式で書けることを仮定する（C, a は後で決めるが、複素数の定数）。係数が簡単になるようにここでも無次元化した表記を使い、

$$a^\dagger = A\left(\xi + \beta\frac{\partial}{\partial \xi}\right) \tag{11.32}$$

としよう（A, β もまた、複素数の定数）。今 $H = -\frac{1}{2}\frac{\partial^2}{\partial \xi^2} + \frac{1}{2}\xi^2$ であるから、交換関係を取ってやると、

$$\left[H, a^\dagger\right] = A\left[-\frac{1}{2}\frac{\partial^2}{\partial \xi^2} + \frac{1}{2}\xi^2, \xi + \beta\frac{\partial}{\partial \xi}\right] \tag{11.33}$$

である。交換関係の後ろの ξ に関係する部分を計算する。まず ξ は自分自身とは交換するので、自分自身の自乗とも交換（$\left[\xi^2, \xi\right] = 0$）し、

$$\left[-\frac{1}{2}\frac{\partial^2}{\partial \xi^2} + \frac{1}{2}\xi^2, \xi\right] = -\frac{1}{2}\left[\frac{\partial^2}{\partial \xi^2}, \xi\right] \tag{11.34}$$

となる。ここで、問い 6-1 で導いておいた公式 (2) をちょっと変形した式である、$\left[\hat{A}\hat{B}, \hat{C}\right] = \hat{A}\left[\hat{B}, \hat{C}\right] + \left[\hat{A}, \hat{C}\right]\hat{B}$ を使って、
→ p118

$$\left[\frac{\partial}{\partial \xi}\frac{\partial}{\partial \xi}, \xi\right] = \frac{\partial}{\partial \xi}\left[\frac{\partial}{\partial \xi}, \xi\right] + \left[\frac{\partial}{\partial \xi}, \xi\right]\frac{\partial}{\partial \xi}$$

前にあるものは／前に出し／後ろにあるものは／後ろに出す　という計算を行って[†5]、

$$-\frac{1}{2}\left[\frac{\partial^2}{\partial \xi^2}, \xi\right] = -\frac{1}{2}\frac{\partial}{\partial \xi}\left[\frac{\partial}{\partial \xi}, \xi\right] - \frac{1}{2}\left[\frac{\partial}{\partial \xi}, \xi\right]\frac{\partial}{\partial \xi} \tag{11.35}$$

となるが、$\left[\frac{\partial}{\partial \xi}, \xi\right] = 1$ である[†6]から、結果は

$$\left[-\frac{1}{2}\frac{\partial^2}{\partial \xi^2} + \frac{1}{2}\xi^2, \xi\right] = -\frac{\partial}{\partial \xi} \tag{11.36}$$

である。同様に、

$$\left[-\frac{1}{2}\frac{\partial^2}{\partial \xi^2} + \frac{1}{2}\xi^2, \frac{\partial}{\partial \xi}\right] = -\xi \tag{11.37}$$

[†5] 交換関係を使った量子力学の計算では、このような手法を駆使して解くのがよい。
[†6] 念のためにくどいようだがもう一度書いておくと、こういう計算の時にはさらに後ろに任意の関数 $f(\xi)$ がいると考える。$\left[\frac{\partial}{\partial \xi}, \xi\right] = 1$ とは、$\frac{\partial}{\partial \xi}(\xi f) - \xi\frac{\partial}{\partial \xi}f = f$ ということ。

11.2　調和振動子のエネルギーレベル

となるので、次の結果が出る。

$$[H, a^\dagger] = \left[H, A\left(\xi + \beta\frac{\partial}{\partial \xi}\right)\right] = -A\left(\frac{\partial}{\partial \xi} + \beta\xi\right) \tag{11.38}$$

この式の右辺が元の演算子の ϵ 倍だという条件を置くと、$-A\left(\frac{\partial}{\partial \xi} + \beta\xi\right) = \epsilon A\left(\xi + \beta\frac{\partial}{\partial \xi}\right)$ から、

$$-1 = \epsilon\beta, \qquad -\beta = \epsilon \tag{11.39}$$

という式が出る。左の式に右の式を代入すると $1 = \beta^2$ となり、結果 $\beta = \pm 1$ とわかる。これを (11.39) に代入して $\mp 1 = \epsilon$ となるが、ϵ が正の数になる方をとって、$\beta = -1$ とする。結局、

$$a^\dagger = A\left(\xi - \frac{\partial}{\partial \xi}\right), \quad a = A^*\left(\xi + \frac{\partial}{\partial \xi}\right) \tag{11.40}$$

となる[†7]。もし、上で ϵ が負になる解をとったとすると、a と $a^\dagger$ が入れ替わるような答えになってしまったことになる。$a^\dagger$ がエネルギーを上昇させる演算子になるようにしたかったのだから、ϵ を正と取ったのは正しかった。ここで a と $a^\dagger$ の交換関係を取ってみると、

$$\begin{aligned}[a, a^\dagger] &= AA^*\left[\xi + \frac{\partial}{\partial \xi}, \xi - \frac{\partial}{\partial \xi}\right] = AA^*\left(\left[\frac{\partial}{\partial \xi}, \xi\right] - \left[\xi, \frac{\partial}{\partial \xi}\right]\right) \\ &= 2AA^*\end{aligned} \tag{11.41}$$

となる。$2AA^* = 1$ とすれば右辺は 1 となって後々楽なので、そうすることにする。ということは $A = \frac{1}{\sqrt{2}}e^{i\phi}$ であるが、A の位相 ϕ は決まらないので、簡単のため $\phi = 0$ と選んでおく。a と $a^\dagger$ の交換関係は

--- **$a, a^\dagger$ の交換関係** ---

$$[a, a^\dagger] = 1 \tag{11.42}$$

となった。まとめると、

$$a = \frac{1}{\sqrt{2}}\left(\xi + \frac{\partial}{\partial \xi}\right), \quad a^\dagger = \frac{1}{\sqrt{2}}\left(\xi - \frac{\partial}{\partial \xi}\right) \tag{11.43}$$

[†7] $\left(\frac{\partial}{\partial \xi}\right)^\dagger = -\frac{\partial}{\partial \xi}$ に注意。エルミート共役 (†) の定義は $\int (A\psi)^*\phi d\xi = \int \psi^* A^\dagger \phi d\xi$ である。$A = \frac{\partial}{\partial \xi}$ の場合、† を取る時に部分積分のマイナスが出る。

である。これを逆に解くと、

$$\xi = \frac{1}{\sqrt{2}}(a + a^\dagger), \quad \frac{\partial}{\partial \xi} = \frac{1}{\sqrt{2}}(a - a^\dagger) \tag{11.44}$$

となる。ハミルトニアンにこの式を代入すれば、

$$\begin{aligned}
H &= -\frac{1}{2}\left(\frac{1}{\sqrt{2}}(a^\dagger - a)\right)^2 + \frac{1}{2}\left(\frac{1}{\sqrt{2}}(a + a^\dagger)\right)^2 \quad \left(\frac{1}{\sqrt{2}}\text{を括弧の外へ}\right)\\
&= -\frac{1}{4}\left(a^\dagger - a\right)^2 + \frac{1}{4}\left(a + a^\dagger\right)^2 \quad \left((a^\dagger \pm a)^2\text{を展開して}\right)\\
&= -\frac{1}{4}\left((a^\dagger)^2 - aa^\dagger - a^\dagger a + a^2\right)\\
&\quad + \frac{1}{4}\left(a^2 + aa^\dagger + a^\dagger a + (a^\dagger)^2\right) \quad (\text{整理して})\\
&= \frac{1}{2}\left(aa^\dagger + a^\dagger a\right) = a^\dagger a + \frac{1}{2}
\end{aligned} \tag{11.45}$$

となる[8]。最後は交換関係(11.42)から $aa^\dagger = a^\dagger a + 1$ となることを使っている。

ここで、次元を復活させよう。$a, a^\dagger$ は無次元のままとする。ξ を x に直すには、長さの次元を持つ量 $\sqrt{\frac{\hbar}{m\omega}}$ を掛ければよい。$\frac{\partial}{\partial \xi}$ を運動量 $-i\hbar\frac{\partial}{\partial x}$ に直すには、$-i\hbar$ を掛けた後、長さの次元を持つ量 $\sqrt{\frac{\hbar}{m\omega}}$ で割ればよい。ゆえに、

$$x = \sqrt{\frac{\hbar}{2m\omega}}(a^\dagger + a), \quad p = i\sqrt{\frac{\hbar m\omega}{2}}(a^\dagger - a) \tag{11.46}$$

である。これから $a, a^\dagger$ を出すと、

$$a = \sqrt{\frac{m\omega}{2\hbar}}\left(x + i\frac{1}{m\omega}p\right), \quad a^\dagger = \sqrt{\frac{m\omega}{2\hbar}}\left(x - i\frac{1}{m\omega}p\right) \tag{11.47}$$

となる。ハミルトニアンは

$$H = \hbar\omega\left(a^\dagger a + \frac{1}{2}\right) \tag{11.48}$$

---

[8] ここで $(a + a^\dagger)^2 = a^2 + 2aa^\dagger + (a^\dagger)^2$ などとやってしまわないよう、注意。a と $a^\dagger$ は互いと交換しない演算子である。

とまとまる（H はエネルギーの次元を持っているから、$\hbar\omega$ を掛けてその次元を復活させる）。

この形では、$\left[H, a^\dagger\right] = \hbar\omega a^\dagger$ は自明である（$\left[a^\dagger a, a^\dagger\right] = a^\dagger \left[a, a^\dagger\right] = a^\dagger$）。

ここで、エネルギー固有値には下限がなくてはならないことが、ハミルトニアンの期待値 $\int \psi^*(\xi) H \psi(\xi) \mathrm{d}\xi$ が下限を持つことからわかる[†9]。なぜなら、

$$\int \psi^* H \psi \mathrm{d}\xi = \int \psi^* \left(a^\dagger a + \frac{1}{2}\right) \psi \mathrm{d}\xi = \int \underbrace{\psi^* a^\dagger}_{(a\psi)^*} a\psi \mathrm{d}\xi + \frac{1}{2} \quad (11.49)$$

と計算できるが、最後の第1項は $|a\psi|^2$ の積分（すなわち $a\psi$ のノルムの自乗）という0以上の値なので、$\int \psi^* H \psi \mathrm{d}\xi$ は $\frac{1}{2}$ 以上になる[†10]。

エネルギーが最低の状態があるとすると、それに a を掛けて新しい状態を作ることはできない（もしできたら、その状態は「最低状態よりも低い状態（？）」になってしまう）。そこで、最低状態の波動関数 ψ_0 は $a\psi_0 = 0$ を満たさねばならない。

すなわち、

$$\left(\xi + \frac{\partial}{\partial \xi}\right) \psi_0 = 0 \quad (11.50)$$

である。こうなるような関数は

$$\psi_0 = (\text{定数}) \times \mathrm{e}^{-\frac{1}{2}\xi^2} \quad (11.51)$$

である[†11]。この ψ_0 で表される状態が基底状態である。

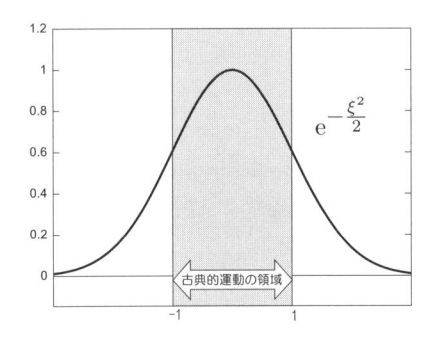

こうして、「a を掛けて0」という条件からまた、11.1.2節で出した波動関数 $\mathrm{e}^{-\frac{1}{2}\xi^2}$ を求めることができた——11.1.2節ではまだこれが基底状態であることはわかっていなかったが、ここでは最低エネルギーの状態であることは自明となる。

[†9] p192のFAQで、運動エネルギーの期待値が0以上であることを示した。今の場合位置エネルギー $\frac{1}{2}kx^2$ の期待値も0以上だから下限があることはそれからもすぐわかる。

[†10] エネルギーに下限があるのは幸せなことである。でなかったらどんどん低いエネルギーの状態に落ちていき、安定しない。

[†11] この解は「微分したら元の関数の $-\xi$ 倍になる関数は？」と探していっても見つけられるし、$-\xi\psi_0 = \dfrac{\mathrm{d}\psi_0}{\mathrm{d}\xi}$ から $-\xi \mathrm{d}\xi = \dfrac{\mathrm{d}\psi_0}{\psi_0}$ として両辺を積分してもよい。

前ページのグラフは基底状態のグラフである。グラフの目盛りは無次元化した座標 ξ で書かれている。基底状態はエネルギーが無次元化して考えた場合で $\frac{1}{2}$、次元を復活させれば $\frac{1}{2}\hbar\omega$、である。位置エネルギーが（無次元化して書くと）$\frac{1}{2}\xi^2$ であることを考えると、古典的には $-1 < \xi < 1$ のところまでしか粒子は存在できないはずである（振り子として考えたならば、$\xi = \pm 1$ が振り子が戻る位置）。波動関数はその外側にも存在する。ただし、これまでの「運動エネルギーが負になる領域」と同様、波動関数の曲がり具合が変わっている（具体的に言うならば、二階微分の符号が違う）。図では灰色で「古典的に許される領域」を示した。
→ p190

基底状態の波動関数に $a^\dagger$ を掛けていくことでそれよりも $\hbar\omega$ だけエネルギーが高い状態を次々に作り出していくことができる。基底状態から、エネルギーが高くなるごとに（n が増加するごとに）波動関数の波の節の数が増えていくと同時に、空間的広がりも大きくなっている。

具体的に $a^\dagger$ を掛ける計算を実行すると、

$$a^\dagger \mathrm{e}^{-\frac{1}{2}\xi^2} = \frac{1}{\sqrt{2}}\left(\xi - \underbrace{\frac{\partial}{\partial \xi}}_{\to -\xi}\right)\mathrm{e}^{-\frac{1}{2}\xi^2} = \sqrt{2}\xi \mathrm{e}^{-\frac{1}{2}\xi^2} \tag{11.52}$$

として第1励起状態の波動関数が求められる。

第1励起状態の波動関数のグラフは右の通りである。第1励起状態はエネルギーが $\frac{3}{2}\hbar\omega$ であり、基底状態の3倍あるので、古典的に存在できる場所も $\sqrt{3}$ 倍広がり、$-\sqrt{3} < \xi < \sqrt{3}$ となる。やはりこの場所で波動関数の二階微分が符号を変えていることが見て取れる。

古典的に許される領域では波動関数はまさに「波」となって振動するように振る舞い、その外では急速に減衰する関数になっている。

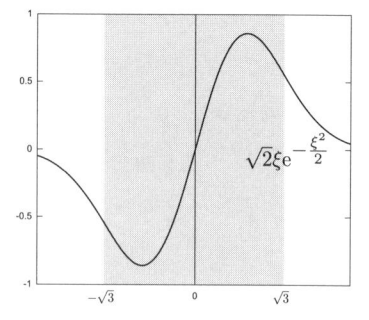

さらに $a^\dagger$ を掛けて、第2励起状態の波動関数を求めよう。

$$a^\dagger\left(\sqrt{2}\xi \mathrm{e}^{-\frac{1}{2}\xi^2}\right) = \left(\xi - \frac{\partial}{\partial \xi}\right)\left(\xi \mathrm{e}^{-\frac{1}{2}\xi^2}\right) = \left(2\xi^2 - 1\right)\mathrm{e}^{-\frac{1}{2}\xi^2} \tag{11.53}$$

11.2 調和振動子のエネルギーレベル

となる。当然、この答はまじめに微分方程式を級数展開を使って解いた結果
(11.24)と（規格化係数を除いて）一致する。
→ p230

第4励起状態までのグラフを次に示す。

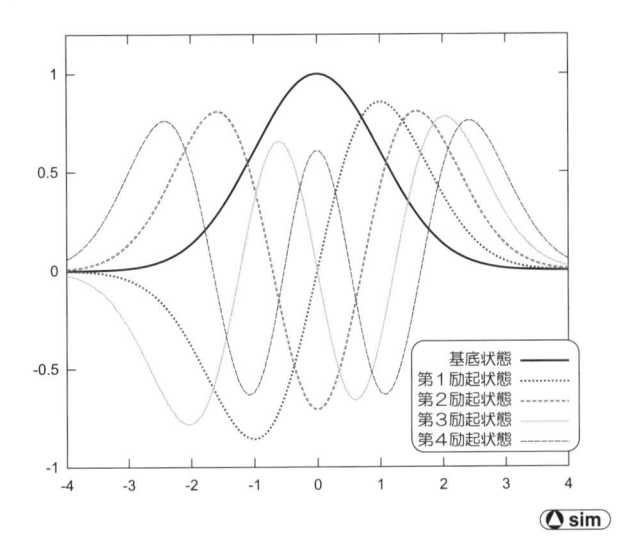

（◯ sim）

　空間的広がりが大きくなることは、単振動の振幅が大きくなることに対応する。また、波の数が多くなることは波長が短くなることで、平衡点を通過する時の運動エネルギーが大きくなっていることに対応している。

　なお、図に描かれた波動関数はすべて定常状態であって、この状態では古典的な意味での「運動」は見えない。二つ以上のエネルギー固有状態が重ね合わされると、波動関数は定常状態ではなくなり、粒子の存在確率が右へ左へと動く様子が見えてくる。このあたりは9.1節の後ろの方で説明した、箱に閉じこめられた粒子の場合と同じである[†12]。
→ p174　→ p179

　基底状態は $E = \frac{1}{2}\hbar\omega$ だけのエネルギーを持つ。この最低エネルギーのことを「零点振動のエネルギー」と呼ぶ。古典力学的であれば、最低エネルギーの状態は粒子が原点に静止した状態であり、エネルギーは0である。しかし量子力学的には原点で静止している（つまり運動量も位置も0という値に確定している）ことは有り得ない。これは不確定関係のおかげであるとも言える。

[†12] サポートページにはこの動画のプログラムもあるので、是非動くところを眺めていただきたい。

$n=24$ の場合の波動関数の様子を示したグラフが右の図である。この場合の全エネルギーは $24+\frac{1}{2}=\frac{49}{2}$ であるから、古典的に運動が許される領域は $-7<\xi<7$ である。その範囲内では波動となっており、中心点付近では波長が短くなっていることがわかる。

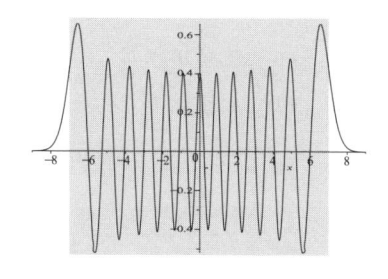

波動関数の振幅は古典的領域との境界にあたるあたりが最大になっている。これは、古典力学での振り子が、折り返し点でいったん静止することに対応する（ただし、この波動関数の場合は確率密度は時間変化しない）。

我々に観測できるのは常にエネルギーの変化量なので、エネルギーの原点はどこに選んでもよい[†13]。よって、零点振動のエネルギーを0と置いてもよい。ただしその場合は古典的な調和振動子のエネルギー $H=\frac{1}{2m}p^2+\frac{1}{2}m\omega^2x^2$ に比べ、$\frac{1}{2}\hbar\omega$ だけ小さい量になっている。「エネルギーの原点を変えることは波動関数の振動数を変えることになってしまうが、それはいいのか？」という心配が起きるかもしれない。しかし、量子力学においても、エネルギーの原点を E_0 ずらすことは大きな意味を持ってはいない。なぜなら、エネルギーの原点ずらしは波動関数の $\psi \to e^{-\frac{i}{\hbar}E_0 t}\psi$ という置き換えに対応するからである。量子力学で観測結果に関係する量では常に ψ と ψ^* がペアで掛け算の形で現れるため、この変化は（エネルギーの期待値の原点がずれたこと以外には）観測結果に影響を与えない。

零点振動の説明として「エネルギー最低の状態でも物体が運動している」と記述している本がときたまある。しかし、この言葉を表面通りに受け取ってしまわないよう、注意すべきである。

井戸型ポテンシャル内での運動においても指摘したように、そもそも古典力学での「運動」に対応する量子力学的現象とは、「**エネルギー固有状態を何個か重ね合わせることで「波束」を作りその波束の中心が移動する**」という現象である。零点振動に限らず、ここまでで求めた「エネルギー固有状態」には、

[†13] 蛇足ながら、相対論的に考える時はエネルギーは「時間方向の運動量」ということになるので、「原点はどこに選んでもよい」というわけにはいかない。相対論的不変性の要求から決まってくることになる。

11.2 調和振動子のエネルギーレベル

上の意味での'**運動**'はない。「エネルギーがある」とか「一カ所に存在しておらず、確率密度が広がっている」という側面を見てついつい「運動している」と言いたくなるのではあるが、「零点振動」は「時間的に変化している」という意味での'**運動**'ではないのである。

> 【FAQ】零点振動からエネルギーを取り出すことはできないのですか？
>
> ....
>
> もちろん不可能である。零点振動は定義からしてエネルギー最低である。エネルギーを取り出すことができるのは、「それより低いエネルギー」の状態に「落とす」ことができる時だけである。こういう疑問が出るのは（上で書いたように）「零点振動では物体が動いている」という文章の表面だけを読んで誤解してしまうせいであろう。

ここまで、波動関数の規格化は考えていなかった。基底状態から順に規格化を考えていこう。公式 $\int_{-\infty}^{\infty} dx e^{-x^2} = \sqrt{\pi}$ がある（証明は演習問題11-6を見よ → p246）ので、規格化してない基底状態 $e^{-\frac{1}{2}\xi^2}$ のノルムは

$$\int \left(e^{-\frac{1}{2}\xi^2}\right)^* e^{-\frac{1}{2}\xi^2} d\xi = \sqrt{\pi} \tag{11.54}$$

となり、規格化された（新しい）$\psi_0(\xi)$ は

$$\psi_0(\xi) = \pi^{-\frac{1}{4}} e^{-\frac{1}{2}\xi^2} \tag{11.55}$$

である。ただし、規格化の条件は $\int_{-\infty}^{\infty} d\xi \psi^*(\xi)\psi(\xi)$ という積分に関してであったことに注意しておこう。無次元化をやめて積分を x で行うならば、$d\xi = \sqrt{\frac{m\omega}{\hbar}} dx$ という違いの部分を吸収するために、

$$\psi_0 = \underbrace{\left(\frac{m\omega}{\hbar}\right)^{\frac{1}{4}}}_{\alpha^{-\frac{1}{2}}} \times \pi^{-\frac{1}{4}} e^{-\frac{1}{2}\xi^2} = \left(\frac{m\omega}{\pi\hbar}\right)^{\frac{1}{4}} e^{-\frac{m\omega}{2\hbar}x^2} \tag{11.56}$$

のように、(11.4)で定義した長さの次元を持つ定数 α の $-\frac{1}{2}$ 乗を掛けておく必要がある。
→ p223

ξ は無次元なので、$\psi(\xi)$ にも次元はない。しかし x は長さの次元を持つので、$\int dx\, \psi^*(x)\psi(x) = 1$ となるためには $\psi(x)$ は (長さ)$^{-\frac{1}{2}}$ の次元を持たなく

てはいけない。(11.55) と (11.56) の違いはちょうど (長さ)$^{-\frac{1}{2}}$ の次元を補う分である。

これで ψ_0 は規格化されたので、次に第 1 励起状態 ($\psi_1(\xi) = a^\dagger \psi_0(\xi)$) を考えてみる。具体的に積分することでも計算できるが、$a, a^\dagger$ の交換関係を使った方が簡単である。

$$\int_{-\infty}^{\infty} d\xi \left(a^\dagger \psi_0(\xi)\right)^* a^\dagger \psi_0(\xi) = \int_{-\infty}^{\infty} d\xi \psi_0^*(\xi) a a^\dagger \psi_0(\xi)$$
$$= \int_{-\infty}^{\infty} d\xi \psi_0^*(\xi) \left(a^\dagger a + 1\right) \psi_0(\xi) \quad (11.57)$$
$$= \int_{-\infty}^{\infty} d\xi \psi_0^*(\xi) \psi_0(\xi) = 1$$

となって、ちょうど規格化されていることがわかる。ここでは、交換関係から $aa^\dagger = a^\dagger a + 1$ となることと、$a\psi_0(\xi) = 0$ であることを使っている。

なお、(11.57) はブラ・ケットの表示で書くと

$$\left(a^\dagger |0\rangle\right)^\dagger a^\dagger |0\rangle = \underbrace{\langle 0|a}_{\langle 1|} \underbrace{a^\dagger|0\rangle}_{|1\rangle} = \langle 0|(a^\dagger a + 1)|0\rangle = 1 \quad (11.58)$$

と非常にコンパクトに書ける。ただし、n 番目の励起状態を表現するケットを $|n\rangle$ と書くことにした ($\psi_n(\xi) = \langle \xi | n \rangle$ である[†14])。ここで計算したのは $\langle 1|1 \rangle$ ということになる。

第 1 励起状態は規格化しなくてもよかったが、第 2 励起状態から先はそうはいかない。上の計算との大きな差は $a|0\rangle = 0$ であったが $a|1\rangle \neq 0$ だということである。第 2 励起状態をとりあえず $|2\rangle = (a^\dagger)^2|0\rangle$ とおくと（ここからはブラ・ケット表示を使っていこう）、

$$\left|(a^\dagger)^2 |0\rangle\right|^2 = \left((a^\dagger)^2 |0\rangle\right)^\dagger (a^\dagger)^2 |0\rangle = \underbrace{\langle 0|aa}_{\langle 2|} \underbrace{a^\dagger a^\dagger |0\rangle}_{|2\rangle} \quad (11.59)$$

であるから、演算子 $aaa^\dagger a^\dagger$ の部分を考えて、「a を右に寄せていく」計算をする。

$$a \underbrace{aa^\dagger}_{a^\dagger a + 1} a^\dagger = aa^\dagger \underbrace{aa^\dagger}_{a^\dagger a + 1} + aa^\dagger = aa^\dagger a^\dagger a + 2aa^\dagger \quad (11.60)$$

[†14] (7.53) で波動関数は $\psi(x) = \langle x|\psi\rangle$ と書けると話したが、ここでは位置座標は ξ なので、$\langle \xi|$ を使う。
→ p154

となる。第1項は $|0\rangle$ に掛かると0となり、第2項は $|1\rangle$ と同じ方法で計算できるが、係数2の分だけ、答えが大きくなり、$\langle 2|2\rangle = 2$ であることがわかる。そこで $|2\rangle = (a^\dagger)^2|0\rangle$ から $|2\rangle = \frac{1}{\sqrt{2}}(a^\dagger)^2|0\rangle$ と定義の変更を行って、$\langle 2|2\rangle = 1$ となるようにする（規格化する）。

同様の計算を繰り返すと、

$$|n\rangle = \frac{1}{\sqrt{n}}a^\dagger|n-1\rangle = \frac{1}{\sqrt{n!}}(a^\dagger)^n|0\rangle \tag{11.61}$$

が規格化された第 n 励起状態であることが確認できる。

---------- 練習問題 ----------

【問い 11-5】 数学的帰納法を使って $|n\rangle = \frac{1}{\sqrt{n!}}(a^\dagger)^n|0\rangle$ が規格化されていることを証明せよ。

ヒント → p342 へ　　解答 → p361 へ

$n = 5$ までの規格化された波動関数は以下の通り。

$$\psi_0(\xi) = \pi^{-\frac{1}{4}}e^{-\frac{1}{2}\xi^2} \tag{11.62}$$

$$\psi_1(\xi) = \pi^{-\frac{1}{4}}\sqrt{2}\xi e^{-\frac{1}{2}\xi^2} \tag{11.63}$$

$$\psi_2(\xi) = \frac{\pi^{-\frac{1}{4}}}{\sqrt{2}}(2\xi^2 - 1)e^{-\frac{1}{2}\xi^2} \tag{11.64}$$

$$\psi_3(\xi) = \frac{\pi^{-\frac{1}{4}}}{\sqrt{3}}(2\xi^3 - 3\xi)e^{-\frac{1}{2}\xi^2} \tag{11.65}$$

$$\psi_4(\xi) = \frac{\pi^{-\frac{1}{4}}}{2\sqrt{6}}(4\xi^4 - 12\xi^2 + 3)e^{-\frac{1}{2}\xi^2} \tag{11.66}$$

$$\psi_5(\xi) = \frac{\pi^{-\frac{1}{4}}}{2\sqrt{15}}(4\xi^5 - 20\xi^3 + 15\xi)e^{-\frac{1}{2}\xi^2} \tag{11.67}$$

これ以降も同様に計算される。

なお、古典力学的にこの調和振動子を考えると角振動数は ω である。量子力学的に考えた時の波動関数の角振動数は $\left(n + \frac{1}{2}\right)\omega$ であり、一致しない。それは当然である。いま考えた量子力学的状態は定常状態（エネルギーの固有状態）であって、古典力学的な運動は「定常状態の波動関数」では表せない。古典力学的運動に対応するような状態は複数のエネルギー固有状態の重ね合

わせが必要である。たとえば $n=0$ の状態（基底状態 $\psi_0(\xi,t) = \psi_0(\xi)\mathrm{e}^{-\mathrm{i}\frac{1}{2}\omega t}$）
と $n=1$ の状態（第1励起状態 $\psi_1(\xi,t) = \psi_1(\xi)\mathrm{e}^{-\mathrm{i}\frac{3}{2}\omega t}$）を重ね合わせて、

$$C_0\psi_0(\xi,t) + C_1\psi_1(\xi,t) \tag{11.68}$$

という波動関数を作る。この波動関数が表す状態に対して ξ の期待値 $\langle\xi\rangle$ を計算すると、$\xi = \dfrac{1}{\sqrt{2}}(a+a^\dagger)$ が掛かることによって、$\psi_n(\xi)$ の n を上げたものと、下げたものの和ができる。n が同じ（つまりエネルギー固有値が同じ）ものどうしの内積しか残らない（それ以外は0になる）ので、

$$\int (C_0\psi_0(\xi,t) + C_1\psi_1(\xi,t))^* \frac{1}{\sqrt{2}}(a+a^\dagger)(C_0\psi_0(\xi,t) + C_1\psi_1(\xi,t))\,\mathrm{d}\xi$$
$$= C_0^* C_1 \int \psi_0^*(\xi,t)\frac{1}{\sqrt{2}}a\psi_1(\xi,t)\mathrm{d}\xi + C_1^* C_0 \int \psi_1^*(\xi,t)\frac{1}{\sqrt{2}}a^\dagger\psi_0(\xi,t)\mathrm{d}\xi \tag{11.69}$$

のように、$n=0$ の項と $n=1$ の項の掛け算（いわゆる「クロスターム」）だけが残る。

この期待値 $\langle\xi\rangle$ は二つの状態の角振動数の差であるところの $\dfrac{3}{2}\omega - \dfrac{1}{2}\omega = \omega$ の角振動数で振動する。

一般の状態 $\left(\psi(\xi,t) = \displaystyle\sum_{n=0}^\infty c_n\psi_{(n)}(\xi)\mathrm{e}^{-\mathrm{i}\omega(n+\frac{1}{2})t}\right)$ であっても、ξ の期待値を計算すれば、ψ^* と ψ で n が1個ずれたものを使った内積——すなわち、

$$\mathrm{e}^{\mathrm{i}(n\pm 1+\frac{1}{2})\omega t}\psi_{(n\pm 1)}^*(\xi)\xi\psi_{(n)}(\xi)\mathrm{e}^{-\mathrm{i}(n+\frac{1}{2})\omega t} = \sqrt{\frac{1}{2}}\psi_{(n\pm 1)}^* \underbrace{\left(a+a^\dagger\right)}_{\sqrt{2}\xi}\psi_{(n)}\mathrm{e}^{\pm\mathrm{i}\omega t} \tag{11.70}$$

に比例する項のみが生き残る（それ以外は0になる）ので、$\langle\xi\rangle$ は（ということは $\langle x\rangle$ も）常に角振動数 ω で振動する。

11.2.3　一般の波動関数の形と母関数　＋＋＋＋＋＋＋＋＋＋＋＋＋＋【補足】

この節では、エネルギー固有関数をいっきにまとめて考える方法を示す。

$$\psi_n = (\sqrt{\pi}n!)^{-\frac{1}{2}} \underbrace{\left(\frac{1}{\sqrt{2}}\left(\xi - \frac{\partial}{\partial\xi}\right)\right)}_{a^\dagger}{}^n \mathrm{e}^{-\frac{1}{2}\xi^2} \tag{11.71}$$

が n 番目の励起状態の波動関数である（前に、規格化のための定数 $(\sqrt{\pi}n!)^{-\frac{1}{2}}$ をつけた）。ここで、$f(\xi)$ を任意の関数として、

11.2 調和振動子のエネルギーレベル

$$-\mathrm{e}^{\frac{1}{2}\xi^2}\frac{\partial}{\partial\xi}\left(\mathrm{e}^{-\frac{1}{2}\xi^2}f(\xi)\right) = \left(\xi - \frac{\partial}{\partial\xi}\right)f(\xi) \tag{11.72}$$

が成立することを使うと、

$$\psi_n = (\sqrt{\pi}n!)^{-\frac{1}{2}}\left(\frac{1}{\sqrt{2}}\left(\xi - \frac{\partial}{\partial\xi}\right)\right)^n \mathrm{e}^{-\frac{1}{2}\xi^2} = (\sqrt{\pi}n!)^{-\frac{1}{2}}\mathrm{e}^{\frac{1}{2}\xi^2}\left(-\frac{1}{\sqrt{2}}\frac{\partial}{\partial\xi}\right)^n \mathrm{e}^{-\xi^2} \tag{11.73}$$

と書き直すことができる。

一般に級数展開するとその各項の係数が関数列になるような関数を、その関数列の「**母関数**」と呼ぶ。ここで、

$$F(t,\xi) = \sum_{n=0}^{\infty}\frac{t^n}{\sqrt{n!}}\psi_n(\xi) \tag{11.74}$$

となる（すなわち、$F(t,\xi)$ を t で級数展開することで係数として $\psi_n(\xi)$ が得られる）母関数を求めておこう。母関数を求めておくと後でいろいろとありがたいことがある。ここで係数に $\dfrac{1}{\sqrt{n!}}$ をつけているのは、$\psi_n(\xi)$ の中にすでに $\dfrac{1}{\sqrt{n!}}$ があるので、これと合わせてテイラー展開の形 $\left(\displaystyle\sum_{n=0}^{\infty}\frac{1}{n!}\frac{\mathrm{d}^n}{\mathrm{d}\xi^n}f(\xi)\right)$ にもっていけるようにである。

$$\begin{aligned}F(t,\xi) &= (\sqrt{\pi})^{-\frac{1}{2}}\mathrm{e}^{\frac{1}{2}\xi^2}\sum_{n=0}^{\infty}\frac{t^n}{n!}\left(-\frac{1}{\sqrt{2}}\frac{\partial}{\partial\xi}\right)^n \mathrm{e}^{-\xi^2}\\ &= \pi^{-\frac{1}{4}}\mathrm{e}^{\frac{1}{2}\xi^2}\sum_{n=0}^{\infty}\frac{1}{n!}\left(-\frac{t}{\sqrt{2}}\frac{\partial}{\partial\xi}\right)^n \mathrm{e}^{-\xi^2}\end{aligned} \tag{11.75}$$

ここで、$f(\xi+a) = \displaystyle\sum_{n=0}^{\infty}\frac{a^n}{n!}\left(\frac{\mathrm{d}^n}{\mathrm{d}\xi^n}\right)f(\xi)$ というテイラー展開の公式と見比べることで、

$$F(t,\xi) = \pi^{-\frac{1}{4}}\mathrm{e}^{\frac{1}{2}\xi^2}\exp\left[-\left(\xi - \frac{t}{\sqrt{2}}\right)^2\right] = \pi^{-\frac{1}{4}}\exp\left[-\frac{1}{2}\xi^2 + \sqrt{2}\xi t - \frac{t^2}{2}\right] \tag{11.76}$$

となる。

この母関数はいろんな役に立つ。たとえば、

$$\int_{-\infty}^{\infty}\mathrm{d}\xi\,\pi^{-\frac{1}{4}}\exp\left[-\frac{1}{2}\xi^2 + \sqrt{2}\xi s - \frac{s^2}{2}\right]\pi^{-\frac{1}{4}}\exp\left[-\frac{1}{2}\xi^2 + \sqrt{2}\xi t - \frac{t^2}{2}\right] \tag{11.77}$$

のように母関数を二つ（一方は $t \to s$ と置き換えて）掛け算した後で積分すると、

$$\begin{aligned}&\frac{1}{\sqrt{\pi}}\int_{-\infty}^{\infty}\mathrm{d}\xi\exp\left[-\frac{1}{2}\xi^2 + \sqrt{2}\xi s - \frac{s^2}{2}\right]\exp\left[-\frac{1}{2}\xi^2 + \sqrt{2}\xi t - \frac{t^2}{2}\right]\\ &= \frac{1}{\sqrt{\pi}}\int_{-\infty}^{\infty}\mathrm{d}\xi\exp\left[-\xi^2 + \sqrt{2}\xi(t+s) - \frac{s^2+t^2}{2}\right]\end{aligned} \tag{11.78}$$

となるがここでexpの肩の2次式を完全平方して、

$$= \frac{1}{\sqrt{\pi}} \underbrace{\int_{-\infty}^{\infty} d\xi \exp\left[-\left(\xi - \frac{1}{\sqrt{2}}(t+s)\right)^2\right]}_{=\sqrt{\pi}} \exp\left[\frac{1}{2}(t+s)^2 - \frac{s^2+t^2}{2}\right]$$

$$= \exp[ts] = \sum_{n=0}^{\infty} \frac{1}{n!}(ts)^n \tag{11.79}$$

と計算できる。母関数が $\sum_n \dfrac{t^n}{\sqrt{n!}} \psi_n$ であったことを思い出すと、これでいっきに

$$\int_{-\infty}^{\infty} d\xi \, \psi_m(\xi) \psi_n(\xi) = \delta_{mn} \tag{11.80}$$

が計算できたことになるのである。

✢✢✢✢✢✢✢✢✢✢✢✢✢✢✢✢✢✢✢✢✢✢✢✢✢✢✢✢✢✢✢✢✢✢✢ 【補足終わり】

11.2.4 電磁波のエネルギーが $h\nu$ であること ✢✢✢✢✢✢✢✢✢ 【補足】

最後に量子力学の始まりとなった事実、「光のエネルギーが $h\nu$ の整数倍」ということを確認しておこう。z 方向に進行する電磁波の場合、電場の x 成分 E_x の満たす方程式は

$$\left(\frac{\partial^2}{\partial z^2} - \frac{1}{c^2}\frac{\partial^2}{\partial t^2}\right) E_x = 0 \tag{11.81}$$

この E_x をフーリエ変換して

$$E_x(x,y,z,t) = \frac{1}{(2\pi)^{\frac{3}{2}}} \int dk_x dk_y dk_z \, E_x(k_x, k_y, k_z, t) e^{i(k_x x + k_y y + k_z z)} \tag{11.82}$$

としよう。これを方程式に代入すると、

$$\left(\frac{\partial^2}{\partial z^2} - \frac{1}{c^2}\frac{\partial^2}{\partial t^2}\right)\left(\frac{1}{(2\pi)^{\frac{3}{2}}} \int dk_x dk_y dk_z \, E_x(k_x, k_y, k_z, t) e^{i(k_x x + k_y y + k_z z)}\right) = 0$$

$$\frac{1}{(2\pi)^{\frac{3}{2}}} \int dk_x dk_y dk_z \left(-(k_z)^2 - \frac{1}{c^2}\frac{\partial^2}{\partial t^2}\right) E_x(k_x, k_y, k_z, t) e^{i(k_x x + k_y y + k_z z)} = 0 \tag{11.83}$$

これは

$$\left(-(k_z)^2 - \frac{1}{c^2}\frac{\partial^2}{\partial t^2}\right) E_x(k_x, k_y, k_z, t) = 0$$
$$\frac{\partial^2}{\partial t^2} E_x(k_x, k_y, k_z, t) = -c^2(k_z)^2 E_x(k_x, k_y, k_z, t) \tag{11.84}$$

ということであり、調和振動子の運動方程式

$$\frac{d^2}{dt^2} x(t) = -\omega^2 x(t) \tag{11.85}$$

と比べると、$\omega = ck_z$ とすれば、$E_x(k_x, k_y, k_z, t)$ が $x(t)$ に対応していることになる。電場をフーリエ展開した各成分が1個1個、調和振動子に対応していることになるのである。

粒子の量子力学で「座標 x、運動量 p を演算子と考える」方法でシュレーディンガー方程式を作ったように、電磁場に対しても「電場 $\vec{E}$、磁場 $\vec{H}$ を演算子と考える[†15]」方法で「電磁場の量子論」を作ることができるが、上に述べたように方程式が同じ形をしているので、結果も同様になる。ただ電磁場の方が (k_x, k_y, k_z) の関数である分だけ「数が多い」だけのことである。

光のエネルギーが $\hbar\omega$ を単位として量子化されたのは、光（電磁場）が無限個の調和振動子の集まりでできているからであると考えられる。光に限らず、電子などその他の物質についても、空間に分布した物質場を調和振動子の集まりと考えて量子化できる。これを「量子場の理論」と呼び、現代の素粒子論、物性理論などの基礎となる考え方である。

【FAQ】ここでは電磁場（光子）の持つエネルギーが $\hbar\omega$ という値を取っている。一方、前節では「量子力学でもエネルギーは差だけが重要で、原点はずらしてよい」とあったが、これと矛盾しないのか？

この場合、物質と相互作用することで、光子はどんどん生まれたり、あるいは吸収されたりする。つまり光子1粒のエネルギー $\hbar\omega$ というのは、光子と相互作用している物質（黒体輻射における「壁」とか）にとっては「エネルギーの変化量」なのであり、いかに量子力学といえども「エネルギーの変化量」を任意に変えることは許されない。他とのエネルギーのやりとりによって粒子ができたり消えたりするような時は、その粒子1個のエネルギーの原点を勝手にずらすわけにはいかないのである。

✚✚✚✚✚✚✚✚✚✚✚✚✚✚✚✚✚✚✚✚✚✚✚✚✚✚✚✚✚✚✚✚ 【補足終わり】

11.3 章末演習問題

★【演習問題11-1】
調和振動子の基底状態 ψ_0 と第1励起状態 ψ_1 の重ね合わせの状態

$$\Psi = C_0\psi_0 + C_1\psi_1$$

を考える。ψ_0, ψ_1 は規格化されているとして、この状態に対する x の期待値、p の期待値を計算し、古典的な単振動と比較せよ。
ヒント → p6w へ　　解答 → p28w へ

[†15] 電場や磁場より、ベクトルポテンシャル $\vec{A}$ と静電ポテンシャル ϕ を基本に考えることが多い。

★【演習問題11-2】
　エルミート多項式は
$$\exp(2\xi t - t^2) = \sum_{n=0}^{\infty} \frac{H_n(\xi) t^n}{n!} \tag{11.86}$$
という式を満たす。左辺の関数を t の関数としてみてテイラー展開した時の n 次の係数が $H_n(\xi)$ だということになる。この式から、
$$H_n(\xi) = (-1)^n \exp(\xi^2) \frac{\partial^n}{\partial \xi^n} \left(\exp(-\xi^2) \right) \tag{11.87}$$
を導け。

ヒント → p6w へ　　解答 → p28w へ

★【演習問題11-3】
　エルミート多項式の間に、以下の関係式が成立することを証明せよ。
(1)　$\frac{\mathrm{d}}{\mathrm{d}\xi} H_n(\xi) = 2n H_{n-1}(\xi)$
(2)　$H_{n+1}(\xi) = 2\xi H_n(\xi) - 2n H_{n-1}(\xi)$

ヒント → p6w へ　　解答 → p28w へ

★【演習問題11-4】
　調和振動子の、二つのエネルギー固有状態の重ね合わせ
$\psi = C_m \psi_m(\xi, t) + C_n \psi_n(\xi, t)$ を考えよう（$|C_m|^2 + |C_n|^2 = 1$ とする）。
$$\psi_k(\xi, t) = \phi_k(\xi) \mathrm{e}^{-\mathrm{i}(k+\frac{1}{2})\omega t} \tag{11.88}$$
とする。
$$\phi_k(\xi) = \frac{1}{\sqrt{2^k k! \sqrt{\pi}}} H_k(\xi) \mathrm{e}^{-\frac{1}{2}\xi^2} \tag{11.89}$$
とおくと、
$$\int \mathrm{d}\xi \, \phi_m^*(\xi) \phi_n(\xi) = \delta_{mn} \tag{11.90}$$
という直交関係が成立することを使って、$\langle \xi \rangle$ を計算せよ。

ヒント → p6w へ　　解答 → p29w へ

★【演習問題11-5】
　調和振動子の第 n 励起状態の場合で運動エネルギーの期待値と位置エネルギーの期待値を計算せよ。

ヒント → p7w へ　　解答 → p30w へ

★【演習問題11-6】
　$\int_{-\infty}^{\infty} \mathrm{e}^{-x^2} \mathrm{d}x = \sqrt{\pi}$ を証明せよ。

ヒント → p7w へ　　解答 → p31w へ

第 12 章

3次元のシュレーディンガー方程式
―球対称ポテンシャル内の粒子

この章では3次元極座標を使ったシュレーディンガー方程式の解き方を考える。

12.1　3次元極座標のシュレーディンガー方程式

この章では3次元で球対称なポテンシャル $V(r)$ が存在している場合のシュレーディンガー方程式を極座標で解いていくことにする。

1次元問題では位置座標 x と時間 t に依存する波動関数 $\psi(x,t)$ を考えた。3次元で直交座標を使った場合は、$\psi(x,y,z,t)$ という、「位置座標 x,y,z と時間 t に依存する波動関数」を考える。

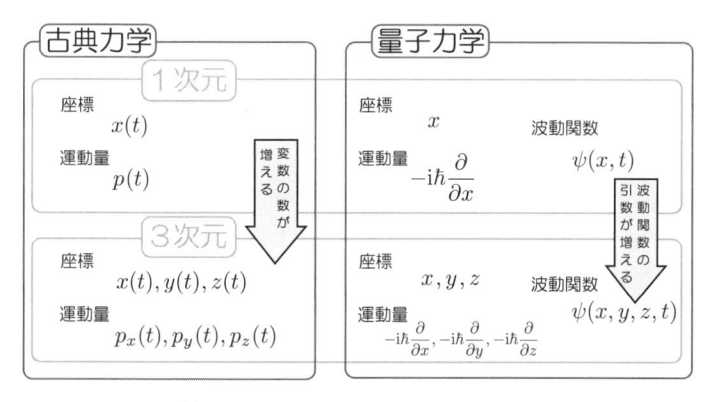

上の図のように拡張[†1]を行って、定常状態であれば、

[†1] この機会にもう一度、「古典力学では座標は力学変数であって時間の関数 $x(t)$ だが、シュレーディンガー形式の量子力学ではそうではない」ということを再確認しておこう。

$$\left[-\frac{\hbar^2}{2\mu}\frac{\partial^2}{\partial x^2} + V(x)\right]\psi(x) = E\psi(x)$$
$$\downarrow$$
$$\left[-\frac{\hbar^2}{2\mu}\left(\frac{\partial^2}{\partial x^2} + \frac{\partial^2}{\partial y^2} + \frac{\partial^2}{\partial z^2}\right) + V(x,y,z)\right]\psi(x,y,z) = E\psi(x,y,z) \quad (12.1)$$

のようなシュレーディンガー方程式を考えればよい[†2]。

位置エネルギーも $V(x,y,z)$ と x,y,z の関数となるわけであるが、この位置エネルギーが $U(x)+V(y)+W(z)$ のように x,y,z それぞれに関する部分に分かれるならば、$\psi(x,y,z) = X(x)Y(y)Z(z)$ のように変数分離できると仮定して、

$$\left[-\frac{\hbar^2}{2\mu}\left(\frac{\partial^2}{\partial x^2} + \frac{\partial^2}{\partial y^2} + \frac{\partial^2}{\partial z^2}\right) + U(x)+V(y)+W(z)\right]X(x)Y(y)Z(z)$$
$$= EX(x)Y(y)Z(z) \quad (12.2)$$

を計算した後で両辺を $X(x)Y(y)Z(z)$ で割ると、

$$\underbrace{\frac{\left[-\frac{\hbar^2}{2\mu}\frac{\mathrm{d}^2}{\mathrm{d}x^2} + U(x)\right]X(x)}{X(x)}}_{x \text{ のみの関数}} + \underbrace{\frac{\left[-\frac{\hbar^2}{2\mu}\frac{\mathrm{d}^2}{\mathrm{d}y^2} + V(y)\right]Y(y)}{Y(y)}}_{y \text{ のみの関数}} + \underbrace{\frac{\left[-\frac{\hbar^2}{2\mu}\frac{\mathrm{d}^2}{\mathrm{d}z^2} + W(z)\right]Z(z)}{Z(z)}}_{z \text{ のみの関数}}$$
$$= E \quad (12.3)$$

となる。右辺が定数 E になることから、それぞれ、x のみの関数、y のみの関数、z のみの関数となっている左辺の三つの項もそれぞれ定数 E_x, E_y, E_z であるべしということから三つの方程式:

$$\left[-\frac{\hbar^2}{2\mu}\frac{\mathrm{d}^2}{\mathrm{d}x^2} + U(x)\right]X(x) = E_x X(x)$$
$$\left[-\frac{\hbar^2}{2\mu}\frac{\mathrm{d}^2}{\mathrm{d}y^2} + V(y)\right]Y(y) = E_y Y(y) \quad (12.4)$$
$$\left[-\frac{\hbar^2}{2\mu}\frac{\mathrm{d}^2}{\mathrm{d}z^2} + W(z)\right]Z(z) = E_z Z(z)$$

に分けて解くことができるだろう（このようにできる場合は 1 次元の問題を組み合わせることで解くことができる）。

[†2] 以下では、考えている粒子の質量を μ とする。m を別の意味で使うからである。

しかし以下では位置エネルギーが $r = \sqrt{x^2+y^2+z^2}$ の関数である場合を考えているので、上に書いたような直交座標による変数分離は行えない。むしろ、波動関数を r, θ, ϕ（極座標）の関数として考えた方が解きやすそうである。一般に、問題に球対称性がある場合[†3]には、極座標の方が解きやすくなる場合が多い。そこでシュレーディンガー方程式を極座標で表したい。まず、極座標での古典力学を復習しよう。

12.1.1　3次元極座標による古典力学

3次元空間内の力学では、物体の位置、速度、加速度、運動量などをベクトルで表現する。ベクトルを成分表示するには座標系が必要である。もっともよく使われる座標系は「デカルト座標系」とも呼ばれる直交座標系[†4] (x, y, z) で、極座標 (r, θ, ϕ) との関係は

$$\begin{cases} x = r\sin\theta\cos\phi, \\ y = r\sin\theta\sin\phi, \\ z = r\cos\theta \end{cases} \tag{12.5}$$

である。

あるベクトル $\vec{A}$ が (A_x, A_y, A_z) という成分を持つ、という時、それは $\vec{A}$ を

$$\vec{A} = A_x \vec{e}_x + A_y \vec{e}_y + A_z \vec{e}_z \tag{12.6}$$

のように、$\vec{e}_x, \vec{e}_y, \vec{e}_z$ という基底ベクトル（座標軸の方向を向いて、長さが1であるベクトル）に成分を掛けて足したものに分解されることを意味する。

極座標では場所は r, θ, ϕ で表現されるから、それぞれの座標変数が増加する方向を向いた単位ベクトルを基底ベクトルとして、ベクトルを表す。三つ

[†3] たとえば、球形の領域に閉じこめられた粒子の量子力学、あるいは次で考える、水素原子の問題など。

[†4] 極座標 (r, θ, ϕ) でも r 方向と θ 方向と ϕ 方向は互いに直交している。「直交座標系」という言葉にこのような「各点各点での座標変数の増加する方向が直交している座標系」という意味（この意味を強調したいときは「直交曲線座標系」と呼ぶ）を持たせる場合もある。その場合は「極座標も直交座標のうち」ということになるが、この本での「直交座標系」はデカルト座標系すなわちおなじみの (x, y, z) とする。

の基底ベクトル $\vec{e}_r, \vec{e}_\theta, \vec{e}_\phi$ は、空間の各点各点でそれぞれの対応した座標が増加する方向を向く（たとえば $\vec{e}_r$ は θ, ϕ を一定として、r が増加する方向を向く）。

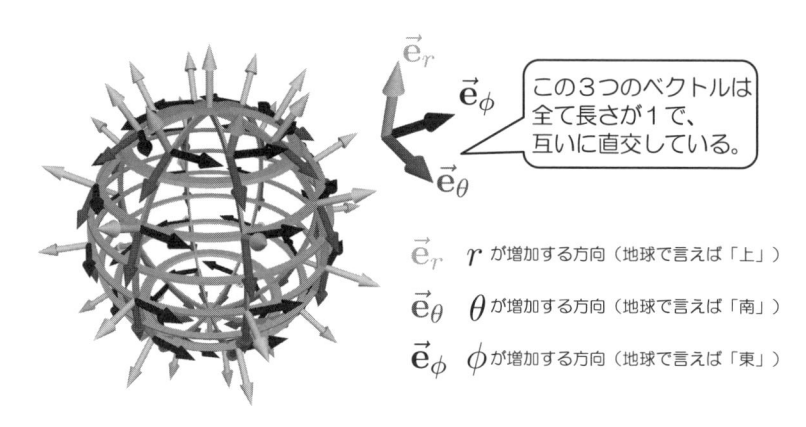

三つの基底ベクトルがどんな方向を向くかは、上の図で表した通りである。直交座標の場合とは違い、場所によって違う方向を向いている[†5]ことに注意しよう。定義からすれば当然なのだが、これは直交座標の場合の基底ベクトルとは大きく違うところであり、これがゆえにちょっと面倒になる部分もある[†6]。それについてはすぐ後で出てくる。

$\vec{e}_r, \vec{e}_\theta, \vec{e}_\phi$ は、それぞれ r 方向、θ 方向、ϕ 方向の単位ベクトルであり、

$$\vec{e}_r = \sin\theta\cos\phi\vec{e}_x + \sin\theta\sin\phi\vec{e}_y + \cos\theta\vec{e}_z \tag{12.7}$$

$$\vec{e}_\theta = \cos\theta\cos\phi\vec{e}_x + \cos\theta\sin\phi\vec{e}_y - \sin\theta\vec{e}_z \tag{12.8}$$

$$\vec{e}_\phi = -\sin\phi\vec{e}_x + \cos\phi\vec{e}_y \tag{12.9}$$

である。なお、$\vec{e}_r, \vec{e}_\theta, \vec{e}_\phi$ は原点では定義できないこと、また z 軸上では $\vec{e}_\theta, \vec{e}_\phi$ は定義できないことに注意しよう。

これらの式は、以下のように考えると出てくる。次の図は、ある点における $\vec{e}_r, \vec{e}_\theta, \vec{e}_\phi$ の向いている方向を書いたものである。

[†5] しかし、三つの基底ベクトルが互いに直交する関係は保たれている。
[†6] 極座標は直交座標に比べて不便なところもあれば、便利なところもある。メリットとデメリットを秤にかけてどっちを使うべきかを決めなくてはいけない。

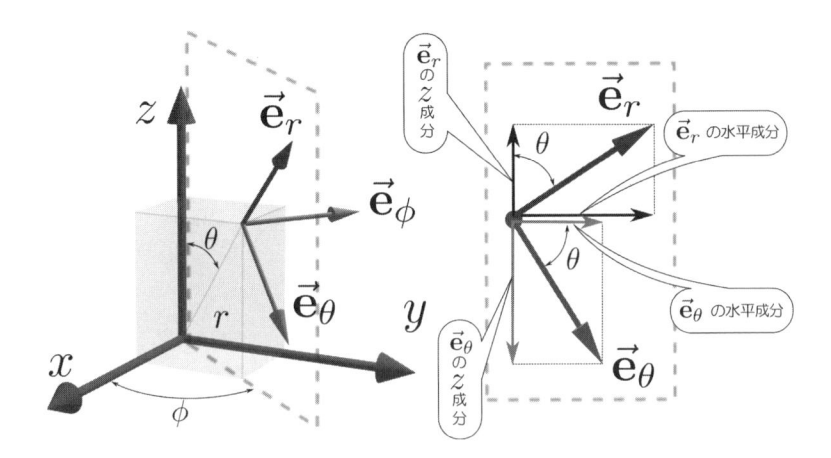

12.1 3次元極座標のシュレーディンガー方程式

　上左図の点線で描いた部分の断面を書いたのが上右図である（$\vec{e}_\phi$ は断面に垂直なので図には描かれていない）。$\vec{e}_r$ は z 方向成分 $\cos\theta$、水平成分 $\sin\theta$ であり、$\vec{e}_\theta$ は z 成分が $-\sin\theta$、水平成分が $\cos\theta$ であることがわかる。

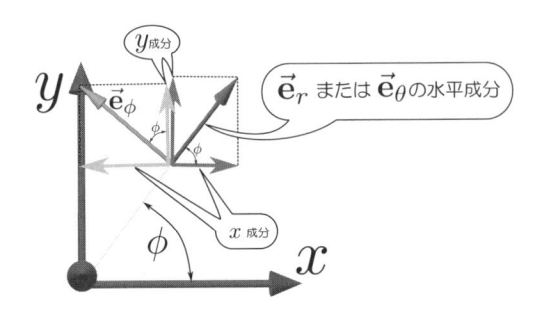

　上左図を真上から見たものが左の図である。

　これから、$\vec{e}_\phi$ が x 成分 $-\sin\phi$ と y 成分 $\cos\phi$ を持つことがわかる。また、$\vec{e}_r$ および $\vec{e}_\theta$ は先に求めて置いた水平成分に $\cos\phi$ を掛けた x 成分と、$\sin\phi$ を掛けた y 成分を持つこともわかる。以上をまとめて(12.7)から(12.9)までが出る。これは行列で書けば、

$$\begin{pmatrix} \vec{e}_r \\ \vec{e}_\theta \\ \vec{e}_\phi \end{pmatrix} = \begin{pmatrix} \sin\theta\cos\phi & \sin\theta\sin\phi & \cos\theta \\ \cos\theta\cos\phi & \cos\theta\sin\phi & -\sin\theta \\ -\sin\phi & \cos\phi & 0 \end{pmatrix} \begin{pmatrix} \vec{e}_x \\ \vec{e}_y \\ \vec{e}_z \end{pmatrix} \tag{12.10}$$

であり、一種の直交変換[†7]であるから、逆変換は

[†7] 上の 3×3 行列を3本の3次元ベクトルと考えると、三つのベクトルは互いに'**直交**'して、長さが1である。

$$\begin{pmatrix} \vec{e}_x \\ \vec{e}_y \\ \vec{e}_z \end{pmatrix} = \begin{pmatrix} \sin\theta\cos\phi & \cos\theta\cos\phi & -\sin\phi \\ \sin\theta\sin\phi & \cos\theta\sin\phi & \cos\phi \\ \cos\theta & -\sin\theta & 0 \end{pmatrix} \begin{pmatrix} \vec{e}_r \\ \vec{e}_\theta \\ \vec{e}_\phi \end{pmatrix} \quad (12.11)$$

のように転置行列で表現される。

一般のベクトルは3次元直交座標の基底ベクトルを $\vec{e}_x, \vec{e}_y, \vec{e}_z$ で表してもよいし、極座標の基底ベクトルを $\vec{e}_r, \vec{e}_\theta, \vec{e}_\phi$ で表してもよい。極座標では $\vec{A}$ は

$$\vec{A} = A_r \vec{e}_r + A_\theta \vec{e}_\theta + A_\phi \vec{e}_\phi \quad (12.12)$$

と表現される[†8]。A_x, A_y, A_z と A_r, A_θ, A_ϕ の相互関係を見つけることができる。たとえば A_r を A_x, A_y, A_z で表したかったら、(12.6)と(12.12)という二つの $\vec{A}$ の表現を等しいとして、
→ p249

$$A_x \vec{e}_x + A_y \vec{e}_y + A_z \vec{e}_z = A_r \vec{e}_r + A_\theta \vec{e}_\theta + A_\phi \vec{e}_\phi \quad (12.13)$$

という式を作る。この式の両辺と $\vec{e}_r$ との内積を取ると、右辺では $A_r \vec{e}_r$ の項以外は0となり、A_r のみが残る。すなわち、

$$A_x \vec{e}_r \cdot \vec{e}_x + A_y \vec{e}_r \cdot \vec{e}_y + A_z \vec{e}_r \cdot \vec{e}_z = A_r \quad (12.14)$$

である。上で求めた関係から、$\vec{e}_r \cdot \vec{e}_x = \sin\theta\cos\phi$、$\vec{e}_r \cdot \vec{e}_y = \sin\theta\sin\phi$、$\vec{e}_r \cdot \vec{e}_z = \cos\theta$ がわかるから、

$$A_r = \sin\theta\cos\phi A_x + \sin\theta\sin\phi A_y + \cos\theta A_z \quad (12.15)$$

となる（その他の関係式も同様なので省略する）。

物体の位置ベクトル $\vec{x}$ は、直交座標と極座標のそれぞれで表すと

$$\vec{x} = \underbrace{x\vec{e}_x + y\vec{e}_y + z\vec{e}_z}_{\text{直交座標}} = \underbrace{r\vec{e}_r}_{\text{極座標}} \quad (12.16)$$

である。極座標では $\vec{e}_\theta, \vec{e}_\phi$ は現れない。この $\vec{e}_r$ は、物体がいる場所での「r 方向」の単位ベクトルである。

速度 $\vec{v}$ は $\vec{x}$ の時間微分であるが、

$$\vec{v} = \frac{dx}{dt}\vec{e}_x + \frac{dy}{dt}\vec{e}_y + \frac{dz}{dt}\vec{e}_z \quad (12.17)$$

[†8] ここでは基底ベクトルが長さ1であるように決めて考えている。一般的には、基底ベクトルは長さ1とは限らない。基底ベクトルの長さが1とこだわらない方が計算が簡単になる部分もある。

12.1 3次元極座標のシュレーディンガー方程式

は正しいが、
$$\vec{v} = \frac{\mathrm{d}r}{\mathrm{d}t}\vec{e}_r \quad (\leftarrow \text{間違った式!!}) \tag{12.18}$$

は正しくないことに注意しよう。極座標の基底ベクトルは場所によって違う方向を向いている。物体の位置が移動すれば、基底ベクトルの向きも変わってしまう。正しい計算は、

$$\vec{v} = \frac{\mathrm{d}r}{\mathrm{d}t}\vec{e}_r + r\frac{\mathrm{d}\vec{e}_r}{\mathrm{d}t} \tag{12.19}$$

である（直交座標の時は、$\frac{\mathrm{d}\vec{e}_x}{\mathrm{d}t} = \frac{\mathrm{d}\vec{e}_y}{\mathrm{d}t} = \frac{\mathrm{d}\vec{e}_z}{\mathrm{d}t} = 0$ だったので関係なかった）。

$\vec{e}_r = \sin\theta\cos\phi\vec{e}_x + \sin\theta\sin\phi\vec{e}_y + \cos\theta\vec{e}_z$ であったので、これを微分すると、

$$\begin{aligned}
\frac{\mathrm{d}\vec{e}_r}{\mathrm{d}t} &= \frac{\mathrm{d}}{\mathrm{d}t}\left(\sin\theta\cos\phi\vec{e}_x + \sin\theta\sin\phi\vec{e}_y + \cos\theta\vec{e}_z\right) \\
&= \frac{\mathrm{d}\theta}{\mathrm{d}t}\left(\cos\theta\cos\phi\vec{e}_x + \cos\theta\sin\phi\vec{e}_y - \sin\theta\vec{e}_z\right) \\
&\quad + \frac{\mathrm{d}\phi}{\mathrm{d}t}\left(-\sin\theta\sin\phi\vec{e}_x + \sin\theta\cos\phi\vec{e}_y\right) \\
&= \frac{\mathrm{d}\theta}{\mathrm{d}t}\vec{e}_\theta + \sin\theta\frac{\mathrm{d}\phi}{\mathrm{d}t}\vec{e}_\phi
\end{aligned} \tag{12.20}$$

である。このような結果になる理由は、下のような図で納得できる。

上の図では ϕ 方向の動きは省略している。微小時間時間 $\mathrm{d}t$ の間に θ が $\mathrm{d}\theta$ だけ増えたとすると、それによって「粒子のいる場所の $\vec{e}_r$」は角度 $\mathrm{d}\theta$ だけ回転することになる。これが上の微分の式の意味である。なお、ϕ が $\mathrm{d}\phi$ 変化した時は、$\vec{e}_r$ は $\mathrm{d}\phi$ ではなく、$\sin\theta\mathrm{d}\phi$ だけ回転するという点に注意すれば、第2項も同様に考えられる[†9]。

[†9] この、「**一般の曲線座標では、基底ベクトルの微分が 0 ではない**」という性質は、後でシュレーディンガー方程式を作るときでも重要であるので、このあたりの計算方法についてはその時にもう一度わしく述べよう。
→ p258

これから、
$$\vec{v} = \frac{dr}{dt}\vec{e}_r + r\frac{d\theta}{dt}\vec{e}_\theta + r\sin\theta\frac{d\phi}{dt}\vec{e}_\phi \tag{12.21}$$

となる。同様に加速度を計算すると、

$$\begin{aligned}\vec{a} = \frac{d\vec{v}}{dt} =\ & \vec{e}_r\left(\frac{d^2r}{dt^2} - r\left(\frac{d\theta}{dt}\right)^2 - r\sin^2\theta\left(\frac{d\phi}{dt}\right)^2\right) \\ & + \vec{e}_\theta\left(r\frac{d^2\theta}{dt^2} + 2\frac{dr}{dt}\frac{d\theta}{dt} - r\sin\theta\cos\theta\left(\frac{d\phi}{dt}\right)^2\right) \\ & + \vec{e}_\phi\left(r\sin\theta\frac{d^2\phi}{dt^2} + 2\sin\theta\frac{dr}{dt}\frac{d\phi}{dt} + 2r\cos\theta\frac{d\theta}{dt}\frac{d\phi}{dt}\right)\end{aligned} \tag{12.22}$$

という答が出る。このややこしさゆえに曲線座標でニュートン力学を考えると少々面倒になる。

速度の式から運動エネルギーの式を作ると、

$$\frac{1}{2}\mu|\vec{v}|^2 = \frac{1}{2}\mu\left(\left(\frac{dr}{dt}\right)^2 + r^2\left(\frac{d\theta}{dt}\right)^2 + r^2\sin^2\theta\left(\frac{d\phi}{dt}\right)^2\right) \tag{12.23}$$

となる。いま考えている球対称ポテンシャル内の運動の古典力学的ラグランジアンは上の式から位置エネルギー$V(r)$を引いたものであり、一般座標r, θ, ϕに対する一般運動量はそれぞれ、

$$p_r = \mu\frac{dr}{dt}, \quad p_\theta = \mu r^2\frac{d\theta}{dt}, \quad p_\phi = \mu r^2\sin^2\theta\frac{d\phi}{dt} \tag{12.24}$$

となり、ハミルトニアンは

$$H = \frac{1}{2\mu}\left((p_r)^2 + \frac{1}{r^2}(p_\theta)^2 + \frac{1}{r^2\sin^2\theta}(p_\phi)^2\right) + V(r) \tag{12.25}$$

となる。このp_θ, p_ϕは角運動量に対応する。このハミルトニアンの量子力学バージョンを考えていくことになるのだが、実はその過程には慎重にやらないと間違える落とし穴がある。というのは、

12.1 3次元極座標のシュレーディンガー方程式

////////// これは間違い！！ //////////

(12.25)に、運動量として $p_r = -i\hbar \dfrac{\partial}{\partial r}$, $p_\theta = -i\hbar \dfrac{1}{r}\dfrac{\partial}{\partial \theta}$, $p_\phi = -i\hbar \dfrac{1}{r\sin\theta}\dfrac{\partial}{\partial \phi}$ を代入してハミルトニアンを作り、エネルギー固有値を E として

$$\left[-\frac{\hbar^2}{2\mu}\left(\frac{\partial^2}{\partial r^2} + \frac{1}{r^2}\frac{\partial^2}{\partial \theta^2} + \frac{1}{r^2\sin^2\theta}\frac{\partial^2}{\partial \phi^2}\right) + V(r)\right]\psi(r,\theta,\phi) = E\psi(r,\theta,\phi) \tag{12.26}$$

とやってシュレーディンガー方程式のできあがりと考えてはいけないのである。

次の節で、直交座標でのシュレーディンガー方程式(12.1)を丁寧に書き直すと(12.26)とは違う式になることを示そう。

12.1.2　3次元極座標におけるラプラシアン

直交座標でのシュレーディンガー方程式(12.1)には、

$$\triangle = \frac{\partial^2}{\partial x^2} + \frac{\partial^2}{\partial y^2} + \frac{\partial^2}{\partial z^2} \tag{12.27}$$

という二階微分演算子が現れた。この演算子 $\triangle$ はラプラシアンと呼ばれる。ラプラシアンはナブラと呼ばれるベクトル演算子 $\vec{\nabla} = \left(\dfrac{\partial}{\partial x}, \dfrac{\partial}{\partial y}, \dfrac{\partial}{\partial z}\right)$ の自分自身との内積として計算される（すなわち、$\triangle = \vec{\nabla}\cdot\vec{\nabla}$）。3次元直交座標での $\vec{\nabla}$ は

$$\vec{\nabla} = \vec{e}_x\frac{\partial}{\partial x} + \vec{e}_y\frac{\partial}{\partial y} + \vec{e}_z\frac{\partial}{\partial z} \tag{12.28}$$

と書ける[†10]。1次元の量子力学で運動量 p が $-i\hbar\dfrac{\partial}{\partial x}$ と対応したように、3次元の量子力学では運動量 $\vec{p} = p_x\vec{e}_x + p_y\vec{e}_y + p_z\vec{e}_z$ は $-i\hbar\vec{\nabla}$ に対応する。$\vec{\nabla}$ の自乗は（$((-i\hbar)^2 = -\hbar^2$ という因子を除いて）運動量の自乗 $|\vec{p}|^2$ に他ならない。

[†10] なお、$\vec{\nabla}$ を $\dfrac{\partial}{\partial \vec{x}}$ のように表記することもある。「ベクトルが分母に来ている！」とびっくりする人がいる（知らなければびっくりするのは当然である）が、これも定義は(12.28)である。

ここで、今から求めようとしてるラプラシアンの極座標での表示を、先に書いておく。

3次元極座標のラプラシアン

$$\triangle = \frac{1}{r^2}\frac{\partial}{\partial r}\left(r^2\frac{\partial}{\partial r}\right) + \frac{1}{r^2\sin\theta}\frac{\partial}{\partial \theta}\left(\sin\theta\frac{\partial}{\partial \theta}\right) + \frac{1}{r^2\sin^2\theta}\frac{\partial^2}{\partial \phi^2} \quad (12.29)$$

または

$$\triangle = \frac{\partial^2}{\partial r^2} + \frac{2}{r}\frac{\partial}{\partial r} + \frac{1}{r^2}\left(\frac{\partial^2}{\partial \theta^2} + \cot\theta\frac{\partial}{\partial \theta} + \frac{1}{\sin^2\theta}\frac{\partial^2}{\partial \phi^2}\right) \quad (12.30)$$

この式を導出するための計算は注意深く行わないと間違う。まず極座標での $\vec{\nabla}$ を求めよう。このベクトル演算子 $\vec{\nabla}$ の意味するところは、

$$f(\vec{x}+\vec{a}) - f(\vec{x}) = \vec{a}\cdot\vec{\nabla}f(\vec{x}) + \cdots \quad (12.31)$$

である（$\cdots$ の部分は、$\vec{a}$ の2次以上）。$\vec{a}$ の向いている方向に移動した時の関数 $f(\vec{x})$ の変化量が $\vec{a}\cdot\vec{\nabla}f(\vec{x})$ となるように定義されている。たとえば x 方向に距離 ϵ だけ移動するならば、$\vec{a}=(\epsilon,0,0)$ を上の式に代入して、

$$f(x+\epsilon,y,z) - f(x,y,z) = \epsilon\frac{\partial f(x,y,z)}{\partial x} \quad (12.32)$$

である。すなわち、$\vec{e}_x\cdot\vec{\nabla}f = \frac{\partial}{\partial x}f$ であり、同様に、$\vec{e}_y\cdot\vec{\nabla}f = \frac{\partial}{\partial y}f$, $\vec{e}_z\cdot\vec{\nabla}f = \frac{\partial}{\partial z}f$ である。この三つの式を見れば、$\vec{\nabla} = \vec{e}_x\frac{\partial}{\partial x} + \vec{e}_y\frac{\partial}{\partial y} + \vec{e}_z\frac{\partial}{\partial z}$ という表現になることが納得できる。

極座標を使って同様に「ある方向に距離 ϵ だけ移動して差を取る」という計算をすると、それぞれ、r 方向、θ 方向、ϕ 方向に ϵ 移動した時の関数 $f(r,\theta,\phi)$ の変化は、

$$f(r+\epsilon,\theta,\phi) - f(r,\theta,\phi) = \epsilon\frac{\partial f(r,\theta,\phi)}{\partial r} \quad (12.33)$$

$$f(r,\theta+\frac{\epsilon}{r},\phi) - f(r,\theta,\phi) = \frac{\epsilon}{r}\frac{\partial f(r,\theta,\phi)}{\partial \theta} \quad (12.34)$$

$$f(r,\theta,\phi+\frac{\epsilon}{r\sin\theta}) - f(r,\theta,\phi) = \frac{\epsilon}{r\sin\theta}\frac{\partial f(r,\theta,\phi)}{\partial \phi} \quad (12.35)$$

12.1 3次元極座標のシュレーディンガー方程式

となる。r方向は素直に考えればよいが、θ方向に関しては、「θが$\frac{\epsilon}{r}$増加すると距離ϵ進む」という計算になることに注意（ϕ方向に関しては「ϕが$\frac{\epsilon}{r\sin\theta}$増加すると距離$\epsilon$進む」と考えれば以上の結果は理解できる）。

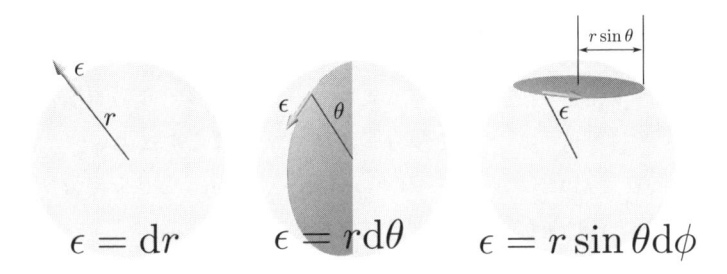

$$\epsilon = dr \qquad \epsilon = rd\theta \qquad \epsilon = r\sin\theta d\phi$$

このため、極座標で表した$\vec{\nabla}$は

$$\vec{\nabla} = \vec{e}_r \frac{\partial}{\partial r} + \vec{e}_\theta \frac{1}{r}\frac{\partial}{\partial \theta} + \vec{e}_\phi \frac{1}{r\sin\theta}\frac{\partial}{\partial \phi} \tag{12.36}$$

となる。これの自乗（ベクトル内積の意味で自乗）を任意の関数ψに掛けたものを計算してみる。ここでうっかりすると、

―――― これは間違いです！！ ――――

$$\begin{aligned}
&\vec{\nabla}\cdot\vec{\nabla} \\
&= \left(\vec{e}_r \frac{\partial}{\partial r} + \vec{e}_\theta \frac{1}{r}\frac{\partial}{\partial \theta} + \vec{e}_\phi \frac{1}{r\sin\theta}\frac{\partial}{\partial \phi}\right) \cdot \left(\vec{e}_r \frac{\partial}{\partial r} + \vec{e}_\theta \frac{1}{r}\frac{\partial}{\partial \theta} + \vec{e}_\phi \frac{1}{r\sin\theta}\frac{\partial}{\partial \phi}\right) \\
&= \vec{e}_r \cdot \vec{e}_r \left(\frac{\partial}{\partial r}\right)^2 + \vec{e}_\theta \cdot \vec{e}_\theta \left(\frac{1}{r}\frac{\partial}{\partial \theta}\right)^2 + \vec{e}_\phi \cdot \vec{e}_\phi \left(\frac{1}{r\sin\theta}\frac{\partial}{\partial \phi}\right)^2 \\
&= \frac{\partial^2}{\partial r^2} + \frac{1}{r^2}\frac{\partial^2}{\partial \theta^2} + \frac{1}{r^2\sin^2\theta}\frac{\partial^2}{\partial \phi^2}
\end{aligned} \tag{12.37}$$

という間違った計算をすることになる。どこが間違っているかというと、「$\vec{e}_r, \vec{e}_\theta, \vec{e}_\phi$は場所によって違う方向を向いている。ゆえにこれらの微分は0ではない！[11]」ということを忘れているのである。左の括弧内の微分は

---
[11] 直交座標の場合は$\vec{e}_x, \vec{e}_y, \vec{e}_z$が全てどこでも同じ方向を向いているので、この点を心配する必要はない。

258　第12章　3次元のシュレーディンガー方程式—球対称ポテンシャル内の粒子

$\vec{e}_r, \vec{e}_\theta, \vec{e}_\phi$ も微分する。

なお、左の括弧内の $\frac{\partial}{\partial r}$ が右の括弧内の r を微分する（あるいは、左の括弧内の $\frac{\partial}{\partial \theta}$ が右の括弧内の $\sin\theta$ を微分する）という可能性もある。しかしその結果、右の括弧内のベクトルは $\vec{e}_\theta$ と $\vec{e}_\phi$ の線型結合になる（$\vec{e}_r$ の係数は r を含んでないので微分で消える）。一方左の括弧内のベクトルは $\vec{e}_r$ に比例しているから、ベクトルの直交性から 0 になり、関係ない。他の可能性も同様なので、以下では基底ベクトルを微分した結果だけ考えればよい。

たとえば $\vec{e}_r = \sin\theta\cos\phi\vec{e}_x + \sin\theta\sin\phi\vec{e}_y + \cos\theta\vec{e}_z$ を θ で微分すると、

$$\begin{aligned}\frac{\partial \vec{e}_r}{\partial \theta} &= \frac{\mathrm{d}\sin\theta}{\mathrm{d}\theta}\cos\phi\vec{e}_x + \frac{\mathrm{d}\sin\theta}{\mathrm{d}\theta}\sin\phi\vec{e}_y + \frac{\mathrm{d}\cos\theta}{\mathrm{d}\theta}\vec{e}_z \\ &= \cos\theta\cos\phi\vec{e}_x + \cos\theta\sin\phi\vec{e}_y - \sin\theta\vec{e}_z\end{aligned} \quad (12.38)$$

となり、これは $\vec{e}_\theta$ そのものである。同様の計算をすると、

$$\begin{aligned}&\frac{\partial}{\partial\theta}\vec{e}_r = \vec{e}_\theta, \qquad \frac{\partial}{\partial\theta}\vec{e}_\theta = -\vec{e}_r \\ &\frac{\partial}{\partial\phi}\vec{e}_r = \sin\theta\vec{e}_\phi, \quad \frac{\partial}{\partial\phi}\vec{e}_\theta = \cos\theta\vec{e}_\phi, \quad \frac{\partial}{\partial\phi}\vec{e}_\phi = -\sin\theta\vec{e}_r - \cos\theta\vec{e}_\theta\end{aligned} \quad (12.39)$$

という式が出る（これ以外の組み合わせは0）[†12]。

このように基底ベクトルの微分が0でないせいで、(12.37) では出ていない（→ p257）よけいな項が出る。以下ではそのような「おつり」の部分だけを計算する。そのために、(12.37) の左の括弧内の微分演算子が基底ベクトルを微分した項（→ p257）がどのような結果を出すかを考える。

まず、基底ベクトルの r 微分は0なので、$\vec{e}_r\frac{\partial}{\partial r}$ はおつりを出さない。$\vec{e}_\theta\frac{1}{r}\frac{\partial}{\partial \theta}$ に関しては、微分の結果が $\vec{e}_\theta$ と同じ方向を向いている成分だけが残る。$\frac{\partial}{\partial \theta}\vec{e}_r = \vec{e}_\theta$ という部分から「おつり」が出る。どれだけ出るかというと、

$$\vec{e}_\theta \cdot \left(\frac{1}{r}\frac{\partial}{\partial \theta}\left(\vec{e}_r\frac{\partial}{\partial r}\right)\right)\psi = \frac{1}{r}\vec{e}_\theta \cdot \frac{\partial \vec{e}_r}{\partial \theta}\frac{\partial}{\partial r}\psi = \frac{1}{r}\frac{\partial}{\partial r}\psi \quad (12.40)$$

である。θ 微分が ψ に掛かった部分は、$\vec{e}_\theta \cdot \vec{e}_r = 0$ であるおかげで結果に寄与しない。

[†12] 上の式は計算によらずとも、(12.20) でやったように、ベクトルの変化を図に描いて考えることができる。（→ p253）

12.1 3次元極座標のシュレーディンガー方程式

次に左の括弧内の第3項 $\vec{e}_\phi \dfrac{1}{r\sin\theta}\dfrac{\partial}{\partial\phi}$ の部分である。

$$\vec{e}_\phi \cdot \left(\frac{1}{r\sin\theta}\frac{\partial}{\partial\phi}\left(\vec{e}_r\frac{\partial}{\partial r} + \vec{e}_\theta\frac{1}{r}\frac{\partial}{\partial\theta}\right)\right)\psi$$
$$= \frac{1}{r\sin\theta}\vec{e}_\phi \cdot \left(\sin\theta\vec{e}_\phi\frac{\partial}{\partial r} + \cos\theta\vec{e}_\phi\frac{1}{r}\frac{\partial}{\partial\theta}\right)\psi = \left(\frac{1}{r}\frac{\partial}{\partial r} + \frac{1}{r^2}\frac{\cos\theta}{\sin\theta}\frac{\partial}{\partial\theta}\right)\psi \tag{12.41}$$

となる。失敗だった式(12.37)に、足りない部分である(12.40)と(12.41)を足してやると、(12.30)が出てくる[†13]。

【補足】 ++++++++++++++++++++++++++++++++++
ここで、単純に「r 方向の運動量は $-i\hbar\dfrac{\partial}{\partial r}$」と思ってはいけない、という注意をしておく。エルミートの定義を思い出して欲しい。極座標において $-i\hbar\dfrac{\partial}{\partial r}$ という演算子はエルミートになっていない。$p_r = -i\hbar\dfrac{1}{r}\dfrac{\partial}{\partial r}r$ であれば、

$$\begin{aligned}
&\int dr d\theta d\phi\, r^2\sin\theta\,\Phi^*\left(-i\hbar\frac{1}{r}\frac{\partial}{\partial r}(r\psi)\right)\\
&= -i\hbar\int dr d\theta d\phi\, r^{\not{2}}\sin\theta\,\Phi^*\frac{1}{\not{r}}\frac{\partial}{\partial r}(r\psi)\\
&= i\hbar\int dr d\theta d\phi\,\sin\theta\,\frac{\partial}{\partial r}(r\Phi^*)r\psi + (\text{表面項})\\
&= \int dr d\theta d\phi\, r^2\sin\theta\left(\left(-i\hbar\frac{1}{r}\frac{\partial}{\partial r}(r\Phi)\right)^*\psi\right) + (\text{表面項})
\end{aligned} \tag{12.42}$$

となり、例によって表面項を無視することにすればエルミートである。同様に考えると $p_\theta = -i\hbar\dfrac{1}{\sqrt{\sin\theta}}\dfrac{\partial}{\partial\theta}\sqrt{\sin\theta}$ としないとエルミートにならない。p_ϕ に関しては (積分要素の中に ϕ があるわけではないので)、$p_\phi = -i\hbar\dfrac{\partial}{\partial\phi}$ で差し支えない。

$p_r = -i\hbar\dfrac{1}{r}\dfrac{\partial}{\partial r}r$ を自乗すると、

$$(p_r)^2 = -\hbar^2\frac{1}{r}\frac{\partial}{\partial r}\underbrace{r\frac{1}{r}}_{\text{消し合う}}\frac{\partial}{\partial r}r = -\hbar^2\frac{1}{r}\frac{\partial^2}{\partial r^2}r \tag{12.43}$$

[†13] なお、直交座標のラプラシアンの式に、$\dfrac{\partial}{\partial x} = \dfrac{\partial r}{\partial x}\dfrac{\partial}{\partial r} + \dfrac{\partial\theta}{\partial x}\dfrac{\partial}{\partial\theta} + \dfrac{\partial\phi}{\partial x}\dfrac{\partial}{\partial\phi}$ 等を代入して地道にこつこつと計算していくという方法でも極座標のラプラシアンは出せる (よく練習問題になっている) が、かなり手間がかかる。

260　第12章　3次元のシュレーディンガー方程式—球対称ポテンシャル内の粒子

となり、これは極座標のラプラシアンの r 微分の部分である。

ではエルミートになるように定義した p_r, p_θ, p_ϕ を使えばちゃんと極座標のラプラシアンが出てくるかというと、ダメなのである（章末演習問題12-2を参照）。
→ p289

✚✚✚✚✚✚✚✚✚✚✚✚✚✚✚✚✚✚✚✚✚✚✚✚✚✚✚✚✚【補足終わり】

以上により、解くべきシュレーディンガー方程式は

$$\left[-\frac{\hbar^2}{2\mu}\underbrace{\left(\frac{1}{r^2}\frac{\partial}{\partial r}\left(r^2\frac{\partial}{\partial r}\right) + \frac{1}{r^2\sin\theta}\frac{\partial}{\partial \theta}\left(\sin\theta\frac{\partial}{\partial \theta}\right) + \frac{1}{r^2\sin^2\theta}\frac{\partial^2}{\partial \phi^2}\right)}_{\text{運動エネルギーの項}} + V(r)\right]\psi$$

$$= E\psi \tag{12.44}$$

となる。これを解いていきたい。

(12.44) の左辺の第1項は運動エネルギーを表現した項、第2項は位置エネルギーを表現した項である。

古典論では、運動エネルギーの部分をさらに、動径方向（r 方向）の運動エネルギーと角度方向（θ, ϕ 方向）の運動エネルギーに分割することができた。角度方向の運動エネルギーは、下の図のように $\vec{L} = \vec{r} \times \vec{p}$ で定義される角運動量ベクトルを使って書かれる。

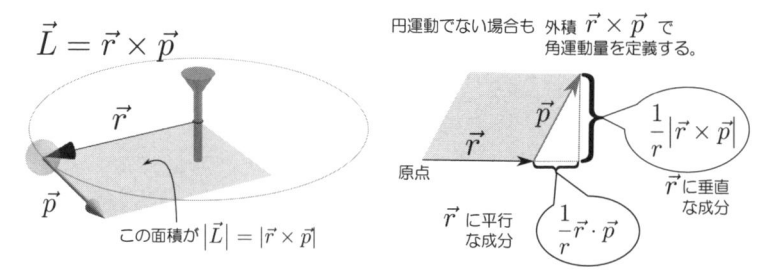

古典力学においては、角運動量 $\vec{L}$ は $\vec{x} \times \vec{p}$ のように、原点からの位置ベクトルと運動量ベクトルの外積であった。$\vec{L}$ の向く方向は回転の軸の方向（上の図では、釘の頭から上へという方向）である。

上の図の右側を見るとわかるように、全運動量、r 方向の運動量、そして角運動量 $\vec{r} \times \vec{p}$ の間には、

$$|\vec{p}|^2 = (\underbrace{\frac{1}{r}\vec{r}\cdot\vec{p}}_{\vec{r}\text{に平行な成分}})^2 + (\underbrace{\frac{1}{r}|\vec{r}\times\vec{p}|}_{\vec{r}\text{に垂直な成分}})^2 \tag{12.45}$$

という関係がある[†14]。両辺を2μで割ってから整理して、$\frac{1}{2\mu}|\vec{p}|^2$を求めると

$$\frac{1}{2\mu}|\vec{p}|^2 = \frac{1}{2\mu r^2}(\vec{r}\cdot\vec{p})^2 + \frac{1}{2\mu r^2}|\vec{L}|^2 \tag{12.46}$$

となる。$\frac{1}{2\mu r^2}(\vec{r}\cdot\vec{p})^2$が動径部分の運動エネルギー、$\frac{1}{2\mu r^2}|\vec{L}|^2$が角運動量による運動エネルギーである。

その類推から、さっき求めた3次元のシュレーディンガー方程式 (12.44) は

$$-\frac{\hbar^2}{2\mu}\frac{1}{r^2}\frac{\partial}{\partial r}\left(r^2\frac{\partial}{\partial r}\psi\right) + \left(\frac{1}{2\mu r^2}\left|\vec{L}\right|^2 + V(r)\right)\psi = E\psi \tag{12.47}$$

という形になるであろうと考えられる。ただし、$\vec{L}$は古典力学での角運動量が角運動量を表す演算子に置き換えられるであろう。我々の当面の目標は、極座標で書いたシュレーディンガー方程式を動径方向と角度方向に分けて解くことだが、角度方向の部分については、角運動量演算子をうまく使っていく必要がある。次の節で、量子力学での角運動量について考えよう。

12.2　3次元の角運動量

12.2.1　角運動量演算子

古典力学での3次元角運動量は以下のような三つの成分を持つ[†15]。

$$\vec{L} = \vec{x}\times\vec{p} \begin{cases} x\text{軸回りの角運動量} & L_x = yp_z - zp_y \\ y\text{軸回りの角運動量} & L_y = zp_x - xp_z \\ z\text{軸回りの角運動量} & L_z = xp_y - yp_x \end{cases} \tag{12.48}$$

この角運動量の量子力学での表現は、直交座標なら単純に

$$\vec{L} = -i\hbar\vec{x}\times\vec{\nabla} \begin{cases} L_x = -i\hbar\left(y\dfrac{\partial}{\partial z} - z\dfrac{\partial}{\partial y}\right) \\ L_y = -i\hbar\left(z\dfrac{\partial}{\partial x} - x\dfrac{\partial}{\partial z}\right) \\ L_z = -i\hbar\left(x\dfrac{\partial}{\partial y} - y\dfrac{\partial}{\partial x}\right) \end{cases} \tag{12.49}$$

[†14] この式は、ベクトルの公式 $(\vec{A}\times\vec{B})\cdot(\vec{C}\times\vec{D}) = (\vec{A}\cdot\vec{C})(\vec{B}\cdot\vec{D}) - (\vec{A}\cdot\vec{D})(\vec{B}\cdot\vec{C})$ に $\vec{A} = \vec{C} = \vec{r}, \vec{B} = \vec{D} = \vec{p}$ を代入して求めることもできる。

[†15] 前節では$\vec{r}$と書いた位置ベクトルを、ここからは$\vec{x}$と書いた。どちらにせよ、(x,y,z)という成分を持つベクトルである。

でよい。

　ここで一つ注意。一般に古典力学の量を量子力学に移すとき、演算子の順番が問題になる[†16]。しかし角運動量の場合は、$\vec{x} \times \vec{p}$ という外積になっているために、ここに含まれている演算子は必ず交換する。上の式をみても、$x\dfrac{\partial}{\partial y} - y\dfrac{\partial}{\partial x}$ のように、一つの項の中には交換しない演算子がないので心配しなくてよい[†17]。エルミート演算子 $\vec{x}$ と $\vec{p}$ の積であり、かつ互いに交換しない演算子の積を含んでいないので、$\vec{L}$ はエルミート演算子である。

　以下で $\vec{L}$ を極座標で考えていくが、古典力学からの置き換えは単純に $\vec{p}$ の部分を $-i\hbar\vec{\nabla}$ とするだけでよい[†18]。この計算も、ベクトルで表現した方が計算しやすい。$\vec{x} = r\vec{e}_r$ と $\vec{\nabla}$ の式を代入して、

$$\begin{aligned}\vec{L} &= \underbrace{r\vec{e}_r}_{\vec{x}} \times \underbrace{\left(-i\hbar\left(\vec{e}_r \frac{\partial}{\partial r} + \vec{e}_\theta \frac{1}{r}\frac{\partial}{\partial \theta} + \vec{e}_\phi \frac{1}{r\sin\theta}\frac{\partial}{\partial \phi}\right)\right)}_{=\vec{p}} \\ &= -i\hbar\left(r\underbrace{\vec{e}_r \times \vec{e}_r}_{=0}\frac{\partial}{\partial r} + \underbrace{\vec{e}_r \times \vec{e}_\theta}_{=\vec{e}_\phi}\frac{\partial}{\partial \theta} + \underbrace{\vec{e}_r \times \vec{e}_\phi}_{=-\vec{e}_\theta}\frac{1}{\sin\theta}\frac{\partial}{\partial \phi}\right) \\ &= -i\hbar\left(\vec{e}_\phi \frac{\partial}{\partial \theta} - \vec{e}_\theta \frac{1}{\sin\theta}\frac{\partial}{\partial \phi}\right)\end{aligned} \quad (12.50)$$

となる（当然ながら $\vec{L}$ は r も $\dfrac{\partial}{\partial r}$ も、さらには $\vec{e}_r$ も含まない）。

【FAQ】$\vec{L}$ は3次元のベクトルなのですか、2次元のベクトルなのですか？

　$\vec{L}$ は三つの成分があるのに、(12.50)は $\vec{e}_\phi, \vec{e}_\theta$ のみを含む。「3次元なの？——2次元なの？」と迷ってしまいそうになるが、もともと3次元の運動を動径方向（r 方向）とそれ以外に分けたのだから、$\vec{L}$ は本質的に2次元の量である。r 方向がないのは、いわば地球表面で「東西」「南北」という2方向しか考えてない（標高を無視している）のと同じ。

[†16] もしその量が x と p_x を両方含んでいたら、どういう順番で並べるべきか？——は、実は悩ましい問題である。
[†17] $x\dfrac{\partial}{\partial x}$ があったら、「$\dfrac{\partial}{\partial x}x$ でなくてもいいのか？」と心配するべき。
[†18] と言われても心配だ、という人は、後ろの問い 12-1 をやって確認してみよう。

12.2　3次元の角運動量

---------------------------- 練習問題 ----------------------------

【問い 12-1】 (12.50)の演算子の順番をひっくりかえして $\vec{L} = -\vec{p} \times \vec{x}$ としてから代入しても、結果は同じ形になることを確認せよ[19]。

ヒント → p342 へ　　解答 → p361 へ

これから各成分 L_x, L_y, L_z を計算するには、$\vec{L}$ と $\vec{e}_x, \vec{e}_y, \vec{e}_z$ の内積を取ればよい。よって、(12.11)を使って

$$\underbrace{\vec{e}_x \cdot \vec{L}}_{L_x} = -i\hbar \underbrace{(\sin\theta\cos\phi\,\vec{e}_r + \cos\theta\cos\phi\,\vec{e}_\theta - \sin\phi\,\vec{e}_\phi)}_{=\vec{e}_x} \cdot \left(\vec{e}_\phi \frac{\partial}{\partial\theta} - \vec{e}_\theta \frac{1}{\sin\theta}\frac{\partial}{\partial\phi}\right)$$

$$= -i\hbar\left(-\frac{\cos\theta}{\sin\theta}\cos\phi\frac{\partial}{\partial\phi} - \sin\phi\frac{\partial}{\partial\theta}\right)$$

$$\underbrace{\vec{e}_y \cdot \vec{L}}_{L_y} = -i\hbar \underbrace{(\sin\theta\sin\phi\,\vec{e}_r + \cos\theta\sin\phi\,\vec{e}_\theta + \cos\phi\,\vec{e}_\phi)}_{=\vec{e}_y} \cdot \left(\vec{e}_\phi \frac{\partial}{\partial\theta} - \vec{e}_\theta \frac{1}{\sin\theta}\frac{\partial}{\partial\phi}\right)$$

$$= -i\hbar\left(-\frac{\cos\theta}{\sin\theta}\sin\phi\frac{\partial}{\partial\phi} + \cos\phi\frac{\partial}{\partial\theta}\right)$$

$$\underbrace{\vec{e}_z \cdot \vec{L}}_{L_z} = \qquad\qquad -i\hbar \underbrace{(\cos\theta\,\vec{e}_r - \sin\theta\,\vec{e}_\theta)}_{=\vec{e}_z} \cdot \left(\vec{e}_\phi \frac{\partial}{\partial\theta} - \vec{e}_\theta \frac{1}{\sin\theta}\frac{\partial}{\partial\phi}\right)$$

$$= -i\hbar \frac{\partial}{\partial\phi} \tag{12.51}$$

となることがわかる[20]。

12.2.2　角運動量の絶対値の自乗 $|\vec{L}|^2$

角運動量の絶対値の自乗 $|\vec{L}|^2 = (L_x)^2 + (L_y)^2 + (L_z)^2$ を計算してみよう。これもベクトル式を使って、

$$|\vec{L}|^2 = -\hbar^2 \left(\vec{e}_\phi \frac{\partial}{\partial\theta} - \vec{e}_\theta \frac{1}{\sin\theta}\frac{\partial}{\partial\phi}\right) \cdot \left(\vec{e}_\phi \frac{\partial}{\partial\theta} - \vec{e}_\theta \frac{1}{\sin\theta}\frac{\partial}{\partial\phi}\right) \tag{12.52}$$

と書いて計算していくのがよい。ただし、この左側の θ 微分、ϕ 微分は、右の括弧内、特に $\vec{e}_\theta$ と $\vec{e}_\phi$ も微分することを忘れてはならない。よって、

---

[19] 念のため。演算子でない「数のベクトル」なら $\vec{A} \times \vec{B} = -\vec{B} \times \vec{A}$ だが、演算子のベクトルについてはこれは成立するとは限らない（角運動量は幸運な例である）。

[20] L_z は ϕ 微分のみで作られているが、z 軸周りの角運動量ということは、ϕ に共役な運動量であるから、この結果は当然である。

第12章 3次元のシュレーディンガー方程式—球対称ポテンシャル内の粒子

$$|\vec{L}|^2 = -\hbar^2 \left(\vec{e}_\phi \frac{\partial}{\partial \theta} - \vec{e}_\theta \frac{1}{\sin\theta} \frac{\partial}{\partial \phi}\right) \cdot \left(\vec{e}_\phi \frac{\partial}{\partial \theta} - \vec{e}_\theta \frac{1}{\sin\theta} \frac{\partial}{\partial \phi}\right)$$

$$= -\hbar^2 \left(\frac{\partial^2}{\partial \theta^2} + \frac{1}{\sin^2\theta}\frac{\partial^2}{\partial \phi^2} + \vec{e}_\phi \cdot \underbrace{\frac{\partial}{\partial \theta}}_{\text{直後のみ}} \left(\vec{e}_\phi \frac{\partial}{\partial \theta} - \vec{e}_\theta \frac{1}{\sin\theta}\frac{\partial}{\partial \phi}\right)\right.$$

$$\left. - \frac{1}{\sin\theta}\vec{e}_\theta \cdot \underbrace{\frac{\partial}{\partial \phi}}_{\text{直後のみ}} \left(\vec{e}_\phi \cdot \frac{\partial}{\partial \theta} - \vec{e}_\theta \frac{1}{\sin\theta}\frac{\partial}{\partial \phi}\right)\right) \tag{12.53}$$

のような計算となる。2行め、3行めの「直後のみ」と注意書きしてある微分は、直後の括弧内のみを微分する。それ以外の微分は（ここには書かれていない「後ろにある関数」も含めて）その演算子より後ろにあるもの全てを微分する。

ただし、$\underbrace{\frac{\partial}{\partial \theta}}_{\text{直後のみ}}$ に関しては、括弧内にある θ に依存する量は $\sin\theta$ と $\vec{e}_\theta$ であり、$\vec{e}_\theta$ を微分すると $-\vec{e}_r$ になり $\vec{e}_\phi$ との内積が 0 になるし、$\sin\theta$ を微分した結果も $\vec{e}_\theta$ が微分されず残るから、やはり $\vec{e}_\phi$ との内積で 0 である。つまりこの項は結果には効かない。$\underbrace{\frac{\partial}{\partial \phi}}_{\text{直後のみ}}$ は $\frac{\partial}{\partial \phi}\vec{e}_\phi = -\sin\theta\vec{e}_r \underbrace{- \cos\theta\vec{e}_\theta}_{\text{残る方}}$ のうち $\vec{e}_\theta$ に比例する部分は生き残り、

$$|\vec{L}|^2 = -\hbar^2 \left[\frac{\partial^2}{\partial \theta^2} + \underbrace{\frac{\cos\theta}{\sin\theta}}_{\cot\theta}\frac{\partial}{\partial \theta} + \frac{1}{\sin^2\theta}\frac{\partial^2}{\partial \phi^2}\right] \tag{12.54}$$

である。これを見ると確かに、ラプラシアンから求めたハミルトニアンの中には $\frac{1}{2\mu r^2}|\vec{L}|^2$ に対応する項が入っている。これでエネルギーから角運動量の部分を分離できたわけである。

以下で、ハミルトニアンと角運動量の同時固有状態を考えていくことにする。しかし同時固有状態であるためには互いに交換する演算子でなくてはならないので、その点をチェックしておこう。
→ p171

ここで出てきた演算子 $|\vec{L}|^2, L_x, L_y, L_z$ およびハミルトニアン H との相互の交換関係を考えよう。まず L_x と L_y の交換関係を計算する。$[L_x, L_y] = [yp_z - zp_y, zp_x - xp_z]$ であるが、交換関係の中身を見ると、交換しない組み

合わせは $[yp_z - zp_y, zp_x - xp_z]$ の二つだけである。ゆえに、

$$[L_x, L_y] = y[p_z, z]p_x + x[z, p_z]p_y = i\hbar(xp_y - yp_x) = i\hbar L_z \tag{12.55}$$

である。サイクリックな交換[†21]を行うことで、$[L_y, L_z] = i\hbar L_x, [L_z, L_x] = i\hbar L_y$ が求められる。自分自身とは当然交換する（たとえば $[L_x, L_x] = 0$）し、これ以外のものは上で求めたものの逆符号になる（たとえば $[L_y, L_x] = -[L_x, L_y] = -i\hbar L_z$）ので、これで L_x, L_y, L_z の組み合わせについてはすべて計算した。

$L_1 = L_x, L_2 = L_y, L_3 = L_z$ と添字を数字に変えると、全ての交換関係を

$$[L_i, L_j] = i\hbar \underbrace{\sum_{k=1}^{3}}_{\text{省略可}} \epsilon_{ijk} L_k \tag{12.56}$$

と表せる（アインシュタインの規約[†22]により、$\sum_{k=1}^{3}$ は省略されることが多い。本書では「省略可」とつけて薄く書くことにする）。

──────── 3次元のレヴィ・チビタ記号 ────────

ϵ_{ijk} は添字のどの二つを入れ替えても符号が反対になる（$\epsilon_{ijk} = -\epsilon_{jik} = -\epsilon_{ikj} = -\epsilon_{kji}$）という性質（「完全反対称性」と呼ぶ）を満たし、$\epsilon_{123} = 1$ である。完全反対称なので、ϵ_{ijk} の添字の中に同じものがあると 0 になる。違うものは、ϵ_{123} から偶数回の置換で得られるものは 1、奇数回の置換で得られるものは -1 となる。$\epsilon_{123} = \epsilon_{312} = \epsilon_{231} = 1$ で、$\epsilon_{132} = \epsilon_{213} = \epsilon_{321} = -1$（これ以外は 0）ということになる。

$|\vec{L}|^2$ と L_x との交換関係を計算すると、

$$\left[|\vec{L}|^2, L_x\right] = \left[(L_x)^2, L_x\right] + \left[(L_y)^2, L_x\right] + \left[(L_z)^2, L_x\right] \tag{12.57}$$

であるが、$[L_x, L_x] = 0$ だから第 1 項は 0。第 2 項は

$$[L_y L_y, L_x] = L_y[L_y, L_x] + [L_y, L_x]L_y = -i\hbar[L_y L_z + L_z L_y] \tag{12.58}$$

[†21] $x \to y, y \to z, z \to x$ のように、三つ以上の文字などを（輪になるように並べて回転させるように）置き換えていくことを「サイクリックに置換する」などと言う。

[†22] $\epsilon_{ijk} L_k$ と書かれていた時、「k という同じ添字が 2 回現れている時は k の取り得る値全てを足し上げる（$\sum_k$ は省略して書かない）」というのがアインシュタインの規約。相対論でよく使われる。

となり0ではないが、第3項が

$$[L_zL_z, L_x] = L_z[L_z, L_x] + [L_z, L_x]L_z = i\hbar[L_zL_y + L_yL_z] \tag{12.59}$$

となって互いに逆符号でキャンセルし、$\left[|\vec{L}|^2, L_x\right] = 0$ である（L_y, L_z に関しても同様）。

なお、レヴィ・チビタ記号を使うと上の計算は、

$$\underbrace{\sum_{i=1}^{3}[\underbrace{L_iL_i}_{|\vec{L}|^2}, L_j]}_{\text{省略可}} = \underbrace{\sum_{i=1}^{3}(L_i[L_i, L_j] + [L_i, L_j]L_i)}_{\text{省略可}} \quad \left([L_i, L_j] = i\hbar\sum_{k=1}^{3}\epsilon_{ijk}L_k\right)$$

$$= i\hbar\underbrace{\sum_{i,k=1}^{3}(L_i\epsilon_{ijk}L_k + \epsilon_{ijk}L_kL_i)}_{\text{省略可}} \quad \text{(第1項でiとkを入れ替えて)}$$

$$= i\hbar\underbrace{\sum_{i,k=1}^{3}\underbrace{(\epsilon_{kji} + \epsilon_{ijk})}_{=0}L_kL_i}_{\text{省略可}} = 0 \tag{12.60}$$

のようにできる[23]。

いま考えているハミルトニアンは $H = \dfrac{-\hbar^2}{2\mu}\dfrac{1}{r^2}\dfrac{\partial}{\partial r}\left(r^2\dfrac{\partial}{\partial r}\right) + \dfrac{1}{2\mu r^2}|\vec{L}|^2 + V(r)$ となっている。$L_x, L_y, L_z, |\vec{L}|^2$ は全て r 微分を含まず、かつこれらは全て $|\vec{L}|^2$ と交換するのだから、$L_x, L_y, L_z, |\vec{L}|^2$ はハミルトニアンと交換する。

L_x, L_y, L_z は互いの交換関係が0でないことに注意すると、H との同時固有状態を持てるのは $|\vec{L}|^2$ と、L_x, L_y, L_z のうちどれか一つである。

---- ここからの戦略 ----

(1) 波動関数 $\psi(r, \theta, \phi)$ を、$\psi(r, \theta, \phi) = R(r)Y(\theta, \phi)$ のように、動径部分と角度部分に分離する。

(2) 角度部分 $Y(\theta, \phi)$ は $|\vec{L}|^2$ と L_z の固有関数になるようにする。

　(a) L_z の固有状態を求める（これは簡単）。

　(b) $|\vec{L}|^2$ の固有状態を求める（少し面倒）。

(3) $R(r)$ に関する式を解く（位置エネルギー $V(r)$ の形が決まってないとできない）。

---

[23] 2行目で第1項のみの i と k を入れ替えているが、i も k も $\sum_{i,k=1}^{3}$ によって1から3までが順に代入して足し算されている。よって（他とかぶらないかぎり）どんな文字で表現しても結果は同じである。

12.2 3次元の角運動量

ここで L_x, L_y, L_z のうち L_z を選んで固有関数を求めるのは、L_z が一番簡単な形をしているからである。

さて、

$$\left(\frac{-\hbar^2}{2\mu}\frac{1}{r^2}\frac{\partial}{\partial r}\left(r^2\frac{\partial}{\partial r}\right) + \frac{1}{2\mu r^2}\underbrace{|\vec{L}|^2}_{\hbar^2\lambda \to} + V(r)\right)R(r)Y(\theta,\phi) = ER(r)Y(\theta,\phi) \tag{12.61}$$

という方程式を解かなくてはいけないわけだが、$Y(\theta,\phi)$ が $|\vec{L}|^2$ の固有関数であるとするならば($\vec{L}$ は $R(r)$ には何もせずに通り抜けるので)、$|\vec{L}|^2$ の部分を固有値(とりあえず、$\hbar^2\lambda$ としよう)に置き換えることができる。置き換えてしまえばもはや $Y(\theta,\phi)$ を微分するものはないので、両辺を $Y(\theta,\phi)$ で割ってしまって、

$$\left(\frac{-\hbar^2}{2\mu}\frac{1}{r^2}\frac{\partial}{\partial r}\left(r^2\frac{\partial}{\partial r}\right) + \frac{1}{2\mu r^2}\hbar^2\lambda + V(r)\right)R(r) = ER(r) \tag{12.62}$$

を解けばよい、ということになる[†24]。そのためには $|\vec{L}|^2$ の固有関数であるところの $Y(\theta,\phi)$ を求めていかなくてはいけない。

$|\vec{L}|^2$ の固有値が $\hbar^2\lambda$ であるとして、$Y(\theta,\phi)$ 部分の方程式を(12.54)の $|\vec{L}|^2$ を使って、
→ p264

$$-\hbar^2\left[\frac{\partial^2}{\partial\theta^2} + \cot\theta\frac{\partial}{\partial\theta} + \frac{1}{\sin^2\theta}\frac{\partial^2}{\partial\phi^2}\right]Y(\theta,\phi) = \hbar^2\lambda Y(\theta,\phi) \tag{12.63}$$

と書く(両辺にある $\hbar^2$ は割ってしまおう)。

では次に $L_z = -i\hbar\dfrac{\partial}{\partial\phi}$ の固有状態を求めよう。

$$-i\hbar\frac{\partial}{\partial\phi}\Phi(\phi) = \hbar m \Phi(\phi) \tag{12.64}$$

という微分方程式を解けば、$\Phi(\phi) = e^{im\phi}$ という形の固有関数が求まる[†25]。固有値は $m\hbar$ となる。ϕ という座標は 2π という周期を持っている($\phi = 0$ と $\phi = 2\pi$ は同一点)ので、波動関数は $\psi(r,\theta,0) = \psi(r,\theta,2\pi)$ という周期境界

[†24] 結局、ここでやっている計算は、微分演算子が出てきたらその固有関数を求めることで「演算子」を「数」に置き直して問題を簡単にする、ということを繰り返し行なっていくわけである。

[†25] ただし、$e^{im\phi}$ は L_z の固有状態ではあるが、これだけでは $|\vec{L}|^2$ の固有状態とは限らない。今は $|\vec{L}|^2$ と L_z の同時固有状態を求めるのが目標なので、まだ問題は解けていない。

条件（一階微分に対しても同様）を課すことにする。すると、$e^{2m\pi i} = 1$ でなくてはいけないから、m は整数である[†26]。

というわけでさらに $Y(\theta, \phi) = \Theta(\theta) e^{im\phi}$ と置いて（例によってこの関数の前では $\frac{\partial}{\partial \phi} \to im$ という置き換えが可能であることを使って）、

$$-\left[\frac{\partial^2}{\partial \theta^2} + \cot\theta \frac{\partial}{\partial \theta} - \frac{m^2}{\sin^2\theta}\right]\Theta(\theta) = \lambda\Theta(\theta) \tag{12.65}$$

となる（また解くべき方程式が少し簡単になった）。

ではこの方程式を解けばよい…のだが、実は微分方程式を解かなくてもある程度の答は出てしまう。その方法を次の節で説明しよう。

【補足】✚✚✚✚✚✚✚✚✚✚✚✚✚✚✚✚✚✚✚✚✚✚✚✚✚✚✚✚✚✚✚✚
　ここで、$L_z = -i\hbar \frac{\partial}{\partial \phi}$ という式は $p = -i\hbar \frac{\partial}{\partial x}$ に似ているし、$e^{im\phi}$ という固有関数は $e^{\frac{i}{\hbar}px}$ という（運動量の）固有関数に似ている、と思った人もいるだろう。

　実際この関数は ϕ の正の方向（北極側から見て反時計回りに回る方向）に進行する波を表現する関数だと思ってよい。ただし、運動量の固有関数 $e^{\frac{i}{\hbar}px}$ がそうであったように、この波も古典力学的な意味で「粒子の運動」を表現しているのではないことに注意。この場合も、いろいろな m を持つ波を重ね合わせて波束を作らないと、「粒子の運動」は見えない。

　なお、$e^{\frac{i}{\hbar}pa}$ という「演算子の exp」が「ブラ $\langle x|$ に掛かると $x \to x+a$ という並進を起こす演算子」であったように、$e^{\frac{i}{\hbar}L_z\alpha}$ は「ブラ $\langle \phi|$（ϕ という演算子の固有状態）に掛かると $\phi \to \phi + \alpha$ という回転を起こす演算子」になる（同様に L_x は x 軸回りの回転を、L_y は y 軸回りの回転を起こす）。
✚✚✚✚✚✚✚✚✚✚✚✚✚✚✚✚✚✚✚✚✚✚✚✚✚✚✚✚✚✚✚✚【補足終わり】

12.3 角運動量の固有値

12.3.1 上昇下降演算子

　調和振動子の場合、11.2.2節で上昇下降演算子 $a^\dagger, a$ を定義することでエネルギー固有値や各々の固有状態を簡単に求めることができた。具体的には、(11.30)で定義した H に対する上昇下降演算子（$[H, a^\dagger] = \epsilon a^\dagger$ を満たす演算

[†26] 周期境界条件を使わなくても m が整数になることはわかる。問い12-7の解答の脚注を見よ。

子 $a^\dagger$) が、エネルギーを ϵ 上げた。

ここでもその真似をして、角運動量演算子の固有値や固有状態を求めていく。まず、L_z の固有値を上げ下げする演算子（$[L_z,(?)] = \pm\hbar(?)$ となるような演算子）を探そう。

そのために、$[L_z, L_x] = i\hbar L_y$ と $[L_z, L_y] = -i\hbar L_x$ という交換関係をみて「適当にこの式の線型結合をとれば、(?) がわかるのでは」と考えると[†27]、

$$[L_z, L_x \pm iL_y] = i\hbar L_y \pm \hbar L_x = \pm\hbar(L_x \pm iL_y) \tag{12.66}$$

という式を作ることができる。$L_\pm \equiv L_x \pm iL_y$ として新しい演算子 $L_\pm$ を定義すると、

― L_z に対する上昇下降演算子 ―

$$[L_z, L_\pm] = \pm\hbar L_\pm \tag{12.67}$$

$$L_z L_\pm = L_\pm L_z \pm \hbar L_\pm = L_\pm(L_z \pm \hbar) \tag{12.68}$$

とも書ける。

L_x, L_y は $|\vec{L}|^2$ と交換するから、$L_\pm$ は L_z の固有値を $\hbar$ だけ変化させるが、$|\vec{L}|^2$ の固有値は変えない。調和振動子の $a, a^\dagger$ と同様に、この演算子はたいへん便利な演算子である。なぜなら、Θ_ℓ^m を一つ求めておけば、$L_\pm$ を掛けることで次々と $\Theta_\ell^{m\pm1}, \Theta_\ell^{m\pm2}, \cdots$ を求めることができるからである。

― L_+, L_- の微分演算子による具体的な表現 ―

$$L_\pm = \pm\hbar e^{\pm i\phi}\left(\frac{\partial}{\partial\theta} \pm i\cot\theta\frac{\partial}{\partial\phi}\right) \tag{12.69}$$

------------------------------ 練習問題 ------------------------------

【問い 12-2】 (12.69) となることを確かめよ。　　ヒント → p343 へ　解答 → p362 へ

【問い 12-3】 $L_\pm$ と L_z の交換関係を、具体的表現を使って確かめよ。

ヒント → p343 へ　解答 → p362 へ

12.3.2　$|\vec{L}|^2$ の固有値

演算子 L_+ を使って L_z の固有値をどんどん上げていけるわけであるが、ど

[†27] とりあえず $L_x + \alpha L_y$ としてみて、α をいくらにすればよいかを解けばよい。

こまでも上げることができるかというと、そうはいかない。なぜなら、L_+ は $|\vec{L}|^2$ と交換するので、L_+ を掛けても $|\vec{L}|^2$ の固有値は変化しないからである。古典的に考えると $|\vec{L}|^2 = (L_x)^2 + (L_y)^2 + (L_z)^2$ であるから、L_z の固有値は $|\vec{L}|$ を超えることはない。量子力学的に考えても、任意の状態 $|\psi\rangle$ に対して

$$\langle \psi | \left((L_x)^2 + (L_y)^2 \right) |\psi\rangle = \underbrace{\langle \psi | L_x L_x |\psi\rangle}_{|L_x|\psi\rangle|^2} + \underbrace{\langle \psi | L_y L_y |\psi\rangle}_{|L_y|\psi\rangle|^2} \geqq 0 \quad (12.70)$$

であるから[†28]

$$\langle \psi | \left((L_x)^2 + (L_y)^2 + (L_z)^2 \right) |\psi\rangle \geqq \langle \psi | (L_z)^2 |\psi\rangle \quad (12.71)$$

が成り立つ（等号が成り立つのは L_x, L_y, L_z の固有値が全て 0 のときのみ）。これから L_z の固有値の自乗が $|\vec{L}|^2$ の固有値以下になることがわかる。

【FAQ】 $L_\pm$ は回転の演算子なのですか？

・・・・・・・・・・・・・・・・・・・・・・・・・・・・・・

$|\vec{L}|^2$ を変えずに L_z を上げたり下げたりする、ということから、そのように解釈したくなるかもしれないが、実はそうではない。$\ell = 1$ で $m = -1, 0, 1$ の場合で説明しよう。

古典力学的に考えると、「$m = \pm 1$ は z 軸回りの角運動量が最大で、$m = 1$ ならば右ねじ方向に、$m = -1$ なら左ねじ方向に回っている。では $m = 0$ はというと、単純に z 軸回りの角運動量が 0 だというが、いったい x 軸回りに回っているのか、それとも y 軸回りなのか？？」と思ってしまう。

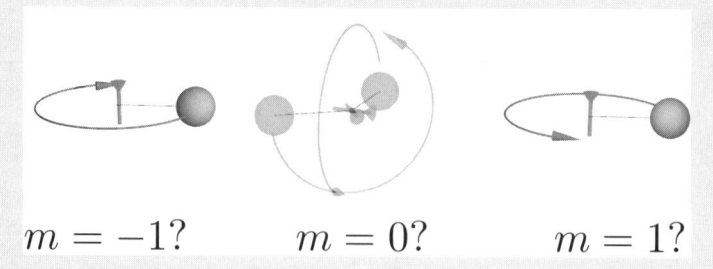

$m = -1?$　　　$m = 0?$　　　$m = 1?$

実際には $m = 0$ の状態は「x 軸回りの角運動量がある状態」と「y 軸回りの角運動量がある状態」の重ね合わせになっている。だから、「$m = 1$ から $m = 0$

[†28] コンパクトにかけるのでブラ・ケットの書き方で書いた。

へ」という変化（L_- によって起こされる変化）は「90°回す」という変化ではないのである（具体的な波動関数の様子は、口絵を見て欲しい）。

x 軸回りに回っている状態を作りたければ、$m=1$ の状態に y 軸回りの 90°回転の演算子である $e^{\frac{i}{\hbar}\frac{\pi}{2}L_y}$ を掛けるとよい。これはもちろん $L_\pm$ とは別の演算子である。
→ p268

古典論にしろ量子論にしろ、L_z の固有値には最大値が存在しなくてはいけないことがわかったから、その最大固有値を $\hbar\ell$ として、その固有状態を ψ_ℓ と書く。すなわち $L_+\psi_\ell = 0, L_z\psi_\ell = \hbar\ell\psi_\ell$ が満たされる。この状態に $|\vec{L}|^2$ を掛けるとどうなるかを考えてみよう。

そのために、$|\vec{L}|^2 = (L_x)^2 + (L_y)^2 + (L_z)^2$ を、L_+, L_-, L_z で表そう。古典論であれば（演算子の順番なんて考えなくてよければ）、$L_-L_+ = (L_x - iL_y)(L_x + iL_y) = (L_x)^2 + (L_y)^2$ となる。もちろんそうはいかなくて、

$$L_\mp L_\pm = (L_x \mp iL_y)(L_x \pm iL_y) \\ = (L_x)^2 \underbrace{\mp iL_yL_x \pm iL_xL_y}_{\pm i[L_x, L_y] = \mp \hbar L_z} + (L_y)^2 = (L_x)^2 \mp \hbar L_z + (L_y)^2 \quad (12.72)$$

となり、$i[L_x, L_y] = -\hbar L_z$ からくる、古典論では出ない項が出る。よって、

$$|\vec{L}|^2 = (L_x)^2 + (L_y)^2 + (L_z)^2 = L_\mp L_\pm + (L_z)^2 \pm \hbar L_z \quad (12.73)$$

である[†29]。この演算子の複号が上の方を ψ_ℓ に掛ける。L_z は固有値 $\ell\hbar$ に書き換えられるので、

$$|\vec{L}|^2 \psi_\ell = [\underbrace{L_-L_+}_{0 \to} + \hbar^2\ell + \hbar^2\ell^2]\psi_\ell = \hbar^2\ell(\ell+1)\psi_\ell \quad (12.74)$$

となる。よって、$|\vec{L}|^2$ の固有値は $\hbar^2\ell(\ell+1)$ という決まった値になる[†30]。交換関係だけから（微分方程式を解かなくても）固有値が求められた。

L_z の固有値の最大値が $\ell\hbar$ として計算を始めたが、L_+ の部分を L_- に変えてほぼ同じ計算をやってやれば、L_z の固有値の最小値が $-\ell\hbar$ である時にやはり $|\vec{L}|^2$ の固有値が $\hbar^2\ell(\ell+1)$ となることもすぐに証明できる。L_z の固有値

[†29] この式を少し書き直すと $L_\mp L_\pm = |\vec{L}|^2 - (L_z)^2 \mp \hbar L_z$ となるが、これは「$|\vec{L}|^2$ と L_z の固有状態に $L_\mp L_\pm$ を掛けると、元の状態に比例する状態に戻る」ということを意味している。
[†30] そんな堅苦しいこと言わなくとも、他の値でもなんとかなるだろう、と $\hbar^2\ell(\ell+1)$ 以外の固有値の場合で微分方程式を説いてやると、どこかで解が発散するという結果が出る。

は $-\ell\hbar$ から $\ell\hbar$ までの範囲であることがわかる。波動関数の何らかの演算子の固有値が決まった値しかとれないことを「量子化される」というが、角運動量の固有値も量子化されているのである。

ℓ は**方位量子数**または**軌道量子数**と呼ばれ、L_z の固有値を $m\hbar$ とした時の m を**磁気量子数**と呼ぶ[†31]。

【補足】＋＋＋＋＋＋＋＋＋＋＋＋＋＋＋＋＋＋＋＋＋＋＋＋＋＋＋＋＋＋＋＋

ここで、L_z の最大値が $\ell\hbar$ で、$|\vec{L}|^2 = (L_x)^2 + (L_y)^2 + (L_z)^2$ が $\hbar^2\ell(\ell+1)$ だったわけだが、これを見て、

$$(L_x)^2 + (L_y)^2 = |\vec{L}|^2 - (L_z)^2 = \hbar^2\ell(\ell+1) - (\hbar\ell)^2 = \hbar^2\ell \tag{12.75}$$

などという計算をやってはいけない。L_x, L_y, L_z は演算子である。そして今は L_z の固有状態を考えている。固有状態を考えているから、$L_z \to \hbar\ell$ というふうに、「演算子→固有値」と置き換えることができる。しかし L_x, L_y は L_z と交換しないので、L_z の固有状態は L_x, L_y の固有状態ではない。だから数字に置き換えることができないのである[†32]。

＋＋＋＋＋＋＋＋＋＋＋＋＋＋＋＋＋＋＋＋＋＋＋＋＋＋＋＋＋＋【補足終わり】

12.3.3　上昇下降演算子によるノルムの変化

$L_\pm$ を掛けることによってノルムがどれだけ変化するかについても計算しておこう。$|\vec{L}|^2$ の固有値が $\hbar^2\ell(\ell+1)$ で、L_z の固有値が $\hbar m$ である状態の状態ベクトルを $|\ell, m\rangle$ と[†33]、書いて、

$$\langle \ell, m | \ell', m' \rangle = \delta_{\ell\ell'}\delta_{mm'} \tag{12.76}$$

のように規格化されているとする。

状態 $|\ell, m\rangle$ と、対する波動関数 $Y(\theta, \phi)$ の関係は

$$Y(\theta, \phi) = \langle \theta, \phi | \ell, m \rangle \tag{12.77}$$

[†31] '磁気' 量子数と呼ばれる理由は、いま考えている粒子が荷電粒子であれば、角運動量を持って回転しているという状態は小さな円電流ができていると解釈でき、これが磁気モーメントと関係してくるからである。具体的には、磁場をかけると m に依存して電子の持つエネルギーが変化する。これが「電子が公転しているからだ」という事は後からわかるのであって、最初にこの量子数が '観測' された時は磁場を通じてであったことに注意。

[†32] 正確に言うと、L_x, L_y, L_z の同時固有状態はたった一つだけ存在する。その状態は全ての固有値が 0 であり、必然的に $|\vec{L}|^2$ の固有値も 0 である。この波動関数は θ にも ϕ にもよらない。

[†33] これがどんな関数で表されるのかは、まだ求めていないのだが（！）、それでもノルムの変化が計算できる。

である(状態 $|\psi\rangle$ に対する x-表示の波動関数が $\psi(x) = \langle x|\psi\rangle$ だったのと同様)。$|\theta,\phi\rangle$ は角度座標の演算子 $\hat\theta,\hat\phi$ に対する固有状態 ($\hat\theta|\theta,\phi\rangle = \theta|\theta,\phi\rangle$ および $\hat\phi|\theta,\phi\rangle = \phi|\theta,\phi\rangle$) であり、規格化は

$$\langle\theta,\phi|\theta',\phi'\rangle = \frac{1}{\sin\theta}\delta(\theta-\theta')\delta(\phi-\phi') \tag{12.78}$$

のように行う。この式に $\frac{1}{\sin\theta}$ がつくのは、積分するときに $\int d\phi \int d\theta \sin\theta$ を掛けるからである。完全性の式 $\left(\int |x\rangle\langle x|dx = 1 \text{ に対応するもの}\right)$ は

$$\int d\phi \int d\theta \sin\theta |\theta,\phi\rangle\langle\theta,\phi| = 1 \tag{12.79}$$

となる (こうすれば、$\int d\phi \int d\theta \sin\theta |\theta,\phi\rangle\langle\theta,\phi|\theta',\phi'\rangle = |\theta',\phi'\rangle$ となる)。

$L_\pm|\ell,m\rangle$ のノルムを計算する。(12.73)から $L_\mp L_\pm = |\vec L|^2 - (L_z)^2 \mp \hbar L_z$ であることと、$(L_\pm)^\dagger = L_\mp$ を使って、$L_\pm|\ell,m\rangle$ のノルムの自乗は

$$\begin{aligned}\langle\ell,m|L_\mp L_\pm|\ell,m\rangle &= \langle\ell,m|\underbrace{|\vec L|^2 - (L_z)^2 \mp \hbar L_z}_{L_\mp L_\pm}|\ell,m\rangle \\ &= \langle\ell,m|\underbrace{|\vec L|^2}_{\hbar^2\ell(\ell+1)} - \underbrace{(L_z)^2}_{\hbar^2 m^2} \mp \underbrace{\hbar L_z}_{\hbar^2 m}|\ell,m\rangle \\ &= \hbar^2\left(\ell(\ell+1) - m(m\pm 1)\right) \\ &= \hbar^2(\ell\mp m)(\ell\pm m+1)\end{aligned} \tag{12.80}$$

となる[†34]。よって、

$$L_\pm|\ell,m\rangle = \hbar \underbrace{\sqrt{\ell(\ell+1) - m(m\pm 1)}}_{=\sqrt{(\ell\mp m)(\ell\pm m+1)}}|\ell,m\pm 1\rangle \tag{12.81}$$

という式が成立する (位相因子をつける自由はもちろんまだある)。この式から、

$$\begin{gathered}L_-|1,1\rangle = \hbar\sqrt{2}|1,0\rangle,\quad L_-|1,0\rangle = \hbar\sqrt{2}|1,-1\rangle, \\ L_-|2,2\rangle = \hbar 2|2,1\rangle,\quad L_-|2,1\rangle = \hbar\sqrt{6}|2,0\rangle,\quad L_-|2,0\rangle = \hbar\sqrt{6}|2,-1\rangle,\cdots\end{gathered} \tag{12.82}$$

のような式を作っていくことができる。

[†34] この式は $m=\ell$ で複号が上の段の時、ちゃんと 0 になるようになっている ($L_+|\ell,\ell\rangle$ は存在しないから)。$m=-\ell$ で複号が下の段の時も同様である。

【補足】✚✚✚✚✚✚✚✚✚✚✚✚✚✚✚✚✚✚✚✚✚✚✚✚✚✚✚✚✚✚✚✚✚

微分方程式(12.65)において、$x = \cos\theta$ という座標変換[†35]をすると、
→ p268

$$dx = -\sin\theta d\theta \quad \text{ゆえに} \quad \frac{d}{d\theta} = -\sin\theta \frac{d}{dx} \tag{12.83}$$

なので、

$$\frac{d}{dx}\left(\sin^2\theta \frac{d}{dx}\Theta_\ell^m(\theta)\right) - \frac{m^2}{\sin^2\theta}\Theta_\ell^m(\theta) + \ell(\ell+1)\Theta_\ell^m(\theta) = 0 \tag{12.84}$$

となる(固有値λは$\ell(\ell+1)$にした)。ここで$\sin^2\theta = 1 - \cos^2\theta = 1 - x^2$と書き直すと全部$x$の式となる。以後、$P_\ell^m(\underbrace{\cos\theta}_{x}) = \Theta_\ell^m(\theta)$と書くことにして、

―― **Legendre**(ルジャンドル)の陪微分方程式 ――

$$\frac{d}{dx}\left((1-x^2)\frac{d}{dx}P_\ell^m(x)\right) - \frac{m^2}{1-x^2}P_\ell^m(x) + \ell(\ell+1)P_\ell^m(x) = 0 \tag{12.85}$$

となる[†36]。特に$m = 0$の時、$P_\ell(x) = P_\ell^0(x)$と書いて、

―― **Legendre**(ルジャンドル)の方程式 ――

$$\frac{d}{dx}\left((1-x^2)\frac{d}{dx}P_\ell(x)\right) + \ell(\ell+1)P_\ell(x) = 0 \tag{12.86}$$

という有名な方程式になる。この方程式を解いていくことで解を求めることもできる。その解をLegendre多項式と呼ぶ。しかし、以下ではもう少し楽な方法を使うことにする。
✚✚✚✚✚✚✚✚✚✚✚✚✚✚✚✚✚✚✚✚✚✚✚✚✚✚✚✚✚✚ 【補足終わり】

以上で角運動量演算子の性質が(固有値まで)わかったので、次の節からいよいよ波動関数を求めていくことにする。

12.4 角度方向の波動関数を求める

12.4.1 $m = \ell$ の場合

すでに示したように、ある一つのmの値の解がわかれば$L_\pm$を使ってmがそれ以外の場合の解を作ることができる。ここから、まず一番簡単な$m = \ell$

[†35] このxはデカルト座標のxとはまた別。

[†36] 「陪」は「ばい」と読み、「付随する」という意味。(12.86)が主で、それに付随するということ。

12.4 角度方向の波動関数を求める

の場合について解く。

なぜ $m = \ell$ が一番簡単なのかというと、この状態は L_z が最大の状態であるから $L_+|\ell,\ell\rangle = 0$ を満たす。L_+ は一階微分演算子だから、元の二階微分方程式を解くよりずっと、計算が単純になる。

$\langle \theta, \phi | \ell, \ell \rangle = \mathrm{e}^{\mathrm{i}\ell\phi} \Theta_\ell^\ell(\theta)$ とおいて、

$$\underbrace{\hbar \mathrm{e}^{\mathrm{i}\phi} \left(\frac{\partial}{\partial \theta} + \mathrm{i} \cot\theta \underbrace{\frac{\partial}{\partial \phi}}_{\to \mathrm{i}\ell} \right) \mathrm{e}^{\mathrm{i}\ell\phi} \Theta_\ell^\ell(\theta)}_{=L_+\text{の}\theta,\phi\text{表示}} = \hbar \mathrm{e}^{\mathrm{i}(\ell+1)\phi} \left(\frac{\mathrm{d}}{\mathrm{d}\theta} - \ell \cot\theta \right) \Theta_\ell^\ell(\theta) = 0 \tag{12.87}$$

という式を解く。$\Theta_\ell^\ell(\theta)$ に関する部分を取り出して解けば

$$\begin{aligned}
\frac{\mathrm{d}\Theta_\ell^\ell(\theta)}{\mathrm{d}\theta} &= \ell \cot\theta \, \Theta_\ell^\ell(\theta) &&\text{(左辺に}\Theta\text{を集め、右辺に}\theta\text{を集めて)} \\
\frac{\mathrm{d}\Theta_\ell^\ell(\theta)}{\Theta_\ell^\ell(\theta)} &= \ell \cot\theta \, \mathrm{d}\theta &&\text{(積分して)} \\
\log \Theta_\ell^\ell(\theta) &= \ell \log(\sin\theta) + C &&\text{(Cは積分定数)} \\
\Theta_\ell^\ell(\theta) &= A \sin^\ell \theta &&\text{(Aは定数e^C)}
\end{aligned} \tag{12.88}$$

が解である。この結果を見ると波動関数が $\sin^\ell \theta$ に比例する（ということは確率密度が $\sin^{2\ell} \theta$ に比例する）。$\theta = 0, \pi$（北極と南極）では確率密度が 0 になり、$\theta = \frac{\pi}{2}$（赤道）で確率密度が大きくなる。角運動量の z 成分が大きい状態を考えているのだから、もっともなことである。

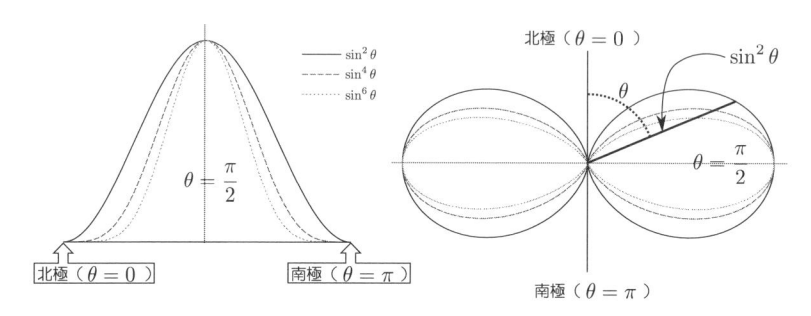

左は普通の（横軸が θ、縦軸が Θ_ℓ^ℓ の）グラフだが、右は θ 方向（北極を 0 として、θ だけ傾いた角度の方向）の波動関数の絶対値の自乗を、原点からの離

れ具合で表現している。つまりこの図の原点からの距離は極座標のrとは関係がない。けっして、「こういう（∞のような）形に粒子が分布している」という意味でも「この線の上に粒子がいる」という意味でもないということに注意しよう。ℓが大きくなるにしたがって赤道上に確率が集中していくことは「角運動量が大きいと、より外側に分布するようになる」というイメージに合う。また、z軸上（$\theta=0,\pi$）で波動関数が0になるのも納得できるだろう（これは$m \neq 0$については常に成立する[†37]）。

12.4.2 $m < \ell$ の状態を求めていく

後は$Y_\ell^\ell = A\sin^\ell\theta e^{i\ell\phi}$に次々と（$Y_\ell^{-\ell}$に達するまで）$L_-$を掛けていけばよい。$L_z$の固有値が$m\hbar$である状態は$e^{im\phi}$に比例するから、これに$L_-$を掛けると、

$$L_-\left(e^{im\phi}\Theta_\ell^m(\theta)\right) = -\hbar e^{-i\phi}\left(\frac{\partial}{\partial\theta} - i\cot\theta\frac{\partial}{\partial\phi}\right)e^{im\phi}\Theta_\ell^m(\theta)$$
$$= -\hbar e^{i(m-1)\phi}\underbrace{\left(\frac{d}{d\theta} + m\cot\theta\right)\Theta_\ell^m(\theta)}_{\propto \Theta_\ell^{m-1}} \quad (12.89)$$

という計算になることから、固有値$m\hbar$の状態から固有値$(m-1)\hbar$の状態へと下げる時のL_-は、$-\hbar e^{-i\phi}\left(\dfrac{d}{d\theta} + m\cot\theta\right)$と書き換えることができる。

さらに、この微分は、

$$\left(\frac{d}{d\theta} + m\cot\theta\right)\Theta_\ell^m(\theta) = \sin^{-m}\theta\frac{d}{d\theta}\left(\sin^m\theta\Theta_\ell^m(\theta)\right) \quad (12.90)$$

と書き直せる[†38]。さらに$d(\cos\theta) = -\sin\theta d\theta$から$\dfrac{d}{d\theta} = -\sin\theta\dfrac{d}{d(\cos\theta)}$を使って、

$$\Theta_\ell^{m-1}(\theta)e^{i(m-1)\phi} \propto e^{i(m-1)\phi}\sin^{-(m-1)}\theta\frac{d}{d(\cos\theta)}\left(\sin^m\theta\Theta_\ell^m(\theta)\right) \quad (12.91)$$

[†37] 古典的に説明すると、z軸回りの角運動量$L_z = xp_y - yp_x \neq 0$ならば、$x = y = 0$（z軸上）にはいられないということ。

[†38] $\dfrac{d}{d\theta}(\sin^m\theta) = m\cos\theta\sin^{m-1}\theta = m\cot\theta\sin^m\theta$ということに気をつければ上の式が成立することはすぐわかる。

12.4 角度方向の波動関数を求める

となる。両辺に $\sin^{m-1}\theta$ を掛けて、

$$\sin^{m-1}\theta\Theta_\ell^{m-1}(\theta) \propto \frac{\mathrm{d}}{\mathrm{d}(\cos\theta)}(\sin^m\theta\Theta_\ell^m(\theta)) \tag{12.92}$$

ということがわかる。つまり、Θ_ℓ^m と Θ_ℓ^{m-1} の関係は単純ではないが、$\sin^m\theta\Theta_\ell^m$ と $\sin^{m-1}\theta\Theta_\ell^{m-1}$ は

$\sin^m\theta\Theta_\ell^m$ を $\cos\theta$ で微分すれば $\sin^{m-1}\theta\Theta_\ell^{m-1}$ に比例する関数になる。

という（比較的）単純な関係にある。これから、

$$\sin^{(\ell-k)}\theta\Theta_\ell^{\ell-k}(\theta) \propto \left(\frac{\mathrm{d}}{\mathrm{d}(\cos\theta)}\right)^k (\sin^\ell\theta\underbrace{\Theta_\ell^\ell(\theta)}_{\sin^\ell\theta}) \tag{12.93}$$

と一般式を作ることができて、しかも最後の括弧内は $\sin^{2\ell}\theta$ になるから、

$$\Theta_\ell^{\ell-k}(\theta) \propto \sin^{-(\ell-k)}\theta\left(\frac{\mathrm{d}}{\mathrm{d}(\cos\theta)}\right)^k (\sin^{2\ell}\theta) \tag{12.94}$$

と書ける。$\cos\theta$ で微分を繰り返すので、$x = \cos\theta$, $\sqrt{1-x^2} = \sin\theta$ として[†39]、$\Theta_\ell^m(\theta) \propto P_\ell^m(\cos\theta)$ という新しい関数[†40]を

$$P_\ell^{\ell-k}(x) \propto (1-x^2)^{-\frac{\ell-k}{2}}\frac{\mathrm{d}^k}{\mathrm{d}x^k}\left((1-x^2)^\ell\right) \tag{12.95}$$

のように定義する（細かい係数は後で決めよう）。$\ell - k = m$ と置き直すと（$0 \leqq k \leqq 2\ell$ だったから $-\ell \leqq m \leqq \ell$）、

$$P_\ell^m(x) \propto (1-x^2)^{-\frac{m}{2}}\frac{\mathrm{d}^{\ell-m}}{\mathrm{d}x^{\ell-m}}\left((1-x^2)^\ell\right) \tag{12.96}$$

となる。さらに $m \to -m$ と置き直すと、

$$P_\ell^{-m}(x) \propto (1-x^2)^{\frac{m}{2}}\frac{\mathrm{d}^{\ell+m}}{\mathrm{d}x^{\ell+m}}\left((1-x^2)^\ell\right) \tag{12.97}$$

となるが、元々の方程式(12.65)が m を m^2 という組み合わせで含んでいる
→ p268

ことを考えると、$P_\ell^m(x)$ と $P_\ell^{-m}(x)$ は同じ微分方程式(12.85)の解である。さら
→ p274

[†39] $0 \leqq \theta \leqq \pi$ なので、この範囲では常に $\sin\theta \geqq 0$ であり、$\sqrt{1-x^2}$ の前に複号 $\pm$ は不要である。

[†40] 「新しい」といっても、「θ の関数」と考えるか、「$\cos\theta$ の関数」と考えるかの違いで同じ関数である。$0 \leqq \theta \leqq \pi$ という範囲では、$\theta \to \cos\theta$ は1対1の関数であるから、本質的差はない。

に、(12.96) と (12.97) の $m \neq 0$ の関数はどちらも「$x = \pm 1$ で 0 である」という境界条件を満たしている（物理的には、z 軸回りに角運動量を持っているので z 軸上にいられないため。数学的には、問い12-4を参照）。以上から、10.1.1節での「1次元同様束縛状態には縮退がない」証明とほぼ同様に「P_ℓ^m と P_ℓ^{-m} は同じ関数（違っても定数倍）である」と証明できる（章末演習問題12-7）。

よって、一方だけを求めておけばよい[†41]ので (12.97) の方を採用して、

---**Legendre 陪関数の式**---

$$P_\ell^m(x) = \frac{1}{2^\ell \ell!}(1-x^2)^{\frac{|m|}{2}} \frac{d^{\ell+|m|}}{dx^{\ell+|m|}}(x^2-1)^\ell \qquad (12.98)$$

のように m の正負によらない式で定義しておくのが慣習である（ここで $1-x^2 \to x^2-1$ と符号を変えているが、これも慣習）。ここで、前についた係数 $\frac{1}{2^\ell \ell!}$ は後で示す $P_\ell^0(x)$ に対する規格化条件から決められている[†42]。

$P_\ell^m(x)$ を Legendre 陪関数と呼ぶ。特に $m = 0$ を Legendre 多項式と呼ぶのだが、これについても (12.98) で $m = 0$ にした

---**Rodrigues の公式**---

$$P_\ell^0(x) = \frac{1}{2^\ell \ell!} \frac{d^\ell}{dx^\ell}\left((x^2-1)^\ell\right) \qquad (12.99)$$

が成り立つ[†43]。この式の前の係数は境界条件 $P_\ell^0(1) = 1$ を満たすように決められている（問い12-5で確認せよ）。この式があるので、

$$P_\ell^m(x) = (1-x^2)^{\frac{|m|}{2}} \frac{d^{|m|}}{dx^{|m|}} P_\ell^0(x) \qquad (12.100)$$

と書いてもよい（いったん $P_\ell^0(x)$ がわかってしまえば、こっちの式の方が楽）。

低い次数だけ計算して表にまとめておこう。

[†41] ここで鋭い人は「あれ、二階微分方程式を解いているのだから二つ独立な解が出るはずなのに一つしか出てきてない」ということに気づいて不思議に思ったかもしれない。実は $P_\ell^m(\cos\theta)$ 以外の解がもう一つある（$Q_\ell^m(\cos\theta)$ と書かれる）のだが、これは $\theta = 0$（北極）と $\theta = \pi$（南極）で発散する解なので、今の問題には不適切である。

[†42] 線型微分方程式の解は定数倍してもやはり解だから、$\frac{1}{2^\ell \ell!}$ をつけようが符号を変えようがかまわない。物理的に言えばいま考えているのは波動関数だから、定数倍しても物理的には同等である。

[†43] Rodrigues は「ロドリーグ」という読みと「ロドリゲス」という読みがある。前者の方がフランス人の読み方に近いはず。

12.4 角度方向の波動関数を求める

	計算式	x で	三角関数で
P_0^0	1	1	1
P_1^0	$\dfrac{1}{2}\dfrac{\mathrm{d}}{\mathrm{d}x}(x^2-1)$	x	$\cos\theta$
P_1^1	$(1-x^2)^{\frac{1}{2}}\dfrac{\mathrm{d}}{\mathrm{d}x}P_1^0$	$\sqrt{1-x^2}$	$\sin\theta$
P_2^0	$\dfrac{1}{8}\dfrac{\mathrm{d}^2}{\mathrm{d}x^2}(x^2-1)^2$	$\dfrac{1}{2}(3x^2-1)$	$\dfrac{1}{2}(3\cos^2\theta-1)$
P_2^1	$(1-x^2)^{\frac{1}{2}}\dfrac{\mathrm{d}}{\mathrm{d}x}P_2^0$	$3x\sqrt{1-x^2}$	$3\sin\theta\cos\theta$
P_2^2	$(1-x^2)\dfrac{\mathrm{d}^2}{\mathrm{d}x^2}P_2^0$	$3(1-x^2)$	$3\sin^2\theta$
P_3^0	$\dfrac{1}{48}\dfrac{\mathrm{d}^3}{\mathrm{d}x^3}(x^2-1)^3$	$\dfrac{1}{2}(5x^3-3x)$	$\dfrac{1}{2}(5\cos^3\theta-3\cos\theta)$
P_3^1	$(1-x^2)^{\frac{1}{2}}\dfrac{\mathrm{d}}{\mathrm{d}x}P_3^0$	$\dfrac{3}{2}\sqrt{1-x^2}(5x^2-1)$	$\dfrac{3}{2}\sin\theta(5\cos^2\theta-1)$
P_3^2	$(1-x^2)\dfrac{\mathrm{d}^2}{\mathrm{d}x^2}P_3^0$	$15(1-x^2)x$	$15\sin^2\theta\cos\theta$
P_3^3	$(1-x^2)^{\frac{3}{2}}\dfrac{\mathrm{d}^3}{\mathrm{d}x^3}P_3^0$	$15(1-x^2)^{\frac{3}{2}}$	$15\sin^3\theta$
P_4^0	$\dfrac{1}{384}\dfrac{\mathrm{d}^4}{\mathrm{d}x^4}(x^2-1)^4$	$\dfrac{35x^4-30x^2+3}{8}$	$\dfrac{35\cos^4\theta-30\cos^2\theta+3}{8}$

---------------------------- 練習問題 ----------------------------

【問い 12-4】 (12.96) と (12.97) の $m\neq 0$ の場合、境界条件 $P_\ell^m(\pm 1)=0$ を満たしていることを示せ。　　　　　　　　　　ヒント → p343 へ　解答 → p362 へ

【問い 12-5】 (12.99) が境界条件 $P_\ell(1)=1$ を満たしていることを示せ。
　　　　　　　　　　　　　　　　　　　　　　　ヒント → p343 へ　解答 → p362 へ

【問い 12-6】 (12.98) と (12.96) では P_ℓ^m を少し違う形で定義したが、この二つ
                   → p278   → p277
は定数倍の違いしかないはずである。そこで、$m>0$ として、

$$\frac{1}{2^\ell \ell!}(1-x^2)^{\frac{m}{2}}\frac{\mathrm{d}^{\ell+m}}{\mathrm{d}x^{\ell+m}}\left((x^2-1)^\ell\right) = \mathcal{N}_\ell^m (1-x^2)^{-\frac{m}{2}}\frac{\mathrm{d}^{\ell-m}}{\mathrm{d}x^{\ell-m}}\left((1-x^2)^\ell\right) \tag{12.101}$$

として、定数 $\mathcal{N}_\ell^m$ を求めよ。　　　　　　　ヒント → p343 へ　解答 → p363 へ

【問い 12-7】 m の最大値が ℓ であること、すわなち、

$$P_\ell^{\ell+1}(x)=(1-x^2)^{\frac{\ell+1}{2}}\frac{\mathrm{d}^{\ell+1}}{\mathrm{d}x^{\ell+1}}P_\ell(x) \tag{12.102}$$

を計算したら 0 となることを示せ。　　　　　　ヒント → p343 へ　解答 → p363 へ

こうして定義した $P_\ell^m(\cos\theta)$ が $|\vec{L}|^2$ と L_z の同時固有関数 ($|\vec{L}|^2$ の固有値が $\hbar^2 \ell(\ell+1)$、L_z の固有値が $m\hbar$) の θ 依存部分である。

ℓ が小さい場合について、$P_\ell^m(x)$ の具体的な形は下のグラフの通りである。

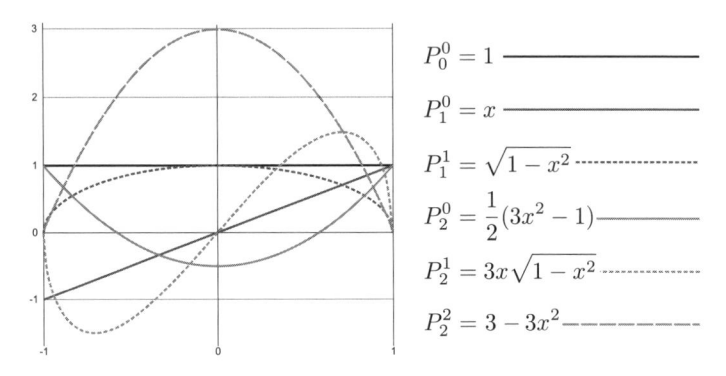

$P_0^0 = 1$

$P_1^0 = x$

$P_1^1 = \sqrt{1-x^2}$

$P_2^0 = \dfrac{1}{2}(3x^2 - 1)$

$P_2^1 = 3x\sqrt{1-x^2}$

$P_2^2 = 3 - 3x^2$

三角関数で表現した $P_\ell^m(\cos\theta)$ は次のようになる。

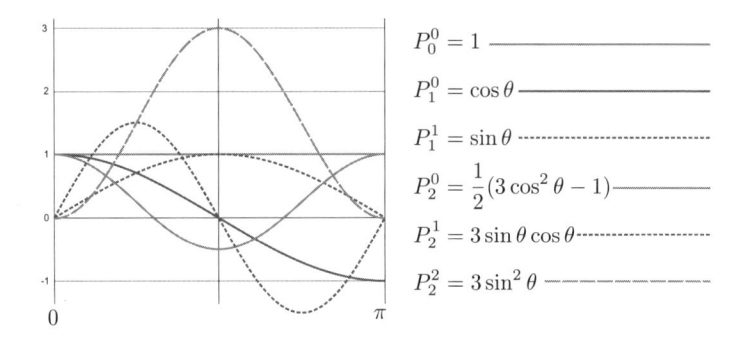

$P_0^0 = 1$

$P_1^0 = \cos\theta$

$P_1^1 = \sin\theta$

$P_2^0 = \dfrac{1}{2}(3\cos^2\theta - 1)$

$P_2^1 = 3\sin\theta\cos\theta$

$P_2^2 = 3\sin^2\theta$

$\ell+m$ が偶数の時 $P_\ell^m(x)$ は偶関数、$\ell+m$ が奇数の時は奇関数となる。グラフでもわかるように、ℓ が大きくなるにつれて複雑になっていく。波動関数としてみると、ℓ が大きくなるほど波の山・谷が増えていく。式(12.85)は、
→ p274

$$\underbrace{\left(\dfrac{\mathrm{d}}{\mathrm{d}x}\left((1-x^2)\dfrac{\mathrm{d}}{\mathrm{d}x}\right) - \dfrac{m^2}{1-x^2}\right)}_{\text{演算子}} \underbrace{P_\ell^m(x)}_{\text{固有関数}} = \underbrace{-\ell(\ell+1)}_{\text{固有値}} \underbrace{P_\ell^m(x)}_{\text{固有関数}} \quad (12.103)$$

と考えると、$P_\ell^m(x)$ は角運動量の自乗の演算子に対してそれぞれ違う固有値を持った波動関数 (実際には「波動関数のうち θ 依存する部分」と言うべき)

である。この演算子はエルミートであるから、「エルミートな演算子に対して異なる固有値を持つ固有関数は直交する」という定理のおかげで、

$$\int_{-1}^{1} dx P_{\ell}^{m}(x) P_{\ell'}^{m}(x) = 0 \quad (\ell \neq \ell' \text{の時})^{\dagger 44} \tag{12.104}$$

$$\int_{0}^{\pi} d\theta \sin\theta P_{\ell}^{m}(\cos\theta) P_{\ell'}^{m}(\cos\theta) = 0 \quad (\ell \neq \ell' \text{の時}) \tag{12.105}$$

であることがわかる[†45]。つまり、P_{ℓ}^{m} は直交関数系である。θ 積分の形にすると、積分の中に $\sin\theta$ という因子が入るが、3次元の体積要素が $drd\theta d\phi r^2 \sin\theta$ であったためであり、これで正しい[†46]。

------- 練習問題 -------

【問い12-8】 θ を使って書いた微分演算子は $\dfrac{1}{\sin\theta} \dfrac{d}{d\theta}\left(\sin\theta \dfrac{d}{d\theta}\right)$ であった。この演算子がエルミートであることを示せ。この場合、エルミートの定義は、任意の関数 ψ, ϕ に対し、演算子 A が

$$\int_{0}^{\pi} d\theta \sin\theta (A\psi)^{*}\phi = \int_{0}^{\pi} d\theta \sin\theta \psi^{*}(A\phi)$$

を満たすことである。

ヒント → p343 へ　解答 → p363 へ

以上は ℓ や m が違うものの場合であったが、同じものどうしの場合、

───── **Legendre 陪関数の規格化** ─────

$$\int_{-1}^{1} dx P_{\ell}^{m}(x) P_{\ell}^{m}(x) = \frac{2}{2\ell+1} \frac{(\ell+|m|)!}{(\ell-|m|)!} \tag{12.106}$$

となる。

[†44] ここで、m の方は同じであると考えている。P_{ℓ}^{m} と $P_{\ell'}^{n}(m \neq n)$ の場合、各々の後ろには $e^{\pm im\phi}$ と $e^{\pm in\phi}$ がついているはずなので、$m \neq n$ ならば ϕ の積分によって x 積分する前に 0 になるから x 積分を計算する必要はない。

[†45] 積分の変換 $\int_{0}^{\pi} d\theta \sin\theta = \int_{-1}^{1} dx$ はよく使う計算なので、覚えておくとよい。$\theta=0$ で $x=1$、$\theta=\pi$ で $x=-1$ であり、積分の方向が逆になっているが、その符号は $dx = -\sin\theta d\theta$ の符号とキャンセルするので、この置き換えでちょうどよい。

[†46] (12.104) の方は素直な積分（内積）だが、(12.105) の方は、$\sin\theta$ を掛けてから積分する。この因子（今の場合の $\sin\theta$）を直交関数系の「重み」と呼ぶ。

---------------------------- 練習問題 ----------------------------

【問い 12-9】 (12.106) を示せ。必要なら、公式

$$\int_{-1}^{1} dx (1-x^2)^n = \frac{2^{2n+1}(n!)^2}{(2n+1)!}$$

を使え（この公式の証明は演習問題 12-6）。 ヒント → p344 へ 解答 → p363 へ
→ p289

12.4.3 Legendre の多項式の母関数 ++++++++++++++【補足】

Legendre 多項式は、

$$\frac{1}{\sqrt{1-2xz+z^2}} = \sum_{\ell=0}^{\infty} z^{\ell} P_{\ell}(x) \tag{12.107}$$

のように母関数 $\dfrac{1}{\sqrt{1-2xz+z^2}}$ を z で展開した係数として得ることができる。

　この母関数の幾何学的意味を述べておく。今平面に極座標を取り、原点から $\theta = 0$ 方向に R だけ離れた位置に点 Q を置く。点 P を極座標で (r, θ) と表される位置に置く。PQ の長さは、

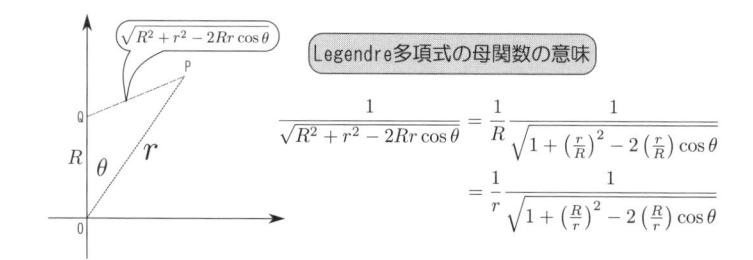

Legendre多項式の母関数の意味

$$\frac{1}{\sqrt{R^2+r^2-2Rr\cos\theta}} = \frac{1}{R}\frac{1}{\sqrt{1+\left(\frac{r}{R}\right)^2-2\left(\frac{r}{R}\right)\cos\theta}}$$

$$= \frac{1}{r}\frac{1}{\sqrt{1+\left(\frac{R}{r}\right)^2-2\left(\frac{R}{r}\right)\cos\theta}}$$

のように2点間の距離が計算される。たとえば Q 点に電荷 q が存在している時、P 点の電位は $V_{PQ} = \dfrac{q}{4\pi\varepsilon\sqrt{R^2+r^2-2Rr\cos\theta}}$ であるから、$R > r$ の場合の展開は

$$V_{PQ} = \frac{q}{4\pi\varepsilon R}\left(1 + \frac{r}{R}\underbrace{\cos\theta}_{P_1(\cos\theta)} + \left(\frac{r}{R}\right)^2 \underbrace{\frac{3\cos^2\theta-1}{2}}_{P_2(\cos\theta)} + \left(\frac{r}{R}\right)^3 \underbrace{\frac{5\cos^3\theta-3\cos\theta}{2}}_{P_3(\cos\theta)} + \cdots\right)$$

(12.108)

となる[47]。$r > R$ の場合は図の下の方の式を使って展開する。極座標を使ってポテンシャル問題を考える時などによく使われる展開である。

++【補足終わり】

---
[47] $P_n(1) = 1$ という境界条件は、この表示の時には余計な係数がつかなくて便利である。

12.5 球対称な問題に対する波動関数

12.5.1 球面調和関数

結局、$|\vec{L}|^2$ の固有値が $\hbar^2\ell(\ell+1)$ で L_z の固有値が $m\hbar$ であるような状態は、

$$Y_\ell{}^m(\theta,\phi) = (-1)^{\frac{m+|m|}{2}}\sqrt{\left(\frac{2\ell+1}{4\pi}\right)\frac{(\ell-|m|)!}{(\ell+|m|)!}}P_\ell^m(\cos\theta)e^{im\phi} \quad (12.109)$$

と書ける。前についている係数は規格化などのためにつけたもので、あまり深い意味はない。この $Y_\ell{}^m$ を「**球面調和関数**」と呼ぶ。球対称な3次元問題を考える時は、解は球面調和関数を使って表現すると便利なことが多い。

$Y_0{}^0 = \sqrt{\dfrac{1}{4\pi}}$ は自明なので、$Y_1{}^m$ を図で表現してみると、

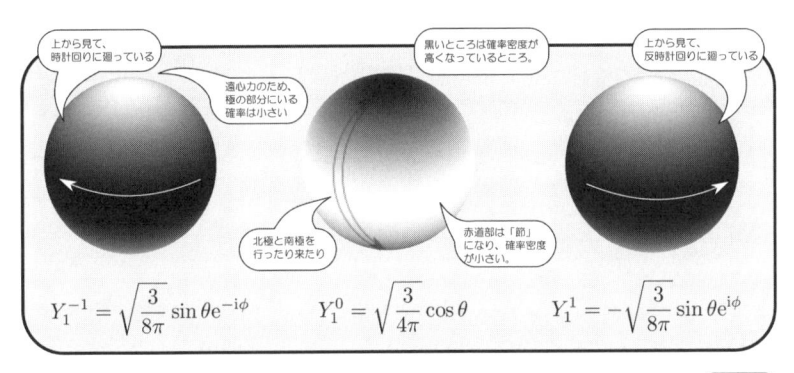

$$Y_1^{-1} = \sqrt{\frac{3}{8\pi}}\sin\theta e^{-i\phi} \qquad Y_1^0 = \sqrt{\frac{3}{4\pi}}\cos\theta \qquad Y_1^1 = -\sqrt{\frac{3}{8\pi}}\sin\theta e^{i\phi}$$

である。図の黒いところは $|Y_\ell{}^m|$ が小さいところ、白いところは $|Y_\ell{}^m|$ が大きいところである。これらは球面の上に発生している波であるが、$m=0$ の場合は「北極 ↔ 南極」という方向に定常波ができている。$m=\pm1$ では赤道を回るように波が起こっている。

ところで、$Y_1^{\pm1}$ の線型結合を作ってみると、

$$\frac{-Y_1^1+Y_1^{-1}}{2} = \sqrt{\frac{3}{8\pi}}\underbrace{\sin\theta\cos\phi}_{x/r}, \quad \frac{Y_1^1+Y_1^{-1}}{-2i} = \sqrt{\frac{3}{8\pi}}\underbrace{\sin\theta\sin\phi}_{y/r} \quad (12.110)$$

である。また、$Y_1^0 = \sqrt{\dfrac{3}{4\pi}}\underbrace{\cos\theta}_{z/r}$ であるから、この三つが x,y,z の三つの方向に定常波を作っている状態を示していることがわかる。

また、$Y_2{}^m$ は

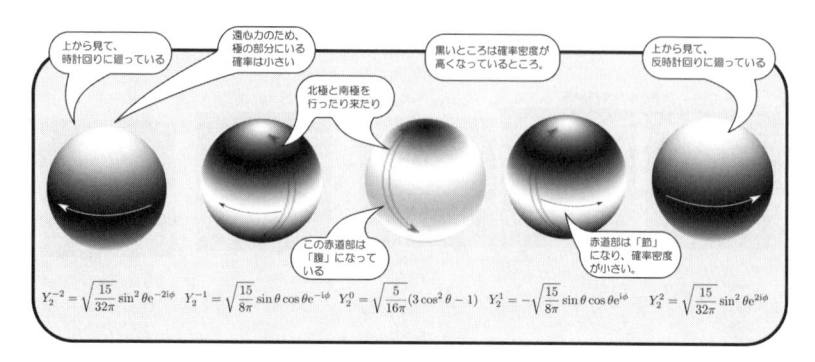

上から見て、時計回りに廻っている／遠心力のため、極の部分にいる確率は小さい／北極と南極を行ったり来たり／黒いところは確率密度が高くなっているところ。／この赤道部は「腹」になっている／赤道部は「節」になり、確率密度が小さい。／上から見て、反時計回りに廻っている

$$Y_2^{-2} = \sqrt{\frac{15}{32\pi}} \sin^2\theta e^{-2i\phi} \quad Y_2^{-1} = \sqrt{\frac{15}{8\pi}} \sin\theta\cos\theta e^{-i\phi} \quad Y_2^{0} = \sqrt{\frac{5}{16\pi}}(3\cos^2\theta - 1) \quad Y_2^{1} = -\sqrt{\frac{15}{8\pi}}\sin\theta\cos\theta e^{i\phi} \quad Y_2^{2} = \sqrt{\frac{15}{32\pi}}\sin^2\theta e^{2i\phi}$$

のようになる。

なお、ここにあげた図が表現しているものは「波動関数の自乗」であるので位相の情報は入っていない。一方波動関数は、ϕ方向に一周する間に、位相が$2\pi m$だけ回転する。$m \neq 0$の時は北極と南極では波動関数が0になっていることに注意しよう。z軸回りの角運動量を持っていると粒子のいる場所は外へとふくらむ[†48]ので、回転軸上には粒子は存在できないということである。この図では波動関数の振幅の大きさだけを表現したが、位相も含めてカラーで表現したものを口絵に載せたので見ておいてほしい。

---------- 練習問題 ----------

【問い12-10】 Y_ℓ^ℓで表される状態について、L_x, L_yの期待値が0になることを示せ（hint: L_+, L_-をうまく使おう）。 ヒント → p344へ　解答 → p364へ

【問い12-11】 同じく、$(L_x)^2, (L_y)^2$の期待値を計算せよ。 ヒント → p344へ　解答 → p364へ

我々が求めることができるのは、L_x, L_y, L_zのうち、一つの演算子に対してのみ固有状態であること、今求めているのはL_zの固有状態であり、それゆえL_xやL_yに関してはまったく決定できない[†49]ことに注意しよう。この節で計算したのは$|\vec{L}|^2$とL_zの固有状態である。$L_z = 0$の状態は、古典論なら「この状態はx方向かy方向か、あるいはその中間とか、とにかくz軸と垂直な軸の回りの回転をしている」と考えたくなるところだが、L_zの固有値が0で

[†48] これをよく「遠心力で外に飛ばされる」と表現するが、物理的に正確に述べるならば、遠心力がかかるのは粒子の静止する座標系で方程式を考えた場合のみであるから、少々厳密さを欠く表現である。
[†49] 例外として「全部固有値0」だけが有り得る。これは不確定性関係の話のところで注意した通り。

ある波動関数を見ると、x方向やy方向に回っているというイメージは見えない。それはL_xやL_yに関しては全く固有状態になっていないからである。

> 【FAQ】z軸は人間が勝手に定めたものであって、どんなふうに座標軸を取ろうが物理は変わらないはず。それなのにその座標軸方向の角運動量であるL_zの固有値で状態が分類される（量子化される）のは何か変だ。
>
> ・・・・・・・・・・・・・・・・・・・・・・・・・・・・・・
>
> これはもっともな疑問であって、たとえばL_zではなくL_xの固有値を使って状態を分類してもよいはずである。もちろん、$\frac{1}{\sqrt{2}}(L_x + L_z)$のように適当な線型結合で考えてもよいだろう。
>
> 実はL_z固有値で分類したのと、L_x固有値で分類したのは本質的には同じである。L_xを使って分類すれば、上で求めたY_ℓ^mとは違った波動関数y_ℓ^mができあがるだろう。しかしその場合も、新しい波動関数は独立なものではなく、
>
> $$y_\ell^m = \sum_{m'} A_{m'} Y_\ell^{m'} \tag{12.111}$$
>
> のように$Y_\ell^{m'}$の線型結合で表されるものになっている。一例として、(12.110)で示したように、$\frac{-Y_1^1 + Y_1^{-1}}{2} \propto \frac{x}{r}$, $\frac{Y_1^1 + Y_1^{-1}}{2} \propto \frac{y}{r}$, $Y_1^0 \propto \frac{z}{r}$であるから、これらをやはり、$\frac{x}{r}, \frac{y}{r}, \frac{z}{r}$の線型結合で書ける$y_1^m$で表すことができそうである。
>
> これまで同様、現実的に起こる現象の波動関数が一つの状態で書かれていることはむしろ稀であり、一般にはいろんな角運動量を持った状態の重ね合わせであることが多いだろう。どのような状態を使って重ね合わせを表現しても、実際の物理は変わらない。

12.5.2　極座標で解く3次元自由粒子　+++++++++++++ 【補足】

自由粒子の場合について動径方向の波動関数を求めておく。ポテンシャルの項はなくなるので、

$$-\frac{\hbar^2}{2\mu} \frac{1}{r^2} \frac{d}{dr}\left(r^2 \frac{d}{dr} R_\ell(r)\right) + \hbar^2 \frac{\ell(\ell+1)}{2\mu r^2} R_\ell(r) = E R_\ell(r) \tag{12.112}$$

である。例によって無次元化を行うと、

第12章 3次元のシュレーディンガー方程式—球対称ポテンシャル内の粒子

$$\frac{1}{\xi^2}\frac{\mathrm{d}}{\mathrm{d}\xi}\left(\xi^2\frac{\mathrm{d}}{\mathrm{d}\xi}R_\ell(\xi)\right) + \left(1 - \frac{\ell(\ell+1)}{\xi^2}\right)R_\ell(\xi) = 0 \tag{12.113}$$

となる。ただしここでは、$\hbar, 2\mu, E$ の三つを 1 にしている ($\mu \to 1$ ではなく $2\mu \to 1$ としたことに注意)。よって無次元化された座標と元々の座標の関係は $\xi = \sqrt{\dfrac{2\mu E}{\hbar^2}}r$ である。この微分方程式は $R_\ell(\xi) = \dfrac{Q_\ell(\xi)}{\sqrt{\xi}}$ とおくことで、

$$\frac{1}{\xi^2}\frac{\mathrm{d}}{\mathrm{d}\xi}\left(\xi^2\frac{\mathrm{d}}{\mathrm{d}\xi}\left(\frac{Q_\ell(\xi)}{\sqrt{\xi}}\right)\right) + \left(1 - \frac{\ell(\ell+1)}{\xi^2}\right)\frac{Q_\ell(\xi)}{\sqrt{\xi}} = 0$$

$$\frac{1}{\xi^{\frac{3}{2}}}\frac{\mathrm{d}}{\mathrm{d}\xi}\left(\xi^{\frac{3}{2}}\frac{dQ_\ell(\xi)}{d\xi} - \frac{1}{2}\sqrt{\xi}Q_\ell(\xi)\right) + \left(1 - \frac{\ell(\ell+1)}{\xi^2}\right)Q_\ell(\xi) = 0 \tag{12.114}$$

$$\frac{\mathrm{d}^2}{\mathrm{d}\xi^2}Q_\ell(\xi) + \frac{1}{\xi}\frac{dQ_\ell(\xi)}{d\xi} + \left(1 - \frac{(\ell+\frac{1}{2})^2}{\xi^2}\right)Q_\ell(\xi) = 0$$

と変形できる。これは

─── ベッセル方程式 ───

$$\left(\frac{\mathrm{d}^2}{\mathrm{d}\xi^2} + \frac{1}{\xi}\frac{\mathrm{d}}{\mathrm{d}\xi}\right)J_n(\xi) + \left(1 - \frac{n^2}{\xi^2}\right)J_n(\xi) = 0 \tag{12.115}$$

という有名な方程式の n に $\ell+\dfrac{1}{2}$ が代入されたものである。なお、$\ell \geq 0$ に対する $\sqrt{\dfrac{\pi}{2x}}J_{\ell+\frac{1}{2}}(x)$ を $j_\ell(x)$ と書いて「**球ベッセル関数**」と呼ぶこともある。3次元問題用のベッセル関数だから、「球」を頭につける。

(12.113) は、
→ p286

$$\frac{1}{\xi}\frac{\mathrm{d}^2}{\mathrm{d}\xi^2}(\xi R_\ell(\xi)) + \left(1 - \frac{\ell(\ell+1)}{\xi^2}\right)R_\ell(\xi) = 0 \tag{12.116}$$

と書くこともできる。さらに $\xi R_\ell(\xi) = S_\ell(\xi)$ と書くことで、

$$\frac{\mathrm{d}^2}{\mathrm{d}\xi^2}S_\ell(\xi) = -\left(1 - \frac{\ell(\ell+1)}{\xi^2}\right)S_\ell(\xi) \tag{12.117}$$

という式になる。$\ell=0$ ならばこの方程式は $\dfrac{\mathrm{d}^2}{\mathrm{d}\xi^2}S_0(\xi) = -S_0(\xi)$ となるから、解は $S_0(\xi) = \cos\xi$ と $S_0(\xi) = \sin\xi$ である。

$\ell > 0$ の解を見つけるために、「ℓ を上げる演算子」を作ってみよう。微分方程式をちょっと書き直して、

$$\left(\xi^2\frac{\mathrm{d}^2}{\mathrm{d}\xi^2} + \xi^2\right)S_\ell(\xi) = \ell(\ell+1)S_\ell(\xi) \tag{12.118}$$

12.5 球対称な問題に対する波動関数

とする。

$$\left(\xi^2 \frac{d^2}{d\xi^2} + \xi^2\right)\left(a^\dagger S_\ell(\xi)\right) = (\ell+1)(\ell+2)\left(a^\dagger S_\ell(\xi)\right) \tag{12.119}$$

となるような $a^\dagger$ を見つけたい。$a^\dagger \times$(12.118) から (12.119) を引いて、

$$\left[a^\dagger, \left(\xi^2 \frac{d^2}{d\xi^2} + \xi^2\right)\right] S_\ell(\xi) = -2(\ell+1)a^\dagger S_\ell(\xi) \tag{12.120}$$

となればよい。試行錯誤により答が見つかるが、それは次の練習問題とするので確認しておこう。

------練習問題------

【問い 12-12】

$$a^\dagger = \frac{d}{d\xi} + \alpha \frac{1}{\xi} \tag{12.121}$$

とする。(12.120) が成立するためには、$\alpha = -(\ell+1)$ であればよいことを具体的計算により示せ。

ヒント → p344 へ　解答 → p364 へ

調和振動子や角運動量の時と違って、ℓ が違うと上昇演算子の形も変わる。こうして、

$$\begin{array}{lll}
S_0 = \sin\xi, & \cos\xi & \left.\begin{array}{l}\end{array}\right) \left(\frac{d}{d\xi} - \frac{1}{\xi}\text{を掛ける}\right) \\
S_1 = \dfrac{\xi\cos\xi - \sin\xi}{\xi}, & \dfrac{-\xi\sin\xi - \cos\xi}{\xi} & \left.\begin{array}{l}\end{array}\right) \left(\frac{d}{d\xi} - \frac{2}{\xi}\text{を掛ける}\right) \\
S_2 = \dfrac{-\xi^2\sin\xi - 3\xi\cos\xi + 3\sin\xi}{\xi^2}, & \dfrac{-\xi^2\cos\xi + 3\xi\sin\xi + 3\cos\xi}{\xi^2} & \left.\begin{array}{l}\end{array}\right) \left(\frac{d}{d\xi} - \frac{3}{\xi}\text{を掛ける}\right) \\
\vdots
\end{array}$$

$$\tag{12.122}$$

のように $S_\ell(\xi)$ が求まり、$R_\ell(\xi) = \dfrac{S_\ell(\xi)}{\xi}$ として波動関数が求められていく。なお、(12.122) の各々の左側を使った場合、$R_\ell(\xi)$ は $\xi \to 0$ の極限で発散しないが、右側を使った場合は発散する。よって今の場合は左側のみが使われる。もちろんその解は上で述べた球ベッセル関数と一致する[†50]。

解である球ベッセル関数の $j_0(x)$ から $j_2(x)$ までを次のグラフに示した。

[†50] 右側に対応する関数は「球ノイマン関数」と呼ばれる。またこの二つを組み合わせて $e^{\pm i\xi}$ の形に組んだものは「球ハンケル関数」である。原点を含まない領域を考える時は、球ノイマン関数や球ハンケル関数も出番がある。

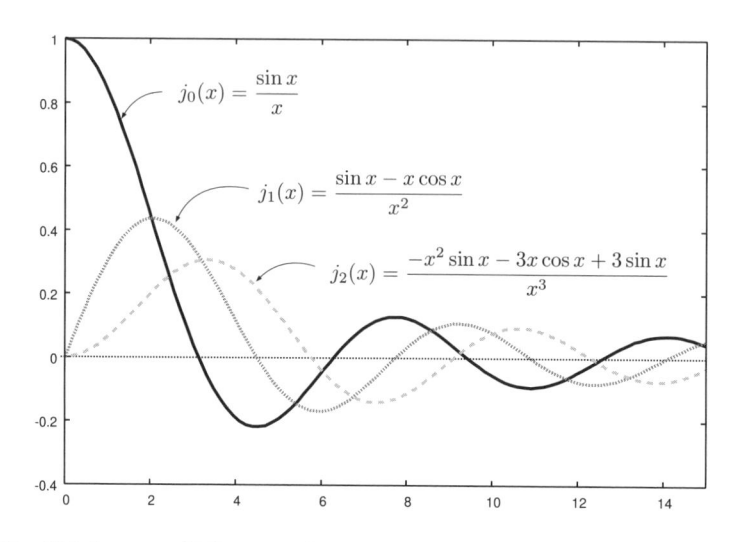

[グラフ: $j_0(x) = \dfrac{\sin x}{x}$, $j_1(x) = \dfrac{\sin x - x\cos x}{x^2}$, $j_2(x) = \dfrac{-x^2\sin x - 3x\cos x + 3\sin x}{x^3}$]

関数の形としては、振動しつつ減衰するという形になっている。ℓ が 0 の時以外は $x=0(r=0)$ で波動関数は 0 になっているが、$\ell \neq 0$ では角運動量を持って回転しているということを考えると、もっともな話である。

今ある半径 R のところに壁があって、そこで波動関数が 0 となるという境界条件で考えているので、$j_\ell\left(\sqrt{\dfrac{2\mu E}{\hbar^2}}R\right) = 0$ となるように E を調整する。$j_\ell(x)$ の零点は一つではないから、ℓ, m を固定しても E の取り得る値はいくつか存在する。その値は不連続であり、エネルギーはその条件を満たす値に制限されるわけである。ここでも波動関数が有限の領域に閉じこめられることでエネルギーの量子化が起こった。

結局、ℓ, m, E を一つ指定したとすると解は

$$\psi_{\ell m E}(r,\theta,\phi) \propto j_\ell\left(\sqrt{\dfrac{2\mu E}{\hbar^2}}r\right) P_\ell^{\,m}(\cos\theta) e^{\mathrm{i}m\phi} \tag{12.123}$$

である。与えられた境界条件に応じて適切な E を選びつつ、いろんな ℓ, m, E の値に関して線型結合を取ることで一般解が得られる。
✝✝✝✝✝✝✝✝✝✝✝✝✝✝✝✝✝✝✝✝✝✝✝✝✝✝✝✝✝✝✝✝✝✝✝✝✝✝【補足終わり】

12.6　章末演習問題

★【演習問題 12-1】
10.1.1 節で、「1 次元で、無限遠で 0 になる境界条件 $(\psi(-\infty)=0, \psi(\infty)=0)$ を課
→ p197
した時、このシュレーディンガー方程式の解には決して縮退がない」ことを証明した。

しかし、2次元以上ではそうとは限らない（無限遠で0になる場合でも縮退がある）。これは、1次元と2次元以上では事情が違うところがあるからである。では10.1.1節で考えたことのどの部分が違ってしまうのだろうか？

★【演習問題12-2】
　p259の補足にある、エルミートになるようにした演算子

$$p_r = -i\hbar \frac{1}{r}\frac{\partial}{\partial r}r, \ p_\theta = -i\hbar \frac{1}{\sqrt{\sin\theta}}\frac{\partial}{\partial \theta}\sqrt{\sin\theta}, \ p_\phi = -i\hbar \frac{\partial}{\partial \phi} \quad (12.124)$$

を使って $(p_r)^2 + \frac{1}{r^2}(p_\theta)^2 + \frac{1}{r^2\sin^2\theta}(p_\phi)^2$ を置き換えても、3次元の正しいラプラシアンにはならないことを示せ。

★【演習問題12-3】
　$|\vec{L}|^2$ を直交座標の表記を使って計算してみよ。これを使って $-\hbar^2 \triangle - \frac{1}{r^2}|\vec{L}|^2$ を計算し、それが r と $\frac{\partial}{\partial r}$ でまとめられることを示せ。$r\frac{\partial}{\partial r} = x\frac{\partial}{\partial x} + y\frac{\partial}{\partial y} + z\frac{\partial}{\partial z}$ という式を使うこと。

★【演習問題12-4】
　(12.51)で求めた L_x, L_y がエルミートな演算子になっていることを具体的に確認せよ。すなわち任意の $\psi(r,\theta,\phi), \Psi(r,\theta,\phi)$ に対し、

$$\int dr d\theta d\phi r^2 \sin\theta \psi^*(r,\theta,\phi) L_{\substack{x\\y}} \Psi(r,\theta,\phi) = \int dr d\theta d\phi r^2 \sin\theta \left(L_{\substack{x\\y}}\psi(r,\theta,\phi)\right)^* \Psi(r,\theta,\phi) \quad (12.125)$$

が成り立つことを確認せよ[51]。

★【演習問題12-5】
　$P_\ell^m(\cos\theta)$ に $\frac{d}{d\theta} + m\cot\theta$ をかけて $P_\ell^{m-1}(\cos\theta)$ にした後、$\frac{d}{d\theta} - (m-1)\cot\theta$ を掛けるともとの $P_\ell^m(\cos\theta)$ の定数倍に戻ることを、具体的に微分を使って確かめよ。

★【演習問題12-6】
　問い12-9で使った公式

$$\int_{-1}^{1} dx(1-x^2)^n = \frac{2^{2n+1}(n!)^2}{(2n+1)!} \quad (12.126)$$

を証明せよ（hint：$x = \cos\theta$ として三角関数に戻し、部分積分をうまく使う）。

★【演習問題12-7】
　10.1.1節の証明と、式(12.98)の前の議論を参考にして、$P_\ell^m(x)$ と $P_\ell^{-m}(x)$ が定数倍を除いて同じ関数であることを示せ。

---

[51] もともとの $\vec{L}$ の定義からしてエルミートなのは当然なので、この問題はあくまで「確認」である。

第 13 章

水素原子

この章では水素原子の周りの電子のシュレーディンガー方程式を具体的に解いて、電子がどのような波動関数で表せるかを計算し、原子の構造を量子力学で考えていく。

13.1 相対運動の古典力学と量子力学

　水素原子の問題を考えるためにまず、古典力学での原子の周りの電子の運動をどう扱うかについて、一つ注意をしておく。高校の教科書などの初等的な本では、原子核（水素の場合は陽子）が静止していて、その周りを電子が回っていると考える。しかし陽子と電子が引っ張りあって運動しているのだから、陽子が静止しているということは有り得ない。静止しているのは、2粒子の重心である。実はそこをうまく扱って「あたかも陽子が静止しているかのように」問題を解く方法がある。それを以下で説明しよう。

> 「そういう細かい話はいい。陽子が静止していると考えてもいいことは納得するから、さっさとシュレーディンガー方程式解こう！」という人は13.2節まで飛ばしてもよい（後で時間がある時にじっくり読むこと）。
> → p295

13.1.1 相対運動の古典力学

　ここで陽子の質量を M、電子の質量を m とする。それぞれの位置ベクトルを $\vec{X}$ および $\vec{x}$ とし、その速度を $\vec{V}$ および $\vec{v}$ とする。二つの粒子の間の引力のポテンシャルは $-\dfrac{ke^2}{2\text{粒子間の距離}}$ で表されるので、電子と陽子の運動を表

13.1 相対運動の古典力学と量子力学

すラグランジアンは

$$\frac{1}{2}M|\vec{V}|^2 + \frac{1}{2}m|\vec{v}|^2 + \frac{ke^2}{|\vec{X}-\vec{x}|} \quad (13.1)$$

と書ける。この中には、重心の運動と相対的な運動が両方入っているので、まず重心運動の部分を取り出してみる。

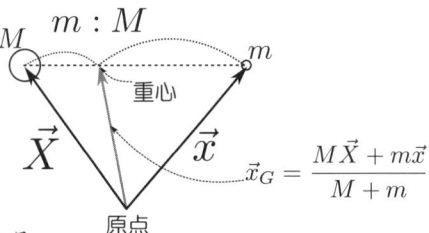

重心は（図のように）2物体の位置を $m:M$ に内分した点にあるので重心の位置ベクトルは $\vec{x}_G = \dfrac{M\vec{X}+m\vec{x}}{M+m}$ である。ゆえに重心の速度 $\dfrac{M\vec{V}+m\vec{v}}{M+m}$ となる[†1]。よって重心運動のエネルギーは

$$\frac{1}{2}(M+m)\left|\frac{M\vec{V}+m\vec{v}}{M+m}\right|^2 = \frac{M^2}{2(M+m)}|\vec{V}|^2 + \frac{m^2}{2(M+m)}|\vec{v}|^2 + \frac{Mm}{M+m}\vec{V}\cdot\vec{v} \quad (13.2)$$

である。これを全運動エネルギーから引くと、

$$\frac{1}{2}M|\vec{V}|^2 + \frac{1}{2}m|\vec{v}|^2 - \frac{M^2}{2(M+m)}|\vec{V}|^2 - \frac{m^2}{2(M+m)}|\vec{v}|^2 - \frac{Mm}{M+m}\vec{V}\cdot\vec{v}$$
$$= \frac{Mm}{2(M+m)}|\vec{V}|^2 + \frac{Mm}{2(M+m)}|\vec{v}|^2 - \frac{Mm}{M+m}\vec{V}\cdot\vec{v}$$
$$= \frac{1}{2}\frac{Mm}{(M+m)}|\vec{v}-\vec{V}|^2 \quad (13.3)$$

となって、残るものは $\vec{v}-\vec{V}$ の関数となる。$\vec{v}-\vec{V}$ は、「陽子を起点とした電子の位置」を表す相対位置ベクトル $\vec{x}_r = \vec{x}-\vec{X}$ の微分、すなわち相対運動の速度ベクトルである。全運動エネルギーから（重心運動の運動エネルギー）を引いたものが（相対運動の運動エネルギー）になったので、

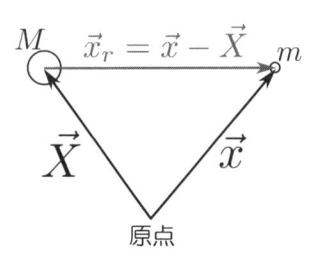

$$\underbrace{\frac{1}{2}M|\vec{V}|^2 + \frac{1}{2}m|\vec{v}|^2}_{\text{全エネルギー}} = \underbrace{\frac{1}{2}(M+m)\left|\frac{M\vec{V}+m\vec{v}}{M+m}\right|^2}_{\text{重心運動のエネルギー}} + \underbrace{\frac{1}{2}\frac{Mm}{(M+m)}|\vec{v}-\vec{V}|^2}_{\text{相対運動のエネルギー}} \quad (13.4)$$

[†1] 「遠目には $M+m$ の物体が速度 $\dfrac{M\vec{V}+m\vec{v}}{M+m}$ を持っているように見える」と考えればよい。

と分離された。位置エネルギー $-\frac{ke^2}{|\vec{X}-\vec{x}|} = -\frac{ke^2}{|\vec{x}_r|}$ はもともと相対座標にのみよっているので、ラグランジアンのレベルで重心運動と相対運動は二つに分かれる。

以後で興味があるのは相対運動の部分である。そして、そのラグランジアンを見ると、あたかも質量 $\mu = \dfrac{Mm}{M+m}$ の粒子が中心力ポテンシャルの中を動いているかのように思える。

μ を換算質量と呼ぶ[†2]。以後の方程式はすべて換算質量を用いて、原点にある陽子が静止していると考えて行う。

以上は古典力学での説明だが、次に量子力学ではどうなるかを考えよう。

13.1.2　相対運動のシュレーディンガー方程式

ここではじめて「2個の粒子が存在している時のシュレーディンガー方程式」を考えることになったわけだが、「1粒子→2粒子」の拡張の仕方は、実は単純である[†3]。

「1次元→3次元」と拡張したとき（12.1節 → p247）

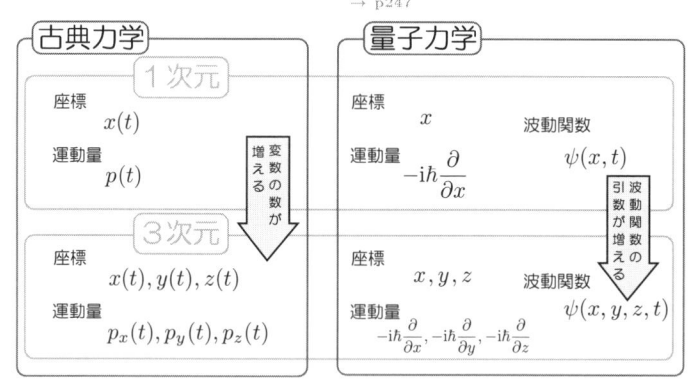

と考えたのと全く同様に、

[†2] μ は $m\dfrac{M}{M+m} = \dfrac{1}{1+\frac{m}{M}}$ 倍だが、水素原子の場合、陽子は電子の1800倍ぐらいの質量を持っている（$M \simeq 1800m$）ので、換算質量と実際の電子の質量の差は1800分の1程度しかない。

[†3] なお、この2個の粒子が同一種類の粒子であった時は、「統計性」というまた別の問題（本書では扱わない）が生じるが、今の場合は電子と陽子という別種粒子なのでその心配をする必要はない。

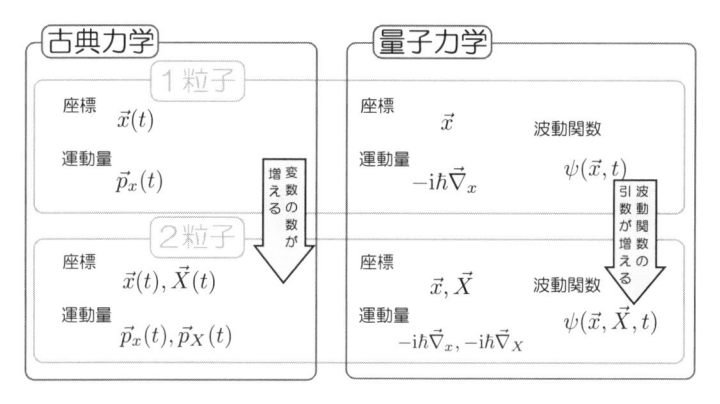

13.1 相対運動の古典力学と量子力学

古典力学

1粒子
- 座標 $\vec{x}(t)$
- 運動量 $\vec{p}_x(t)$

2粒子
- 座標 $\vec{x}(t), \vec{X}(t)$
- 運動量 $\vec{p}_x(t), \vec{p}_X(t)$

（変数の数が増える）

量子力学

1粒子
- 座標 $\vec{x}$
- 運動量 $-i\hbar\vec{\nabla}_x$
- 波動関数 $\psi(\vec{x},t)$

2粒子
- 座標 $\vec{x}, \vec{X}$
- 運動量 $-i\hbar\vec{\nabla}_x, -i\hbar\vec{\nabla}_X$
- 波動関数 $\psi(\vec{x},\vec{X},t)$

（波動関数の引数が増える）

と拡張すればよい。3次元問題において、x, y, z が互いに独立な変数であったのと同様に、2粒子問題の $\vec{X}, \vec{x}$ は互いに独立な変数であり、波動関数 $\psi(\vec{x}, \vec{X}, t)$ はその独立な変数全て（および時間）の関数となる。

なお、$\vec{X} = (X, Y, Z)$ の微分のナブラ記号を $\vec{\nabla}_X = \vec{e}_X \dfrac{\partial}{\partial X} + \vec{e}_Y \dfrac{\partial}{\partial Y} + \vec{e}_Z \dfrac{\partial}{\partial Z}$ と表現した（$\vec{\nabla}_x$ については通常使われているものと同じ）。

位置エネルギーが $V(\vec{X}, \vec{x})$ で表されるときの、2粒子状態を表す波動関数のシュレーディンガー方程式は、

$$\left[-\hbar^2 \left(\frac{1}{2M}|\vec{\nabla}_X|^2 + \frac{1}{2m}|\vec{\nabla}_x|^2\right) + V(\vec{X}, \vec{x})\right]\Psi(\vec{x},\vec{X},t) = i\hbar\frac{\partial}{\partial t}\Psi(\vec{x},\vec{X},t) \tag{13.5}$$

ということになる。ただし、以下では定常状態のみを扱う（ので t は消す）。さらに、ここでは $V(\vec{x}, \vec{X})$ が $V(\vec{X} - \vec{x})$ のように相対位置だけによる場合を考える。相対運動に興味があるので、問題を（古典力学の時と同様に）重心運動と相対運動に分けていこう。

以下で具体的に説明するが、シュレーディンガー方程式の運動エネルギーの部分は

$$-\hbar^2\left(\frac{1}{2M}|\vec{\nabla}_X|^2 + \frac{1}{2m}|\vec{\nabla}_x|^2\right) = \underbrace{-\frac{\hbar^2}{2(M+m)}\left|\vec{\nabla}_G\right|^2}_{\text{重心運動の部分}} \underbrace{-\frac{\hbar^2}{2\mu}\left|\vec{\nabla}_r\right|^2}_{\text{相対運動の部分}} \tag{13.6}$$

のように二つに分離できる。ここで $\mu = \dfrac{mM}{m+M}$、$\vec{\nabla}_G$ は重心の微分、$\vec{\nabla}_r$ は相対座標の微分である。

(13.6) の書き換えを行うには、微分演算子 $\vec{\nabla}_X, \vec{\nabla}_x$ を $\vec{\nabla}_G, \vec{\nabla}_r$ に書き換えていかなくてはいけない。まず x 成分についてだけ示そう。

$$\frac{\partial}{\partial X} = \frac{\partial x_G}{\partial X}\frac{\partial}{\partial x_G} + \frac{\partial x_r}{\partial X}\frac{\partial}{\partial x_r}, \quad \frac{\partial}{\partial x} = \frac{\partial x_G}{\partial x}\frac{\partial}{\partial x_G} + \frac{\partial x_r}{\partial x}\frac{\partial}{\partial x_r} \tag{13.7}$$

のような微分の変換を使う。

$$\frac{\partial x_G}{\partial X} = \frac{\partial}{\partial X}\left(\frac{MX + mx}{M + m}\right) = \frac{M}{M + m} \tag{13.8}$$

$$\frac{\partial x_r}{\partial X} = \frac{\partial}{\partial X}(x - X) = -1 \tag{13.9}$$

だから、$\frac{\partial}{\partial X} = \frac{M}{M+m}\frac{\partial}{\partial x_G} - \frac{\partial}{\partial x_r}$ となる。y 成分や z 成分についても同様の計算を実行すれば、$\vec{\nabla}_X = \frac{M}{M+m}\vec{\nabla}_G - \vec{\nabla}_r$ という式を作ることができる。後は練習問題にしておくので手を動かそう。

------------------------------- 練習問題 -------------------------------

【問い 13-1】 (13.6) を具体的に示せ。　　　ヒント → p344 へ　解答 → p365 へ

こうして、クーロン力のポテンシャルを $-\frac{ke^2}{|\vec{x}_r|}$ として、定常状態のシュレーディンガー方程式をたてると、

$$\left(-\frac{\hbar^2}{2(M+m)}\left|\vec{\nabla}_G\right|^2 - \frac{\hbar^2}{2\mu}\left|\vec{\nabla}_r\right|^2 - \frac{ke^2}{|\vec{x}_r|}\right)\Psi(\vec{x}_G, \vec{x}_r) = E\Psi(\vec{x}_G, \vec{x}_r) \tag{13.10}$$

となることがわかった。

ここでまず、$\Psi(\vec{x}_G, \vec{x}_r) = \phi(\vec{x}_G)\psi(\vec{x}_r)$ として、重心運動と相対運動の変数分離を行う。そして、「重心運動の波動関数」である $\phi(\vec{x}_G)$ が、

$$-\frac{\hbar^2}{2(M+m)}\left|\vec{\nabla}_G\right|^2 \phi(\vec{x}_G) = E_G \phi(\vec{x}_G) \tag{13.11}$$

を満たすとする。自由粒子であるから、この方程式はたとえば平面波解 $\phi(\vec{x}_G) = e^{i\vec{k}\cdot\vec{x}_G}$ を持ち、その時のエネルギー固有値は $E_G = \frac{\hbar^2|\vec{k}|^2}{2(M+m)}$ である。

$$\left(\underbrace{-\frac{\hbar^2}{2(M+m)}\left|\vec{\nabla}_G\right|^2}_{E_G \text{に置き換わる}} - \frac{\hbar^2}{2\mu}\left|\vec{\nabla}_r\right|^2 - \frac{ke^2}{|\vec{x}_r|}\right)\phi(\vec{x}_G)\psi(\vec{x}_r) \tag{13.12}$$

と考えて、重心運動のハミルトニアンである$-\frac{\hbar^2}{2(M+m)}\left|\vec{\nabla}_G\right|^2$を固有値に置き換え、その項を右辺に移項し、

$$\left(-\frac{\hbar^2}{2\mu}\left|\vec{\nabla}_r\right|^2 - \frac{ke^2}{|\vec{x}_r|}\right)\phi(\vec{x}_G)\psi(\vec{x}_r) = (E-E_G)\phi(\vec{x}_G)\psi(\vec{x}_r) \tag{13.13}$$

として$\phi(\vec{x}_G)$で両辺を割ってしまえば[†4]、後は相対運動だけを考えられる。水素分子の重心運動（水素分子には力は働いていないので、等速直線運動していく）と、水素分子の中での陽子から見た電子の相対運動に運動を分解することができた。こうして、水素原子の電子の相対運動のシュレーディンガー方程式

$$\left(-\frac{\hbar^2}{2\mu}\left|\vec{\nabla}_r\right|^2 - \frac{ke^2}{|\vec{x}_r|}\right)\psi(\vec{x}_r) = E_r\psi(\vec{x}_r) \tag{13.14}$$

に達した（$E_r = E - E_G$）。

重心運動の部分は簡単で興味ないので、以下は(13.14)だけを解いていく。これで「あたかも陽子が静止しているかのように考える」ことが（量子力学的にも）できるようになった。

13.2　水素原子のシュレーディンガー方程式

以後は$\vec{x}_r$のみしか登場しないので、$\vec{x}_r, \vec{\nabla}_r, E_r$の添字$_r$を外し、

--- 水素原子のシュレーディンガー方程式 ---

$$\left(-\frac{\hbar^2}{2\mu}\left|\vec{\nabla}\right|^2 - \frac{ke^2}{|\vec{x}|}\right)\psi(\vec{x}) = E\psi(\vec{x}) \tag{13.15}$$

を出発点とする。

この章のはじめからここまでを飛ばした人は、この式を「陽子が静止しているとみなして作った式」と考えて欲しい。μは「換算質量」と呼ばれる量だが、とりあえずはその立場での「電子の質量」と見ておいてよい。

[†4]「割ってしまう」ことができるのは、微分演算子$\vec{\nabla}_G$がなくなってしまった後だからできることに注意。固有値に置き換える前はこんなことはできない。

13.2.1 球面調和関数を使った変数分離と無次元化

さらに $\vec{x}$ (念のため書いておくが、この $\vec{x}$ はさっきまでは $\vec{x}_r$ と書いていた量である) を極座標 (r, θ, ϕ) を使って表現することにする。

12.1.2節の (12.30) で示したように、3次元のラプラシアンは
→ p255

$$\triangle = \frac{1}{r^2}\frac{\partial}{\partial r}\left(r^2\frac{\partial}{\partial r}\right) + \frac{1}{r^2}\underbrace{\left(\frac{\partial^2}{\partial \theta^2} + \cot\theta\frac{\partial}{\partial \theta} + \frac{1}{\sin^2\theta}\frac{\partial^2}{\partial \phi^2}\right)}_{-\frac{1}{\hbar^2}|\vec{L}|^2} \quad (13.16)$$

という形で書くことができた。後ろの θ, ϕ 微分を含む項を(12.54)を使って角
→ p264
運動量演算子の自乗 $|\vec{L}|^2$ を使って書きなおすと解くべきシュレーディンガー方程式は

$$\left(-\frac{\hbar^2}{2\mu}\frac{1}{r^2}\frac{\partial}{\partial r}\left(r^2\frac{\partial}{\partial r}\right) + \frac{1}{2\mu r^2}|\vec{L}|^2 - \frac{ke^2}{r}\right)\psi(r, \theta, \phi) = E\psi(r, \theta, \phi) \quad (13.17)$$

となる。

球対称な問題であるから、前の章で計算した球面調和関数を使って波動関数を

$$\psi(r, \theta, \phi) = R_\ell(r) Y_\ell^{\,m}(\theta, \phi) \quad (13.18)$$

のように、角運動量演算子 $|\vec{L}|^2$ と L_z の固有状態と考えて計算を進める。そうすると、$|\vec{L}|^2$ という演算子は $Y_\ell^{\,m}(\theta, \phi)$ に掛かって固有値 $\hbar^2\ell(\ell+1)$ を出す。

$$\left(-\frac{\hbar^2}{2\mu}\frac{1}{r^2}\frac{\partial}{\partial r}\left(r^2\frac{\partial}{\partial r}\right) + \frac{\hbar^2\ell(\ell+1)}{2\mu r^2} - \frac{ke^2}{r}\right)R_\ell(r)\cancel{Y_\ell^{\,m}(\theta, \phi)} = ER_\ell(r)\cancel{Y_\ell^{\,m}(\theta, \phi)} \quad (13.19)$$

という式になり、$Y_\ell^{\,m}$ で両辺を割ってしまう[†5]ことで問題から θ, ϕ の部分を追い出すことができる。

求めるべきは $R_\ell(r)$ であり、その満たすべき方程式は

$$-\frac{\hbar^2}{2\mu r^2}\frac{d}{dr}\left(r^2\frac{d}{dr}R_\ell(r)\right) + \frac{\hbar^2\ell(\ell+1)}{2\mu r^2}R_\ell(r) - \frac{ke^2}{r}R_\ell(r) = ER_\ell(r) \quad (13.20)$$

である。これを解くためにまた無次元化をする。今度は調整できるパラメータが $\hbar, \mu, ke^2, E$ と四つある[†6]。独立な次元はM (質量),L (長さ),T (時間)

[†5] くどいようだが、これができるのは、角運動量演算子の固有値への置き換えが済んだからだということに注意。

[†6] k, e は ke^2 という組み合わせでしか出てこないのだから、まとめて一つのパラメータとする。

の三つであるから、四つのパラメータのうち、どれか一つは固定できない。具体的に次元を見ておくと、$\hbar[\mathrm{ML^2T^{-1}}]$、$\mu[\mathrm{M}]$、$E[\mathrm{ML^2T^{-2}}]$、$ke^2[\mathrm{ML^3T^{-2}}]$である。

慣習に従い、$\hbar, -4E, 2\mu$ を1にした後、さらに ke^2 が λ（無次元の定数）になるように、新しい座標 ρ を選ぶことにする[†7]。この単位系では、ボーア半径 $r_B = \dfrac{\hbar^2}{k\mu e^2}$ は $\dfrac{2}{\lambda}$ になることに注意しよう。
→ p38

$\sqrt{\dfrac{\hbar^2}{-8\mu E}}$ が長さの次元を持ち[†8]、かつ今作った新しい単位系では1になる量であるから、$r = \sqrt{\dfrac{\hbar^2}{-8\mu E}}\rho$ という関係である[†9]。

13.2.2 動径方向の微分方程式

さて解くべき方程式は、

$$\frac{1}{\rho^2}\frac{\mathrm{d}}{\mathrm{d}\rho}\left(\rho^2 \frac{\mathrm{d}}{\mathrm{d}\rho}R_\ell(\rho)\right) - \frac{\ell(\ell+1)}{\rho^2}R_\ell(\rho) + \frac{\lambda}{\rho}R_\ell(\rho) - \frac{1}{4}R_\ell(\rho) = 0 \quad (13.21)$$

である（$-4E$ を1にするという方法をとっている[†10]ので、最後の項の係数が $E \to -\dfrac{1}{4}$ になる）。まずこの式が $\rho \to \infty$ および $\rho \to 0$ の極限でどのような形になるかを考えて、解を予想しよう。

$\rho \to \infty$ では方程式が

$$\frac{\mathrm{d}^2}{\mathrm{d}\rho^2}R_\ell(\rho) = \frac{1}{4}R_\ell(\rho) \quad (13.22)$$

となるので、遠方での解は $R_\ell(\rho) = \mathrm{e}^{\pm\frac{1}{2}\rho}$ となる。例によって $\mathrm{e}^{+\frac{1}{2}\rho}$ は発散するから捨てる。よって解は $\mathrm{e}^{-\frac{\rho}{2}}$ という因子を持つであろう。
→ p190 の FAQ

[†7] $-4E \to 1$ は変に思うかもしれないが、今は束縛状態を考えていて、しかも無限遠で静止している場合を0とするエネルギーの基準を採用しているので、全エネルギーは負になる。

[†8] $\sqrt{2mE}$ で運動量の次元を持っていることを思い出そう。ド・ブロイの式 $p = \dfrac{h}{\lambda}$ から $\lambda = \dfrac{h}{p}$ で、これが長さの次元を持つ。

[†9] ρ という座標の定義の中に E が入っていることに注意。このため、エネルギー固有値が違う状態の波動関数では、ρ の意味が違ってしまう。その点が使いにくい座標なのだが、一方で（後で分かるが）こうやると波動関数が全て $\mathrm{e}^{-\frac{1}{2}\rho}$ に比例するという利点がある。

[†10] なぜこうするかというと、これも昔からの習慣。こうすることで基底状態の確率密度が $\mathrm{e}^{-\rho}$ の形になる。

次に $\rho \to 0$ では、
$$\frac{1}{\rho^2}\frac{d}{d\rho}\left(\rho^2 \frac{d}{d\rho}R_\ell(\rho)\right) = \frac{\ell(\ell+1)}{\rho^2}R_\ell(\rho) \tag{13.23}$$
を考えればよい（$\frac{1}{\rho^2}$ の項が一番効く）。ρ^s という解を入れてみると、
$$s(s+1)\rho^s = \ell(\ell+1)\rho^s \tag{13.24}$$
という式になる。$s(s+1) = \ell(\ell+1)$ ということは $s = \ell$ または $s = -\ell-1$ となるが $\rho^{-\ell-1}$ では原点で発散してしまう[†11]から、原点付近での解は ρ^ℓ とする。

以上の二つから、
$$R_\ell(\rho) = e^{-\frac{1}{2}\rho}\rho^\ell L_\ell(\rho) \tag{13.25}$$
と置いてみる。これを元の式に代入して整理して、L_ℓ に対する方程式は
$$\frac{d^2 L_\ell(\rho)}{d\rho^2} + \left(\frac{2\ell+2}{\rho} - 1\right)\frac{dL_\ell(\rho)}{d\rho} + \frac{\lambda-\ell-1}{\rho}L_\ell(\rho) = 0 \tag{13.26}$$
となる（この計算も手が疲れるだけで難しいことは特にないので練習問題とする）。

- 練習問題 -

【問い 13-2】 (13.21)に $R_\ell(\rho) = e^{-\frac{1}{2}\rho}\rho^\ell L_\ell(\rho)$ を代入して、(13.26) が出てくることを示せ。
→ p297

ヒント → p344 へ　解答 → p366 へ

調和振動子の時、エルミートの微分方程式(11.14)が多項式の解である場合
→ p227
に限り、波動関数のノルム $\sqrt{\int |\psi|^2 dx}$ が有限になった。水素原子の場合も、この方程式(13.26)の解 $L_\ell(\rho)$ が多項式の形にならない限り、ノルムは有限にならない。

【補足】 ✢✢✢✢✢✢✢✢✢✢✢✢✢✢✢✢✢✢✢✢✢✢✢✢✢✢✢✢✢✢✢✢✢✢✢✢✢
　n' 次式で止まらない限り有限でなくなることを、級数展開で(13.26)を解くことで確認しよう。
→ p298
$$L_\ell(\rho) = \sum_{k=0}^{n'} a_k \rho^k \tag{13.27}$$

[†11] 原点で発散すると何がまずいかというと、$p_r = -i\hbar\frac{1}{r}\frac{\partial}{\partial r}r$ という演算子が（$r=0$ での表面項
→ p259
が消えなくなって）エルミートでなくなる。

13.2 水素原子のシュレーディンガー方程式

とおく（和が $k=n'$ までで終わると仮定）。微分方程式 (13.26) に代入すると、

$$\sum_{k=0}^{n'}\left(k(k-1)a_k\rho^{k-2}+2k(\ell+1)a_k\rho^{k-2}-ka_k\rho^{k-1}+(\lambda-\ell-1)a_k\rho^{k-1}\right)=0$$

$$\sum_{k=0}^{n'}\left(k(2\ell+k+1)a_k\rho^{k-2}+(\lambda-\ell-k-1)a_k\rho^{k-1}\right)=0$$

$$\underbrace{\sum_{k=1}^{n'}k(2\ell+k+1)a_k\rho^{k-2}}_{\text{もともと }k=0\text{ はなかった}}+\underbrace{\sum_{k=1}^{n'+1}(\lambda-\ell-k)a_{k-1}\rho^{k-2}}_{k\to k-1\text{ とずらした}}=0$$

(13.28)

となる。第2項の $k=n'+1$ から、$\lambda-\ell-n'-1=0$ という条件が出て、それ以外の項の ρ^{k-1} の項を取り出すことによって、

$$k(2\ell+k+1)a_k+(\lambda-\ell-k)a_{k-1}=0 \tag{13.29}$$

という漸化式が出る。これから、

$$\begin{aligned}a_k&=-\frac{\lambda-\ell-k}{k(2\ell+k+1)}a_{k-1}\\&=\frac{\lambda-\ell-k}{k(2\ell+k+1)}\times\frac{\lambda-\ell-k+1}{(k-1)(2\ell+k)}a_{k-2}\\&=\vdots\\&=(-1)^k\frac{(\lambda-\ell-k)(\lambda-\ell-k+1)\cdots(\lambda-\ell-1)}{k!(2\ell+k+1)(2\ell+k)(2\ell+k-1)\cdots(2\ell+2)}a_0\end{aligned} \tag{13.30}$$

のように a_k を求めていくことができる。

k の大きいところでは $-\dfrac{\lambda-\ell-k}{k(2\ell+k+1)}\simeq\dfrac{1}{k}$ であり、その場合 $a_k\simeq\dfrac{1}{k!}a_0$ と考えてよいから、この関数はほぼ $e^\rho=\sum_k\dfrac{1}{k!}\rho^k$ と同じように無限遠で発散することになってしまう。いま考えている波動関数はさらに $e^{-\frac{1}{2}\rho}$ という関数が掛けられているが、これをいれてもまだ $e^{\frac{1}{2}\rho}$ の発散が残る[†12]。よってこの係数がどこかで0にならなくてはいけない。

+++++++++++++++++++++++++++++++++ 【補足終わり】

多項式になるという条件から λ を求める。最高べきを n' 次としてみよう。その時微分方程式は

[†12] これはさっき落とした $e^{+\frac{1}{2}\rho}$ がしぶとく生き残っていたということ。調和振動子でも同じことがあった。
→ p229

$$\underbrace{\frac{\mathrm{d}^2 L_\ell(\rho)}{\mathrm{d}\rho^2} + \frac{2\ell+2}{\rho}\frac{\mathrm{d}L_\ell(\rho)}{\mathrm{d}\rho}}_{n'-2 \text{次}} \underbrace{-\frac{\mathrm{d}L_\ell(\rho)}{\mathrm{d}\rho} + \frac{\lambda-\ell-1}{\rho}L_\ell(\rho)}_{n'-1 \text{次}} = 0 \quad (13.31)$$

(左側の 2 項は二階微分か、一階微分して $\frac{1}{\rho}$ を掛けているので $n'-2$ 次、右側の 2 項は微分するか $\frac{1}{\rho}$ を掛けるかなので、$n'-1$ 次)なので、最高べきは $n'-1$ 次で、その項の係数は $-\frac{\mathrm{d}L_\ell}{\mathrm{d}\rho}$ からくる $-n'$($\rho^{n'}$ を微分したから n' がつく)と、$\frac{\lambda-\ell-1}{\rho}L_\ell(\rho)$ からくる $\lambda-\ell-1$ である。よって、n' 次が最高べきであるためには、

$$-n' + \lambda - \ell - 1 = 0 \quad (13.32)$$

でなくてはならない。よって、$\lambda = n' + \ell + 1$ である。λ は必然的に自然数となる(n' も ℓ も 0 以上の整数)ので、以後は $\lambda = n$ と置こう。

13.2.3 エネルギー固有値

このように λ が決定されたことは物理的には、エネルギー固有値が決定したことになる。今使っている単位系は $\hbar, 2\mu, -4E$ を 1 として、ke^2 を $\lambda = n$ とする単位系である[†13]。エネルギー E は $-\frac{1}{4}$ だということになるが、これを通常の単位系に戻してみる。そのためには、E 以外の文字を使ってエネルギーの次元を持つ量を作って掛ければよい。$\hbar[\mathrm{ML}^2\mathrm{T}^{-1}]$、$2\mu[\mathrm{M}]$、$ke^2[\mathrm{ML}^3\mathrm{T}^{-2}]$ からエネルギーの次元 $[\mathrm{ML}^2\mathrm{T}^{-2}]$ を作る。$\frac{ke^2}{\hbar}$ で速さの次元が作れるので、これの自乗に質量を掛ければ($\frac{1}{2}mv^2$ の形になるから)エネルギーの次元となる。すなわち、

$$\underbrace{2\mu}_{[\mathrm{M}]}\left(\underbrace{\frac{ke^2}{\hbar}}_{[\mathrm{LT}^{-1}]}\right)^2 = \underbrace{n^2}_{\text{無次元化した時の値}} \quad (13.33)$$

となる(今無次元化は $2\mu = 1, \hbar = 1, ke^2 = n$ で行っている)。つまり、ここで使っている単位系では $\frac{2\mu k^2 e^4}{\hbar^2}$ が n^2 という値を持つエネルギーであるが、

[†13] ke^2 という定数は SI では $8.99 \times 10^9 \times (1.602 \times 10^{-19})^2 \simeq 2.31 \times 10^{-28}$(単位は J·m)という非常に小さな数字になる。エネルギーを電子ボルトで、長さをボーア半径で測ることにすると、$27.2\,\mathrm{eV}/r_B$ となる。この 27.2 という数字は、水素原子のイオン化エネルギー 13.6 eV の 2 倍。

13.2 水素原子のシュレーディンガー方程式

計算すべきエネルギー E はその単位系で $-\dfrac{1}{4}$ という値を持っている。よって E は $\dfrac{2\mu k^2 e^4}{\hbar^2}$ の $-\dfrac{1}{4n^2}$ 倍となり、

$$E = -\frac{\mu k^2 e^4}{2n^2\hbar^2} \tag{13.34}$$

となる。これは、ボーア模型で出てきたエネルギーの式(2.12)と見事一致する。こうして、真面目にシュレーディンガー方程式を解くことでも、エネルギーが実験に合う形で量子化された。

取り得る状態は n, ℓ, m の三つの数字（n は自然数、ℓ は 0 から $n-1$ までの整数。m は $-\ell$ から ℓ までの整数）で分類される。n を主量子数と呼ぶ。これが全エネルギーに関連する量子数である。$n' = n - \ell - 1$ は動径量子数と呼ばれ、動径方向の運動に関連する量子数となる。

n でエネルギーが決まり、動径方向のエネルギーは n' で決まる。同じエネルギー（同じ n）では、ℓ が大きくなると n' が小さくなる。これは単純にいえば「角運動量にエネルギーを取られると、動径方向のエネルギーが減る」ということになる（ただし、エネルギーは n' や ℓ に比例しているわけではないので、状況はそんなに単純ではない）。

n' を使って書くと方程式は

$$\frac{\mathrm{d}^2 L_{n',\ell}(\rho)}{\mathrm{d}\rho^2} + \left(\frac{2\ell+2}{\rho} - 1\right)\frac{\mathrm{d}L_{n',\ell}(\rho)}{\mathrm{d}\rho} + \frac{n'}{\rho}L_{n',\ell}(\rho) = 0 \tag{13.35}$$

となる。解が n' で分類されることがわかったので、今後は n' も L の添字につけて、$L_{n',\ell}(\rho)$ と書くことにする。$L_{n',\ell}$ は n' 次の多項式であることはわかっているから、$L_{0,\ell} = 1$ としておけばよい（規格化は後で決めよう）。$L_{n',\ell}(n > 0)$ は、

$$L_{n',\ell}(\rho) = \rho^{n'} + c_{n'-1}\rho^{n'-1} + c_{n'-2}\rho^{n'-2} + \cdots + c_2\rho^2 + c_1\rho + c_0 \tag{13.36}$$

のように置いて(13.35)に代入して計算し、順に係数を決めていけばよい。たとえば $L_{1,\ell} = \rho + c_0$ とおいて、

$$\underbrace{\frac{\mathrm{d}^2(\rho + c_0)}{\mathrm{d}\rho^2}}_{0} + \left(\frac{2\ell+2}{\rho} - 1\right)\underbrace{\frac{\mathrm{d}(\rho + c_0)}{\mathrm{d}\rho}}_{1} + \frac{1}{\rho}(\rho + c_0) = 0 \tag{13.37}$$

となるから、$c_0 = -2 - 2\ell$ となって $L_{1,\ell} = \rho - 2 - 2\ell$ である。次数の低いところを計算するなら、この手順で十分である。一般式を出すには退屈で長い計算が必要であるが、よく使われる計算結果の概要を補足として書いておく。

【補足】＋＋＋＋＋＋＋＋＋＋＋＋＋＋＋＋＋＋＋＋＋＋＋＋＋＋＋＋＋＋＋＋＋
(13.35) の両辺に ρ を掛けて、

$$\rho \frac{d^2 L_{n',\ell}(\rho)}{d\rho^2} + (2\ell + 2 - \rho) \frac{dL_{n',\ell}(\rho)}{d\rho} + n' L_{n',\ell}(\rho) = 0 \qquad (13.38)$$

という式になるが、これは

― **Laguerre**（ラゲール）の微分方程式 ―

$$x \frac{d^2 L_p(x)}{dx^2} + (1 - x) \frac{dL_p(x)}{dx} + p L_p(x) = 0 \qquad (13.39)$$

に似ている[14]。違いは $\dfrac{dL_p}{dx}$ と L_p の係数である。

係数の違いをなくす方法を考えよう。(13.39) を微分すると、

$$x \frac{d^3 L_p(x)}{dx^3} + (2 - x) \frac{d^2 L_p(x)}{dx^2} + (p - 1) \frac{dL_p}{dx} = 0 \qquad (13.40)$$

という式になる。つまり微分するたびに 2 項めの係数が 1 増えて 3 項めの係数が 1 減る。

というわけで、微分を $2\ell + 1$ 回繰り返せば、

$$x \frac{d^{2\ell+3} L_p(x)}{dx^{2\ell+3}} + (2\ell + 2 - x) \frac{d^{2\ell+2} L_p(x)}{dx^{2\ell+2}} + (p - 2\ell - 1) \frac{d^{2\ell+1} L_p}{dx^{2\ell+1}} = 0 \quad (13.41)$$

という式を得て、$p - 2\ell - 1 = n'$ とすれば、この式の $\dfrac{d^{2\ell+1} L_p}{dx^{2\ell+1}}$ が満たす方程式こそ、今解こうとしていた微分方程式(13.26)になる。$n' = n - \ell - 1$ だったので、→ p298
$p = n + \ell$ と書いてもよい。

Laguerre 多項式を使うと、動径方向の方程式の解は

$$R_\ell(\rho) = e^{-\frac{1}{2}\rho} \rho^\ell \frac{d^{2\ell+1} L_{n+\ell}(\rho)}{d\rho^{2\ell+1}} = e^{-\frac{1}{2}\rho} \rho^\ell L_{n+\ell}^{2\ell+1}(\rho) \qquad (13.42)$$

と書ける。ただし、$L_{n+\ell}^{2\ell+1}(\rho)$ は、

---

[14] Legendre 多項式同様、Laguerre 多項式にも Rodrigues の公式があって、
$L_p(x) = e^x \dfrac{d^p}{dx^p} \left(x^p e^{-x} \right)$ であることが知られている。

13.2 水素原子のシュレーディンガー方程式

Laguerre（ラゲール）の陪関数

$$L_m^p(\rho) = \frac{d^p}{d\rho^p} L_m(\rho) \tag{13.43}$$

で定義される。

✚✚✚✚✚✚✚✚✚✚✚✚✚✚✚✚✚✚✚✚✚✚✚✚✚✚✚✚✚✚ 【補足終わり】

$L_{n+\ell}^{2\ell+1}$ は ρ の $n' = n-\ell-1$ 次式である。$n-\ell-1 \geqq 0$ でなくてはいけないので、$n=1$ ならば $\ell = 0$ しかなく、$n=2$ なら $\ell = 0, 1$ しかない。一般には、$\ell = 0, 1, \cdots, n-1$ である。(13.34)というエネルギー固有値の式には n しか入っていないので、n が同じであればエネルギーは等しい[†15]。

ここまでの話をまとめると、波動関数は

$$\psi_{n\ell m}(\rho, \theta, \phi) = -\mathcal{N}_{\ell m} \rho^\ell e^{-\frac{1}{2}\rho} L_{n+\ell}^{2\ell+1}(\rho) Y_\ell^m(\theta, \phi) \tag{13.44}$$

と書ける。前についている規格化定数は、規格化の条件から定める[†16]。

ρ という座標は n が違うと定義が変わるので具体的な問題を考えるにはちょっと使いにくい面もある。そこでここから座標を ρ から r に戻そう。無次元化した時、ボーア半径を $r_B \to \dfrac{2}{\lambda}$ としたことを思い出す。長さの次元を戻すには無次元化した時に 1 になった長さの次元を持つ量を掛ければよいから、その後で $\lambda = n$ になったことも考え合わせて、$r = \dfrac{nr_B}{2}\rho$ となる。

$\displaystyle\int_0^\infty dr \int_0^\pi d\theta \int_0^{2\pi} d\phi \, r^2 \sin\theta \, |\psi_{n\ell m}|^2$ を計算していくが、これは、

$$|\mathcal{N}_{\ell m}|^2 \left(\frac{nr_B}{2}\right)^3 \int_0^\infty d\rho \int_0^\pi d\theta \int_0^{2\pi} d\phi \, \rho^{2+2\ell} e^{-\rho} \sin\theta \, |L_{n+\ell}^{2\ell+1}(\rho)|^2 (Y_\ell^m)^* Y_\ell^m \tag{13.45}$$

となる（$\rho \to r$ の変更の時に $\left(\dfrac{nr_B}{2}\right)^3$ が出ることに注意）。θ, ϕ による Y_ℓ^m の部分の積分は 1 を出すことはわかっているので、後は

$$\int_0^\infty d\rho \, e^{-\rho} \rho^{2\ell+2} |L_{n+\ell}^{2\ell+1}(\rho)|^2 = \frac{2n\left((n+\ell)!\right)^3}{(n-\ell-1)!} \tag{13.46}$$

[†15] ただし、これは水素原子のような簡単な原子の場合のみで言えることで、原子番号 2 以上の原子では電子どうしの相互作用が無視できなくなって、n が同じでもエネルギーにずれが生じる。

[†16] 最初にマイナス符号があるのは $\rho = 0$ 付近で正の値を取るようにしている。しかし、どうせ波動関数の符号には深い意味はない。

という公式を使って、

$$\mathcal{N}_{\ell m} = \left(\frac{2}{nr_B}\right)^{\frac{3}{2}} \sqrt{\frac{(n-\ell-1)!}{2n\left((n+\ell)!\right)^3}} \tag{13.47}$$

と求められる[†17]。

以下で次数の低い部分の波動関数と確率密度を考えていくが、ここから先は $r_B = 1$ になるような単位で計算していく。すなわち、$r = \frac{n}{2}\rho$ とする。

$$\psi_{n\ell m} = -\sqrt{\frac{4(n-\ell-1)!}{n^4\left((n+\ell)!\right)^3}} \left(\frac{2r}{n}\right)^{\ell} e^{-\frac{r}{n}} L_{n+\ell}^{2\ell+1}\left(\frac{2r}{n}\right) Y_\ell^{\ m}(\theta, \phi) \tag{13.48}$$

が一般式である(特に、$e^{-\frac{\rho}{2}} \to e^{-\frac{r}{n}}$ となったことに注意)。

s 状態の波動関数と確率密度の状況をグラフに示すと次のようになる。

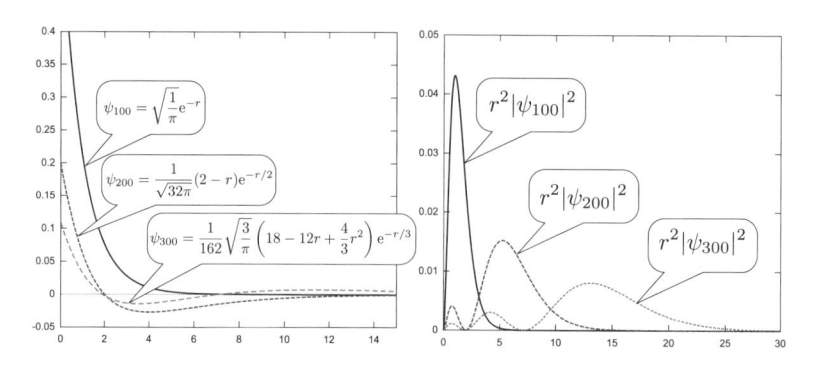

$\psi_{100} = \sqrt{\frac{1}{\pi}} e^{-r}$

$\psi_{200} = \frac{1}{\sqrt{32\pi}} (2-r) e^{-r/2}$

$\psi_{300} = \frac{1}{162} \sqrt{\frac{3}{\pi}} \left(18 - 12r + \frac{4}{3}r^2\right) e^{-r/3}$

$r^2|\psi_{100}|^2$

$r^2|\psi_{200}|^2$

$r^2|\psi_{300}|^2$

$n > 1$ では原点以外にも波動関数の山もしくは谷がある。$\ell = 0$ ということは球面調和関数の部分が $P_0^0(\cos\theta) = 1$ であって角度依存性がない。つまりこのような分布で球対称な形の波動関数になっている。この状態は「s 波状態」と呼ばれる[†18]。なお、$\ell = 1$ の状態は「p 波状態」、$\ell = 2$ の状態は「d 波状態」と呼ばれ、以下は f,g,h,… と続く。

左のグラフではいかにも原点に確率が集中しているように見えるが、「半径 r から $r + dr$ のところに粒子がいる確率」を計算したいとすると、$\psi^*\psi$ にさらに厚さ dr で半径 r の球殻の体積である $4\pi r^2 dr$ を掛けなくてはいけない。

[†17] このあたりの計算については、あまり本質的ではないので省略させていただく。
[†18] 「s」は 'sharp' の略。分光学からくる。分子の出す光のうち、鋭いピークを持つ成分という意味であり、後にこれが $\ell = 0$ の状態の出す光だとわかった。「球 (spherical) 対称」なので「s 波状態」と言うのは、覚え方としては便利だが、歴史とは違う。ちなみに「p」は 'principal'、「d」は 'diffuse'。

13.2 水素原子のシュレーディンガー方程式

そのようにして掛け算して作ったグラフが右のものである。グラフの横軸はボーア半径 $r_B = 1$ になる単位で書いてある。これを見ると、$n = 1$ の場合、粒子がいる確率がもっとも大きいところにボーア半径がくる。「原点から距離 r_B 離れたある 1 点にいる確率」は「原点にいる確率」より小さいが、「原点から距離 r_B 離れた点のどこかにいる確率」だと「原点にいる確率」より大きくなるわけである（「原点」は一点しかないが、「原点から距離 r_B 離れた点」は一点ではないことに注意）。r_B は「電子がその場所を回っている」というような古典的な意味合いではなく、「波動関数の広がりの大きさ」を表すものであったことがわかる。

$n = 2, 3, \cdots$ とあがるにつれ、粒子がより外側に分布するようになっている。つまりは「電子がより外側の軌道にいる」。ボーア・ゾンマーフェルトの量子化条件を使って計算していた時にはあくまで古典力学と対応づけて考えていたのだが、実際はこのような波動関数という形で粒子が存在している、というのが正しい描像である。

ただし、ここで考えているのは $\ell = 0$ だから「回っている」のではないことに注意しよう。もっとも、$\ell \neq 0$ なら回っているのかというと、そうも言えない。いま考えているのは定常状態のみなので、そういう意味ではどの状態も「確率密度が時間的に変化していく」という意味の運動は起こっていないので、「回っていない」。しかし、角運動量を持っているという意味では「回っている」のである[19]。

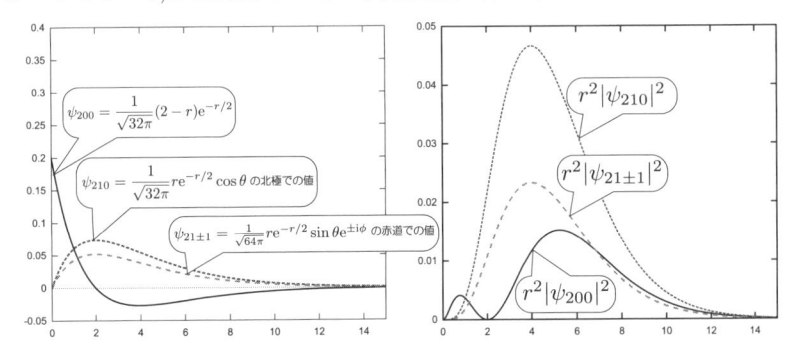

$n = 2$ で $\ell = 0, 1$ と変化した時の波動関数の形が、次の図である。

$\psi_{200} = \frac{1}{\sqrt{32\pi}}(2-r)\mathrm{e}^{-r/2}$

$\psi_{210} = \frac{1}{\sqrt{32\pi}} r\mathrm{e}^{-r/2}\cos\theta$ の北極での値

$\psi_{21\pm 1} = \frac{1}{\sqrt{64\pi}} r\mathrm{e}^{-r/2}\sin\theta \mathrm{e}^{\pm i\phi}$ の赤道での値

$r^2|\psi_{210}|^2$

$r^2|\psi_{21\pm 1}|^2$

$r^2|\psi_{200}|^2$

---

[19] これは運動量の固有状態である $\psi = \mathrm{e}^{ikx}$ の場合も確率密度 $\psi^*\psi$ が空間にも時間にもよらない一定値になるのと同じである。

第 13 章 水素原子

　角運動量を持っている $\ell=1$ の場合、原点での波動関数は 0 になる。右の確率分布を見ると、$\ell=0$ は山が二つあるが、$\ell=1$ は山が一つしかない。動径方向に波がない分、周回方向の方に波ができていると考えればよい。

　以下は、z 軸を通りその面上で $\phi=0,\pi$ であるような平面で切った断面上で $n=1,2$ の波動関数が、どのような値をとっているかをグラフで表したものである。この図の上下方向は ψ の実数部であって、3 次元的な「波動関数の形」を描いたものではないので注意しよう。

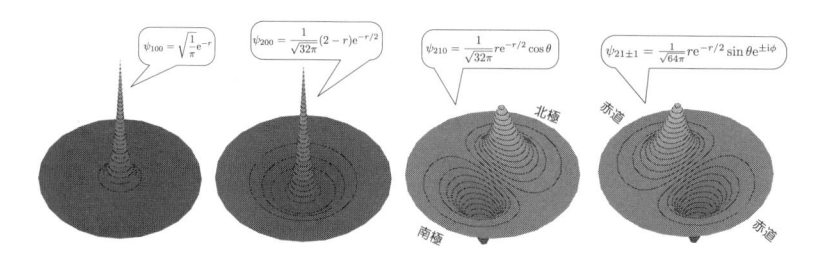

$\psi_{100}=\sqrt{\dfrac{1}{\pi}}\mathrm{e}^{-r}$

$\psi_{200}=\dfrac{1}{\sqrt{32\pi}}(2-r)\mathrm{e}^{-r/2}$

$\psi_{210}=\dfrac{1}{\sqrt{32\pi}}r\mathrm{e}^{-r/2}\cos\theta$

$\psi_{21\pm 1}=\dfrac{1}{\sqrt{64\pi}}r\mathrm{e}^{-r/2}\sin\theta\mathrm{e}^{\pm\mathrm{i}\phi}$

北極　南極　赤道　赤道

同様に $n=3$ について描いた図が以下のようになる。

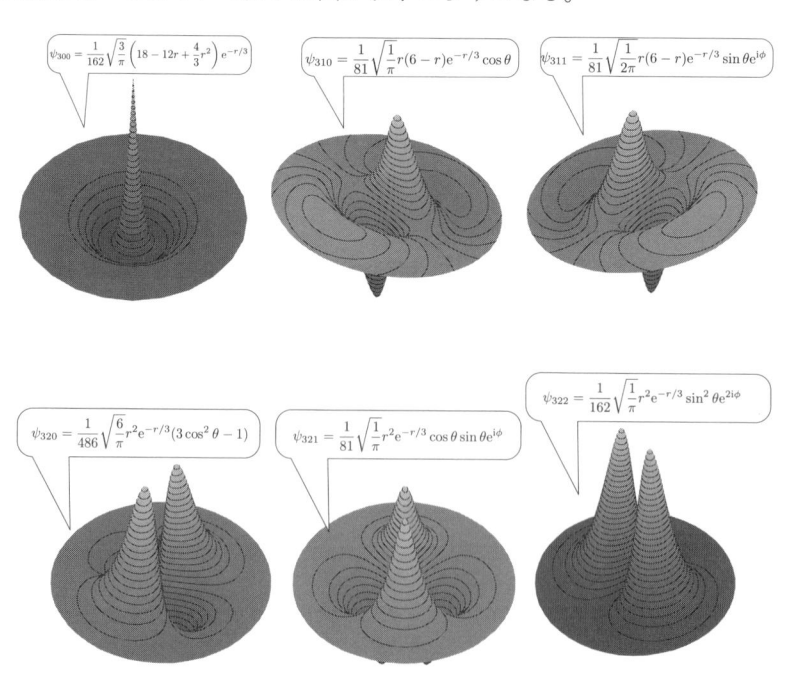

$\psi_{300}=\dfrac{1}{162}\sqrt{\dfrac{3}{\pi}}\left(18-12r+\dfrac{4}{3}r^2\right)\mathrm{e}^{-r/3}$

$\psi_{310}=\dfrac{1}{81}\sqrt{\dfrac{1}{\pi}}r(6-r)\mathrm{e}^{-r/3}\cos\theta$

$\psi_{311}=\dfrac{1}{81}\sqrt{\dfrac{1}{2\pi}}r(6-r)\mathrm{e}^{-r/3}\sin\theta\mathrm{e}^{\mathrm{i}\phi}$

$\psi_{320}=\dfrac{1}{486}\sqrt{\dfrac{6}{\pi}}r^2\mathrm{e}^{-r/3}(3\cos^2\theta-1)$

$\psi_{321}=\dfrac{1}{81}\sqrt{\dfrac{1}{\pi}}r^2\mathrm{e}^{-r/3}\cos\theta\sin\theta\mathrm{e}^{\mathrm{i}\phi}$

$\psi_{322}=\dfrac{1}{162}\sqrt{\dfrac{1}{\pi}}r^2\mathrm{e}^{-r/3}\sin^2\theta\mathrm{e}^{2\mathrm{i}\phi}$

水素原子の持つエネルギーは主量子数nだけで決まる。nが決まると、ℓは0から$n-1$までの数字をとり、それに応じてn'の値が決まる。n,ℓが決まっても、$\ell \neq 0$ならばmの値が$-\ell$からℓまで、$2\ell+1$段階に変化できる。それゆえ、主量子数nの状態が何個あるかを数えると、

$$\sum_{\ell=0}^{n-1}(2\ell+1) = n^2 \tag{13.49}$$

となる。

主量子数n、すなわちエネルギーが$-\dfrac{\mu k^2 e^4}{2n^2\hbar^2}$である状態は$n^2$重に縮退している。本書では扱わないが、電子にはスピンという自由度がある。スピンは角運動量$\vec{L}$と同様の性質を持っていて、そのz成分の固有値が$S_z = \dfrac{1}{2}\hbar$と$S_z = -\dfrac{1}{2}\hbar$の二つある。それゆえスピンも考慮すると状態の数が2倍となり、主量子数nの状態は$2n^2$個あることになる。

13.3 水素以外の原子について

13.3.1 電子の軌道とイオン化

以上のように、量子力学によって水素原子に構造が生まれる理由をみつけることができた。現実に存在するものは水素原子のような簡単なもの（これでも「簡単」なのである！）ばかりではない。原子の周りの電子も一つではないことの方が多いし、複数の原子が集まって分子を作ったりもする。このような場合については適当な近似を行わないと計算はできない。しかし、量子力学的な計算を行うことで原子や分子の構造や性質を解き明かしていくことができる。

水素は原子核がeの電荷を持ち、$-e$の電荷を持った電子を1個しか持っていない。ここではもっと一般の、水素以外の原子を考えてみよう。まず一つめの変化は原子核の持っている電荷がeではなく、Zeとなる（Zは原子番号）。そして、Z個の電子が原子核の周りに配置されることになる。

$n=1$の状態は2個、$n=2$の状態は8個、$n=3$の状態は18個ある。nが小さいほどエネルギーが低いので、電子が原子の周りに束縛される時には、なるべくnの小さい状態を占めようとする。ところが電子には「パウリの排

他律」という法則が働いて、すでに電子が入っている状態にはそれ以上電子が存在できないため、電子は下の方の状態から順に「詰まっていく」ことになる。原子番号の小さい方から、電子が順に詰まっていく様子を表したのが次の表である。

原子番号	元素記号	$n=1$ $\ell=0$	$n=2$ $\ell=0$	$\ell=1$	$n=3$ $\ell=0$	$\ell=1$	$\ell=2$
1	H	1					
2	He	2					
3	Li	2	1				
4	Be	2	2				
5	B	2	2	1			
6	C	2	2	2			
7	N	2	2	3			
8	O	2	2	4			
9	F	2	2	5			
10	Ne	2	2	6			
11	Na	2	2	6	1		
12	Mg	2	2	6	2		
13	Al	2	2	6	2	1	
14	Si	2	2	6	2	2	
15	P	2	2	6	2	3	
16	S	2	2	6	2	4	
17	Cl	2	2	6	2	5	
18	Ar	2	2	6	2	6	
19	K	2	2	6	2	6	1
20	Ca	2	2	6	2	6	2

$\ell=0,1,2$ の状態には、それぞれ 2 個、6 個、10 個までの電子が入ることができる。実際の原子では、電子と電子の間の相互作用などの関係で、主量子数 n が等しくてもエネルギーが同じとは限らない[20]。このあたりの原子までは、同じ n どうしでは ℓ が大きいほどエネルギーが高くなるので、表のように ℓ の小さい方から順に詰まっていく[21]。

なお、この「同じ状態に入らない」という現象は、電子どうしのクーロン力による反発とは全く別の現象である。ここでは、電子と電子の間のクーロン力は無視している（これをいれて計算するのは、とても難しい）。

これを見ると、不活性元素 (He,Ne,Ar) は、区切りのいいところまでの電子状態がぴったりと埋められていることがわかる。また、アルカリ金属 (Li,Na,K) には「ぴったり埋まった状態に、さらに電子が 1 個だけ入っている」という共通点があるし、ハロゲン (F,Cl) には「あと一つ電子を足せばちょうど埋まる」という共通点がある。電子の状態が物質の化学的性質（アルカリ金属は電子を放出して陽イオンになりやすい、ハロゲンは電子を獲得して陰イオンになりやすい、など）を決めていることがわかる。

---

[20] ここまでこの章で行った計算では、電子は 1 個として考えていて、電子と電子の間の力は考慮されていない。

[21] $n=4$ あたりから、この ℓ の違いによるエネルギー差が n の違いによるものより大きくなる場合が出てきて、順番が崩れてくる。

ナトリウムと塩素はなぜナトリウムが陽イオンに、塩素が陰イオンになりたがるのか。その理由ももちろん量子力学から来る。量子力学による「存在できる束縛状態」という概念の導入がないと、負電荷を持った電子はいくらでも正電荷を持った原子核に近づいて、エネルギーを下げることができる。そうであれば、エネルギー最低の状態は常に電荷が中和されている状態である。原子がイオンになる必要はない。

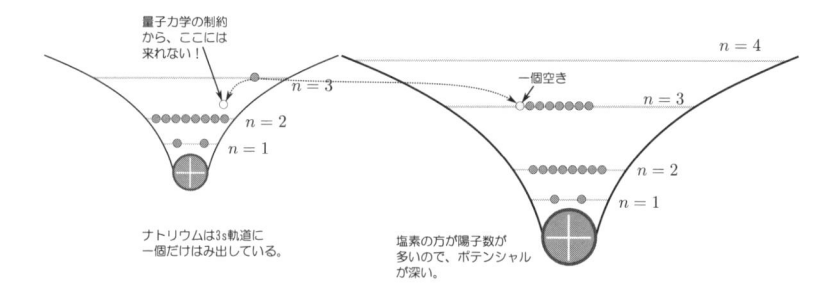

簡単に言えば、ナトリウムの $n=3$ 軌道が、塩素の $n=3$ 軌道よりも「低い」ということがイオン化による電子のやりとりが起こる理由である[22]。

よく「閉殻（n 番目までの軌道がぴったりと埋められている状態）を形成すると原子が安定する」という説明がされるが、閉殻が安定である理由は、「それより電子を多くしようとすると、外側の殻（高いところ）に入れなくてはいけない」ということである。

13.3.2 H_2^+ イオンの電子の波動関数 ++++++++++++++ 【補足】

この節では、原子と原子が結合して分子になるという現象を量子力学的に扱っていこう。といってもこの問題をまじめにやるのはかなりたいへんなので、もっとも単純な原子の結合状態として、H_2^+ イオンのみを考えて感じをつかんでおくことにする。つまり2個の陽子（水素原子核）の周りに1個の電子が存在している場合である[23]。

陽子1と陽子2が距離 R 離れて存在していて、電子が陽子1と距離 r_1、陽子2と距離 r_2 の場所に存在しているとする。簡単のため、二つの陽子は固定されていると考えよう。するとハミルトニアンは

---

[22] ナトリウムから塩素へと電子が移動したことによって、（電子同士にも相互作用が働くから）全体のエネルギーの状態も変化するので、単純に移動前のエネルギー差で判断するのは厳密にはできないが、十分良い近似としては正しい。

[23] こんな状態は、自然に安定に存在はしていない。

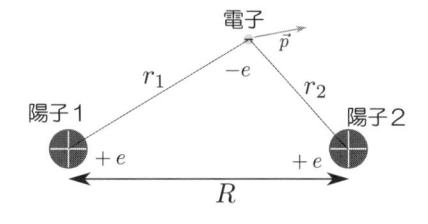

$$H = \frac{|\vec{p}|^2}{2m} - \frac{ke^2}{r_1} - \frac{ke^2}{r_2} + \frac{ke^2}{R} \quad (13.50)$$

と書ける。それぞれの項は、電子の運動エネルギー、陽子1と電子のクーロンポテンシャル、陽子2と電子のクーロンポテンシャル、陽子1と陽子2のクーロンポテンシャルを表す。

電子の波動関数を厳密に求めることは難しい[†24]。そこで、「正解ではないがこれに近いに違いない」という答えで代用して近似的計算を行う。水素原子の1s軌道 ($n = 1$) の状態を $|1s\rangle$ と書くことにする。その波動関数は、ボーア半径を1とする単位系で書いて、

$$\phi_{1s}(r_i) = \langle \vec{x} | 1s \rangle_i = \sqrt{\frac{1}{\pi}} e^{-r_i} \quad (i = 1, 2) \quad (13.51)$$

であった ((13.48) の ψ_{100})。r_i の i という添字は陽子1か陽子2か、を表す。r_1 は陽子1と電子の間の距離である。
→ p304

今求める状態は、陽子1の周りの1s軌道の波動関数 $|1s\rangle_1$ と陽子2の周りの1s軌道の波動関数 $|1s\rangle_2$ との重ね合わせで書いていると仮定して以下の計算を行う（実際にはもっと複雑な重ね合わせで表現されるものになっているので、この計算はいいかげんである。いいかげんであるが、ある程度は正しい答が出る）。

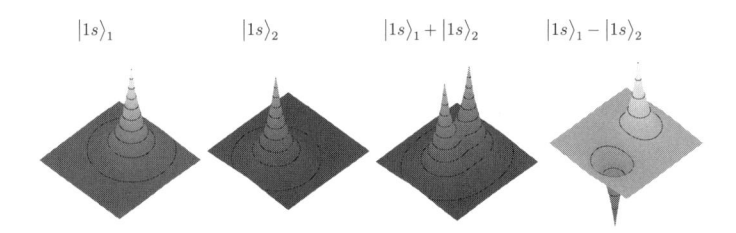

つまりいま考えている波動関数は $|\psi\rangle = C_1|1s\rangle_1 + C_2|1s\rangle_2$ である[†25]。上に、単なる和と差になっている状況を描いた。

規格化するために、まず $\langle\psi|\psi\rangle$ を計算しておく。$|1s\rangle_i$ は規格化されているので、

$$\langle\psi|\psi\rangle = C_1^*C_1 + C_2^*C_2 + C_1^*C_2{}_1\langle 1s|1s\rangle_2 + C_2^*C_1{}_2\langle 1s|1s\rangle_1 \quad (13.52)$$

[†24] 実はこの H_2^+ イオンについては厳密解を求めることは不可能ではないのだが、この本の範囲を超えている。

[†25] 和であって、積ではない。一つの電子が、$|1s\rangle_1$ という状態にあるか、$|1s\rangle_2$ という状態にあるか、その重ね合わせであるから、状態ベクトルの足し算となる。

となる。

$$_1\langle 1s|1s\rangle_2 = \frac{1}{\pi}\int_0^\infty dr \int_0^\pi d\theta \int_0^{2\pi} d\phi \; r^2 \sin\theta \; e^{-r_1}e^{-r_2} \tag{13.53}$$

を計算しよう（もう一つの項はこれの複素共役である）。

ここで、陽子1を原点とする極座標を使って陽子2に向かう向きを $\theta = 0$ だとすれば、$r_1 = r, r_2 = \sqrt{r^2 + R^2 - 2Rr\cos\theta}$ と書け、ϕ 積分はすぐ実行できて 2π という答えを出すから、

$$_1\langle 1s|1s\rangle_2 = 2\int_0^\infty dr \int_0^\pi d\theta \, r^2 \sin\theta \; e^{-(r+\sqrt{r^2+R^2-2Rr\cos\theta})} \tag{13.54}$$

を計算すればよい。θ 積分を実行するために $\cos\theta = t$, $\int_0^\pi d\theta \sin\theta = \int_{-1}^1 dt$ という置き換えを行って、

$$2\int_0^\infty dr\, r^2 e^{-r} \int_{-1}^1 dt\, e^{-\sqrt{r^2+R^2-2Rrt}} \tag{13.55}$$

となる。

--------------------------------練習問題--------------------------------

【問い 13-3】

$$\int e^{-\sqrt{a+bt}}dt = -\frac{2}{b}\left(\sqrt{a+bt}+1\right)e^{-\sqrt{a+bt}} \tag{13.56}$$

という公式を使って、t 積分を実行せよ。　　ヒント → p344 へ　解答 → p367 へ

【問い 13-4】　さらに r 積分も実行せよ。　　ヒント → p344 へ　解答 → p367 へ

答えは、

$$S = \left(1 + R + \frac{1}{3}R^2\right)e^{-R} \tag{13.57}$$

となる。これは二つの波動関数の「重なり」を計算していて、当然 R が大きくなると小さくなる傾向にある。右のグラフに描いたように、二つの陽子の距離が短くなると、波動関数の重なりが大きくなる。

波動関数を規格化するためには、

$$C_1^* C_1 + C_2^* C_2 + (C_1^* C_2 + C_2^* C_1)\underbrace{\left(1 + R + \frac{1}{3}R^2\right)e^{-R}}_{=S} = 1 \tag{13.58}$$

でなくてはならない。ここで、極端な場合として、$C_1 = C_2$（対称な場合）と $-C_1 = C_2$（反対称な場合）を考えてみよう[†26]。この場合は、

$$|C_1^* C_1|(2 \pm 2S) = 1 \quad \text{より、} \quad |C_1| = \frac{1}{\sqrt{2(1 \pm S)}} \tag{13.59}$$

と求まる（例によって位相は決まらない）。
→ p126

この対称・反対称二つの状態について、エネルギー期待値を計算してみることにする。状態を、

$$C_1 \left(|1s\rangle_1 \pm |1s\rangle_2 \right) \tag{13.60}$$

とおいて、

$$|C_1|^2 \left({}_1\langle 1s| \pm {}_2\langle 1s| \right) H \left(|1s\rangle_1 \pm |1s\rangle_2 \right) \tag{13.61}$$

を計算するわけである。${}_1\langle 1s|$ または $|1s\rangle_1$ に掛かると、H の中の $\frac{|\vec{p}|^2}{2m} - \frac{ke^2}{r_1}$ の部分が固有値 E_1 になる。これは基底状態の定義である。また、$\frac{|\vec{p}|^2}{2m} - \frac{ke^2}{r_2}$ が ${}_2\langle 1s|$ または $|1s\rangle_2$ に掛かった場合も E_1 という固有値に変わる。このことを使うと、

$$|C_1|^2 \Bigg({}_1\langle 1s| \underbrace{\left(\frac{|\vec{p}|^2}{2\mu} - \frac{ke^2}{r_1} \right)}_{E_1 \to} - \frac{ke^2}{r_2} \Bigg) |1s\rangle_1 \pm {}_1\langle 1s| \underbrace{\left(\frac{|\vec{p}|^2}{2\mu} - \frac{ke^2}{r_2} \right)}_{E_1 \to} - \frac{ke^2}{r_1} \Bigg) |1s\rangle_2$$

$$\pm {}_2\langle 1s| \underbrace{\left(\frac{|\vec{p}|^2}{2\mu} - \frac{ke^2}{r_2} \right)}_{\leftarrow E_1} - \frac{ke^2}{r_1} \Bigg) |1s\rangle_1 + {}_2\langle 1s| \underbrace{\left(\frac{|\vec{p}|^2}{2\mu} - \frac{ke^2}{r_2} \right)}_{E_1 \to} - \frac{ke^2}{r_1} \Bigg) |1s\rangle_2 \Bigg) + \frac{ke^2}{R}$$

$$= -ke^2 |C_1|^2 \left({}_1\langle 1s| \frac{1}{r_2} |1s\rangle_1 \pm {}_1\langle 1s| \frac{1}{r_1} |1s\rangle_2 \pm {}_2\langle 1s| \frac{1}{r_1} |1s\rangle_1 + {}_2\langle 1s| \frac{1}{r_1} |1s\rangle_2 \right)$$

$$+ E_1 + \frac{ke^2}{R}$$

$$\tag{13.62}$$

後計算すべきは

$$-ke^2 \, {}_1\langle 1s| \frac{1}{r_2} |1s\rangle_1 \qquad \text{(陽子 2 からの引力による、1 の周りにいる電子のポテンシャル)}$$

$$-ke^2 \, {}_2\langle 1s| \frac{1}{r_1} |1s\rangle_2 \qquad \text{(陽子 1 からの引力による、2 の周りにいる電子のポテンシャル)}$$

$$\mp ke^2 \, {}_1\langle 1s| \frac{1}{r_1} |1s\rangle_2 + \text{複素共役} \quad \text{(古典的対応がない、波動関数の重ね合わせによるポテンシャル)}$$

$$\tag{13.63}$$

[†26] 一般的に考えるなら、$e^{i\alpha} C_1 = C_2$ とおけばよい。陽子1と陽子2はまったく同等だから、C_1 と C_2 の絶対値は等しいだろう。

13.3 水素以外の原子について

である。長くて退屈な計算が必要なので章末演習問題13-4にして、答えを書いておくと、エネルギーの期待値は

$$E_\pm = E_1 + \frac{1}{1 \pm S}\frac{ke^2}{R}\left[(1+R)e^{-2R} \pm (1-\frac{2}{3}R^2)e^{-R}\right] \quad (13.64)$$

である。

結果を横軸 R、縦軸 E のグラフにしてみると、

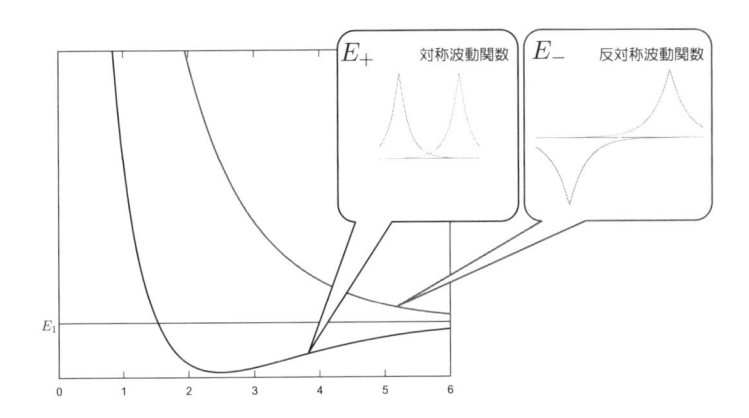

のように描ける。E_+（対称な波動関数）の方がエネルギーが下がる傾向にあり、エネルギーが最小値を持つ状態があるので、このあたりの状態に落ち着くのではないかと考えられる（ここでは波動関数をまじめに解いていないので、確実なことは言えないことに注意）。

上のグラフの左は対称な波動関数を2次元的に表現したもの、右は反対称な波動関数を2次元的に表現したものである。

E_+ の方が低くなる理由は電磁的な位置エネルギーで、電子が二つの正電荷の間にいた方がエネルギーが下がる。量子力学的寄与である「重ね合わせの項」も重要な役割を果している。いま考えているのは H_2^+ イオンだから、電子は1個しかないにもかかわらず、その1個の電子が原子1の近くにいる波動関数と原子2の近くにいる波動関数を重ね合わせたことで、原子の結合が説明できる。ここでも波動関数の重ね合わせが物理を支配しているのである。

イオンではない H_2 分子の場合は、ここで求めた軌道に電子が2個入っている[27]。その分計算は難しいものになる（ここで行った計算は非常に粗い近似になる）。

こうして、量子力学で原子や分子の成り立ちを説明できる（ここで説明したのは分子を考える時の考え方の入り口の、さらに入門ぐらいでしかないが）。

✚✚✚✚✚✚✚✚✚✚✚✚✚✚✚✚✚✚✚✚✚✚✚✚✚✚✚✚✚✚【補足終わり】

---

[27] 1個の軌道に2個入るのは水素原子の場合と同様、スピンという自由度の関係。H_2 分子の場合、これでちょうど全体で中性となり、安定な存在となる。

13.4 章末演習問題

★【演習問題 13-1】
(13.21)を、
→ p297

$$\frac{1}{\rho}\frac{\mathrm{d}^2}{\mathrm{d}\rho^2}(\rho R_\ell(\rho)) - \frac{\ell(\ell+1)}{\rho^2}R_\ell(\rho) + \frac{\lambda}{\rho}R_\ell(\rho) - \frac{1}{4}R_\ell(\rho) = 0 \tag{13.65}$$

と書き直したのち、$\rho R_\ell(\rho) = \chi_\ell$ と書き直し両辺に ρ を掛けると、

$$\frac{\mathrm{d}^2}{\mathrm{d}\rho^2}\chi_\ell - \frac{\ell(\ell+1)}{\rho^2}\chi_\ell + \frac{\lambda}{\rho}\chi_\ell - \frac{1}{4}\chi_\ell = 0 \tag{13.66}$$

という式になる。この式はまるで1次元量子力学で、$-\frac{1}{4}$ がエネルギー固有値で、$\frac{\ell(\ell+1)}{\rho^2} - \frac{\lambda}{\rho}$ が位置エネルギーであるかのごとき式である。$\lambda = n = 3$ で $\ell = 0, 1, 2$ の場合についてこのポテンシャルのグラフを描け。ポテンシャルエネルギーが $-\frac{1}{4}$ より大きい範囲が ℓ の違いによってどう変わっているかを考察せよ。

ヒント → p8w へ　解答 → p37w へ

★【演習問題 13-2】
ラゲール多項式にも母関数がある。

$$\sum_{n=0}^{\infty} L_n(x)\frac{t^n}{n!} = \frac{\mathrm{e}^{-x\frac{t}{1-t}}}{1-t} \tag{13.67}$$

である。この式から、

$$\int_0^\infty \mathrm{d}x\, \mathrm{e}^{-x} L_m(x) L_n(x) = (n!)^2 \delta_{mn} \tag{13.68}$$

が成立することを示せ。

ヒント → p9w へ　解答 → p37w へ

★【演習問題 13-3】
(13.36)で $n' = 2$ の場合を考えて、$L_{2,\ell}(\rho)$ を求めよ。これから $\ell = 0$ の場合を考えて、結果を p304 のグラフ内にある ψ_{300} の多項式部分と比較し、一致していることを確認せよ。
→ p301

ヒント → p9w へ　解答 → p38w へ

★【演習問題 13-4】
(13.64)を具体的に計算せよ。
→ p313

ヒント → p9w へ　解答 → p39w へ

おわりに

　もう一度「はじめに」の冒頭で書いた言葉を繰り返そう ―― 量子力学は難しい。

　その難しい量子力学を、なんとかわかりやすくするために、初学者がひっかかりやすそうな場所を手厚くして説明してきたつもりであるが、それでもやっぱり簡単にはわからないと思う。「よくわかる」というタイトルをつけた本なのにこんなことを言って申し訳ないが、よくわかるためには相応の勉強が必要になる。相応の時間も。その助けになる本にはしたつもりである。

　残念ながら、ページ数の関係と著者の浅学が災いして、摂動論をはじめとする近似手法の数々については触れることができなかったし、多粒子系や場の量子化などのより進んだ話題や、量子情報などの近年の発展についてなど、語り残したこともたくさんある。読者はこの本を卒業したら、どんどん次の勉強を続けて欲しいところである。

　さて、この本で言いたかったことをおさらいしておこう。

> **我々は古典力学に騙されている（た）。**

　言葉が悪くて古典力学のファンの方には申し訳ないが、量子力学を勉強するためには魂を古典力学から自由にする必要がある。そのために

　見えるものが正しいとは限らない。正しいものを見るには、それだけ精確な「眼」が必要である。

と思い知る必要がある。

　人間はこれまでの経験にしたがって物を見る。それゆえに、間違えることも多い。そしてその先人たちの「間違えた経験」こそが「見えるものが正しいとは限らない」という智慧を生んだのである。

　物理の世界の先人たちは、量子力学という学問を打ち立てるために、（現代からみたら劣悪で稚拙だと言ってもいいような設備で！）精密な実験を繰り返し行い、実験と観測の結果というデータを積み上げ「眼」を養ってきた。そしてその「眼」でこの世界の法則が量子力学であることを見付け出した。現代に生きる我々は、先人の苦労によって得られた「眼」で世界を見ることができる。だから量子力学が難しいといっても、我々は昔の人よりもずっと有利な立場にある。先人たちが創り上げた精密なる眼を持って、量子力学の世界を覗いていただきたい。

　そして、「量子力学が今現在我々が持っている物理理論の中ではもっとも正しいと考えられる理論であること」も感じ取っていただきたい。

　そしてそのためにもう一つ感じて欲しいこと。

> 数式は我々の味方である。

　数式が嫌いな人は多い。「数式があるから物理がわからなくなる」という人もいる。だが、最初は困っても、（騙されたと思ってでもいいから）「数式を使うことで物理がわかりやすくなるんだ」と思えるまで、数式を使っていって欲しい。量子力学にはたくさん「数学の壁」があるが、（これも先人たちの智慧により）難しい概念をいかに簡単に表現するかにも工夫がされている。量子力学はシュレーディンガー方程式という微分方程式や線型代数などの数学の助けで構築されている。なぜ数学がこうも見事にこの世の中を説明してくれるのか、不思議になるほどに「数学を使う」ことは我々を助けてくれる。特に量子力学という、人間の直観が通用しない世界を探求するとき、数式は大きな武器である。

　この本の中でも、微分方程式を解いたり、行列を使ったり、さらにはブラとかケットとか（量子力学以外ではまずお目にかからない）記号を使って計算をしたりしたが、これらはみな、先人たちが「物理をいかに理解するか」

ということを考えていく過程で開発していった道具であり、我々はその道具を使うことで、物理を理解できるようになる。

けっして数式を嫌いになることなく、数式を武器として量子力学の世界を探検していただきたい。

> **簡単には納得しないで。**

ボーアは「**量子力学に衝撃を受けないとしたら、それは量子力学を理解してない証拠だ**」という意味のことを言ったそうである。だから、一冊の本を読んだぐらいで（この本はここまでで317ページある上にまだ付録があるわけだが）「うん、わかった」と言えたとしたら、たぶんそれはわかってないということなのだろう。

この本を真剣に読んでくれた人にはわかるだろうが、量子力学を勉強するということは「世界の成り立ちが自分の直観とは違うことを知る」ことの連続である[†1]。直観をひっくり返すには時間がかかる。

だからもしあなたが簡単にわかった気分になってしまったとしたら、少し考え直した方がいいのかもしれない。量子力学が「わかる」状態になるのは、なかなかたいへんなのだ。だからこそ挑戦しがいがある。

「まえがき」で、

> 本書が、壁を乗り越えて量子力学という山に登ろうとする学習者たちに対するガイドの役割を果たして、一人でも多くの人に「あっ、わかった」という瞬間をもたらしてくれることを切に願う。

と述べた。その瞬間はきっとくる——納得がいくまで計算し、考え、悩んだ人のところに。

もう一度、願おう。

　　　　　　—— あなたに、その「瞬間」が何度でも訪れますように。

[†1] いやそもそも学問というのはそういうものだ、という意見もあるかもしれない。しかし、物理の中でも量子力学は特に「自分の直観がひっくり返された」と感じることが多いと思う。

付録 A

（量子力学を学習するための）解析力学の復習

　この付録では、量子力学のために必要な解析力学の知識をまとめておく。あくまで（量子力学を学習するための）部分だけをまとめたものであるし、説明も短くなっているので、まじめに解析力学を復習したい人はそれ相応の本を読んで勉強するように。

A.1　最小作用の原理

通常のニュートン力学では運動方程式

$$m\frac{\mathrm{d}^2\vec{x}}{\mathrm{d}t^2} = \vec{F} \tag{A.1}$$

が中心的役割を果たすが、解析力学においては、「作用」と呼ばれる量が重要な役割を果たす[†1]。

　1次元の質点系で考えよう。運動方程式が

$$m\frac{\mathrm{d}^2 x}{\mathrm{d}t^2} = -\frac{\mathrm{d}V(x)}{\mathrm{d}x} \tag{A.2}$$

となる場合の作用は

$$S = \int_{t_i}^{t_f} \mathrm{d}t \left(\frac{1}{2}m\left(\frac{\mathrm{d}x}{\mathrm{d}t}\right)^2 - V(x)\right) \tag{A.3}$$

である。これが停留するという条件から運動方程式が出てくる。

　よく「**なぜこんなものが最小になるということから運動方程式が出てくるのか？**」という質問を受けるが、話は逆で「**運動方程式が成立するときに最小になるようなものを探したらこれだった**」と考えるべきである（ただし、「最小になる」は正確ではない）。

　では、作用が停留する時に運動方程式が出ることを確認しよう。

[†1] 困ったことに、「作用・反作用の法則」の「作用」とは何の関係もない。

A.1 最小作用の原理

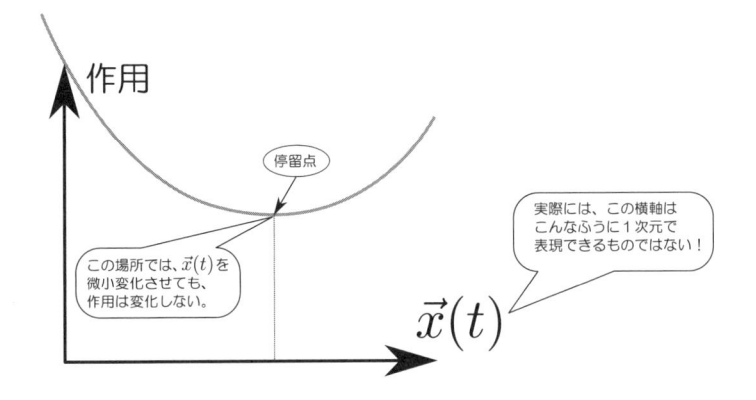

[図: 作用のグラフ。停留点、$\vec{x}(t)$ 軸。吹き出し「この場所では、$\vec{x}(t)$ を微少変化させても、作用は変化しない。」「実際には、この横軸はこんなふうに1次元で表現できるものではない！」]

「停留する」とは「ほんの少し $x(t)$ を変化させた時に、I の値が変化しない」ということだから、$x(t) \to x(t) + \delta x(t)$ と変化させたとして（もちろん $\delta x(t)$ は微少量として、2次以上は無視する）、

$$\delta S = \int_{t_i}^{t_f} dt \left(\frac{1}{2} m \left(\frac{d(x+\delta x)}{dt} \right)^2 - V(x+\delta x) \right) - \int_{t_i}^{t_f} dt \left(\frac{1}{2} m \left(\frac{dx}{dt} \right)^2 - V(x) \right)$$
$$= \int_{t_i}^{t_f} \left(m \frac{dx}{dt} \frac{d(\delta x)}{dt} - \delta x \frac{\partial V(x)}{\partial x} \right) dt \tag{A.4}$$

と作用の変化量が計算できるが、第1項を

$$\int_{t_i}^{t_f} \left(m \frac{dx}{dt} \frac{d(\delta x)}{dt} \right) dt = \left[m \frac{dx}{dt} \delta x \right]_{t_i}^{t_f} - \int_{t_i}^{t_f} \left(m \frac{d^2 x}{dt^2} \delta x \right) dt \tag{A.5}$$

のように部分積分することで、

$$\delta S = \int dt\, \delta x \left(-m \frac{d^2 x}{dt^2} - \frac{\partial V(x)}{\partial x} \right) \tag{A.6}$$

とまとめることができる。ただし、両端 ($t=t_i$ および $t=t_f$) では δx が 0 であるとして、いわゆる表面項($\left[m \frac{dx}{dt} \delta x \right]_{t_i}^{t_f}$) は、ないことにした。
→ p107

δx は微小で、両端で 0 になるという境界条件を満たせばどんな関数であってもよい。δx がどんな関数であっても $\delta S = 0$ になるためには、

$$-m \frac{d^2 x}{dt^2} - \frac{\partial V(x)}{\partial x} = 0 \tag{A.7}$$

でなくてはならない。すなわち、運動方程式が再現された。

このようにして「作用が停留するのが実現する運動である」と考える力学を「ラグランジュ形式の力学」と言う。またこの考え方を「最小作用の原理」と呼ぶ。なお、実際には「最小」ではなく「停留」（微小変化が 0 になればよく、極小・極大・鞍点のどれでもよい）なのだが、なぜか昔から「最小作用の原理」と呼ばれている。

A.2　オイラー・ラグランジュ方程式

ラグランジュ形式の力学では、
$$S = \int L \mathrm{d}t \tag{A.8}$$
としてラグランジアン L を定義してやると、運動方程式にあたるものは
$$\frac{\partial L}{\partial x_i} - \frac{\mathrm{d}}{\mathrm{d}t}\left(\frac{\partial L}{\partial \dot{x}_i}\right) = 0 \tag{A.9}$$
である（オイラー・ラグランジュ方程式）。この式は前節のような計算をやればすぐ出せる。具体的には、L を、$x_i, \dot{x}_i$ の関数と見て、
$$\delta S = \int L\left(x_i + \delta x_i, \dot{x}_i + \delta \dot{x}_i\right) \mathrm{d}t - \int L\left(x_i, \dot{x}_i\right) \mathrm{d}t \tag{A.10}$$
として変分を考えると、
$$\begin{aligned}\delta S &= \int \left(L\left(x_i + \delta x_i, \dot{x}_i + \delta \dot{x}_i\right) - L\left(x_i, \dot{x}_i\right)\right) \mathrm{d}t \\ &= \int \sum_i \left(\frac{\partial L}{\partial x_i}\delta x_i + \frac{\partial L}{\partial \dot{x}_i}\delta \dot{x}_i\right)\mathrm{d}t\end{aligned} \tag{A.11}$$

上同様に部分積分
$$\int \frac{\partial L}{\partial \dot{x}_i}\delta \dot{x}_i = -\int \frac{\mathrm{d}}{\mathrm{d}t}\left(\frac{\partial L}{\partial \dot{x}_i}\right)\delta x_i \tag{A.12}$$
を行い（やはり表面項は無視）、
$\rightarrow$ p107

$$\delta S = \int \sum_i \left(\frac{\partial L}{\partial x_i} - \frac{\mathrm{d}}{\mathrm{d}t}\left(\frac{\partial L}{\partial \dot{x}_i}\right)\right)\delta x_i \mathrm{d}t \tag{A.13}$$

となるので、方程式 (A.9) が出る。

A.3　なぜ最小作用の原理が必要なのか？

さて、この最小作用の原理に関して、「なぜこんなことを考えなくてはいけないのですか？」という点を疑問に感じる人が多い。結局は運動方程式を出すためなら、最初から運動方程式を出せばいいじゃないか、と思うかもしれない。わざわざ遠回り（に見える）作用なるものを導入するのはなぜなのか。

まず、最初から運動方程式を出す、というのがそんなに簡単ではない場合がよくある、ということ。これは実際に難しい問題をラグランジュ形式で解いてみると実感できる。

もう一つは、座標変換に強いということ。直交座標から極座標へというような座標変換はもちろんのこと、もっと複雑怪奇な座標変換に対しても、ラグランジュ形式（最小作用の原理）は強い。

たとえば、2次元面上で中心力 $F(r)$ が働く場合の運動方程式は、極座標で表現すると、

$$m\frac{d^2 r}{dt^2} = F(r) + mr\left(\frac{d\theta}{dt}\right)^2, \quad \frac{d}{dt}\left(mr^2\frac{d\theta}{dt}\right) = 0 \tag{A.14}$$

なのだが、これを力と加速度の考察から求めるのは、ごちゃごちゃして見通しのよくない計算になる。しかし、ラグランジアン

$$L = \frac{1}{2}m\left(\left(\frac{dr}{dt}\right)^2 + r^2\left(\frac{d\theta}{dt}\right)^2\right) - U(r) \tag{A.15}$$

からオイラー・ラグランジュ方程式を使って求めると、ほとんど頭を使うことなく機械的に上の式が得られる（$F = -\dfrac{dU}{dr}$ という関係がある）。

そしてもう一つは、作用の形からいろんなことがわかったりするということ。作用の不変性から何かの保存則が導かれたり（たとえば運動量保存則が作用の形から導かれたりする）、作用の形が似ていることから違う物理現象を同じ方法で調べることができたり。一般的に現象を記述する方法として便利だということが言える。

何にせよ、簡単な問題を考えている限りは、最小作用の原理のありがたみはわかりにくいかもしれない。しかし難問に立ち向かう時こそ、いろんな手助けをしてくれるのが最小作用の原理である。古典力学から量子力学への移行というのも、そういう「難問」の一つであった。

A.4　一般運動量

ここで、$\dfrac{\partial L}{\partial \dot{x}_i}$ という量に着目する。$L = \dfrac{1}{2}m\sum_i (\dot{x}_i)^2 - V(x)$ の場合であれば、$\dfrac{\partial L}{\partial \dot{x}_i} = m\dot{x}_i$ となり、運動量である。作用は別の形であることもあるので、この量が常に $m\dot{x}_i$ になるわけではない。しかし、運動量みたいなものではあるので、これを「一般座標 x_i に対応する一般運動量」と呼ぶ（以下では p_i と書こう）。

たとえば、質量 m の物体が半径 r の円運動を行っている時、その回転角度を θ とすれば、円運動の速度は $r\dot{\theta}$ であり、運動エネルギーは $\dfrac{1}{2}mr^2\left(\dot{\theta}\right)^2$ であるから、角度 θ に対応する一般運動量は

$$\frac{\partial}{\partial \dot{\theta}}\left(\frac{1}{2}mr^2\left(\dot{\theta}\right)^2\right) = mr^2\dot{\theta} \tag{A.16}$$

である。これは角運動量そのものである。

座標と、それに対応する運動量は「互いに共役な量」と呼ばれる。量子力学においては、座標 x に対し、それに対応する運動量は $-i\hbar\dfrac{\partial}{\partial x}$ と置き換えられることになる。

もし、ラグランジアン L が x_i を含まなければ、上の式から、$\dfrac{d}{dt}\left(\dfrac{\partial L}{\partial \dot{x}_i}\right) = \dfrac{dp_i}{dt} = 0$ となる。ラグランジアンが x_i を含まないならば、p_i は保存する。

このような座標を「**循環座標**」と呼ぶ（別に循環してなくてもこう呼ぶ）。

A.5 作用と保存則の関係

積分の上限・下限にあたる端点を固定するという条件のもとで作用を変分して0になるということから運動方程式が出る。端点を動かさないのは当然で、そんなことをしたら運動自体が変わってしまう（大砲の弾丸を撃つとき、目標位置が違えば最初から弾丸の運動は違ってくる）。両端を止めて「どんな運動が実現するか？」と問うからこそ、運動方程式が出てくるのである。

ということを知った上で、あえて「端点を動かすと、作用はどう変化するのか」を考えてみよう。

1次元の粒子の運動を考えて、$t=t_i$, $x=x_i$ から出発した粒子が $t=t_f$, $x=x_f$ に到着するという状況を考える。そして、到着点を ϵ ずらしてみる。

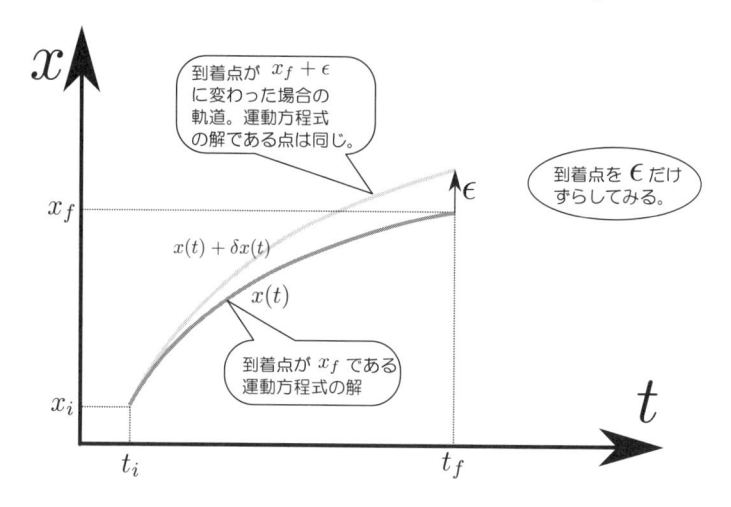

通常、作用という量を考えるときは、中に代入される $x(t)$ は運動方程式の解とは限らない（作用の変分原理から運動方程式が出てくるのだから、運動方程式を出す前の作用に入っている $x(t)$ は運動方程式を満たしているとは限らない）。一方、以下で考える作用で、経路が運動方程式を満たしていると考えている場合は上に￣（バー）をつけて $\bar{S}$ と書こう。$\bar{S}$ は「$x(t)$ が運動方程式を満たしている」という条件のもとで計算した作用の値である。S は経路全体 $x(t)$ $(t_i < t < t_f)$ の関数（関数の関数）であったが、$\bar{S}$ は出発点 $x_i = x(t_i)$ と到着点 $x_f = x(t_f)$ のみの関数である（この2点が決まれば、間の運動は決まるはずなので）。よって、$\bar{S}(x_i, t_i; x_f, t_f)$ と書く。

図に示した二つの経路の作用の差は

$$\int L(x(t)+\delta x(t), \dot{x}(t)+\delta \dot{x}(t))\mathrm{d}t - \int L(x(t), \dot{x}(t))\mathrm{d}t \tag{A.17}$$

であり、テイラー展開してまとめると、

$$\int \left(\frac{\partial L}{\partial x}\delta x(t) + \frac{\partial L}{\partial \dot{x}}\delta \dot{x}(t)\right)\mathrm{d}t \tag{A.18}$$

A.5 作用と保存則の関係

である。ここで運動方程式から $\frac{\partial L}{\partial x} = \frac{d}{dt}\left(\frac{\partial L}{\partial \dot{x}}\right)$ を使うと、

$$\int \left(\frac{d}{dt}\left(\frac{\partial L}{\partial \dot{x}}\right)\delta x(t) + \frac{\partial L}{\partial \dot{x}}\delta \dot{x}(t)\right)dt = \int \frac{d}{dt}\left(\frac{\partial L}{\partial \dot{x}}\delta x(t)\right)dt \tag{A.19}$$

とまとめることができる。この式は「t で微分してから t で積分する」という形になっているので、積分がすぐに実行できて、結果は $\left[\frac{\partial L}{\partial \dot{x}}\delta x(t)\right]_{t_i}^{t_f}$ である。出発点は動かさないので $\delta x(t_i) = 0$ であることを考えれば、結果は

$$\left.\frac{\partial L}{\partial \dot{x}}\right|_{t=t_f}\delta x(t_f) = \left.\frac{\partial L}{\partial \dot{x}}\right|_{t=t_f}\epsilon = \left.p\right|_{t=t_f}\epsilon \tag{A.20}$$

である。以上から「**経路が運動方程式の解であるという条件をつけて、作用を到着点の x 座標で微分した答は、その時刻での運動量である**」ということ、式で表せば、

$$p(t_f) = \frac{\partial}{\partial x_f}\bar{S}(x_i, t_i; x_f, t_f) \tag{A.21}$$

がわかる。

ここで、同じことを到着点ではなく出発点で行ったとすると、答はやはり運動量であるが、出発点は積分の下限なので、マイナス符号がつき[†2]、

$$p(t_i) = -\frac{\partial}{\partial x_i}\bar{S}(x_i, t_i; x_f, t_f) \tag{A.22}$$

となる。

では、到着点と出発点を同じ量 ϵ だけずらしたらどうなるだろう。その時の作用の変化は

$$\left(\frac{\partial}{\partial x_f} + \frac{\partial}{\partial x_i}\right)\bar{S}(x_i, x_f)\epsilon = \left(\left.p\right|_{t=t_f} - \left.p\right|_{t=t_i}\right)\epsilon \tag{A.23}$$

となる。もし「到着点と出発点を同じだけずらしても、作用の値が変化しない」すなわち、

$$\bar{S}(x_i+\epsilon, t_i; x_f+\epsilon, t_f) = \bar{S}(x_i, t_i; x_f, t_f) \text{ または } \left(\frac{\partial}{\partial x_f} + \frac{\partial}{\partial x_i}\right)\bar{S}(x_i, t_i; x_f, t_f) = 0 \tag{A.24}$$

が成立する（このような状況を「**作用が空間並進に対して不変である**」と言う）とすれば、その場合は $\left.p\right|_{t=t_f} = \left.p\right|_{t=t_i}$ となり、運動量が保存することが言える。たとえば $L = \frac{1}{2}m(\dot{x})^2 - V$ の時、位置エネルギー V が x によらなければ、作用の値は x の平行移動によって不変である。その場合、運動量は保存する。作用が座標 x をあらわに含ん

[†2] 積分 $\int_a^b f(x)dx$ は $f(x)$ の原始関数を $F(x)$ とすると $F(b) - F(a)$ と書けることに注意。

でいない場合（つまり x が循環座標である場合）は「到着点と出発点を同じだけずらしても、作用の値が変化しない」という状況になる。この場合は運動量が保存するのは上でも説明した通りである。

さて、次に到着点の時刻をずらす（$t_f \to t_f + \epsilon$）と作用がどう変化するかを考えよう。

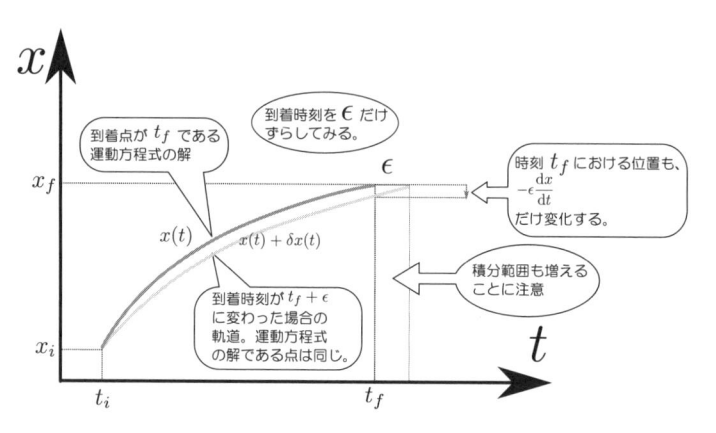

この時は積分域も変化する。積分域の変化による作用の変化は $\int_{t_f}^{t_f+\epsilon} L dt$ であるから、ϵ が小さい場合は

$$\epsilon L|_{t=t_f} \tag{A.25}$$

と考えてよい。一方、$t_i < t < t_f$ の範囲についても（図に示したように）経路が変わっている。経路の変化は「$t = t_f$ の場所での x が $-\epsilon \dfrac{dx}{dt}$ だけ変化している」と考えてやれば計算できて、それはさっきの x_f を変化させる計算で変化量を $-\epsilon \dfrac{dx}{dt}$ とすればよいので、

$$-\epsilon \frac{dx}{dt} \frac{\partial L}{\partial \dot{x}} \bigg|_{t=t_f} \tag{A.26}$$

この二つを足して、

$$\epsilon \frac{\partial}{\partial t_f} \bar{S}(x_i, t_i; x_f, t_f) = -\epsilon \left(p \frac{dx}{dt} - L \right) \bigg|_{t=t_f} \tag{A.27}$$

とまとめることができる。ここで、$p = \dfrac{\partial L}{\partial \dot{x}}$ を使った。マイナス符号を前に出しているのは、その方が我々にとってなじみのある量に一致するからである。作用が空間並進で不変なときに運動量が保存したように、作用が時間並進で不変な時にはこの量 $p \dfrac{dx}{dt} - L$ が保存する。

A.5 作用と保存則の関係

これは何であるかを $L = \frac{1}{2}m\left(\frac{\mathrm{d}x}{\mathrm{d}t}\right)^2 - V(x)$ の場合で計算してみる。まずこの場合 $p = m\frac{\mathrm{d}x}{\mathrm{d}t}$ である。ゆえに、

$$m\frac{\mathrm{d}x}{\mathrm{d}t} \times \frac{\mathrm{d}x}{\mathrm{d}t} - \left(\frac{1}{2}m\left(\frac{\mathrm{d}x}{\mathrm{d}t}\right)^2 - V(x)\right) = \frac{1}{2}m\left(\frac{\mathrm{d}x}{\mathrm{d}t}\right)^2 + V(x) \tag{A.28}$$

となる。これはエネルギー（運動エネルギー＋位置エネルギー）である。

作用の時間並進不変性は、エネルギー保存則を導く。なお、作用に何か連続的な変換に対する不変性がある時は、対応する保存量がある、という一般的定理（ネーターの定理と呼ばれる）があり、ここで示したのはその一例である。他にも角運動量保存則や電荷保存則が、それぞれ回転の不変性、位相変換の不変性から導かれる。

なお、解析力学ではこの量 $p\frac{\mathrm{d}x}{\mathrm{d}t} - L$ をハミルトニアンと呼び、H という記号で表す。L が $x, \dot{x}$ の関数であったのに対し、H は x, p の関数である（この関係はルジャンドル変換と呼ばれる関係であるが、その説明はここでは省略）。

$H(x,p) = p\dot{x} - L(x,\dot{x})$ は p と x の関数として表されるので、$L = \frac{1}{2}m\left(\frac{\mathrm{d}x}{\mathrm{d}t}\right)^2 - V(x)$ の場合、

$$H = \frac{1}{2m}p^2 + V(x) \tag{A.29}$$

と書かれる。

作用は

$$\bar{S} = \int_{t_i}^{t_f} \left(p\frac{\mathrm{d}x}{\mathrm{d}t} - H\right)\mathrm{d}t \tag{A.30}$$

となるが、$p\frac{\mathrm{d}x}{\mathrm{d}t}\mathrm{d}t = p\mathrm{d}x$ だから、

$$\bar{S} = \int_{x_i}^{x_f} p\mathrm{d}x - \int_{t_i}^{t_f} H\mathrm{d}t \tag{A.31}$$

と書き直すことができる。この式から、

$$\frac{\partial \bar{S}}{\partial x_f} = p, \quad \frac{\partial \bar{S}}{\partial t_f} = -H \tag{A.32}$$

となる。つまり作用を終端点の位置座標で微分すれば運動量が、終点の時間座標で微分すれば（マイナス符号つきで）エネルギーが出る。このような関係を、「運動量と座標は互いに共役である」とか「エネルギーと時間は互いに共役である」などと言う。量子力学を学ぶうちに、この「運動量 ↔ 空間」という対応、「エネルギー ↔ 時間」という対応の持つ意味の深さがわかってくると思う。また、この対応はあたかも、「時間方向の運動量がエネルギーである」と言わんばかりであるが、相対論を学ぶと、まさにその通りであることがわかる。量子力学や相対論よりもずっと前に作られた解析力学において、すでにそのような対応がわかっていたということは面白い。

A.6　正準方程式

オイラー・ラグランジュ方程式は、作用が極値を取るという条件から導かれたが、ハミルトニアンを使って書き直すことができる。作用を $\int \left(p \dfrac{dx}{dt} - H(x,p) \right) dt$ と書いて、これに対して x および p が一つの（互いに独立な）力学変数であるかのごとく考えて変分をとって極値になる条件を出す。x に関しては、

$$\frac{\partial}{\partial x}\left(p\frac{dx}{dt} - H(x,p) \right) - \frac{d}{dt}\underbrace{\left(\frac{\partial}{\partial \left(\frac{dx}{dt}\right)}\left(p\frac{dx}{dt} - H(x,p) \right) \right)}_{\text{答えは } p} = 0 \tag{A.33}$$

p に関しては

$$\frac{\partial}{\partial p}\left(p\frac{dx}{dt} - H(x,p) \right) - \frac{d}{dt}\underbrace{\left(\frac{\partial}{\partial \left(\frac{dp}{dt}\right)}\left(p\frac{dx}{dt} - H(x,p) \right) \right)}_{\frac{dp}{dt}\text{はないから答えは } 0} = 0 \tag{A.34}$$

となって、結果は

$$\frac{dp}{dt} = -\frac{\partial H}{\partial x} \tag{A.35}$$

$$\frac{dx}{dt} = \frac{\partial H}{\partial p} \tag{A.36}$$

という二つの対称性のいい方程式になる。これを**正準方程式**と呼ぶ。量子力学では、この正準方程式が期待値の意味で実現する。
→ p132

別の書き方で正準方程式を書くと、

$$\frac{d}{dt}\begin{pmatrix} x \\ p \end{pmatrix} = \begin{pmatrix} 0 & 1 \\ -1 & 0 \end{pmatrix}\begin{pmatrix} \dfrac{\partial H}{\partial x} \\ \dfrac{\partial H}{\partial p} \end{pmatrix} \tag{A.37}$$

となるが、これがもし、

$$\frac{d}{dt}\begin{pmatrix} x \\ p \end{pmatrix} = \begin{pmatrix} \dfrac{\partial H}{\partial x} \\ \dfrac{\partial H}{\partial p} \end{pmatrix} \tag{A.38}$$

のように行列 $\begin{pmatrix} 0 & 1 \\ -1 & 0 \end{pmatrix}$ を含まないものだったとすると、x や p の変化する方向は H の勾配の方向（H が標高だとすると、坂を登っていく方向）だということになる。しかし

実際には行列 $\begin{pmatrix} 0 & 1 \\ -1 & 0 \end{pmatrix}$ がはさまれており、この行列は90度回転の行列[†3]だから、勾配と直交する方向、すなわち H が変化しない方向を向いている。(x,p) は H を変化させない方向へ運動していくことになる。つまり位相空間での「運動」によって、H は保存する（念のために書いておくと、H が t をあらわに含む場合はこの限りではない）。

A.7 位相空間

「位相空間」の定義をちゃんと述べよう。

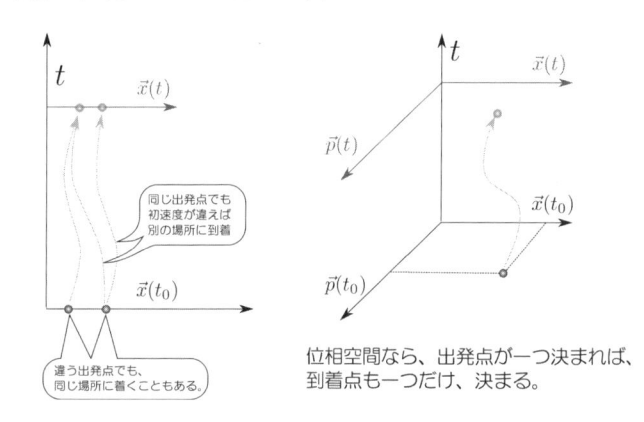

違う出発点でも、同じ場所に着くこともある。

同じ出発点でも初速度が違えば別の場所に到着

位相空間なら、出発点が一つ決まれば、到着点も一つだけ、決まる。

　座標 x と運動量 p を一組にして考えた2次元の空間を「位相空間」（phase space）と呼ぶ。ここでは1次元の運動しか考えてないので位相空間は2次元だが、3次元で座標を x, y, z、運動量を p_x, p_y, p_z としたならば位相空間の次元は6である（一般に N 次元の自由度を持つ力学系に対して $2N$ 次元の位相空間がある）。位相空間のイメージは、0.0節の図も参照しよう。
→ p1

　なぜ位相空間を考えるかというと、ある時刻に粒子のいる座標だけを決めたのでは、物体がその後どっちに動くかはわからないからである。出発点が同じでも初速度が違えば、後の運動は全く違う（逆に、到着点が同じでもたどってきた履歴が違うということもある）。

　座標だけでなく運動量も定めてやると、その後の運動がすべて決まる。x と p の両方が決まれば、後は一階微分方程式である正準方程式に従って時間発展していくだけなので、以後の運動は一意的に決まる。位相空間の上では運動が互いに交わらない線で表すことができる（交わってしまったら、その一点から後の運動が2種類有り得ることになってしまう）。ある時刻における位相空間一点一点が、それぞれ少しずつ違う運動をして、結果として未来の時刻においてはそれぞれ違う（1対1対応の）位相空間の一点に達するということになる。

[†3] $\begin{pmatrix} \cos\theta & \sin\theta \\ -\sin\theta & \cos\theta \end{pmatrix}$ に、$\theta = \dfrac{\pi}{2}$ を代入したもの。

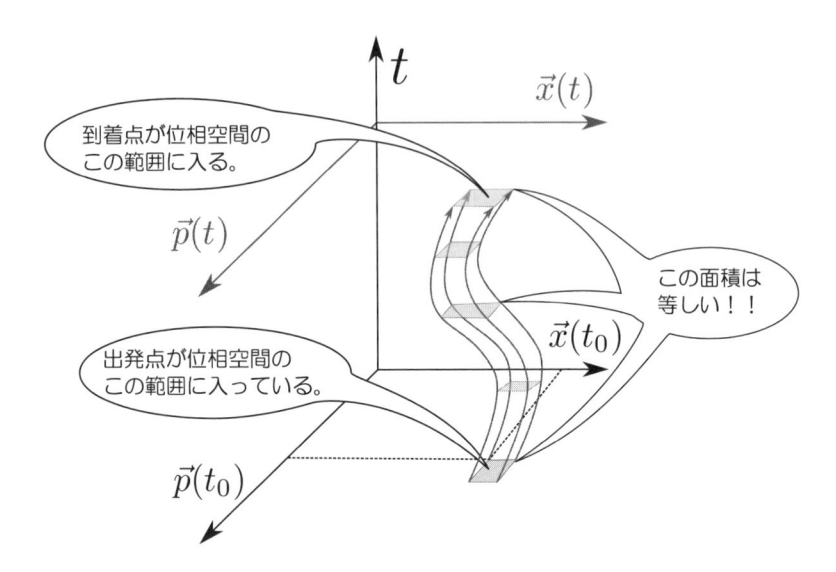

図のように、位相空間上の一塊の物理的状態が時間発展していくことを思い浮かべてほしい。位相空間の面白い（そしてありがたい）性質の一つは、いま考えた「位相空間の塊」の面積[†4]が時間がたっても変化しないことである。

今、ある時刻 t に $(x \sim x + \delta x, p \sim p + \delta p)$ の範囲にある系の状態を追跡するとする。ある時刻で位相空間の場所が違う点は、必ず後の時刻でも違う点に移るので、この状態の占める面積はまた別の位相空間の一部へと移動することになる。

最初 (x, p) という場所にいた粒子は、δt 後には

$$\left(x + \frac{dx}{dt}\delta t, p + \frac{dp}{dt}\delta t\right) = \left(x + \frac{\partial H(x,p)}{\partial p}\delta t, p - \frac{\partial H(x,p)}{\partial x}\delta t\right) \quad (A.39)$$

の位置にいる（右辺では正準方程式を使って書き直しを行った）。

同様に考えると、最初 $(x + \delta x, p)$ にいた粒子は

$$\left(x + \delta x + \frac{\partial H(x+\delta x, p)}{\partial p}\delta t, p - \frac{\partial H(x+\delta x, p)}{\partial x}\delta t\right)$$
$$= \left(x + \delta x + \frac{\partial H(x,p)}{\partial p}\delta t + \frac{\partial^2 H(x,p)}{\partial p \partial x}\delta x \delta t, p - \frac{\partial H(x,p)}{\partial x}\delta t - \frac{\partial^2 H(x,p)}{\partial x^2}\delta x \delta t\right)$$
$$= \left(x + \frac{\partial H(x,p)}{\partial p}\delta t, p - \frac{\partial H(x,p)}{\partial x}\delta t\right) + \left(\delta x + \frac{\partial^2 H(x,p)}{\partial p \partial x}\delta x \delta t, -\frac{\partial^2 H(x,p)}{\partial x^2}\delta x \delta t\right) \quad (A.40)$$

の場所にいることになる。最初の位置では (x, p) にいた粒子と $(x + \delta x, p)$ にいた粒子の位置のずれは $(\delta x, 0)$ であったが、δt 後には $\left(\delta x + \frac{\partial^2 H(x,p)}{\partial p \partial x}\delta x \delta t, -\frac{\partial^2 H(x,p)}{\partial x^2}\delta x \delta t\right)$

[†4] もちろん、「面積」と呼んでいいのは位相空間が2次元の時だけで、もっと一般的には $2N$ 次元体積ということになる。

に変わっているわけである。同様の計算を $(x, p+\delta p)$ の場所にいた粒子に対して行えば、位置のずれは、$\left(\dfrac{\partial^2 H(x,p)}{\partial p^2}\delta p\delta t, \delta p - \dfrac{\partial^2 H(x,p)}{\partial p\partial x}\delta p\delta t\right)$ になる。この二つのずれの外積を計算すると、δt の1次のオーダーまでを考えれば、

$$\left(\delta x + \frac{\partial^2 H(x,p)}{\partial p\partial x}\delta x\delta t\right)\left(\delta p - \frac{\partial^2 H(x,p)}{\partial p\partial x}\delta p\delta t\right)$$
$$-\left(-\frac{\partial^2 H(x,p)}{\partial x^2}\delta x\delta t\right)\left(\frac{\partial^2 H(x,p)}{\partial p^2}\delta p\delta t\right) = \delta x\delta p \quad \text{(A.41)}$$

となって最初の時刻での外積と一致する。位相空間内の体積（今は2次元なので面積だが）は時間がたっても変化しない。

この「ある状態が位相空間内で占める体積は時間変化しない」という定理（リウビルの定理と呼ばれる）は、量子力学で大事な役割を果たす。なぜなら、量子力学における不確定性関係は位相空間の言葉を使うと以下のように表現できる。

> 古典的な系の状態が位相空間内では「点」であるのに対して、量子力学的な「一つの状態」は位相空間の中でちょうど h の体積を占めている。

これはすなわち、$\Delta x\Delta p = h$ を意味している。また、この式はボーア・ゾンマーフェルトの量子条件 $\oint pdx = nh$ とも関連している。

この体積が時間変化してしまったら、不確定性の積 $\Delta x\Delta p$ は時間によって違う値になるということになり、不確定性関係を崩してしまう。

また、正準変換と呼ばれる変換を用いて座標変換を行うと、変換の前後で位相空間の体積が変化しないことを、リウビルの定理と同様に証明できる。物理的状態の「数」などというものは座標変換によって変わってはいけないはずなので、位相空間の考え方が非常に大切であることがわかるだろう。

A.8　ハミルトン・ヤコビの方程式

量子力学の「運動方程式」に対応するシュレーディンガー方程式と密接な関係にあるハミルトン・ヤコビの方程式を出しておく。歴史的には、ド・ブロイやシュレーディンガーはハミルトン・ヤコビの方程式を手がかりにシュレーディンガー方程式を作ったのである。

既に述べたように、$\bar{S}$ を「経路が運動方程式を満たしている時の作用積分の値」とすると、エネルギーは $-\dfrac{\partial \bar{S}}{\partial t}$ に、運動量は $\dfrac{\partial \bar{S}}{\partial x}$ に置き換えられる。一方エネルギーとはハミルトニアンのことであるから、$-\dfrac{\partial \bar{S}}{\partial t} = H(p.x)$ である。H は p,x の関数であるが、その p は $\dfrac{\partial \bar{S}}{\partial x}$ に置き換えられるのだから、

$$-\frac{\partial \bar{S}}{\partial t} = H\left(\frac{\partial \bar{S}}{\partial x}, x\right) \quad \text{(A.42)}$$

と書くことができる。この方程式は $\bar{S}$ が求められている（その前提として当然、運動方程式を満たすような経路がすでに知られている）として導いたわけであるが、逆にこの方程式を手がかりにして、$\bar{S}$ を求め、結果として運動方程式を満足するような経路を見つける、という手順で力学の問題を解くこともできる。この方程式がハミルトン・ヤコビの方程式である。ハミルトン・ヤコビ方程式はただ1本の方程式であり、オイラー・ラグランジュ方程式や正準方程式のような連立方程式ではない。よって力学系全体を見通しながら問題を解くのに適している。

なお、この方程式で特にエネルギー E が保存量になるような場合は、

$$\bar{S}(x,t) = W(x) - Et \tag{A.43}$$

という形の解となる（(A.31) を参照）。この場合は
→ p325

$$E = H\left(\frac{dW}{dx}, x\right) \tag{A.44}$$

という形になるが、これもハミルトン・ヤコビ方程式と呼ばれる。ハミルトニアンが $\frac{p^2}{2m} + V$ の形であれば、上の式の右辺は $\frac{1}{2m}\left(\frac{dW}{dx}\right)^2 + V$ であるから、

$$\frac{dW}{dx} = \pm\sqrt{2m(E - V(x))} \tag{A.45}$$

となる。複号は+を取ることにすると、これから、

$$W = \int \sqrt{2m(E - V(x))}\,dx \tag{A.46}$$

という式が出る。

この結果と光学におけるフェルマーの定理との類似は古典力学の時代から知られていた。場所 x における光の速さが $u(x)$ であったとすれば、

$$\int_a^b \frac{1}{u(x)}\,dx \tag{A.47}$$

は a から b まで光の進むのに要する時間であり、これが極値になるのが実現する光路であるというのがフェルマーの定理である。ゆえに、波と見た時の速度との間に

$$u(x) = \frac{k}{\sqrt{2m(E - V(x))}} \tag{A.48}$$

という関係式が出る（k は比例定数）。速さ $u(x) = \nu\lambda(x)$ のように振動数×波長で書かれていたとすれば、

$$\frac{k}{\nu\lambda(x)} = \sqrt{2m(E - V(x))} \tag{A.49}$$

という式が出る。右辺は古典的運動量であるから、$k = h\nu$ とすれば、これはまさにド・ブロイの関係式である。

ここでは実際にこの方程式を解くことはせず、シュレーディンガー方程式との関連を述べるにとどめる。シュレーディンガー方程式では、エネルギーは $i\hbar \times$ 時間微分に、運動量は $-i\hbar \times$ 空間微分に置き換えられて、

$$i\hbar \frac{\partial}{\partial t} \psi = H\left(-i\hbar \frac{\partial}{\partial x}, x\right) \psi \tag{A.50}$$

となる。上の式との類似性は明らかであろう。$\psi = \exp\left(\dfrac{i}{\hbar} S\right)$ という関係[†5]があるとすると、この二つの式はほぼ対応する式になる。シュレーディンガーはこのような類推から波動方程式を作った。

A.9 ポアッソン括弧

x と p の関数である $A(x,p)$ を時間微分するとどうなるかを考えると、

$$\begin{aligned} \frac{d}{dt} A(x,p) &= \frac{\partial A}{\partial x} \frac{dx}{dt} + \frac{\partial A}{\partial p} \frac{dp}{dt} \\ &= \frac{\partial A}{\partial x} \frac{\partial H}{\partial p} - \frac{\partial A}{\partial p} \frac{\partial H}{\partial x} \end{aligned} \tag{A.51}$$

となる。これを見ると、

$$\frac{\partial}{\partial x} \frac{\partial H}{\partial p} - \frac{\partial}{\partial p} \frac{\partial H}{\partial x} \tag{A.52}$$

という演算子が、$\dfrac{d}{dt}$ と同じ作用をしていることがわかる。

ポアッソン括弧 $\{A, B\}_{\text{P.B.}}$ の定義

$$\{A, B\}_{\text{P.B.}} = \frac{\partial A}{\partial x} \frac{\partial B}{\partial p} - \frac{\partial A}{\partial p} \frac{\partial B}{\partial x} \tag{A.53}$$

とすれば、

$$\frac{d}{dt} A(x,p) = \{A(x,p), H\}_{\text{P.B.}} \tag{A.54}$$

と書くことができる。このポアッソン括弧は、ハミルトニアンを使った解析力学の計算のあちこちで顔を出す式なのだが、量子力学ではこれが交換関係に置き換えられる。

ポアッソン括弧を使って書くと、ハミルトニアン（エネルギー）が時間に依存しないことは、

$$\frac{dH}{dt} = \{H, H\}_{\text{P.B.}} = 0 \tag{A.55}$$

[†5] または $S = -i\hbar \log \psi$。シュレーディンガーはこの式が Boltzmann の式 $S = k \log W$（こっちの S はエントロピーである）に似ていることに何か意味があると考えていたらしい。

のようにして示すことができる。ポアッソン括弧は定義により反対称 ($\{A, B\} = -\{B, A\}$) だから、(A.55) は自明な式である。これも、量子力学においてハミルトニアンが自分自身と交換することと同じである。

また一つの例として、ポアッソン括弧の右側に H ではなく運動量 p を入れた場合を考えると、

$$\{A, p\}_{\text{P.B.}} = \frac{\partial A}{\partial x}\frac{\partial p}{\partial p} - \frac{\partial A}{\partial p}\frac{\partial p}{\partial x} = \frac{\partial A}{\partial x} \tag{A.56}$$

となる。つまり p とのポアッソン括弧を取るということは、x 微分するということと同じである。ここでも「エネルギーは時間と、運動量は空間と対応する」という形になっている。特に大事なことは、

$$\{x, p\}_{\text{P.B.}} = 1 \tag{A.57}$$

であることで、これは量子力学では $[x, p] = i\hbar$ に対応する式となる。

同様にポアッソン括弧が変換を表している例として、角運動量 $L_z = xp_y - yp_x$ もある。

$$\begin{array}{ll}\{x, L_z\}_{\text{P.B.}} = -y & \{p_x, L_z\}_{\text{P.B.}} = -p_y \\ \{y, L_z\}_{\text{P.B.}} = x & \{p_y, L_z\}_{\text{P.B.}} = p_x\end{array} \tag{A.58}$$

となるが、この $x \to -y, y \to x$ という操作は微小回転そのものである。

ポアッソン括弧を使って、$\{A, H\}_{\text{P.B.}}$ とすることで A の時間微分が計算できるのだから、$\{A, H\}_{\text{P.B.}} = 0$ となるような量 A は保存量である。

$\{p, H\}_{\text{P.B.}} = 0$ という式は「運動量 p が保存する」という意味と「ハミルトニアン H が並進不変である」という意味を持つ。この辺り、ポアッソン括弧の考えは量子力学における保存則の考え方 ((6.41)を参照。時間にあらわによらない演算子はハミルトニアンと交換するなら保存する) を先取りしていると言える。

→ p133

付録 B

フーリエ変換

　ここでは、有限区間のフーリエ変換について説明して、その区間を ∞ にする極限を示そう。まず、x の範囲を $[-L, L]$ とする。そして、考えている関数 $f(x)$ は周期境界条件 ($f(-L) = f(L)$) を満たす。フーリエ変換できるためには、関数 $f(x)$ は断片的に連続（ほとんどの場所では連続ではあるが、有限箇所で不連続になってもよい）でなくてはならない。さらに不連続な箇所では左からの極限 $\lim_{x \to a+0} f(x)$ と右からの極限 $\lim_{x \to a-0} f(x)$ の平均値がその場所での値 $f(a)$ であることが要求される。

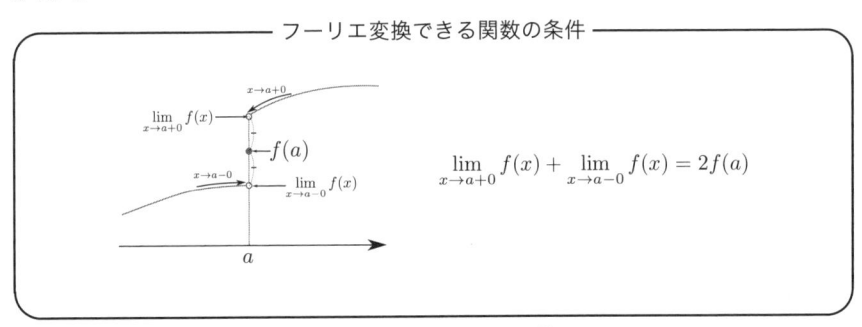

フーリエ変換できる関数の条件

$$\lim_{x \to a+0} f(x) + \lim_{x \to a-0} f(x) = 2f(a)$$

周期境界条件も、この意味で満たされているとする[†1]。

　この関数を

$$f(x) = \frac{1}{\sqrt{2L}} \sum_{n=-\infty}^{\infty} f_n e^{i \frac{n\pi}{L} x} \tag{B.1}$$

と $\frac{1}{\sqrt{2L}} e^{i \frac{n\pi}{L} x}$ という関数を「基底」として分解してみる。ここで $f(x)$ は複素関数とした。$f(x)$ が実数関数であったとしても、f_n は実数にはならない。$f(x)$ が実数である時は $f_{-n} = f_n^*$ となる。

[†1] 以上の条件は、フーリエ変換を使って表現できる関数にある程度制約を与えることになるが、物理で使う関数は「断片的」どころか「あらゆる点で連続」なのが普通だから、この条件はたいていの場合満たされており、心配する必要はない。

ここで、基底である $\frac{1}{\sqrt{2L}}e^{i\frac{n\pi}{L}x}$ という関数には、規格直交関係

$$\int_{-L}^{L}dx\left(\frac{1}{\sqrt{2L}}e^{-i\frac{m\pi}{L}x}\right)\left(\frac{1}{\sqrt{2L}}e^{i\frac{n\pi}{L}x}\right)=\delta_{mn} \tag{B.2}$$

がある。よって、基底を掛けて積分することで

$$\int_{-L}^{L}\frac{1}{\sqrt{2L}}e^{-i\frac{n\pi}{L}x}\underbrace{\frac{1}{\sqrt{2L}}\sum_{m=-\infty}^{\infty}f_{m}e^{i\frac{m\pi}{L}x}}_{f(x)}dx \quad \text{(積分と和の順番を変えて)}$$
$$=\frac{1}{2L}\sum_{m=-\infty}^{\infty}f_{m}\underbrace{\int_{-L}^{L}e^{-i\frac{n\pi}{L}x}e^{i\frac{m\pi}{L}x}dx}_{=\delta_{mn}}=f_{n} \tag{B.3}$$

となる。こうして (B.1) の逆関係として、

$$f_{n}=\frac{1}{\sqrt{2L}}\int_{-L}^{L}e^{-i\frac{n\pi}{L}x}f(x)dx \tag{B.4}$$

と書ける。この二つの変換を組み合わせると、

$$f(x)=\frac{1}{\sqrt{2L}}\sum_{n=-\infty}^{\infty}\underbrace{\frac{1}{\sqrt{2L}}\int_{-L}^{L}e^{-i\frac{n\pi}{L}y}f(y)dy}_{f_{n}}e^{i\frac{n\pi}{L}x}$$
$$=\int_{-L}^{L}\underbrace{\sum_{n=-\infty}^{\infty}\frac{1}{2L}e^{-i\frac{n\pi}{L}y}e^{i\frac{n\pi}{L}x}}_{=\delta(x-y)}f(y)dy \tag{B.5}$$

という式が作れる。これはつまり、$\frac{1}{2L}\sum_{n=-\infty}^{\infty}e^{i\frac{n\pi}{L}(x-y)}$ という関数が δ 関数 $\delta(x-y)$ と同様に働く、ということでもある。

$L\to\infty$ の極限を取る。$\frac{n\pi}{L}$ という離散的変数を $\frac{n\pi}{L}\to k$ と連続的な変数に変えて、和 $\sum_{n=-\infty}^{\infty}$ を積分に直すことになるが、その時には和の時の「1 個あたりの変化」$\frac{\pi}{L}$ が、「積分の微小要素」dk に置き換わる。つまり $\sum_{n=-\infty}^{\infty}\leftrightarrow\int_{-\infty}^{\infty}, \frac{\pi}{L}\leftrightarrow dk$ という対応関係である。よって、

$$f(x)=\frac{1}{\sqrt{2L}}\sum_{n=-\infty}^{\infty}\underbrace{\frac{L}{\pi}\frac{\pi}{L}}_{1\text{をはさむ}}f_{n}e^{i\frac{n\pi}{L}x}$$
$$=\frac{1}{\sqrt{2L}}\frac{L}{\pi}\underbrace{\sum_{n=-\infty}^{\infty}\frac{\pi}{L}}_{\int_{-\infty}^{\infty}dk\text{ に置き換わる}}f_{n}e^{i\frac{n\pi}{L}x} \tag{B.6}$$

となる。ここでこのまま $L \to \infty$ とすると係数 $\dfrac{1}{\sqrt{2L}}\dfrac{L}{\pi}$ は発散してしまうから、係数 f_n も、$f_n = \dfrac{c}{\sqrt{L}}F(k)$ と置き換えてから、

$$f(x) = \frac{1}{\sqrt{2}}\frac{c}{\pi}\underbrace{\sum_{n=-\infty}^{\infty}\frac{\pi}{L}}_{\int_{-\infty}^{\infty}\mathrm{d}k \text{ に置き換わる}} F(k)\mathrm{e}^{\mathrm{i}\frac{n\pi}{L}x} \tag{B.7}$$

として $L \to \infty$ とすれば、

$$f(x) = \frac{c}{\pi\sqrt{2}}\int_{-\infty}^{\infty}\mathrm{d}k F(k)\mathrm{e}^{\mathrm{i}kx} \tag{B.8}$$

となって、有限な係数 $F(k)$ を使って $f(x)$ を表現できた。f_n を求める式 (B.4) に $\dfrac{\sqrt{L}}{c}$ を掛けて、$F(k)$ を求める式を作る。

$$\begin{aligned}\frac{\sqrt{L}}{c}f_n &= \frac{1}{c\sqrt{2}}\int_{-L}^{L}\mathrm{e}^{-\mathrm{i}\frac{n\pi}{L}x}f(x)\mathrm{d}x \\ &\downarrow \\ F(k) &= \frac{1}{c\sqrt{2}}\int_{-\infty}^{\infty}\mathrm{e}^{-\mathrm{i}kx}f(x)\mathrm{d}x\end{aligned} \tag{B.9}$$

c は好みで選んでいい。$c = \sqrt{\pi}$ とすると、

フーリエ変換の公式

$$\begin{aligned}(\text{フーリエ変換}) \quad F(k) &= \frac{1}{\sqrt{2\pi}}\int_{-\infty}^{\infty}\mathrm{e}^{-\mathrm{i}kx}f(x)\mathrm{d}x \\ (\text{フーリエ逆変換}) \quad f(x) &= \frac{1}{\sqrt{2\pi}}\int_{-\infty}^{\infty}\mathrm{d}k F(k)\mathrm{e}^{\mathrm{i}kx}\end{aligned} \tag{B.10}$$

となって係数がそろう(本書ではこの定義を採用した)し、$c = \dfrac{1}{\sqrt{2}}$ とすると、

フーリエ変換の公式(係数の定義違い)

$$\begin{aligned}(\text{フーリエ変換}) \quad F(k) &= \int_{-\infty}^{\infty}\mathrm{e}^{-\mathrm{i}kx}f(x)\mathrm{d}x \\ (\text{フーリエ逆変換}) \quad f(x) &= \frac{1}{2\pi}\int_{-\infty}^{\infty}\mathrm{d}k F(k)\mathrm{e}^{\mathrm{i}kx}\end{aligned} \tag{B.11}$$

となって、フーリエ変換の係数が1になる。どの定義にしろ、二つの係数を掛けると $\dfrac{1}{2\pi}$ になる。

デルタ関数 $\delta(x-y) = \dfrac{1}{2L} \displaystyle\sum_{n=-\infty}^{\infty} e^{i\frac{n\pi}{L}(x-y)}$ の $L \to \infty$ 極限も計算しておく。対応関係は $\displaystyle\sum_{n=-\infty}^{n=\infty} \dfrac{\pi}{L} \leftrightarrow \int_{-\infty}^{\infty} dk$ であるから、

$$\delta(x-y) = \dfrac{1}{2\pi} \int_{-\infty}^{\infty} e^{ik(x-y)} dk \tag{B.12}$$

という式になる。

フーリエ変換の利点の一つは、

$$\begin{aligned} f(x) &= \dfrac{1}{2\pi} \int_{-\infty}^{\infty} F(k) e^{ikx} dk \\ &\downarrow \\ \dfrac{d}{dx} f(x) &= \dfrac{1}{2\pi} \int_{-\infty}^{\infty} ik F(k) e^{ikx} dk \end{aligned} \tag{B.13}$$

のように、x-空間における微分という演算が、k-空間においては「ik を掛ける」という演算に変わることである。これを使って微分方程式を解くという方法がある。

付録 C

練習問題のヒント

【問い 1-1】 .... (問題は p31、解答は p345)
(1.8) から
$$(mv)^2 = 2mhc\left(\frac{1}{\lambda} - \frac{1}{\lambda'}\right) \tag{C.1}$$
として代入。(1.7) の方は、
$$(mv)^2 = h^2\left(\frac{1}{\lambda} - \frac{1}{\lambda'}\right)^2 + 2\frac{h^2}{\lambda\lambda'}(1 - \cos\theta) \tag{C.2}$$
と書き直して、$h^2\left(\frac{1}{\lambda} - \frac{1}{\lambda'}\right)^2 \simeq 0$ と近似してしまう[†1]。

【問い 2-1】 .... (問題は p37、解答は p345)
使える物理定数は、万有引力定数 G と太陽の質量 M のみ。力（次元は $[\mathrm{MLT}^{-2}]$）が $\frac{GMm}{r^2}$ だから、万有引力定数 G の次元は、$[\mathrm{M}^{-1}\mathrm{L}^3\mathrm{T}^{-2}]$ である。

【問い 3-1】 .... (問題は p52、解答は p345)
$p_1 = \frac{h}{\lambda_1}, p_2 = \frac{h}{\lambda_2}$ を使って書く。$\frac{\sin\theta_1}{\sin\theta_2} = \frac{\lambda_1}{\lambda_2}$ だから？？

【問い 3-2】 .... (問題は p64、解答は p346)
もし $x_1 > x_2$ であれば積分の方向を反転すればいいだけのことなので、$x_1 < x_2$ と仮定して計算しよう。まず、
$$\int_{x_1}^{x_2} f(x)\frac{\mathrm{d}\theta(x)}{\mathrm{d}x}\mathrm{d}x = [f(x)\theta(x)]_{x_1}^{x_2} - \int_{x_1}^{x_2}\frac{\mathrm{d}f(x)}{\mathrm{d}x}\theta(x)\mathrm{d}x \tag{C.3}$$

[†1] これができるのは、$2mhc\left(\frac{1}{\lambda} - \frac{1}{\lambda'}\right) \gg h^2\left(\frac{1}{\lambda} - \frac{1}{\lambda'}\right)^2$ だから。コンプトン波長の式から $\frac{mc}{h} \simeq 10^{12}\mathrm{m}^{-1}$ で、X 線の波長は 10^{-10}m 程度なので、$\frac{1}{\lambda} \simeq 10^{10}\mathrm{m}^{-1}$ として概算するとわかる。

と部分積分する。

【問い 3-3】 .... (問題は p65、解答は p346)

(1) については、$\int_{x_1}^{x_2} f(x)\delta(-x)\mathrm{d}x$ がどうなるかを、(2) については $\int_{x_1}^{x_2} f(x)\delta(cx)\mathrm{d}x$ がどうなるかを考える。適当な変数変換を行おう。$cx = y$ のような変換を行う時、c の符号によって積分の方向がひっくり返ることに注意。

(3) は $x = a$ 付近と $x = b$ 付近での積分を行ってその結果を足す。$y = (x-a)(x-b)$ とおいて、$\mathrm{d}y = 2x\mathrm{d}x - (a+b)\mathrm{d}x$ となることを使おう。

(4) については、形式的証明しては $x\delta(x) = 0$ であるから、これを x で微分すればよい。しかしやはり任意の関数をかけて積分して同じになることを示すのが正しい。

【問い 3-4】 .... (問題は p76、解答は p348)

$E = \frac{1}{2}mv^2$ が 10eV=1.6×10^{-18}J として、$mv = \sqrt{2mE}$ を計算してみよう。これに 10^{-10} を掛けると？？

(2) も同様。

【問い 4-1】 .... (問題は p100、解答は p348)

単純に代入してみよう。

$$\mathrm{i}\hbar\frac{\partial}{\partial t}\left(\psi_R + \mathrm{i}\psi_I\right) = H\left(\psi_R + \mathrm{i}\psi_I\right) \tag{C.4}$$

【問い 5-1】 .... (問題は p109、解答は p348)

$\psi(x,t) = \phi(x)\mathrm{e}^{-\frac{\mathrm{i}}{\hbar}Et} \to \phi(x)\mathrm{e}^{-\frac{\mathrm{i}}{\hbar}(E+\Delta E)t}$ と変えてみたら？？

【問い 5-2】 .... (問題は p112、解答は p348)

$$\int_{-\pi}^{\pi} \frac{1}{\sqrt{\pi}}\sin x \left(-\mathrm{i}\hbar\frac{\partial}{\partial x}\right)\frac{1}{\sqrt{\pi}}\sin x\,\mathrm{d}x \tag{C.5}$$

を計算すればいい。つまりは $\int_{-\pi}^{\pi}\sin x\cos x\,\mathrm{d}x$ を計算することになるが、積分範囲が $x = 0$ に対して対称であることを使うと楽。

【問い 5-3】 .... (問題は p112、解答は p348)

$\mathrm{e}^{\mathrm{i}x}$ は、運動量 $\hbar$ の固有状態。

【問い 6-1】 .... (問題は p118、解答は p348)

(1) はばらすだけ。(2) は右辺をばらしてみればすぐわかる。(3) は $\hat{B}^n \to \hat{B}\hat{B}^{n-1}$ としてから (2) を使って、数学的帰納法を使う。(4) は $f(\hat{B})$ をテイラー展開する。

【問い 6-2】 .... (問題は p122、解答は p349)

$\int \phi^* A\phi\,\mathrm{d}x$ を、二通りの計算方法で計算する。二通りのうち片方では、$A\phi = b\phi$ を使う。

【問い 6-3】..(問題は p123、解答は p350)
前問同様、$\int \phi^* AC\phi \mathrm{d}x$ を、二通りの計算方法で計算して、等しいと置く。$AC = CA$ に注意。

【問い 6-4】..(問題は p123、解答は p350)
表面項は効かない条件になっているので、部分積分をどんどんやっていけばよい。
→ p107

【問い 6-5】..(問題は p124、解答は p350)
まず、
$$\frac{\mathrm{d}}{\mathrm{d}t} \int_a^b \psi^*(x,t)\psi(x,t)\mathrm{d}x = \int_a^b \left(\frac{\partial \psi^*(x,t)}{\partial t}\psi(x,t) + \psi^*(x,t)\frac{\partial \psi(x,t)}{\partial t} \right) \mathrm{d}x \quad \text{(C.6)}$$
と微分してシュレーディンガー方程式を使うところまでは同じ。後は任意の関数 f, g に対して、
$$\frac{\mathrm{d}}{\mathrm{d}x}\left(\frac{\mathrm{d}f}{\mathrm{d}x}g - f\frac{\mathrm{d}g}{\mathrm{d}x} \right) = \frac{\mathrm{d}^2 f}{\mathrm{d}x^2}g - f\frac{\mathrm{d}^2 g}{\mathrm{d}x^2} \quad \text{(C.7)}$$
が成り立つことを使う。

【問い 6-6】..(問題は p132、解答は p351)
$\frac{\mathrm{d}}{\mathrm{d}t}\langle p \rangle$ を計算して、$[p, H(x,p)]$ の形を出す。

【問い 7-1】..(問題は p139、解答は p351)
任意の列ベクトル $\begin{pmatrix} a_1 \\ a_2 \\ \vdots \\ a_N \end{pmatrix}$ と任意の行ベクトル $(b_1 \ b_2 \ \cdots \ b_N)$ で考えていけばよい。

【問い 7-2】..(問題は p141、解答は p352)
行列 A の (i,j) 成分を a_{ij}、行列 B の (i,j) 成分を b_{ij} とした時、積 AB の (i,j) 成分は $\sum_k a_{ik}b_{kj}$ である。

【問い 7-3】..(問題は p160、解答は p353)
$\langle p|\Psi \rangle$ に、$1 = \int_{-\infty}^{\infty} \mathrm{d}x |x\rangle\langle x|$ をはさむ。

【問い 8-1】..(問題は p166、解答は p353)
こういう時は、計算に都合がいいような座標系を自分で設定してから計算するのが楽である。たとえば、(2) であれば、$x = a$ が原点になるように座標系を平行移動する。

【問い 8-2】

$p\psi = \mathrm{i}kx\psi$ を、微分方程式にすると、

$$-\mathrm{i}\hbar\frac{\partial}{\partial x}\psi(x) = \mathrm{i}kx\psi(x) \tag{C.8}$$

となるので、これを解く。

【問い 8-3】

$\hat{A}, \hat{B}$ の同時固有状態（固有値はそれぞれ a, b）があるとして、それに $\left[\hat{A}, \hat{B}\right]$ を掛けてみよう。

【問い 9-1】

問題に出てくる定数は、質量 m、ばね定数 k と、プランク定数 $\hbar$ のみであるから、これからエネルギーの式を作る方法は一つしかない。

不確定性関係を使って問題を解くには、$E = \dfrac{p^2}{2m} + \dfrac{1}{2}kx^2$ という式に、$x = \Delta x, \Delta p = \dfrac{\hbar}{\Delta x}$ を代入してみる。その式が最小になるところを求める。

ボーア・ゾンマーフェルトの量子条件を使うには、位相空間の図を描く。エネルギー E は一定だから、$\dfrac{p^2}{2m} + \dfrac{1}{2}kx^2 = E$ という式は、この運動は位相空間において楕円を描くことを示している。$k = m\omega^2$ として、次のように図を描く。

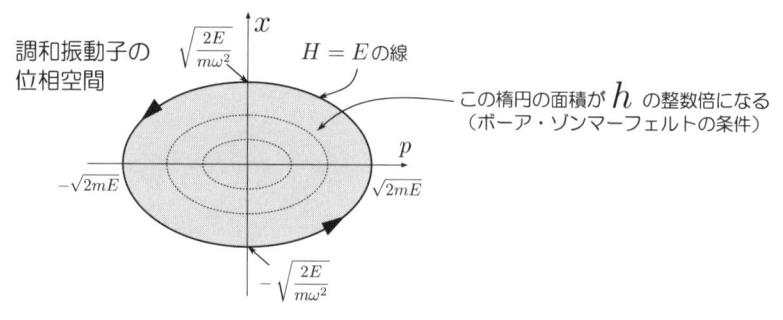

【問い 9-2】

$C_1\psi_1 + C_2\psi_2$ のノルムを計算すればよい。ψ_1, ψ_2 はすでに規格化されていて、しかも（違うエネルギー固有状態に属するので）直交する。

【問い 9-3】

$$\int_0^L \left(C_1^* \phi_1^* \mathrm{e}^{\frac{\mathrm{i}}{\hbar}E_1 t} + C_2^* \phi_2^* \mathrm{e}^{\frac{\mathrm{i}}{\hbar}E_2 t}\right) x \left(C_1 \phi_1 \mathrm{e}^{-\frac{\mathrm{i}}{\hbar}E_1 t} + C_2 \phi_2 \mathrm{e}^{-\frac{\mathrm{i}}{\hbar}E_2 t}\right) \mathrm{d}x \tag{C.9}$$

を計算する。

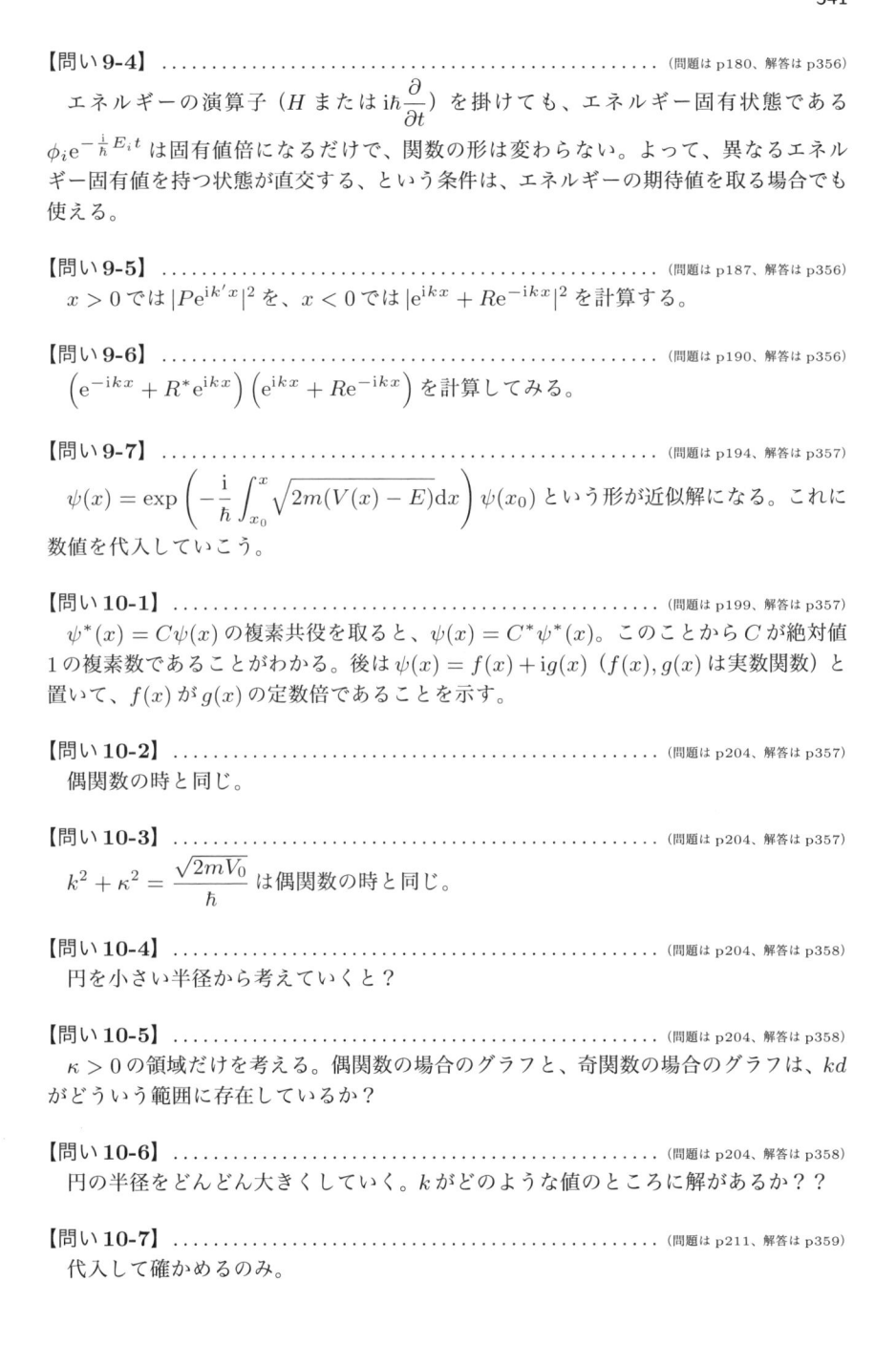

【問い 9-4】.. (問題は p180、解答は p356)

エネルギーの演算子（H または $i\hbar\frac{\partial}{\partial t}$）を掛けても、エネルギー固有状態である $\phi_i e^{-\frac{i}{\hbar}E_i t}$ は固有値倍になるだけで、関数の形は変わらない。よって、異なるエネルギー固有値を持つ状態が直交する、という条件は、エネルギーの期待値を取る場合でも使える。

【問い 9-5】.. (問題は p187、解答は p356)

$x>0$ では $|Pe^{ik'x}|^2$ を、$x<0$ では $|e^{ikx}+Re^{-ikx}|^2$ を計算する。

【問い 9-6】.. (問題は p190、解答は p356)

$\left(e^{-ikx}+R^*e^{ikx}\right)\left(e^{ikx}+Re^{-ikx}\right)$ を計算してみる。

【問い 9-7】.. (問題は p194、解答は p357)

$\psi(x)=\exp\left(-\frac{i}{\hbar}\int_{x_0}^{x}\sqrt{2m(V(x)-E)}dx\right)\psi(x_0)$ という形が近似解になる。これに数値を代入していこう。

【問い 10-1】.. (問題は p199、解答は p357)

$\psi^*(x)=C\psi(x)$ の複素共役を取ると、$\psi(x)=C^*\psi^*(x)$。このことから C が絶対値 1 の複素数であることがわかる。後は $\psi(x)=f(x)+ig(x)$（$f(x),g(x)$ は実数関数）と置いて、$f(x)$ が $g(x)$ の定数倍であることを示す。

【問い 10-2】.. (問題は p204、解答は p357)

偶関数の時と同じ。

【問い 10-3】.. (問題は p204、解答は p357)

$k^2+\kappa^2=\frac{\sqrt{2mV_0}}{\hbar}$ は偶関数の時と同じ。

【問い 10-4】.. (問題は p204、解答は p358)

円を小さい半径から考えていくと？

【問い 10-5】.. (問題は p204、解答は p358)

$\kappa>0$ の領域だけを考える。偶関数の場合のグラフと、奇関数の場合のグラフは、kd がどういう範囲に存在しているか？

【問い 10-6】.. (問題は p204、解答は p358)

円の半径をどんどん大きくしていく。k がどのような値のところに解があるか？？

【問い 10-7】.. (問題は p211、解答は p359)

代入して確かめるのみ。

【問い 10-8】 .... (問題は p217、解答は p359)
$$\det\begin{pmatrix} a & b \\ c & d \end{pmatrix} = \det\begin{pmatrix} a+\alpha c & b+\alpha d \\ c & d \end{pmatrix}, \quad \det\begin{pmatrix} a & b \\ c & d \end{pmatrix} = \det\begin{pmatrix} a+\alpha b & b \\ c+\alpha d & d \end{pmatrix}$$
(αは任意の定数) (C.10)

などを使って簡単にする。

【問い 11-1】 .... (問題は p224、解答は p360)
$\hbar$ の次元は [エネルギー × 時間] だから、$[\mathrm{ML}^2\mathrm{T}^{-1}]$、$m$ の次元は $[\mathrm{M}]$、ω の次元は $[\mathrm{T}^{-1}]$。

【問い 11-2】 .... (問題は p225、解答は p360)
前問と同様に次元を考えるが、$\hbar, m, \omega$ のうち、長さの次元を持っているのは $\hbar$ だけ。

【問い 11-3】 .... (問題は p225、解答は p360)
時間の次元は $\hbar, \omega$ が持っているが、$\hbar$ を使うと余計な質量や長さの次元が出てくる。

【問い 11-4】 .... (問題は p227、解答は p360)
単純に
$$\left(-\frac{1}{2}\frac{\mathrm{d}^2}{\mathrm{d}\xi^2} + \frac{1}{2}\xi^2\right)\left(H(\xi)\mathrm{e}^{-\frac{1}{2}\xi^2}\right) = \left(\lambda + \frac{1}{2}\right)H(\xi)\mathrm{e}^{-\frac{1}{2}\xi^2}$$

を計算していくだけである。二階微分 $\dfrac{\mathrm{d}^2}{\mathrm{d}\xi^2}$ は

$$\frac{\mathrm{d}^2 A(\xi)B(\xi)}{\mathrm{d}\xi^2} = \frac{\mathrm{d}^2 A(\xi)}{\mathrm{d}\xi^2}B(\xi) + 2\frac{\mathrm{d}A(\xi)}{\mathrm{d}\xi}\frac{\mathrm{d}B(\xi)}{\mathrm{d}\xi} + A(\xi)\frac{\mathrm{d}^2 A(\xi)}{\mathrm{d}\xi^2} \tag{C.11}$$

を使って丁寧に計算する。

【問い 11-5】 .... (問題は p241、解答は p361)
$n=0$ で規格化されているのは定義である。$n=k$ で正しいとして、$n=k+1$ の場合を計算する。
$$\frac{1}{(k+1)!}\langle 0|a^{k+1}(a^\dagger)^{k+1}|0\rangle = \frac{1}{(k+1)!}\langle 0|a^k a a^\dagger (a^\dagger)^k|0\rangle \tag{C.12}$$

として、$aa^\dagger = a^\dagger a + 1$ という置き換えを行う。

【問い 12-1】 .... (問題は p263、解答は p361)
$$\mathrm{i}\hbar\vec{\nabla}\times\vec{x} = \mathrm{i}\hbar\left(\vec{e}_r\frac{\partial}{\partial r} + \vec{e}_\theta\frac{1}{r}\frac{\partial}{\partial\theta} + \vec{e}_\phi\frac{1}{r\sin\theta}\frac{\partial}{\partial\phi}\right)\times r\vec{e}_r \tag{C.13}$$

を計算する。$\vec{\nabla}$ に含まれた微分が $r\vec{e}_r$ を微分するとどうなるか、一つ一つ確認すればよい。

【問い 12-2】 .... (問題は p269、解答は p362)

$L_x = -i\hbar\left(-\sin\phi\dfrac{\partial}{\partial\theta} - \cot\theta\cos\phi\dfrac{\partial}{\partial\phi}\right), L_y = -i\hbar\left(\cos\phi\dfrac{\partial}{\partial\theta} - \cot\theta\sin\phi\dfrac{\partial}{\partial\phi}\right)$ から、具体的に $L_\pm = L_x \pm iL_y$ を計算する。

【問い 12-3】 .... (問題は p269、解答は p362)

$$[L_z, L_\pm] = \left[-i\hbar\dfrac{\partial}{\partial\theta},\ \pm i\hbar e^{\pm i\phi}\left(\dfrac{\partial}{\partial\theta} \pm i\cot\theta\dfrac{\partial}{\partial\phi}\right)\right] \tag{C.14}$$

を計算。$[A, BC] = B[A, C] + [A, B]C$ という公式があるが、もし $[A, B] = 0$ なら $[A, BC] = B[A, C]$ である。これを使って、$\dfrac{\partial}{\partial\phi}$ と交換しない部分だけを抜き出す。

【問い 12-4】 .... (問題は p279、解答は p362)

$m > 0$ の場合と $m < 0$ の場合に分ける。$m > 0$ ならば (12.97) の方（$m < 0$ ならば (12.96) の方）は $x^2 = 1$ を代入するだけで 0 になることはすぐわかる。

これで証明できない方（たとえば $m > 0$ の時の (12.96) の方）は、$x^2 - 1$ を微分している項があるから、微分が終わっても $x^2 = 1$ で消える因子が残っていることを示す。

【問い 12-5】 .... (問題は p279、解答は p362)

二つの考え方でできる。

第 1 の方法は、$(x^2 - 1)^\ell$ は因数分解すると $(x - 1)^\ell(x + 1)^\ell$ となる。これを ℓ 階微分する時、微分がすべて $(x - 1)$ の方にかからない限り、最後に $x = 1$ を代入すると 0 になる。

第 2 の方法は、（本文の順番としては後にあるが）12.4.3 節にある Legendre 多項式の母関数の式 $\dfrac{1}{\sqrt{1 - 2xt + t^2}} = \sum\limits_{n=0}^{\infty} P_n(x)t^n$ に $x = 1$ を代入する。
$\quad\rightarrow$ p282

【問い 12-6】 .... (問題は p279、解答は p363)

二つの式を等しいと置いて、

$$\mathcal{N}_\ell^m (1 - x^2)^{-\frac{m}{2}} \dfrac{d^{\ell-m}}{dx^{\ell-m}}\left((1 - x^2)^\ell\right) = \dfrac{1}{2^\ell \ell!}(1 - x^2)^{\frac{m}{2}} \dfrac{d^{\ell+m}}{dx^{\ell+m}}\left((x^2 - 1)^\ell\right)$$
$$\mathcal{N}_\ell^m \dfrac{d^{\ell-m}}{dx^{\ell-m}}\left((1 - x^2)^\ell\right) = \dfrac{1}{2^\ell \ell!}(1 - x^2)^m \dfrac{d^{\ell+m}}{dx^{\ell+m}}\left((x^2 - 1)^\ell\right) \tag{C.15}$$

として、最高次の係数を比較する。

【問い 12-7】 .... (問題は p279、解答は p363)

$P_\ell(x)$ は x の ℓ 次の多項式である。ということは、$\ell + 1$ 階微分すると？

【問い 12-8】 .... (問題は p281、解答は p363)

$\displaystyle\int_0^\pi d\theta\sin\theta\psi^* \dfrac{1}{\sin\theta}\dfrac{d}{d\theta}\left(\sin\theta\dfrac{d}{d\theta}\phi\right) = \int_0^\pi d\theta\psi^* \dfrac{d}{d\theta}\left(\sin\theta\dfrac{d}{d\theta}\phi\right)$ の微分を ϕ から ψ^* の方に移していこう。

【問い 12-9】 ......（問題は p282、解答は p363）

問い 12-6 の答より、
→ p363

$$P_\ell^m(x)P_\ell^m(x) = \frac{1}{2^\ell \ell!}\frac{(\ell+m)!}{(\ell-m)!}(-1)^{\ell+m}(1-x^2)^{-\frac{m}{2}}\frac{\mathrm{d}^{\ell-m}}{\mathrm{d}x^{\ell-m}}\left((1-x^2)^\ell\right) \\ \times \frac{1}{2^\ell \ell!}(1-x^2)^{-\frac{m}{2}}\frac{\mathrm{d}^{\ell+m}}{\mathrm{d}x^{\ell+m}}\left((x^2-1)^\ell\right) \quad \text{(C.16)}$$

として計算すると比較的簡単。

【問い 12-10】 ......（問題は p284、解答は p364）

$\langle \ell,\ell|L_x|\ell,\ell\rangle = \frac{1}{2}\langle \ell,\ell|(L_+ + L_-)|\ell,\ell\rangle$ とする。

【問い 12-11】 ......（問題は p284、解答は p364）

$L_x = \frac{1}{2}(L_+ + L_-)$ として、$L_+|\ell,\ell\rangle = 0, \langle \ell,\ell|L_- = 0$ を使う。その後に残る L_+L_- には交換関係を使う。

【問い 12-12】 ......（問題は p287、解答は p364）

$$\left[\frac{\mathrm{d}}{\mathrm{d}\xi} + \alpha\frac{1}{\xi}, \xi^2\frac{\mathrm{d}^2}{\mathrm{d}\xi^2} + \xi^2\right] = \left[\frac{\mathrm{d}}{\mathrm{d}\xi}, \xi^2\frac{\mathrm{d}^2}{\mathrm{d}\xi^2} + \xi^2\right] + \alpha\left[\frac{1}{\xi}, \xi^2\frac{\mathrm{d}^2}{\mathrm{d}\xi^2}\right] \\ = \left[\frac{\mathrm{d}}{\mathrm{d}\xi}, \xi^2\right]\left(\frac{\mathrm{d}^2}{\mathrm{d}\xi^2} + 1\right) + \alpha\xi^2\left[\frac{1}{\xi}, \frac{\mathrm{d}^2}{\mathrm{d}\xi^2}\right] \quad \text{(C.17)}$$

のようにていねいに計算していく。

【問い 13-1】 ......（問題は p294、解答は p365）

とりあえず x 成分に関して考えよう。$\vec{x}, \vec{X}, \vec{x}_G, \vec{x}_r$ のそれぞれの x 成分を x, X, x_G, x_r として、

$$\frac{\partial}{\partial x} = \frac{\partial x_G}{\partial x}\frac{\partial}{\partial x_G} + \frac{\partial x_r}{\partial x}\frac{\partial}{\partial x_r}, \quad \frac{\partial}{\partial X} = \frac{\partial x_G}{\partial X}\frac{\partial}{\partial x_G} + \frac{\partial x_r}{\partial X}\frac{\partial}{\partial x_r} \quad \text{(C.18)}$$

に代入していく。

【問い 13-2】 ......（問題は p298、解答は p366）

とにかく計算するだけ。

【問い 13-3】 ......（問題は p311、解答は p367）

代入すればよい。なお、この公式は逆に右辺を微分してみれば確かめられる。

【問い 13-4】 ......（問題は p311、解答は p367）

前問の解答は $\sqrt{r^2 + R^2 - 2Rr} = |r-R|$ を含むので、これを $r>R$ と $r<R$ で場合分けして積分する。

付録 D
練習問題の解答

【問い 1-1】 .... (問題は p31、ヒントは p337)

ヒントより、

$$2mhc\left(\frac{1}{\lambda}-\frac{1}{\lambda'}\right) = \underbrace{h^2\left(\frac{1}{\lambda}-\frac{1}{\lambda'}\right)^2}_{\simeq 0 \text{ と近似}} + 2\frac{h^2}{\lambda\lambda'}(1-\cos\theta) \tag{D.1}$$

という式ができるので、両辺に $\lambda\lambda'$ を掛けて $2mhc$ で割り、

$$\lambda'-\lambda \simeq \frac{h}{mc}(1-\cos\theta) \tag{D.2}$$

【問い 2-1】 .... (問題は p37、ヒントは p337)

公転周期 T が軌道長径（今は円運動を考えているので半径と同じ）r と関係しているとしたら、$T = (定数) r^\alpha$ のようになるはずである。ところが定数として使えるのは G と M だけであり、しかも時間と距離の次元を含むのは G だけ。次元が $[\mathrm{M}^{-1}\mathrm{L}^3\mathrm{T}^{-2}]$ である G から時間の次元をつくるには、$\frac{1}{\sqrt{G}}[\mathrm{M}^{\frac{1}{2}}\mathrm{L}^{-\frac{3}{2}}\mathrm{T}]$ しかない。長さの次元を打ち消すには、$r^{\frac{3}{2}}$ を掛けるしかない。よって、$T = (定数) r^{\frac{3}{2}}$ となることがわかる。(定数) が $\frac{1}{\sqrt{GM}}$ に比例することもわかる。

なお、ここでは円運動に限ったが、楕円軌道の場合、長さの次元のあるパラメータが長径と短径の二つになってしまうので、話が単純ではなくなる（実際には長径にしかよらないのだが、次元解析だけからそこまではわからない）。

【問い 3-1】 .... (問題は p52、ヒントは p337)

$\frac{\sin\theta_1}{\sin\theta_2} = \frac{\lambda_1}{\lambda_2}$ より、$\frac{1}{\lambda_1}\sin\theta_1 = \frac{1}{\lambda_2}\sin\theta_2$ となる。運動量 $p_1 = \frac{h}{\lambda_1}, p_2 = \frac{h}{\lambda_2}$ を使って表現すれ

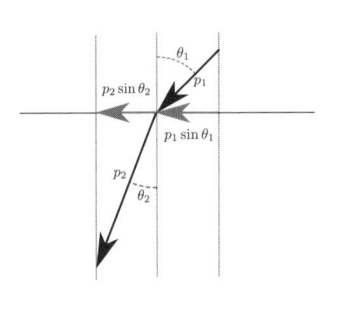

ば、$p_1 \sin\theta_1 = p_2 \sin\theta_2$ となる。これは「屈折が起こる面に平行な成分の運動量は保存する」ということを意味している。屈折面において、面に垂直な方向への力が働くと考えるとこの式の意味がわかる。

【問い 3-2】... (問題は p64、ヒントは p337)

ヒントに書いたように、$x_2 > x_1$ と仮定して話をすすめる。部分積分した後の $[f(x)\theta(x)]_{x_1}^{x_2}$ という項を考える。これは三つの場合分けが必要で、

$$[f(x)\theta(x)]_{x_1}^{x_2} = \begin{cases} f(x_2) - f(x_1) & 0 < x_1 < x_2 \\ f(x_2) & x_1 < 0 < x_2 \\ 0 & x_1 < x_2 < 0 \end{cases} \tag{D.3}$$

残りは $-\int_{x_1}^{x_2} \frac{\mathrm{d}f(x)}{\mathrm{d}x}\theta(x)\mathrm{d}x$ であるが、$0 < x_1 < x_2$ であれば $\theta(x)$ は常に 1 であるから、

$$-\int_{x_1}^{x_2} \frac{\mathrm{d}f(x)}{\mathrm{d}x}\theta(x)\mathrm{d}x = -\int_{x_1}^{x_2} \frac{\mathrm{d}f(x)}{\mathrm{d}x}\mathrm{d}x = -f(x_2) + f(x_1) \tag{D.4}$$

となって上の結果と消し合う。$x_1 < x_2 < 0$ なら、ずっと $\theta(x) = 0$ であるからこの項も 0 で、すべて 0 となる。

最後に $x_1 < 0 < x_2$ の場合を考えると、この場合は x_1 から 0 までの間は $\theta(x) = 0$ となるのでそこは積分する必要はなく、

$$-\int_{x_1}^{x_2} \frac{\mathrm{d}f(x)}{\mathrm{d}x}\theta(x)\mathrm{d}x = -\int_{0}^{x_2} \frac{\mathrm{d}f(x)}{\mathrm{d}x}\mathrm{d}x = -f(x_2) + f(0) \tag{D.5}$$

となる。上の結果と足し算すると、$f(0)$ のみが残る。

$x_2 < x_1$ の場合は、積分を $\int_{x_1}^{x_2} \to -\int_{x_2}^{x_1}$ にしてから上の計算を繰り返せばよい。

【問い 3-3】... (問題は p65、ヒントは p338)

(1) $\int_{x_1}^{x_2} f(x)\delta(-x)\mathrm{d}x$ $\quad (y = -x$ と置き換えて$)$

$$\begin{aligned} &= \int_{-x_1}^{-x_2} f(-y)\delta(y)(-\mathrm{d}y) \quad (\text{積分方向をひっくり返して}) \\ &= \int_{-x_2}^{-x_1} f(-y)\delta(y)\mathrm{d}y = \begin{cases} f(0) & (-x_2 < 0 < -x_1 \text{の場合}) \\ -f(0) & (-x_1 < 0 < -x_2 \text{の場合}) \\ 0 & (\text{それ以外}) \end{cases} \end{aligned} \tag{D.6}$$

と計算できるが、これは元々のデルタ関数の定義と同じ。

(2) $\int_{x_1}^{x_2} f(x)\delta(cx)\mathrm{d}x$ という式で、$cx = t$ として t の積分に書き換えると、

$$\int_{cx_1}^{cx_2} f(x)\delta(cx)\frac{1}{c}\mathrm{d}(cx) = \int_{cx_1}^{cx_2} f(\frac{t}{c})\delta(t)\frac{1}{c}\mathrm{d}t \tag{D.7}$$

となることはすぐにわかる。これで積分すると $t=0$ での値である $f(0)$ が出る。注意すべきことは $c>0$ ならば積分の向きは変わらないが、$c<0$ なら逆になってしまう。よって、

$$\int_{cx_1}^{cx_2} f(\frac{t}{c})\delta(t)\frac{1}{c}\mathrm{d}t = \begin{cases} \frac{1}{c}f(0) & c>0 \\ -\frac{1}{c}f(0) & c<0 \end{cases} = \frac{1}{|c|}f(0) \tag{D.8}$$

ゆえに、$\delta(cx) = \frac{1}{|c|}\delta(x)$ である。

(3) まず、$x=a$ を含むが、$x=b$ を含まない領域 $(a-\Delta < x < a+\Delta)$ で積分してみよう。

$$\begin{aligned}
&\int_{a-\Delta}^{a+\Delta} \mathrm{d}x f(x)\delta((x-a)(x-b)) \quad (y=(x-a)(x-b) \text{ とおいて}) \\
&= \int_{x=a-\Delta}^{x=a+\Delta} \frac{\mathrm{d}y}{2x-(a+b)} f(x)\delta(y) \quad (y=0 \text{ となる時 } x=a \text{ だから}) \\
&= \frac{f(a)}{|a-b|}
\end{aligned} \tag{D.9}$$

となる。絶対値がつく理由については、以下に注意する。$\mathrm{d}x = \frac{\mathrm{d}y}{2x-(a+b)}$ という式から、$\mathrm{d}x > 0$ である時、$2x-(a+b) > 0$（今の場合 $a-b>0$ ということ）ならば、$\mathrm{d}y > 0$、$2x-(a+b) < 0$（今の場合 $a-b<0$ ということ）ならば、$\mathrm{d}y < 0$ となる。後者の場合は y の積分が逆向きなので、$\delta(y)$ を掛けての積分でマイナスが1個出る。

全く同様に、$x=b$ を含む領域での積分は $\frac{f(b)}{|a-b|}$ を出す。よって、

$$\int f(x)\delta((x-a)(x-b)) = \frac{1}{|a-b|}(f(a)+f(b)) \tag{D.10}$$

となることから、$\delta((x-a)(x-b)) = \frac{1}{|a-b|}(\delta(x-a)+\delta(x-b))$ と結論できる。

(4) 任意の関数 $f(x)$ に $x\frac{\mathrm{d}}{\mathrm{d}x}\delta(x)$ を掛けて積分する。部分積分を行って、

$$\begin{aligned}
\int_a^b f(x)x\frac{\mathrm{d}}{\mathrm{d}x}\delta(x)\mathrm{d}x &= \underbrace{[f(x)x\delta(x)]_a^b}_{0} - \int \frac{\mathrm{d}}{\mathrm{d}x}(f(x)x)\,\delta(x)\mathrm{d}x \\
&= -\int \left(\frac{\mathrm{d}f(x)}{\mathrm{d}x}\underbrace{x}_{x=0\text{ で }0}+f(x)\right)\delta(x)\mathrm{d}x = -f(0)
\end{aligned} \tag{D.11}$$

となる。よって、$x\frac{\mathrm{d}}{\mathrm{d}x}\delta(x) = -\delta(x)$ と結論できる。ただし、この式が使えるには、$f(x)$ が $x=0$ で発散しない関数であることが必要である。

【問い 3-4】 (問題は p76、ヒントは p338)

$\frac{1}{2}mv^2$ が 1.6×10^{-18} J であるから、

$mv\Delta x = \sqrt{2mE}\Delta x = \sqrt{2 \times 9.1 \times 10^{-31} \times 1.6 \times 10^{-18}} \times 10^{-10} \simeq 1.7 \times 10^{-34}$。
だいたいプランク定数のオーダーになった。

原子核も同様に、$mv\Delta x = \sqrt{2 \times 1.7 \times 10^{-27} \times 1.6 \times 10^{-19} \times 10^6} \times 10^{-15} \simeq 2.3 \times 10^{-34}$

【問い 4-1】 (問題は p100、ヒントは p338)

$$i\hbar\frac{\partial}{\partial t}(\psi_R + i\psi_I) = H(\psi_R + i\psi_I)$$
$$i\hbar\frac{\partial \psi_R}{\partial t} - \hbar\frac{\partial \psi_I}{\partial t} = H\psi_R + iH\psi_I \tag{D.12}$$

より、

$$\hbar\frac{\partial \psi_R}{\partial t} = H\psi_I, \qquad -\hbar\frac{\partial \psi_I}{\partial t} = H\psi_R \tag{D.13}$$

という二つの式になる。ただし、こうなるのは H が実な変数のみで書かれていた場合である。状況によっては H が i を含むこともある（エルミートだが i を含む可能性は、例えば $p = -i\hbar\dfrac{\partial}{\partial x}$ の 1 次式を含んでいる場合など）。

どちらにせよ、連立方程式になってしまって解きにくくなる。

【問い 5-1】 (問題は p109、ヒントは p338)

$$\psi^*(x,t)\psi(x,t) = \phi^*(x)e^{\frac{i}{\hbar}(E+\Delta E)t}\phi(x)e^{-\frac{i}{\hbar}(E+\Delta E)t} = \phi^*(x)\phi(x) \tag{D.14}$$

となって、やはり時間依存性は消える。古典力学でもそうであったが、量子力学でもエネルギーの原点に意味はない。

【問い 5-2】 (問題は p112、ヒントは p338)

$$\frac{1}{\pi}\int_{-\pi}^{\pi}\sin x\left(-i\hbar\frac{\partial}{\partial x}\right)\sin x\,dx = \frac{-i\hbar}{\pi}\int_{-\pi}^{\pi}\sin x\cos x\,dx = 0 \tag{D.15}$$

この積分は奇関数なので、$[-\pi, \pi]$ で積分して 0 なのはすぐわかる。

【問い 5-3】 (問題は p112、ヒントは p338)

$e^{\pm ikx}$ は運動量演算子の $\pm\hbar k$ という固有値の固有関数である。同じ確率で $\hbar k, -\hbar k$ の運動量を持った波動関数を重ね合わせるのだから、期待値は 0 となる。

【問い 6-1】 (問題は p118、ヒントは p338)

(1) $\left[\hat{A}, \hat{B} + \hat{C}\right] = \hat{A}(\hat{B} + \hat{C}) - (\hat{B} + \hat{C})\hat{A} = \hat{A}\hat{B} - \hat{B}\hat{A} + \hat{A}\hat{C} - \hat{C}\hat{A}$

(2) $\left[\hat{A}, \hat{B}\hat{C}\right] = \hat{A}\hat{B}\hat{C} - \hat{B}\hat{C}\hat{A}$ として、間に $-\hat{B}\hat{A}\hat{C} + \hat{B}\hat{A}\hat{C}$ （つまり 0）をはさむと、$\left[\hat{A}, \hat{B}\hat{C}\right] = \hat{A}\hat{B}\hat{C} - \hat{B}\hat{A}\hat{C} + \hat{B}\hat{A}\hat{C} - \hat{B}\hat{C}\hat{A} = [\hat{A}, \hat{B}]\hat{C} + \hat{B}[\hat{A}, \hat{C}]$

(3) $\hat{B}^n = \hat{B}\hat{B}^{n-1}$ と二つに分けると、

$$\left[\hat{A}, \hat{B}^n\right] = \left[\hat{A}, \hat{B}\right]\hat{B}^{n-1} + \hat{B}\left[\hat{A}, \hat{B}^{n-1}\right] \tag{D.16}$$

となる。最後の $\left[\hat{A}, \hat{B}^{n-1}\right]$ に、上の式で $n \to n-1$ と置き換えた式を代入すると、

$$\left[\hat{A}, \hat{B}^n\right] = \left[\hat{A}, \hat{B}\right]\hat{B}^{n-1} + \hat{B}\left(\left[\hat{A}, \hat{B}\right]\hat{B}^{n-2} + \hat{B}\left[\hat{A}, \hat{B}^{n-2}\right]\right) \tag{D.17}$$

$\left[\hat{A}, \hat{B}\right]$ は B と交換するという仮定なので、

$$\left[\hat{A}, \hat{B}^n\right] = 2\left[\hat{A}, \hat{B}\right]\hat{B}^{n-1} + \hat{B}^2\left[\hat{A}, \hat{B}^{n-2}\right] \tag{D.18}$$

となる。これを n 回繰り返せば、以下の式が得られる。

$$\left[\hat{A}, \hat{B}^n\right] = n\left[\hat{A}, \hat{B}\right]\hat{B}^{n-1} \tag{D.19}$$

(4) $f(\hat{B})$ が

$$f(\hat{B}) = \sum_{n=0}^{\infty} \frac{1}{n!} \frac{\mathrm{d}^n f(x)}{\mathrm{d}x^n}\Big|_{x=0} \hat{B}^n \tag{D.20}$$

とテイラー展開できるとすると、(3) で証明したことにより、

$$\left[\hat{A}, f(\hat{B})\right] = \left[\hat{A}, \hat{B}\right]\sum_{n=0}^{\infty} \frac{1}{n!} \frac{\mathrm{d}^n f(x)}{\mathrm{d}x^n}\Big|_{x=0} n\hat{B}^{n-1} \tag{D.21}$$

となるが、この右辺は $\left[\hat{A}, \hat{B}\right]f'(\hat{B})$ である。

【問い 6-2】 .... (問題は p122、ヒントは p338)

$\int \psi^* A\phi \mathrm{d}x = \int \psi^* A\phi \mathrm{d}x$ という、「あたりまえの式」から出発する。

$$\int \psi^* A\phi \mathrm{d}x = \int \psi^* \underbrace{A\phi}_{b\phi} \mathrm{d}x$$
$$\int (\underbrace{A\psi}_{a\psi})^* \phi \mathrm{d}x = b\int \psi^* \phi \mathrm{d}x \tag{D.22}$$
$$a\int \psi^* \phi \mathrm{d}x = b\int \psi^* \phi \mathrm{d}x$$

$a \neq b$ でこの式が成立するのは、$\int \psi^* \phi \mathrm{d}x = 0$ の時だけである。

【問い 6-3】 .... (問題は p123、ヒントは p339)

前問と同様に、
$$\int \psi^* AC\phi \mathrm{d}x = \int \psi^* CA\phi \mathrm{d}x$$
$$\int (A\psi)^* C\phi \mathrm{d}x = \int \psi^* C \underbrace{A\phi}_{b\phi} \mathrm{d}x \qquad \text{(D.23)}$$
$$a \int \psi^* C\phi \mathrm{d}x = b \int \psi^* C\phi \mathrm{d}x$$

ただし $\underbrace{A\psi}_{a\psi}$ 。

この式は $a = b$ でなければ $\int \psi^* C\phi \mathrm{d}x = 0$ を意味する。

【問い 6-4】 .... (問題は p123、ヒントは p339)

(1) $\displaystyle\int_a^b \phi^* \left(-i\hbar \frac{\partial}{\partial x}\psi\right) \mathrm{d}x = -\int_a^b \left(\frac{\partial}{\partial x}\phi\right)^* (-i\hbar\psi)\mathrm{d}x = \int_a^b \left(-i\hbar \frac{\partial}{\partial x}\phi\right)^* \psi \mathrm{d}x$

(2) 部分積分を2回やる。
$\displaystyle\int_a^b \phi^* \left(-\frac{\hbar^2}{2m}\frac{\partial^2}{\partial x^2}\psi\right)\mathrm{d}x = \int_a^b \left(\frac{\partial^2}{\partial x^2}\phi\right)^* \left(-\frac{\hbar^2}{2m}\psi\right)\mathrm{d}x = \int_a^b \left(-\frac{\hbar^2}{2m}\frac{\partial^2}{\partial x^2}\phi\right)^* \psi \mathrm{d}x$

となる。$V(x)$ の項は自明。

【問い 6-5】 .... (問題は p124、ヒントは p339)

$$\frac{\mathrm{d}}{\mathrm{d}t}\int_a^b \psi^*(x,t)\psi(x,t)\mathrm{d}x = \int_a^b \Bigg(\underbrace{\frac{\partial \psi^*(x,t)}{\partial t}}_{\frac{1}{-i\hbar}(H\psi)^*}\psi(x,t) + \psi^*(x,t)\underbrace{\frac{\partial \psi(x,t)}{\partial t}}_{\frac{1}{i\hbar}H\psi}\Bigg)\mathrm{d}x \quad \text{(D.24)}$$

にシュレーディンガー方程式を代入していく。

$$= \frac{1}{i\hbar}\int_a^b \left(-([-\frac{\hbar^2}{2m}\frac{\partial^2}{\partial x^2} + \underbrace{V(x)}_{\text{相殺}\rightarrow}]\psi)^*\psi(x,t) + \psi^*(x,t)[-\frac{\hbar^2}{2m}\frac{\partial^2}{\partial x^2} + \underbrace{V(x)}_{\leftarrow\text{相殺}}]\psi\right)\mathrm{d}x$$

$$= -\frac{i\hbar}{2m}\int_a^b \left(\frac{\partial^2 \psi^*}{\partial x^2}\psi - \psi^* \frac{\partial^2 \psi}{\partial x^2}\right)\mathrm{d}x$$

$$= -\frac{i\hbar}{2m}\int_a^b \frac{\partial}{\partial x}\left(\frac{\partial \psi^*}{\partial x}\psi - \psi^* \frac{\partial \psi}{\partial x}\right)\mathrm{d}x = -\frac{i\hbar}{2m}\left[\frac{\partial \psi^*}{\partial x}\psi - \psi^* \frac{\partial \psi}{\partial x}\right]_a^b$$
(D.25)

となり、$J = \dfrac{i\hbar}{2m}\left(\dfrac{\partial \psi^*}{\partial x}\psi - \psi^* \dfrac{\partial \psi}{\partial x}\right)$ となる。

【問い 6-6】 .... (問題は p132、ヒントは p339)

$$
\begin{aligned}
\frac{d}{dt}\langle p\rangle &= \frac{d}{dt}\left(\int dx\, \psi^*(x,t) p\psi(x,t)\right)\\
&= \int dx \left(\frac{\partial \psi^*(x,t)}{\partial t} p\psi(x,t) + \psi^*(x,t) p\frac{\partial \psi(x,t)}{\partial t}\right)\\
&= \frac{1}{-i\hbar}\int dx\,((H\psi(x,t))^* p\psi(x,t) - \psi^*(x,t) pH\psi(x,t))\\
&= \frac{1}{-i\hbar}\int dx\, \psi^*(x,t)\left(Hp - pH\right)\psi(x,t)
\end{aligned} \tag{D.26}
$$

となるが、交換関係 $[H,p] = i\hbar\dfrac{\partial H}{\partial x}$ であるから、以下の式を得る。

$$
\frac{d}{dt}\langle p\rangle = -\left\langle \frac{\partial H}{\partial x}\right\rangle \tag{D.27}
$$

【問い 7-1】 .... (問題は p139、ヒントは p339)

(1) 列ベクトル $\begin{pmatrix} a_1 \\ a_2 \\ \vdots \\ a_N \end{pmatrix}$ の自分自身との内積は

$$
(a_1^*\ a_2^*\ \cdots\ a_N^*)\begin{pmatrix} a_1 \\ a_2 \\ \vdots \\ a_N \end{pmatrix} = a_1^* a_1 + a_2^* a_2 + \cdots + a_N^* a_N \tag{D.28}
$$

となり、各項 $a_i^* a_i$ がすべて 0 以上であるから、この内積も 0 以上。

(2)
$$
(b_1^*\ b_2^*\ \cdots\ b_N^*)\begin{pmatrix} a_1 \\ a_2 \\ \vdots \\ a_N \end{pmatrix} = b_1^* a_1 + b_2^* a_2 + \cdots + b_N^* a_N \tag{D.29}
$$

$$
(a_1^*\ a_2^*\ \cdots\ a_N^*)\begin{pmatrix} b_1 \\ b_2 \\ \vdots \\ b_N \end{pmatrix} = a_1^* b_1 + a_2^* b_2 + \cdots + a_N^* b_N \tag{D.30}
$$

の二つよりわかる。

(3) エルミート行列に対する固有値が λ であるとは、

$$
\underbrace{\begin{pmatrix} m_{11} & m_{12} & \cdots & m_{1N} \\ m_{21} & m_{22} & \cdots & m_{2N} \\ \vdots & \vdots & & \\ m_{N1} & m_{N2} & \cdots & m_{NN} \end{pmatrix}}_{\mathbf{M}}\begin{pmatrix} a_1 \\ a_2 \\ \vdots \\ a_N \end{pmatrix} = \lambda \begin{pmatrix} a_1 \\ a_2 \\ \vdots \\ a_N \end{pmatrix} \tag{D.31}
$$

ということであるが、これの（行列としての）エルミート共役を取ると、

$$(a_1^* \ a_2^* \ \cdots a_N^*) \begin{pmatrix} m_{11} & m_{12} & \cdots & m_{1N} \\ m_{21} & m_{22} & \cdots & m_{2N} \\ \vdots & \vdots & & \\ m_{N1} & m_{N2} & \cdots & m_{NN} \end{pmatrix} = \lambda^* (a_1^* \ a_2^* \ \cdots a_N^*) \quad \text{(D.32)}$$

$\underbrace{}_{\mathbf{M}^\dagger \text{だが、} \mathbf{M} \text{と同じ}}$

であり、この二つから、

$$(a_1^* \ a_2^* \ \cdots a_N^*) \begin{pmatrix} m_{11} & m_{12} & \cdots & m_{1N} \\ m_{21} & m_{22} & \cdots & m_{2N} \\ \vdots & \vdots & & \\ m_{N1} & m_{N2} & \cdots & m_{NN} \end{pmatrix} \begin{pmatrix} a_1 \\ a_2 \\ \vdots \\ a_N \end{pmatrix}$$

$$= \lambda^* (a_1^* \ a_2^* \ \cdots a_N^*) \begin{pmatrix} a_1 \\ a_2 \\ \vdots \\ a_N \end{pmatrix} = \lambda (a_1^* \ a_2^* \ \cdots a_N^*) \begin{pmatrix} a_1 \\ a_2 \\ \vdots \\ a_N \end{pmatrix} \quad \text{(D.33)}$$

が出せる。よって、$\lambda = \lambda^*$ が結論できる。

(4) 固有値が実数であることはすでに証明したので、$(a_1^* \ a_2^* \ \cdots a_N^*)$ が固有値 λ_a、$\begin{pmatrix} b_1 \\ b_2 \\ \vdots \\ b_N \end{pmatrix}$ が固有値 λ_b だとすると、

$$(a_1^* \ a_2^* \ \cdots a_N^*) \begin{pmatrix} m_{11} & m_{12} & \cdots & m_{1N} \\ m_{21} & m_{22} & \cdots & m_{2N} \\ \vdots & \vdots & & \\ m_{N1} & m_{N2} & \cdots & m_{NN} \end{pmatrix} \begin{pmatrix} b_1 \\ b_2 \\ \vdots \\ b_N \end{pmatrix}$$

$$= \lambda_a (a_1^* \ a_2^* \ \cdots a_N^*) \begin{pmatrix} b_1 \\ b_2 \\ \vdots \\ b_N \end{pmatrix} = \lambda_b (a_1^* \ a_2^* \ \cdots a_N^*) \begin{pmatrix} b_1 \\ b_2 \\ \vdots \\ b_N \end{pmatrix} \quad \text{(D.34)}$$

となる。$\lambda_a \neq \lambda_b$ だと、$(a_1^* \ a_2^* \ \cdots a_N^*) \begin{pmatrix} b_1 \\ b_2 \\ \vdots \\ b_N \end{pmatrix} = 0$ となるしかない。

【問い 7-2】 .... (問題は p141、ヒントは p339)

行列 A の (i, j) 成分を a_{ij}、行列 B の (i, j) 成分を b_{ij} とした時、積 AB の (i, j) 成分

は $\underbrace{\sum_{k} a_{ik}b_{kj}}_{\text{省略可}}$ であるから、そのエルミート共役の (i,j) 成分は $\underbrace{\sum_{k} a_{jk}^* b_{ki}^*}_{\text{省略可}}$ となる。一方、$A^\dagger$（成分 a_{ji}^*）と $B^\dagger$（成分 b_{ji}^*）の積 $B^\dagger A^\dagger$ の (i,j) 成分は $\underbrace{\sum_{k} b_{ki}^* a_{jk}^*}_{\text{省略可}}$ であるから、$(AB)^\dagger = B^\dagger A^\dagger$ である。

【問い **7-3**】..（問題は p160、ヒントは p339）

$$\langle p|\Psi\rangle = \langle p|\underbrace{\int \mathrm{d}x |x\rangle\langle x|}_{=1}|\Psi\rangle = \int \mathrm{d}x \underbrace{\frac{1}{\sqrt{2\pi\hbar}}\mathrm{e}^{\frac{\mathrm{i}}{\hbar}px}}_{\langle p|x\rangle}\underbrace{\delta(x)}_{\langle x|\Psi\rangle} = \frac{1}{\sqrt{2\pi\hbar}} \tag{D.35}$$

【問い **8-1**】..（問題は p166、ヒントは p339）

この問題については、計算も大事だが「予想すること」も大事。$(\Delta x)^2$ の意味を考えると、確率密度が $\langle x\rangle$ から離れた位置で大きくなっているほど分散は大きくなる。(3) > (1) > (2) となると予想される。(1) > (2) の判断は迷うかもしれないが、均等にちらばっている (1) に対し、(2) は「山」がある分だけ分散が小さい。

では具体的に計算しよう。(1) の場合、$a \to \frac{a-b}{2}, b \to \frac{b-a}{2}$ と平行移動して考えるのが楽で、まず

$$\int_{\frac{a-b}{2}}^{\frac{b-a}{2}} \mathrm{d}x H^2 = \left[H^2 x\right]_{\frac{a-b}{2}}^{\frac{b-a}{2}} = H^2(b-a) \tag{D.36}$$

となるので、規格化のためには $H = \frac{1}{\sqrt{b-a}}$ でなくてはならない。以後具体的に計算していくと、

$$\langle x\rangle = \int_{\frac{a-b}{2}}^{\frac{b-a}{2}} \mathrm{d}x\, x \times \frac{1}{b-a} = 0 \quad \text{(奇関数なので)} \tag{D.37}$$

$$\langle x^2\rangle = \int_{\frac{a-b}{2}}^{\frac{b-a}{2}} \mathrm{d}x\, x^2 \times \frac{1}{b-a} = \left[\frac{x^3}{3(b-a)}\right]_{\frac{a-b}{2}}^{\frac{b-a}{2}} = \frac{\left(\frac{a-b}{2}\right)^3 - \left(\frac{b-a}{2}\right)^3}{3(b-a)}$$
$$= \frac{1}{12}(b-a)^2 \tag{D.38}$$

次に (2) の場合。$a \to 0, b \to b-a$ と平行移動して、まず $\psi = Ax$（A は定数）とおいてから規格化する。

$$1 = A^2 \int_0^{b-a} \mathrm{d}x\, x^2 = A^2 \left[\frac{x^3}{3}\right]_0^{b-a} = \frac{A^2(b-a)^3}{3} \tag{D.39}$$

より、$A = \sqrt{\frac{3}{(b-a)^3}}$ となり、

$$\langle x\rangle = \frac{3}{(b-a)^3}\int_0^{b-a} \mathrm{d}x\, x^3 = \frac{3}{(b-a)^3}\left[\frac{x^4}{4}\right]_0^{b-a} = \frac{3(b-a)}{4} \tag{D.40}$$

より、

$$\langle x^2 \rangle = \frac{3}{(b-a)^3} \int_0^{b-a} \mathrm{d}x\, x^4 = \frac{3}{(b-a)^3} \left[\frac{x^5}{5}\right]_0^{b-a} = \frac{3(b-a)^2}{5} \tag{D.41}$$

より、

$$(\Delta x)^2 = \langle x^2 \rangle - \langle x \rangle^2 = \frac{3(b-a)^2}{5} - \frac{9(b-a)^2}{16} = \frac{3(b-a)^2}{80} \tag{D.42}$$

最後に (3) の場合。$a \to \frac{a-b}{2}, b \to \frac{b-a}{2}$ と平行移動する。そして、偶関数になるので、0 から $\frac{b-a}{2}$ まで $\psi = Ax$ (A は定数) とおいてから積分し、2 倍にする。

$$1 = 2A^2 \int_0^{\frac{b-a}{2}} \mathrm{d}x\, x^2 = 2A^2 \left[\frac{x^3}{3}\right]_0^{\frac{b-a}{2}} = \frac{A^2(b-a)^3}{12} \tag{D.43}$$

より、$A = \sqrt{\frac{12}{(b-a)^3}}$ とする。$\langle x \rangle$ は奇関数なので 0 となり、

$$\langle x^2 \rangle = \frac{24}{(b-a)^3} \int_0^{\frac{b-a}{2}} \mathrm{d}x\, x^4 = \frac{24}{(b-a)^3} \left[\frac{x^5}{5}\right]_0^{\frac{b-a}{2}} = \frac{3}{20}(b-a)^2 \tag{D.44}$$

順番はやはり、(3) > (1) > (2) であった。

【問い 8-2】

微分方程式

$$-\mathrm{i}\hbar \frac{\partial}{\partial x}\psi = \mathrm{i}kx\psi \tag{D.45}$$

を解く。

$$\psi = C\mathrm{e}^{-\frac{k}{2\hbar}x^2} \tag{D.46}$$

が解となることはすぐわかる。

【問い 8-3】

$\hat{A}, \hat{B}$ の同時固有状態 (固有値はおのおの a, b) があったとして、それを $|\phi\rangle$ と書く。

$$\left[\hat{A}, \hat{B}\right]|\phi\rangle = \hat{C}|\phi\rangle \tag{D.47}$$

の左辺は

$$\left(\hat{A}\hat{B} - \hat{B}\hat{A}\right)|\phi\rangle = (ab - ba)|\phi\rangle = 0 \tag{D.48}$$

であるから、$|\phi\rangle$ は $\hat{C}$ のゼロ固有値状態。

【問い 9-1】

まず次元解析。使えるパラメータは、$\hbar, k, m$ の 3 つで、それぞれの次元は、$\hbar[\mathrm{ML}^2\mathrm{T}^{-1}]$、$k[\mathrm{MT}^{-2}]$、$m[\mathrm{M}]$ で独立になっている。エネルギーの次元 $[\mathrm{ML}^2\mathrm{T}^{-2}]$ を出すには、$\hbar$ に

$[\mathrm{T}^{-1}]$ の次元を持つ量を掛ければよいから、k, m で $[\mathrm{T}^{-1}]$ をつくると、$\sqrt{\dfrac{k}{m}}$ である。
よって、$\hbar\sqrt{\dfrac{k}{m}}$ がエネルギーの概算値。

次に不確定性関係。p, x をそれぞれ標準偏差で置き換えて、$E = \dfrac{(\Delta p)^2}{2m} + \dfrac{1}{2}k(\Delta x)^2$
という式を作る。一方、$\Delta x \Delta p > h$ だから、$\Delta p = \dfrac{h}{\Delta x}$ として、

$$E = \frac{h^2}{2m(\Delta x)^2} + \frac{1}{2}k(\Delta x)^2 \geqq 2\sqrt{\frac{h^2}{2m(\Delta x)^2} \times \frac{1}{2}k(\Delta x)^2} = h\sqrt{\frac{k}{m}} \tag{D.49}$$

である（相加平均 $\geqq$ 相乗平均の関係を使った）。

次にボーア・ゾンマーフェルトの条件を使って。位相空間の絵はヒントに書いた。楕円の面積は

$$\pi\sqrt{\frac{2E}{m\omega^2}} \times \sqrt{2mE} = \frac{2\pi E}{\omega} = nh \tag{D.50}$$

となるから、$E = \dfrac{nh\omega}{2\pi} = n\hbar\omega$ という答えが出る。

【問い 9-2】 .... (問題は p180、ヒントは p340)

ψ_1, ψ_2 はそれぞれ規格化されていて、互いに直交する。よって、

$$\int \mathrm{d}x \phi_{\text{重}}^* \phi_{\text{重}} = |C_1|^2 \underbrace{\int \psi_1^* \psi_1 \mathrm{d}x}_{=1} + C_1^* C_2 \underbrace{\int \psi_1^* \psi_2 \mathrm{d}x}_{=0} + C_2^* C_1 \underbrace{\int \psi_2^* \psi_1 \mathrm{d}x}_{=0} + |C_2|^2 \underbrace{\int \psi_2^* \psi_2 \mathrm{d}x}_{=1} \tag{D.51}$$

より、$|C_1|^2 + |C_2|^2 = 1$ でなくてはならない。

【問い 9-3】 .... (問題は p180、ヒントは p340)

$\int \phi_1^* x \phi_1 \mathrm{d}x = \int \phi_2^* x \phi_2 \mathrm{d}x = \dfrac{L}{2}$ であることは計算してもわかるし、確率密度が $x = \dfrac{L}{2}$ に関して対称であることからもわかる。よって計算すべきなのは、$\int \phi_1^* x \phi_2 \mathrm{d}x$ と、その複素共役。

$$\begin{aligned}
&\int_0^L \sqrt{\frac{2}{L}} \sin\left(\frac{\pi x}{L}\right) \mathrm{e}^{\frac{i}{\hbar}E_1 t} x \sqrt{\frac{2}{L}} \sin\left(\frac{2\pi x}{L}\right) \mathrm{e}^{-\frac{i}{\hbar}E_2 t} \mathrm{d}x \\
&= \frac{2}{L} \mathrm{e}^{\frac{i}{\hbar}(E_1 - E_2)t} \int_0^L x \sin\left(\frac{\pi x}{L}\right) \sin\left(\frac{2\pi x}{L}\right) \mathrm{d}x
\end{aligned} \tag{D.52}$$

を計算する。三角関数の公式 $\sin A \sin B = \dfrac{\cos(A-B) - \cos(A+B)}{2}$ を使って、

$$= \frac{1}{L} \mathrm{e}^{\frac{i}{\hbar}(E_1 - E_2)t} \int_0^L x \left(\cos\left(\frac{\pi x}{L}\right) - \cos\left(\frac{3\pi x}{L}\right)\right) \mathrm{d}x \tag{D.53}$$

と直す。ここで $x\cos\alpha x$ の積分は、

$$\int x\cos\alpha x \mathrm{d}x = x\frac{1}{\alpha}\sin\alpha x - \int \frac{1}{\alpha}\sin\alpha x \mathrm{d}x = x\frac{1}{\alpha}\sin\alpha x + \frac{1}{\alpha^2}\cos\alpha x \quad \text{(D.54)}$$

となることを使うと、

$$\begin{aligned}
&= \frac{1}{L}\mathrm{e}^{\frac{\mathrm{i}}{\hbar}(E_1-E_2)t}\left[x\left(\frac{L}{\pi}\sin\left(\frac{\pi x}{L}\right) - \frac{L}{3\pi}sin\left(\frac{3\pi x}{L}\right)\right) + \frac{L^2}{\pi^2}\cos\left(\frac{\pi x}{L}\right) - \frac{L^2}{9\pi^2}cos\left(\frac{3\pi x}{L}\right)\right]_0^L \\
&= \frac{1}{L}\mathrm{e}^{\frac{\mathrm{i}}{\hbar}(E_1-E_2)t}\left[\frac{L^2}{\pi^2}\cos(\pi) - \frac{L^2}{9\pi^2}cos(3\pi) - \frac{L^2}{\pi^2}\cos 0 + \frac{L^2}{9\pi^2}cos 0\right] \\
&= \frac{L}{\pi^2}\mathrm{e}^{\frac{\mathrm{i}}{\hbar}(E_1-E_2)t}\left[-2 + \frac{2}{9}\right] = -\frac{16L}{9\pi^2}\mathrm{e}^{\frac{\mathrm{i}}{\hbar}(E_1-E_2)t}
\end{aligned}$$
(D.55)

これに $C_1^* C_2$ を掛け、さらに複素共役を足して、

$$\langle x \rangle = \frac{L}{2} - \frac{16L}{9\pi^2}\left(C_1^* C_2 \mathrm{e}^{\frac{\mathrm{i}}{\hbar}(E_1-E_2)t} + C_2^* C_1 \mathrm{e}^{-\frac{\mathrm{i}}{\hbar}(E_1-E_2)t}\right) \quad \text{(D.56)}$$

【問い 9-4】.. (問題は p180、ヒントは p341)

ヒントに書いたように、間にエネルギー演算子をはさんでも、ϕ_1, ϕ_2 の直交性は変わらないので、

$$\begin{aligned}
&\int_0^L \left(C_1^* \phi_1 \mathrm{e}^{\frac{\mathrm{i}}{\hbar}E_1 t} + C_2^* \phi_2 \mathrm{e}^{\frac{\mathrm{i}}{\hbar}E_2 t}\right)\left(E_1 C_1 \phi_1 \mathrm{e}^{-\frac{\mathrm{i}}{\hbar}E_1 t} + E_2 C_2 \phi_2 \mathrm{e}^{-\frac{\mathrm{i}}{\hbar}E_2 t}\right) \\
&= E_1|C_1|^2 + E_2|C_2|^2
\end{aligned}$$
(D.57)

【問い 9-5】.. (問題は p187、ヒントは p341)

$x > 0$ においては、

$$P^* \mathrm{e}^{-\mathrm{i}k'x} P \mathrm{e}^{\mathrm{i}k'x} = |P|^2 = \frac{4k^2}{(k+k')^2} \quad \text{(D.58)}$$

$x < 0$ においては、

$$\begin{aligned}
&\left(\mathrm{e}^{-\mathrm{i}kx} + R^* \mathrm{e}^{\mathrm{i}kx}\right)\left(\mathrm{e}^{\mathrm{i}kx} + R\mathrm{e}^{-\mathrm{i}kx}\right) = 1 + |R|^2 + R^*\mathrm{e}^{2\mathrm{i}kx} + R\mathrm{e}^{-2\mathrm{i}kx} \\
&= 1 + \frac{(k-k')^2}{(k+k')^2} + \frac{2(k-k')}{k+k'}\cos 2kx
\end{aligned}$$
(D.59)

最初の 2 項は定数だから、第 3 項が極大になるところを考える。$k > k'$ の時は $\cos 2kx$ が極大、すなわち $2kx = 2n\pi$（n は整数）のところ、$k < k'$ の時は $-\cos 2kx$ が極大、すなわち $2kx = (2n+1)\pi$（n は整数）のところが極大である。

【問い 9-6】.. (問題は p190、ヒントは p341)

$$\begin{aligned}
&\left(\mathrm{e}^{-\mathrm{i}kx} + R^* \mathrm{e}^{\mathrm{i}kx}\right)\left(\mathrm{e}^{\mathrm{i}kx} + R\mathrm{e}^{-\mathrm{i}kx}\right) = 1 + |R|^2 + R^*\mathrm{e}^{2\mathrm{i}kx} + R\mathrm{e}^{-2\mathrm{i}kx} \\
&= 1 + 1 + \mathrm{e}^{2\mathrm{i}kx+2\mathrm{i}\phi} + \mathrm{e}^{-2\mathrm{i}kx-2\mathrm{i}\phi} = 2 + 2\cos(2kx + 2\phi)
\end{aligned}$$
(D.60)

極大になるのは、$2kx + 2\phi = 2n\pi$ が成立するところ。
極小になるのは、$2kx + 2\phi = (2n+1)\pi$ が成立するところ。

【問い 9-7】 .... (問題は p194、ヒントは p341)
$\psi(x) = \exp\left(-\dfrac{\mathrm{i}}{\hbar}\displaystyle\int_{x_0}^{x}\sqrt{2m(V(x)-E)}\mathrm{d}x\right)\psi(x_0)$ という形の近似解を考える。この場合 $V(x) = mgx$ で、$E = mgH, x_0 = H$ とするので、

$$\begin{aligned}\psi(x) &= \exp\left(-\frac{1}{\hbar}\int_{H}^{H+\delta H}\sqrt{2m^2g(x-x_0)}\mathrm{d}x\right)\psi(x_0)\\ &= \exp\left(-\frac{1}{\hbar}\sqrt{2m^2g}\left[\frac{2}{3}(x-H)^{\frac{3}{2}}\right]_{H}^{H+\delta H}\right)\psi(x_0)\\ &= \exp\left(-\frac{2}{3\hbar}\sqrt{2m^2g}(\Delta H)^{\frac{3}{2}}\right)\psi(x_0)\end{aligned} \quad (\mathrm{D}.61)$$

ここで数値を代入してみると、

$$-\frac{2}{3\hbar}\sqrt{2m^2g}(\Delta H)^{\frac{3}{2}} = -\frac{2}{3\times 6.6\times 10^{-34}}\sqrt{2\times 1^2\times 9.8}(10^{-3})^{\frac{3}{2}} = -1.4\times 10^{29} \quad (\mathrm{D}.62)$$

exp の上にこんな大きな数字が乗っているので、答えはもちろん限りなく 0 に近い。
$\mathrm{e}^x = 10^{\frac{x}{\log 10}} \simeq 10^{0.434x}$ より、だいたい $10^{-6.1\times 10^{28}}$ という答えになる。

【問い 10-1】 .... (問題は p199、ヒントは p341)
$\psi^*(x) = C\psi(x)$ と、その複素共役 $\psi(x) = C^*\psi^*(x)$ から、

$$\psi^*(x) = CC^*\psi^*(x) \quad (\mathrm{D}.63)$$

となるので、$CC^* = 1$ でなくてはならない。よって $C^* = \mathrm{e}^{\mathrm{i}\alpha}$ と置こう（α は実数の位相）。$\psi(x) = f(x) + \mathrm{i}g(x)$（$f(x), g(x)$ は実数関数）とすれば、

$$\begin{aligned}f(x) + \mathrm{i}g(x) &= \mathrm{e}^{\mathrm{i}\alpha}(f(x) - \mathrm{i}g(x))\\ (1 - \mathrm{e}^{\mathrm{i}\alpha})f(x) &= -\mathrm{i}(1 + \mathrm{e}^{\mathrm{i}\alpha})g(x)\end{aligned} \quad (\mathrm{D}.64)$$

となって、$g(x)$ は $f(x)$ の定数倍であることがわかった。$\psi(x)$ は実数関数 $f(x)$ の複素定数倍であり、本質的には実数関数と思ってよい。

【問い 10-2】 .... (問題は p204、ヒントは p341)
$$\sin kd = B\mathrm{e}^{-\kappa d}, \quad k\cos kd = -\kappa B\mathrm{e}^{-\kappa d} \quad (\mathrm{D}.65)$$

【問い 10-3】 .... (問題は p204、ヒントは p341)
$k^2 + \kappa^2 = \dfrac{2mV_0}{\hbar^2}$ と、$\kappa d = -kd\cot kd$ を重ねる。

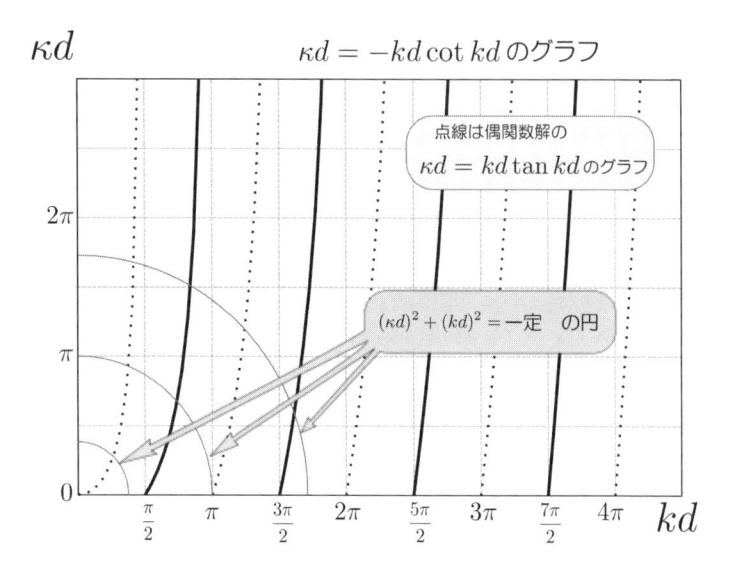

κd $\kappa d = -kd \cot kd$ のグラフ

点線は偶関数解の
$\kappa d = kd \tan kd$ のグラフ

$(\kappa d)^2 + (kd)^2 = $ 一定　の円

kd

【問い 10-4】..（問題は p204、ヒントは p341）
　図の円の半径が小さすぎると交点がなくなる。というのは、$\kappa \geq 0$ であるが、$\cot kd$ は $n\pi < kd < n\pi + \dfrac{\pi}{2}$ の範囲では正であるから、この範囲では $-kd \cot kd < 0$ になってしまい、解がない。

【問い 10-5】..（問題は p204、ヒントは p341）
　グラフを見ると、$\kappa > 0$ の領域では、偶関数の方のグラフは $n\pi < kd < n\pi + \dfrac{\pi}{2}$ の範囲を走り、奇関数の方のグラフは $n\pi + \dfrac{\pi}{2} < kd < (n+1)\pi$ の領域を走っているから、この二つが同じ k の値を持つことはない。k が決まればエネルギーが決まるから、縮退はない。

【問い 10-6】..（問題は p204、ヒントは p341）
　数式で考えると、$V \to \infty$ では $\kappa \to \infty$ であり、$k \tan kd \to \infty$ となるのは $kd = \dfrac{\pi}{2} + n\pi$ の時。また $-k \cot kd \to \infty$ となるのは $kd = n\pi$ の時である。二つを合わせると、$kd = \dfrac{n\pi}{2}$ が解である。これはグラフを見たほうがわかりやすいかもしれない。

　よってエネルギー固有値は $E = \dfrac{\hbar^2 k^2}{2m}$ に代入して、$E_n = \dfrac{\hbar^2 \left(\dfrac{n\pi}{2d}\right)^2}{2m} = \dfrac{n^2 \pi^2 \hbar^2}{8md^2}$ となる。$L = 2d$ とすれば、(9.11) と一致する。
→ p177

【問い 10-7】 .... (問題は p211、ヒントは p341)

$$\begin{aligned}
|R|^2 + |P|^2 &= \left|\frac{(-\kappa^2 - k^2)(e^{-\kappa d} - e^{\kappa d})}{D}\right|^2 + \left|\frac{4ik\kappa}{D}\right|^2 \\
&= \frac{1}{|D|^2}\left((-\kappa^2 - k^2)^2(e^{-\kappa d} - e^{\kappa d})^2 + 16k^2\kappa^2\right) \\
&= \frac{1}{|D|^2}\left((\kappa^2 + k^2)^2(e^{-2\kappa d} + e^{2\kappa d} - 2) + 16k^2\kappa^2\right) \\
&= \frac{1}{|D|^2}\left((\kappa^2 + k^2)^2(e^{-2\kappa d} + e^{2\kappa d}) - 2\kappa^4 + 12k^2\kappa^2 - 2\kappa^4\right)
\end{aligned} \tag{D.66}$$

となる。分母を計算すると、

$$\begin{aligned}
|D|^2 &= \left((k+i\kappa)^2 e^{\kappa d} - (k-i\kappa)^2 e^{-\kappa d}\right)\left((k-i\kappa)^2 e^{\kappa d} - (k+i\kappa)^2 e^{-\kappa d}\right) \\
&= (k^2 + \kappa^2)^2 e^{2\kappa d} + (k^2 + \kappa^2)^2 e^{-2\kappa d} - \underbrace{((k-i\kappa)^4 + (k+i\kappa)^4)}_{(k+i\kappa)^4\text{の実数部の2倍}} \\
&= (k^2 + \kappa^2)^2\left(e^{2\kappa d} + e^{-2\kappa d}\right) - 2\left(k^4 - 6k^2\kappa^2 + \kappa^4\right)
\end{aligned} \tag{D.67}$$

こうして、分母と分子が一致したので、$|R|^2 + |P|^2 = 1$ である。

【問い 10-8】 .... (問題は p217、ヒントは p342)

$$\begin{aligned}
&\det\begin{pmatrix} e^{ika} - e^{iKa} & e^{-ika} - e^{iKa} \\ e^{iKa} - e^{ika} + 2i\alpha e^{ika} & -e^{iKa} + e^{-ika} + 2i\alpha e^{-ika} \end{pmatrix} \\
&\text{(第1列を第2列から引く)} \\
&= \det\begin{pmatrix} e^{ika} - e^{iKa} & e^{-ika} - e^{ika} \\ e^{iKa} - e^{ika} + 2i\alpha e^{ika} & -2e^{iKa} + e^{-ika} + e^{ika} + 2i\alpha(e^{-ika} - e^{ika}) \end{pmatrix} \\
&\text{(第1行を第2行に足す)} \\
&= \det\begin{pmatrix} e^{ika} - e^{iKa} & -2i\sin ka \\ 2i\alpha e^{ika} & -2e^{iKa} + 2e^{-ika} + 4\alpha\sin ka \end{pmatrix} \\
&\text{(第1行 × 2i}\alpha\text{を第2行から引く)} \\
&= \det\begin{pmatrix} e^{ika} - e^{iKa} & -2i\sin ka \\ 2i\alpha e^{iKa} & -2e^{iKa} + 2e^{-ika} \end{pmatrix}
\end{aligned} \tag{D.68}$$

あとは行列式の公式どおりに、

$$\begin{aligned}
&\left(e^{ika} - e^{iKa}\right)\left(-2e^{iKa} + 2e^{-ika}\right) + 2i\sin ka \times 2i\alpha e^{iKa} \\
&= -2\left(-1 + e^{iKa}\left(e^{ika} + e^{-ika}\right) - e^{2iKa} + 2\alpha\sin ka\, e^{iKa}\right) \\
&= -2e^{iKa}\left(-e^{-iKa} + 2\cos ka - e^{iKa} + 2\alpha\sin ka\right) \\
&= -4e^{iKa}\left(-\cos Ka + \cos ka + \alpha\sin ka\right)
\end{aligned} \tag{D.69}$$

となって、行列式 $= 0$ から、$\cos Ka = \cos ka + \alpha\sin ka$ という式を得る。

【問い 11-1】 .... (問題は p224、ヒントは p342)

エネルギーの次元を作るためには、$\hbar$ の次元から時間 (T) を消せばよいことになるが、残った m, ω に含まれる時間の次元は ω の $[\mathrm{T}^{-1}]$ しかないのだから、$\hbar \omega$ と掛け算する以外の方法はない。

【問い 11-2】 .... (問題は p225、ヒントは p342)

$\hbar$ だけが長さの次元を持つことに着目。逆に言うと長さ以外の次元はいらないから、m で割って質量の次元を消し、ω で割って T^{-1} の次元を消す。$\dfrac{\hbar}{m\omega}$ で持つ次元は $[\mathrm{L}^2]$ であるから、これの平方根をとって、$\sqrt{\dfrac{\hbar}{m\omega}}$ で長さの次元となる。

【問い 11-3】 .... (問題は p225、ヒントは p342)

ヒントに書いたように、時間の次元だけを復活させるには、ω(次元 $[\mathrm{T}^{-1}]$)のみを使う。$\dfrac{2\pi}{\omega}$ で時間の次元を持つ。

【問い 11-4】 .... (問題は p227、ヒントは p342)

$$\begin{aligned}
\frac{d^2}{d\xi^2}\left(H(\xi)e^{-\frac{1}{2}\xi^2}\right) &= \frac{d^2 H(\xi)}{d\xi^2}e^{-\frac{1}{2}\xi^2} + 2\frac{dH(\xi)}{d\xi}\frac{d}{d\xi}\left(e^{-\frac{1}{2}\xi^2}\right) + H(\xi)\frac{d^2}{d\xi^2}\left(e^{-\frac{1}{2}\xi^2}\right) \\
&= \frac{d^2 H(\xi)}{d\xi^2}e^{-\frac{1}{2}\xi^2} - 2\xi\frac{dH(\xi)}{d\xi}e^{-\frac{1}{2}\xi^2} + H(\xi)\frac{d}{d\xi}\left(-\xi e^{-\frac{1}{2}\xi^2}\right) \\
&= \frac{d^2 H(\xi)}{d\xi^2}e^{-\frac{1}{2}\xi^2} - 2\xi\frac{dH(\xi)}{d\xi}e^{-\frac{1}{2}\xi^2} + H(\xi)\left(-e^{-\frac{1}{2}\xi^2} + \xi^2 e^{-\frac{1}{2}\xi^2}\right) \\
&= \frac{d^2 H(\xi)}{d\xi^2}e^{-\frac{1}{2}\xi^2} - 2\xi\frac{dH(\xi)}{d\xi}e^{-\frac{1}{2}\xi^2} - H(\xi)e^{-\frac{1}{2}\xi^2} + \xi^2 H(\xi)e^{-\frac{1}{2}\xi^2}
\end{aligned}$$
(D.70)

となるので、これから $\xi^2 H(\xi)e^{-\frac{1}{2}\xi^2}$ を引くと、

$$\frac{d^2}{d\xi^2}\left(H(\xi)e^{-\frac{1}{2}\xi^2}\right) - \xi^2 H(\xi)e^{-\frac{1}{2}\xi^2} = \frac{d^2 H(\xi)}{d\xi^2}e^{-\frac{1}{2}\xi^2} - 2\xi\frac{dH(\xi)}{d\xi}e^{-\frac{1}{2}\xi^2} - H(\xi)e^{-\frac{1}{2}\xi^2}$$
(D.71)

これの $-\dfrac{1}{2}$ 倍を $\left(\lambda + \dfrac{1}{2}\right)H(\xi)e^{-\frac{1}{2}\xi^2}$ に等しいと置いて、

$$-\frac{1}{2}\frac{d^2 H(\xi)}{d\xi^2}e^{-\frac{1}{2}\xi^2} + \xi\frac{dH(\xi)}{d\xi}e^{-\frac{1}{2}\xi^2} + \underbrace{\frac{1}{2}H(\xi)e^{-\frac{1}{2}\xi^2}}_{\text{相殺}\rightarrow} = \left(\lambda + \underbrace{\frac{1}{2}}_{\leftarrow\text{相殺}}\right)H(\xi)e^{-\frac{1}{2}\xi^2}$$

$$-\frac{1}{2}\frac{d^2 H(\xi)}{d\xi^2} + \xi\frac{dH(\xi)}{d\xi} = \lambda H(\xi) \quad \left(e^{-\frac{1}{2}\xi^2}\text{で割って}\right)$$

$$\frac{d^2 H(\xi)}{d\xi^2} - 2\xi\frac{dH(\xi)}{d\xi} + 2\lambda H(\xi) = 0 \quad (-2\text{をかけて右辺を移項して})$$
(D.72)

と計算して答を得る。

【問い 11-5】... (問題は p241、ヒントは p342)

$$\begin{aligned}
&\frac{1}{(k+1)!}\langle 0|a^{k+1}(a^\dagger)^{k+1}|0\rangle \\
&= \frac{1}{(k+1)!}\langle 0|a^k \underbrace{aa^\dagger}_{a^\dagger a+1}(a^\dagger)^k|0\rangle \\
&= \frac{1}{(k+1)!}\langle 0|a^{k-1}\underbrace{aa^\dagger}_{a^\dagger a+1}a(a^\dagger)^k|0\rangle + \frac{1}{(k+1)!}\langle 0|a^k(a^\dagger)^k|0\rangle \\
&= \frac{1}{(k+1)!}\langle 0|a^{k-2}\underbrace{aa^\dagger}_{a^\dagger a+1}a^2(a^\dagger)^k|0\rangle + \frac{2}{(k+1)!}\langle 0|a^k(a^\dagger)^k|0\rangle \\
&\vdots
\end{aligned} \quad \text{(D.73)}$$

と繰り返していけば、$k+1$ 個だけ $\frac{1}{(k+1)!}\langle 0|a^k(a^\dagger)^k|0\rangle$ がでたところで第 1 項で $\langle 0|a^\dagger$ が現れて 0 になる。よって、

$$\frac{1}{(k+1)!}\langle 0|a^{k+1}(a^\dagger)^{k+1}|0\rangle = \frac{k+1}{(k+1)!}\langle 0|a^k(a^\dagger)^k|0\rangle = 1 \quad \text{(D.74)}$$

となって、k 次の状態が規格化されていれば $k+1$ 次の状態も規格化されていることが確認された。

【問い 12-1】... (問題は p263、ヒントは p342)

$$i\hbar\vec{\nabla}\times\vec{x} = i\hbar\left(\vec{e}_r\frac{\partial}{\partial r} + \vec{e}_\theta\frac{1}{r}\frac{\partial}{\partial\theta} + \vec{e}_\phi\frac{1}{r\sin\theta}\frac{\partial}{\partial\phi}\right)\times r\vec{e}_r \quad \text{(D.75)}$$

の中で、微分が $r\vec{e}_r$ に掛かったらどうなるかを考えていく。$\vec{e}_r\frac{\partial}{\partial r}$ による微分は、

$$\frac{\partial}{\partial r}(r\vec{e}_r) = \vec{e}_r \quad \text{(D.76)}$$

となるが、この項は $\vec{e}_r$ と外積を取ることになるので、消える。次に $\vec{e}_\theta\frac{1}{r}\frac{\partial}{\partial\theta}$ による微分は、

$$\frac{\partial}{\partial\theta}(r\vec{e}_r) = r\frac{\partial\vec{e}_r}{\partial\theta} = r\vec{e}_\theta \quad \text{(D.77)}$$

となり ($\frac{\partial\vec{e}_r}{\partial\theta} = \vec{e}_\theta$ については、(12.38) の前後を参照)、これも $\vec{e}_\theta$ と外積を取ると 0。
$\to$ p258

最後に $\vec{e}_\phi\frac{1}{r\sin\theta}$ の項だが、

$$\frac{\partial}{\partial\phi}(r\vec{e}_r) = r\frac{\partial\vec{e}_r}{\partial\phi} = r\sin\theta\vec{e}_\phi \quad \text{(D.78)}$$

となり、やはり $\vec{e}_\phi$ と外積を取ると 0。よって、$i\hbar\vec{\nabla}\times\vec{x} = -i\hbar\vec{x}\times\vec{\nabla}$ である。

【問い 12-2】 .... (問題は p269、ヒントは p343)

$$\begin{aligned}
L_x \pm \mathrm{i} L_y &= -\mathrm{i}\hbar \left(-\sin\phi \frac{\partial}{\partial\theta} - \cot\theta\cos\phi \frac{\partial}{\partial\phi} \pm \mathrm{i}\left(\cos\phi \frac{\partial}{\partial\theta} - \cot\theta\sin\phi \frac{\partial}{\partial\phi} \right) \right) \\
&= -\mathrm{i}\hbar \Big(\underbrace{(-\sin\phi \pm \mathrm{i}\cos\phi)}_{=\pm\mathrm{i}e^{\pm\mathrm{i}\phi}} \frac{\partial}{\partial\theta} - \cot\theta \underbrace{(\cos\phi \pm \mathrm{i}\sin\phi)}_{=e^{\pm\mathrm{i}\phi}} \frac{\partial}{\partial\phi} \Big) \\
&= -\mathrm{i}\hbar e^{\pm\mathrm{i}\phi} \left(\pm\mathrm{i}\frac{\partial}{\partial\theta} - \cot\theta \frac{\partial}{\partial\phi} \right) \\
&= \pm\hbar e^{\pm\mathrm{i}\phi} \left(\frac{\partial}{\partial\theta} \pm \mathrm{i}\cot\theta \frac{\partial}{\partial\phi} \right)
\end{aligned} \quad (\mathrm{D.79})$$

【問い 12-3】 .... (問題は p269、ヒントは p343)

$$\begin{aligned}
[L_z, L_\pm] &= \left[-\mathrm{i}\hbar\frac{\partial}{\partial\phi}, \pm\hbar e^{\pm\mathrm{i}\phi}\left(\frac{\partial}{\partial\theta} \pm \mathrm{i}\cot\theta\frac{\partial}{\partial\phi} \right) \right] \\
&= \pm\hbar e^{\pm\mathrm{i}\phi} \underbrace{\left[-\mathrm{i}\hbar\frac{\partial}{\partial\phi}, e^{\pm\mathrm{i}\phi} \right]}_{=\pm\hbar} \left(\frac{\partial}{\partial\theta} \pm \mathrm{i}\cot\theta\frac{\partial}{\partial\phi} \right) \\
&= \pm\hbar \underbrace{\left(\pm\hbar e^{\pm\mathrm{i}\phi} \left(\frac{\partial}{\partial\theta} \pm \mathrm{i}\cot\theta\frac{\partial}{\partial\phi} \right) \right)}_{L_\pm}
\end{aligned} \quad (\mathrm{D.80})$$

【問い 12-4】 .... (問題は p279、ヒントは p343)

$m > 0$ の場合に関して証明する ($m < 0$ は (12.97) と (12.96) の立場がひっくり返るだけで、同様にできる)。

ヒントにある通り、(12.97) の方は $x^2 = 1$ を代入すれば 0 となるのは明らか。

(12.96) の方は、$(x^2-1)^\ell$ を $\ell - m$ 階微分している。ということは $(x^2-1)^m$ に比例する項がまだ残っている。前に $(1-x^2)^{-\frac{m}{2}}$ がついているが、それでもまだ $(x^2-1)^{\frac{m}{2}}$ の因子が残っていることになるので、$x = \pm 1$ を代入すれば 0。

【問い 12-5】 .... (問題は p279、ヒントは p343)

ヒントにある通り、$\frac{\mathrm{d}^\ell}{\mathrm{d}x^\ell}\left((x^2-1)^\ell \right)$ を計算するとき、微分が $x^2 - 1 = (x+1)(x-1)$ に変えた中の、$x - 1$ の方だけを微分した項だけが $x = 1$ を代入した時に生き残る。よって、

$$(x+1)^\ell \frac{\mathrm{d}^\ell}{\mathrm{d}x^\ell}(x-1)^\ell \quad (\mathrm{D.81})$$

を計算することになるが、ℓ 階微分するのだから、x^ℓ の項を微分した項だけが残り、$\ell!$ が出る。最初の $(x+1)^\ell$ は $x = 1$ を代入して 2^ℓ となる。よってこの計算の結果が $2^\ell \ell!$ であり、ちょうど前につけておいた分母と約分され、答えは 1 となる。

もう一つの母関数を使う方法がある。母関数に $x = 1$ を代入すると、

$$\frac{1}{\sqrt{1-2t+t^2}} = \sum_{n=0}^\infty P_n(1) t^n \quad (\mathrm{D.82})$$

であるが、左辺は $\dfrac{1}{1-t} = \sum_{n=0}^{\infty} t^n$ となるから、次数ごとに比較して、$P_n(1) = 1$。

【問い 12-6】 .... (問題は p279、ヒントは p343)

ヒントにしたがい(C.15)の最高次のみを計算すると、
→ p343

$$\mathcal{N}_\ell^m \frac{\mathrm{d}^{\ell-m}}{\mathrm{d}x^{\ell-m}}\left((-1)^\ell x^{2\ell}\right) = \frac{1}{2^\ell \ell!}(-1)^m x^{2m} \frac{\mathrm{d}^{\ell+m}}{\mathrm{d}x^{\ell+m}}\left(x^{2\ell}\right) \tag{D.83}$$

左辺は $\mathcal{N}_\ell^m 2\ell(2\ell-1)\cdots(\ell+m+1)(-1)^\ell x^{\ell+m}$、

右辺は $\dfrac{1}{2^\ell \ell!}(-1)^m x^{2m} 2\ell(2\ell-1)\cdots(\ell-m+1)x^{\ell-m}$ であるから、

$$\mathcal{N}_\ell^m = \frac{1}{2^\ell \ell!}(-1)^{\ell+m}(\ell+m)\cdots(\ell-m+1) = \frac{1}{2^\ell \ell!}(-1)^{\ell+m}\frac{(\ell+m)!}{(\ell-m)!} \tag{D.84}$$

【問い 12-7】 .... (問題は p279、ヒントは p343)

ヒントにも書いたように $P_\ell(x)$ は x の ℓ 次の多項式であるので、$(1-x^2)^{\frac{\ell+1}{2}}\dfrac{\mathrm{d}^{\ell+1}}{\mathrm{d}x^{\ell+1}}P_\ell(x)$ のように $\ell+1$ 階微分すれば答えは 0 である。$P_\ell^{\ell+1}(x)$ は存在できない。[†1]

【問い 12-8】 .... (問題は p281、ヒントは p343)

$$\begin{aligned}\int_0^\pi \mathrm{d}\theta \sin\theta \psi^* \frac{1}{\sin\theta}\frac{\mathrm{d}}{\mathrm{d}\theta}\left(\sin\theta \frac{\mathrm{d}}{\mathrm{d}\theta}\phi\right) &= \int_0^\pi \mathrm{d}\theta \psi^* \frac{\mathrm{d}}{\mathrm{d}\theta}\left(\sin\theta \frac{\mathrm{d}}{\mathrm{d}\theta}\phi\right)\\ &= \underbrace{\left[\psi^*\left(\sin\theta\frac{\mathrm{d}}{\mathrm{d}\theta}\phi\right)\right]_0^\pi}_{\sin 0 = \sin\pi = 0 \text{ より、}0} - \int_0^\pi \mathrm{d}\theta \frac{\mathrm{d}\psi^*}{\mathrm{d}\theta}\sin\theta\frac{\mathrm{d}}{\mathrm{d}\theta}\phi\\ &= \underbrace{\left[-\mathrm{d}\theta\frac{\mathrm{d}\psi^*}{\delta\theta}\sin\theta\frac{\mathrm{d}}{\mathrm{d}\theta}\phi\right]_0^\pi}_{\sin 0 = \sin\pi = 0 \text{ より、}0} + \int_0^\pi \mathrm{d}\theta \frac{\mathrm{d}}{\mathrm{d}\theta}\left(\sin\theta\frac{\mathrm{d}\psi^*}{\mathrm{d}\theta}\right)\phi\end{aligned} \tag{D.85}$$

となって、エルミート性が示された。

【問い 12-9】 .... (問題は p282、ヒントは p344)

ヒントより、計算すべきは、

$$\left(\frac{1}{2^\ell \ell!}\right)^2 \frac{(\ell+m)!}{(\ell-m)!}(-1)^{\ell+m}\int_{-1}^1 \frac{\mathrm{d}^{\ell-m}}{\mathrm{d}x^{\ell-m}}\left((1-x^2)^\ell\right) \frac{\mathrm{d}^{\ell+m}}{\mathrm{d}x^{\ell+m}}\left((x^2-1)^\ell\right)\mathrm{d}x \tag{D.86}$$

である。ここで $\dfrac{\mathrm{d}^{\ell-m}}{\mathrm{d}x^{\ell-m}}\left((1-x^2)^\ell\right)$ は $(1+x)(1-x)$ を ℓ 乗したあと $\ell-m$ 階微分しているので、$(1+x)(1-x)$ という因子がかならず残っており、積分の端点 $x = \pm 1$ で

[†1] $P_\ell^{\ell+1} \propto (1-x^2)^{\frac{\ell+1}{2}}\dfrac{\mathrm{d}^{2\ell+1}}{\mathrm{d}x^{2\ell+1}}(1-x^2)^\ell$ であるが、これが 0 になるためには ℓ が自然数でなくてはならない。ℓ や m が整数である条件は、周期境界条件を使わなくてもここからも出る。
→ p267

0になる。よって $\ell - m$ 回部分積分すると、

$$\left(\frac{1}{2^\ell \ell!}\right)^2 \frac{(\ell+m)!}{(\ell-m)!} \underbrace{(-1)^{\ell+m+\ell-m}}_{(-1)^{2\ell}=1} \int_{-1}^1 \left((1-x^2)^\ell\right) \underbrace{\frac{\mathrm{d}^{2\ell}}{\mathrm{d}x^{2\ell}}\left((x^2-1)^\ell\right)}_{(2\ell)!} \mathrm{d}x$$
$$= (2\ell)! \left(\frac{1}{2^\ell \ell!}\right)^2 \frac{(\ell+m)!}{(\ell-m)!} \int_{-1}^1 (1-x^2)^\ell \mathrm{d}x \tag{D.87}$$

与えられていた $\int_{-1}^1 \mathrm{d}x (1-x)^n = \dfrac{2^{2n+1}(n!)^2}{(2n+1)!}$ を使うと、

$$(2\ell)! \left(\frac{1}{2^\ell \ell!}\right)^2 \frac{(\ell+m)!}{(\ell-m)!} \frac{2^{2\ell+1}(\ell!)^2}{(2\ell+1)!} = \frac{(\ell+m)!}{(\ell-m)!} \frac{2}{2\ell+1} \tag{D.88}$$

と求められる。

【問い 12-10】 .... (問題は p284、ヒントは p344)

$$\langle \ell, \ell | L_x | \ell, \ell \rangle = \frac{1}{2} \langle \ell, \ell | (\underbrace{L_+}_{\to \text{に掛かって }0} + \underbrace{L_-}_{\leftarrow \text{に掛かって }0}) | \ell, \ell \rangle = 0 \tag{D.89}$$

$L_y = \dfrac{1}{2\mathrm{i}}(L_+ - L_-)$ も同様。

【問い 12-11】 .... (問題は p284、ヒントは p344)

$$\langle \ell, \ell | (L_x)^2 | \ell, \ell \rangle = \frac{1}{4} \langle \ell, \ell | (L_+ + \underbrace{L_-}_{\leftarrow \text{に掛かって }0})(\underbrace{L_+}_{\to \text{に掛かって }0} + L_-) | \ell, \ell \rangle$$
$$= \frac{1}{4} \langle \ell, \ell | \underbrace{L_+ L_-}_{[L_+, L_-] + L_- L_+} | \ell, \ell \rangle \tag{D.90}$$
$$= \frac{1}{4} \langle \ell, \ell | \underbrace{[L_+, L_-]}_{2\hbar L_z} + \underbrace{L_- L_+}_{\text{左右どちらに掛かっても }0} | \ell, \ell \rangle$$
$$= \frac{1}{4} \langle \ell, \ell | 2\hbar L_z | \ell, \ell \rangle = \frac{\hbar^2 \ell}{2}$$

$(L_y)^2$ も同様。

【問い 12-12】 .... (問題は p287、ヒントは p344)

ヒントの続きから、

$$\underbrace{\left[\frac{\mathrm{d}}{\mathrm{d}\xi}, \xi^2\right]}_{2\xi} \left(\frac{\mathrm{d}^2}{\mathrm{d}\xi^2} + 1\right) + \alpha \xi^2 \left[\frac{1}{\xi}, \frac{\mathrm{d}^2}{\mathrm{d}\xi^2}\right] \tag{D.91}$$

として、ここで最後の $\left[\dfrac{1}{\xi}, \dfrac{\mathrm{d}^2}{\mathrm{d}\xi^2}\right]$ は、

$$\left[\frac{1}{\xi}, \frac{\mathrm{d}^2}{\mathrm{d}\xi^2}\right] = \frac{\mathrm{d}}{\mathrm{d}\xi}\left[\frac{1}{\xi}, \frac{\mathrm{d}}{\mathrm{d}\xi}\right] + \left[\frac{1}{\xi}, \frac{\mathrm{d}}{\mathrm{d}\xi}\right]\frac{\mathrm{d}}{\mathrm{d}\xi} = \frac{\mathrm{d}}{\mathrm{d}\xi}\left(\frac{1}{\xi^2}\right) + \frac{1}{\xi^2}\frac{\mathrm{d}}{\mathrm{d}\xi}$$
$$= -\frac{2}{\xi^3} + \frac{2}{\xi^2}\frac{\mathrm{d}}{\mathrm{d}\xi} = \frac{2}{\xi^2}\left(-\frac{1}{\xi} + \frac{\mathrm{d}}{\mathrm{d}\xi}\right) \tag{D.92}$$

と計算できる。これで

$$2\xi\left(\frac{d^2}{d\xi^2}+1\right)+2\alpha\left(-\frac{1}{\xi}+\frac{d}{d\xi}\right) \tag{D.93}$$

というところまで計算が進んだ。ここで、この演算子の後ろに $S_\ell(\xi)$ がいるということを思い出して、$\xi^2\left(\frac{d^2}{d\xi^2}+1\right) \to \ell(\ell+1)$ という置き換えを行って、(後ろに $S_\ell(\xi)$ がいるという条件で成り立つ式として)

$$\frac{2}{\xi}\ell(\ell+1)+2\alpha\left(-\frac{1}{\xi}+\frac{d}{d\xi}\right)=2\alpha\frac{d}{d\xi}+2\left(\ell(\ell+1)-\alpha\right)\frac{1}{\xi} \tag{D.94}$$

となる。これが $-2(\ell+1)\left(\frac{d}{d\xi}+\alpha\frac{1}{\xi}\right)$ にならなくてはいけないが、$\alpha=-(\ell+1)$ とすると (D.94) は $-2(\ell+1)\frac{d}{d\xi}+2(\ell+1)^2\frac{1}{\xi}$ となり、確かにそれを満たしている。

【問い 13-1】 .... (問題は p294、ヒントは p344)

p294 に書いたように、$\frac{\partial}{\partial X}=\frac{M}{M+m}\frac{\partial}{\partial x_G}-\frac{\partial}{\partial x_r}$ である。同様に、

$$\frac{\partial}{\partial x}=\underbrace{\frac{\partial x_G}{\partial x}}_{\frac{m}{M+m}}\frac{\partial}{\partial x_G}+\underbrace{\frac{\partial x_r}{\partial x}}_{1}\frac{\partial}{\partial x_r}=\frac{m}{M+m}\frac{\partial}{\partial x_G}+\frac{\partial}{\partial x_r} \tag{D.95}$$

も示せる。よって、

$$\frac{1}{M}\frac{\partial^2}{\partial X^2}+\frac{1}{m}\frac{\partial^2}{\partial x^2}=\frac{1}{M}\left(\frac{M}{M+m}\frac{\partial}{\partial x_G}-\frac{\partial}{\partial x_r}\right)^2+\frac{1}{m}\left(\frac{m}{M+m}\frac{\partial}{\partial x_G}+\frac{\partial}{\partial x_r}\right)^2$$

$$=\frac{1}{M}\left(\frac{M^2}{(M+m)^2}\left(\frac{\partial}{\partial x_G}\right)^2\underbrace{-2\frac{M}{M+m}\frac{\partial}{\partial x_G}\frac{\partial}{\partial x_r}}_{\downarrow と相殺}+\left(\frac{\partial}{\partial x_r}\right)^2\right)$$

$$+\frac{1}{m}\left(\frac{m^2}{(M+m)^2}\left(\frac{\partial}{\partial x_G}\right)^2\underbrace{+2\frac{m}{M+m}\frac{\partial}{\partial x_G}\frac{\partial}{\partial x_r}}_{\uparrow と相殺}+\left(\frac{\partial}{\partial x_r}\right)^2\right)$$

$$=\underbrace{\left(\frac{M}{(M+m)^2}+\frac{m}{(M+m)^2}\right)}_{\frac{1}{M+m}}\frac{\partial^2}{\partial x_G^2}+\left(\frac{1}{M}+\frac{1}{m}\right)\frac{\partial^2}{\partial x_r^2}$$

$$\tag{D.96}$$

となる。これを y 座標、z 座標に関しても繰り返せば、

$$\frac{1}{M}\left(\frac{\partial^2}{\partial X^2}+\frac{\partial^2}{\partial Y^2}+\frac{\partial^2}{\partial Z^2}\right)+\frac{1}{m}\left(\frac{\partial^2}{\partial x^2}+\frac{\partial^2}{\partial y^2}+\frac{\partial^2}{\partial z^2}\right)$$
$$=\frac{1}{M+m}\left(\frac{\partial^2}{\partial x_G^2}+\frac{\partial^2}{\partial y_G^2}+\frac{\partial^2}{\partial z_G^2}\right)+\underbrace{\left(\frac{1}{M}+\frac{1}{m}\right)}_{\frac{1}{\mu}}\left(\frac{\partial^2}{\partial x_r^2}+\frac{\partial^2}{\partial y_r^2}+\frac{\partial^2}{\partial z_r^2}\right) \tag{D.97}$$

となり、示された。

【問い 13-2】 .... (問題は p298、ヒントは p344)

$$\frac{1}{\rho^2}\frac{d}{d\rho}\left(\rho^2\frac{d}{d\rho}\left(e^{-\frac{1}{2}\rho}\rho^\ell L_\ell(\rho)\right)\right) + \left(-\frac{\ell(\ell+1)}{\rho^2} + \frac{\lambda}{\rho} - \frac{1}{4}\right)e^{-\frac{1}{2}\rho}\rho^\ell L_\ell(\rho) = 0 \tag{D.98}$$

を計算していく。まず第1項の微分を順番にやっていく。

$$\frac{d}{d\rho}\left(e^{-\frac{1}{2}\rho}\rho^\ell L_\ell(\rho)\right) = -\frac{1}{2}e^{-\frac{1}{2}\rho}\rho^\ell L_\ell(\rho) + \ell e^{-\frac{1}{2}\rho}\rho^{\ell-1}L_\ell(\rho) + e^{-\frac{1}{2}\rho}\rho^\ell\frac{dL_\ell(\rho)}{d\rho} \tag{D.99}$$

という結果に ρ^2 を掛けてからもう一度微分する。

$$\frac{d}{d\rho}\left(-\frac{1}{2}e^{-\frac{1}{2}\rho}\rho^{\ell+2}L_\ell(\rho) + \ell e^{-\frac{1}{2}\rho}\rho^{\ell+1}L_\ell(\rho) + e^{-\frac{1}{2}\rho}\rho^{\ell+2}\frac{dL_\ell(\rho)}{d\rho}\right)$$

$$= \frac{1}{4}e^{-\frac{1}{2}\rho}\rho^{\ell+2}L_\ell(\rho) - \frac{\ell+2}{2}e^{-\frac{1}{2}\rho}\rho^{\ell+1}L_\ell(\rho) - \frac{1}{2}e^{-\frac{1}{2}\rho}\rho^{\ell+2}\frac{dL_\ell(\rho)}{d\rho} \quad \text{(第1項から)}$$

$$- \frac{1}{2}\ell e^{-\frac{1}{2}\rho}\rho^{\ell+1}L_\ell(\rho) + \ell(\ell+1)e^{-\frac{1}{2}\rho}\rho^\ell L_\ell(\rho) + \ell e^{-\frac{1}{2}\rho}\rho^{\ell+1}\frac{dL_\ell(\rho)}{d\rho} \quad \text{(第2項から)}$$

$$- \frac{1}{2}e^{-\frac{1}{2}\rho}\rho^{\ell+2}\frac{dL_\ell(\rho)}{d\rho} + (\ell+2)e^{-\frac{1}{2}\rho}\rho^{\ell+1}\frac{dL_\ell(\rho)}{d\rho} + e^{-\frac{1}{2}\rho}\rho^{\ell+2}\frac{d^2L_\ell(\rho)}{d\rho^2} \quad \text{(第3項から)} \tag{D.100}$$

となる。これを $L, \dfrac{dL}{d\rho}, \dfrac{d^2L}{d\rho^2}$ の項でまとめなおし、

$$= e^{-\frac{1}{2}\rho}L_\ell(\rho)\left(\frac{1}{4}\rho^{\ell+2}\underbrace{-\frac{\ell+2}{2}\rho^{\ell+1} - \frac{\ell}{2}\rho^{\ell+1}}_{-(\ell+1)\rho^{\ell+1}} + \ell(\ell+1)\rho^\ell\right)$$

$$+ e^{-\frac{1}{2}\rho}\frac{dL_\ell(\rho)}{d\rho}\underbrace{\left(-\frac{1}{2}\rho^{\ell+2} + \ell\rho^{\ell+1} - \frac{1}{2}\rho^{\ell+2} + (\ell+2)\rho^{\ell+1}\right)}_{-\rho^{\ell+2}+2(\ell+1)\rho^{\ell+1}}$$

$$+ e^{-\frac{1}{2}\rho}\rho^{\ell+2}\frac{d^2L_\ell(\rho)}{d\rho^2} \tag{D.101}$$

となり、(D.98) の第1項は上の式を ρ^2 で割ったものである。$e^{-\frac{1}{2}\rho}\rho^{\ell+2}$ を括弧の外にくくりだして、

$$e^{-\frac{1}{2}\rho}\rho^{\ell+2}\left[L_\ell(\rho)\left(\underbrace{\frac{1}{4}}_{\text{後ろと相殺}} - \frac{\ell+1}{\rho} + \underbrace{\frac{\ell(\ell+1)}{\rho^2}}_{\text{後ろと相殺}}\right) + \frac{dL_\ell(\rho)}{d\rho}\left(-1 + \frac{2(\ell+1)}{\rho}\right) + \frac{d^2L_\ell(\rho)}{d\rho^2}\right] \tag{D.102}$$

となる。「後ろと相殺」と示した項は、(D.98) の第2項にちょうど逆符号の項がある。よって、(D.98) は

$$e^{-\frac{1}{2}\rho}\rho^\ell\left[\frac{\lambda-\ell-1}{\rho}L_\ell(\rho) + \frac{dL_\ell(\rho)}{d\rho}\left(-1 + \frac{2(\ell+1)}{\rho}\right) + \frac{d^2L_\ell(\rho)}{d\rho^2}\right] = 0 \tag{D.103}$$

という式となる。後は $e^{-\frac{1}{2}\rho}\rho^\ell$ で割るだけで、(13.26) を得る。
→ p298

【問い 13-3】 .... (問題は p311、ヒントは p344)

$$\int_{-1}^{1} dt\, e^{-\sqrt{r^2+R^2-2Rrt}} = \left[-\frac{2}{-2Rr} \left(\sqrt{r^2+R^2-2Rrt}+1 \right) e^{-\sqrt{r^2+R^2-2Rrt}} \right]_{-1}^{1}$$
$$= \frac{1}{Rr} \left((|r-R|+1)\, e^{-|r-R|} - (r+R+1)\, e^{-(r+R)} \right)$$
(D.104)

【問い 13-4】 .... (問題は p311、ヒントは p344)

次に残る $2\int_0^\infty dr\, e^{-r} r^2$ を掛けての積分を行う。積分すべき関数の中に $|r-R|$ があるから、$r<R$ と $r>R$ で分けて積分する必要がある。

第 1 項の、$0<r<R$ での積分は、

$$2\int_0^R dr\, e^{-r} r^2 \frac{1}{Rr}(R-r+1)e^{-R+r} = \frac{2}{R} e^{-R} \underbrace{\int_0^R dr\, r(R-r+1)}_{\frac{1}{6}R^3 + \frac{1}{2}R^2}$$
$$= e^{-R}\left(\frac{1}{3}R^2 + R \right)$$
(D.105)

$R<r<\infty$ での積分は

$$2\int_R^\infty dr\, e^{-r} r^2 \frac{1}{Rr}(r-R+1)e^{-r+R} = \frac{2}{R} e^{R} \underbrace{\int_R^\infty dr\, e^{-2r} r(r-R+1)}_{\frac{3R+2}{4} e^{-2R}}$$
$$= \left(\frac{3}{2} + \frac{1}{R} \right) e^{-R}$$
(D.106)

第 2 項は

$$-2\int_0^\infty dr\, e^{-r} r^2 \frac{1}{Rr}(r+R+1)e^{-r-R} = -\frac{2}{R} e^{-R} \underbrace{\int_0^\infty dr\, e^{-2r} r(r+R+1)}_{\frac{R+2}{4}}$$
$$= -\left(\frac{1}{2} + \frac{1}{R} \right) e^{-R}$$
(D.107)

となる。全部足すと、

$$S = \left(1 + R + \frac{1}{3}R^2 \right) e^{-R}$$
(D.108)

となる。

索　引

【英字/記号】
† ·· 116
Bloch の条件 ································ 215
Bloch の定理 ································ 215
$\hbar$ ·· 38
Legendre の方程式 ····················· 274
norm ·· 92
Rodrigues の公式 ························ 278

【あ行】
位相速度 ··· 67
ウィグナー ····································· 95
エーレンフェストの定理 ········· 132
エネルギーギャップ ·················· 219
エルミート演算子 ······················· 117
エルミート共役 ··························· 116
エルミート多項式 ······················· 230

【か行】
階段関数 ··· 63
角運動量（3次元の）················· 261
確率解釈 ··· 90
下降演算子 ··································· 231
完全性 ·· 150
規格化 ··· 92

規格直交関数系 ··························· 145
期待値 ·· 102
基底状態 ······································· 178
軌道量子数 ··································· 272
球ベッセル関数 ··························· 286
球面調和関数 ······························· 283
局在 ·· 57
禁止帯 ·· 218
空洞輻射 ··· 22
クライン・ゴルドン方程式 ······· 83
群速度 ··· 68
交換関係 ······································· 118
交換子 ·· 118
光子 ··· 22, 27
光電効果 ··· 25
光量子仮説 ····································· 25
黒体輻射 ································ 21, 22
コペンハーゲン解釈 ···················· 90
固有関数 ··· 82
固有値 ··· 82
固有値方程式 ································· 82
コンプトン効果 ···························· 28
コンプトン波長 ···························· 31

【さ行】
最小作用の原理 ···························· 54
磁気量子数 ··································· 272

仕事関数 …………………… 26
射影仮説 …………………… 93
縮退 ………………………… 178
主量子数 …………………… 301
シュレーディンガーの猫……… 94
シュレーディンガー方程式……… 80
シュワルツの不等式 ………… 168
上昇演算子 ………………… 231
正準交換関係 ……………… 120
正準方程式 ………………… 326
遷移 ………………………… 41

【た行】
ダガー ……………………… 116
多世界解釈 ………………… 96
超関数 ……………………… 65
直交関数系 ………………… 145
定常状態の
　シュレーディンガー方程式… 108
ディラックの h ……………… 38
ディラックのデルタ関数 …… 62
ディラック方程式 …………… 83
デルタ関数 ………………… 62
動径量子数 ………………… 301

【な行】
流れ密度 …………………… 124
ノルム ……………………… 92

【は行】
ハイゼンベルク ……………… 50
パウリの排他律 …………… 307
波数 ………………………… 59
波束 ………………………… 67
波動関数 …………………… 83

波動力学 …………………… 53
反エルミート ……………… 117
反交換関係 ………………… 134
バンド構造 ………………… 218
標準偏差 …………………… 165
表面項 ……………………… 107
フェルマーの原理 …………… 53
不確定性関係 …………… 50, 57
プランク ………………… 21, 22
プランク定数 ……………… 21
プランクの輻射公式 ………… 23
ブロッホの条件 …………… 215
分散 ………………………… 164
分散関係 …………………… 69
ヘルツ ……………………… 25
ボーア・ゾンマーフェルトの
　量子条件 ………………… 41
ボーアの量子条件 ………… 39
ボーア半径 ………………… 38
方位量子数 ………………… 272
母関数 ……………………… 243

【ま行】
無次元化 …………………… 222

【ら行】
リュードベリ定数 …………… 34
ルジャンドルの陪微分方程式 … 274
ルジャンドルの方程式 ……… 274
励起状態 …………………… 178
零点振動 …………………… 237
レヴィ・チビタ記号 ………… 265
レナルト …………………… 25
ロドリーグの公式 …………… 278
ロドリゲスの公式 …………… 278

[**Web サイトからのダウンロードについて**]

● 章末演習問題のヒントと解答は web サイトにあります。これらのダウンロード、および (sim) マークのついた図のシミュレーションの閲覧は、東京図書の web サイト (http://www.tokyo-tosho.co.jp) から行ってください。

● 本文中で参照している章末演習問題のヒントと解答のページは、本文のページと区別するため、p1w のようにページ番号の後に w がついています。

著者紹介

前野[いろもの物理学者]昌弘(まえの まさひろ)

1985年　神戸大学理学部物理学科卒業
1990年　大阪大学大学院理学研究科博士後期課程修了
1995年より琉球大学理学部教員
現　在　琉球大学理学部物質地球科学科准教授
著　書　『よくわかる電磁気学』
　　　　『よくわかる初等力学』
　　　　『よくわかる解析力学』
　　　　『よくわかる熱力学』
　　　　『ヴィジュアルガイド物理数学〜1変数の微積分と常微分方程式〜』
　　　　『ヴィジュアルガイド物理数学〜多変数関数と偏微分〜』
　　　　(以上6冊は東京図書)
　　　　『今度こそ納得する物理・数学再入門』(技術評論社)
　　　　『量子力学入門』(丸善出版)
ネット上のハンドル名は「いろもの物理学者」
ホームページは http://www.phys.u-ryukyu.ac.jp/~maeno/
twitter は http://twitter.com/irobutsu

●本書のサポートページからも章末演習問題のヒントと解答の
ダウンロード、図のシミュレーションの閲覧などができます。
http://irobutsu.a.la9.jp/mybook/ykwkrQM/

装丁(カバー・表紙) 高橋　敦 (LONGSCALE)

よくわかる量子力学(りょうしりきがく)　　Printed in Japan

2011年 4 月25日　第 1 刷発行　　　　　ⒸMasahiro Maeno 2011
2023年 5 月25日　第11刷発行

著　者　前　野　昌　弘
発行所　東京図書株式会社
〒102-0072 東京都千代田区飯田橋 3-11-19
振替 00140-4-13803 電話 03(3288)9461
http://www.tokyo-tosho.co.jp

ISBN 978-4-489-02096-4

基幹講座 物理学

益川敏英 監修／植松恒夫・青山秀明 編集

基幹講座 物理学 力学　篠本 滋・坂口英継 著　────── Ａ５判

基幹講座 物理学 解析力学　畑 浩之 著　────── Ａ５判

基幹講座 物理学 電磁気学Ⅰ　大野木哲也・高橋義朗 著　── Ａ５判

基幹講座 物理学 電磁気学Ⅱ　大野木哲也・田中耕一郎 著　── Ａ５判

基幹講座 物理学 量子力学　国広悌二 著　────── Ａ５判

基幹講座 物理学 熱力学　宮下精二 著　────── Ａ５判

基幹講座 物理学 統計力学　宮下精二 著　────── Ａ５判

基幹講座 物理学 相対論　田中貴浩 著　────── Ａ５判

基幹講座 数学

基幹講座 数学 編集委員会 編

基幹講座 数学 微分積分　砂田利一 著　────── Ａ５判

基幹講座 数学 線型代数　木村俊一 著　────── Ａ５判

基幹講座 数学 集合・論理と位相　新井敏康 著　── Ａ５判

基幹講座 数学 統計学　中村和幸 著　────── Ａ５判